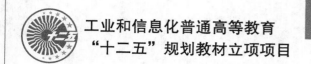

工业和信息化普通高等教育
"十二五"规划教材立项项目

大学物理实验

孙宇航 主编

邹志纯 副主编

U0313749

人民邮电出版社

北　京

图书在版编目（CIP）数据

大学物理实验 / 孙宇航主编. -- 北京：人民邮电
出版社，2012.3（2018.2重印）
ISBN 978-7-115-27295-9

Ⅰ．①大… Ⅱ．①孙… Ⅲ．①物理学－实验－高等学
校－教材 Ⅳ．①O4-33

中国版本图书馆CIP数据核字(2012)第007654号

内 容 提 要

本书是有关物理实验的教材。全书共 47 个实验，涉及力学、热学、电磁学、光学和近代物理等方面，其中有综合与设计性实验 5 个；在基础理论部分详细地介绍了误差（不确定度）及数据处理、物理常数表和 SI 单位制简介等内容。本书对基础理论和实验方法的叙述力求繁简适当、深入浅出。

本书适合作为高等学校理工科各专业物理实验课程的教材，也可供有关人员参考。

大学物理实验

◆ 主　　编　孙宇航

　　副 主 编　邹志纯

　　责任编辑　贾　楠

◆ 人民邮电出版社出版发行　　北京市丰台区成寿寺路 11 号
　　邮编　100164　　电子邮件　315@ptpress.com.cn
　　网址　http://www.ptpress.com.cn
　　固安县铭成印刷有限公司印刷

◆ 开本：787×1092　1/16
　　印张：19.75　　　　　　　2012 年 3 月第 1 版
　　字数：485 千字　　　　　2018 年 2 月河北第 9 次印刷

ISBN 978-7-115-27295-9

定价：38.00 元

读者服务热线：(010)81055256　　印装质量热线：(010)81055316
反盗版热线：(010)81055315

　　"大学物理实验"是理工科各专业的重要基础实验课之一，是理工科学生必修的一门系统、全面、独立设置的实践基础实验课，同时也是通过实践学习物理知识的过程。系统地学习大学物理实验课，对学生创造性思维能力的培养能起到良好的促进作用。

　　物理学是一门实验科学。在物理学的发展进程中，理论物理学曾起过无可置疑的重要作用，如麦克斯韦的电磁场理论、爱因斯坦的相对论、卢瑟福和玻尔的原子模型等，都使 20 世纪的物理学大放异彩。但是我们必须看到，这些理论与学说无一不是以实验中的新发现为依据，而又都被进一步的实验所验证的。所以实验与理论是相辅相成的，而从根本上讲物理是一门实验科学。

　　按照《高等工业学校物理实验课程教学基本要求》，我们依照基本理论、基础实验、提高性实验、综合性实验、设计性实验的顺序，编写了本书，内容涉及力学、热学、电磁学、光学及近代物理等方面。全书共分 5 篇：第 1 篇为基础理论，阐述了物理实验课的作用和主要教学环节，介绍了误差理论、测量结果的评定和不确定度的概念、数据处理的基本知识和基本处理方法；第 2 篇为基础实验，围绕物理实验中常见的基本测量方法和基本实验技能，以及实验数据的处理方法，编写了 10 个基础实验；第 3 篇为提高性实验，为了进一步强化学生综合运用基本测量方法和实验数据的处理方法的能力，编写了 18 个提高性实验；第 4 篇为综合性实验，为了培养学生的综合实验能力编排了 14 个综合性实验，以丰富学生的知识和拓宽学生的视野；第 5 篇为设计性实验，为了培养学生的创造性思维能力编排了 5 个设计性实验。

　　本书的编写工作是在西安邮电学院物理实验教学中心建设和实验教学经验积累的基础上进行的，物理实验教学中心的建设为实验教学提供了物质基础，而教材是实验教学的核心，它是集体智慧和集体劳动的结晶。实验教学是一项集体的事业，无论是实验教材的编写，还是实验的开发、准备等都是实验中心全体教师和工作人员历年来辛勤劳动、不断改进、充实提高的结果。本书还参阅了许多兄弟院校的有关教材，在此向相关作者一并表示感谢。

　　本书由孙宇航任主编并编写绪论，第 1 篇，实验 6、30 和第 5 篇；马红编写实验 12、13、31、32；王捷编写实验 4、22、35、38；孙建编写实验 8、15、18、39；祁建霞编写实验 2、7、10、17；李云编写实验 3、14、21、36；连汉丽编写实验 23、25、26、40；邹志纯编写实验 16、24、27、37；徐军华编写实验 1、19、20、29；徐建刚编写实验 5、28；耿淑芳编写实验 9、11、33、34；惠小强编写实验 41、42。全书由孙宇航统稿。

　　由于编者水平有限，加之编写时间仓促，书中难免会有一些疏漏和错误，希望广大读者指正。

编　者
2011 年 10 月

目　录

人类改造自然的实践活动不外乎两种：一种是生产实践，另一种是科学实验。所谓科学实验，是人们按照一定的研究目的，借助特定的仪器设备，人为地控制或模拟自然现象，突出主要因素，对自然事物和现象进行精密、反复地观察和测试，探索其内部的规律性的活动。这种对自然的有目的、有控制、有组织的探索活动是现代科学技术发展的源泉。原子能、半导体和激光等最新科技成果仅仅依靠总结生产技术经验是发现不了的，只有在科学家的实验室里才会被发现。现代化的企业为了不断地改进生产过程和创新产品，也十分重视实验研究工作，都有相关规模的研究实验室。因而科学实验是科学理论的源泉，是自然科学的根本，是工程技术的基础，而科学理论又对科学实验起着指导作用。我们要处理好科学实验和科学理论的关系，重视科学实验，重视进行科学实验训练的实验课的教学。

1. 大学物理实验的地位与任务

物理学是一门实验科学。无论是物理规律的发现，还是物理理论的验证，都取决于实验。例如，杨氏的干涉实验使光的波动学说得以确立；赫兹的电磁波实验使麦克斯韦的电磁场理论获得普遍承认；卢瑟福的 α 粒子散射实验揭开了原子的秘密；近代的高能粒子对撞实验使人们深入到物质的最深层——原子核和基本粒子内部来探索其规律性。在物理学的发展过程中，人类积累了丰富的实验方法，创造出各种精密巧妙的仪器设备，涉及广泛的物理现象，因而使物理实验课有了充实的教学内容。物理实验是对高等学校理工科各专业学生进行科学实验基本训练的一门独立的必修基础课程，是学生在高等学校进行系统实验技能训练的开端。它在培养学生运用实验手段去分析、观察、发现乃至研究、解决问题的能力方面，在提高学生科学实验素质方面，都起着重要的作用。同时，它也将为学生今后的学习、工作奠定良好的实验基础。

本课程的具体任务如下。

① 通过对实验现象的观察分析和对物理量的测量，使学生进一步掌握物理实验的基本知识、基本方法和基本技能，并能运用物理学原理、物理实验方法研究物理现象和规律，加深对物理原理的理解。

② 培养与提高学生的科学实验能力。

自学能力——能够自行阅读实验教材或参考资料，正确理解实验内容，做好实验前的准备工作。

动手实践能力——能够借助教材和仪器说明书，正确调整和使用常用仪器。

思维判断能力——能够运用物理学理论，对实验现象进行初步的分析和判断。

表达书写能力——能够正确记录和处理实验数据，绘制图线，说明实验结果，撰写合格的实验报告。

简单的设计能力——能够根据课题要求，确定实验方法和条件，合理选择仪器，拟定具体的实验程序。

③ 培养和提高学生从事科学实验的素质。要求学生具有理论联系实际和实事求是的科学作风，严肃认真的工作态度，不怕困难、主动进取的探索精神，遵守操作规程、爱护公共财物的优良品德，以及在实验过程中相互协作、共同探索的协同心理。

物理实验课是一门实践性课程，学生是在自己独立工作的过程中增长知识、提高能力的，因而上述教学目的能否达到，与学生自身关系很大。

2. 怎样学好大学物理实验

物理实验是学生在教师指导下独立进行实验的一门实践活动课，实验课的教学安排不可能像书本教学那样使所有的学生按照同样的内容以同一进度进行。因此，学习物理实验课就要求学生花比较大的工夫和有较强的独立工作能力。学好物理实验课的关键，在于把握住下列 3 个基本环节。

（1）实验前的预习

实验教材是实验的指导书，它对每个实验的目的与要求、实验原理都作了明确的阐述。因此，在上实验课前都要认真阅读，必要时还应阅读有关参考资料。对于所涉及的测量仪器，在预习时可阅读教材中有关对仪器的介绍，了解其构造原理、工作条件和操作规程等，必要时可到实验室去观察实物，并在此基础上写好预习报告，回答预习思考题。预习报告内容主要包括以下几个方面：①实验名称；②目的与要求；③原理，列出有关测量的计算式、条件和将要被验证的规律，其中要明确哪些物理量是直接测量量，哪些物理量是间接测量量，用什么方法和测量仪器进行测量等；④绘出电路图、光路图或设备示意图；⑤操作要点及注意事项；⑥列出数据记录表格；⑦回答预习思考题。

（2）课内操作

实验时应遵守实验室规章制度；仔细阅读有关仪器使用的注意事项或仪器说明书；在教师指导下正确使用仪器，注意爱护仪器，稳拿妥放，防止损坏。对于电磁学实验，必须由指导教师检查电路的连接正确无误后，方可接通电源进行实验。

做好实验记录是科学实验的一项基本功。在观察、测量时，要做到正确读数、实事求是地记录客观现象和数据，在实验记录纸上写明实验名称、实验日期，必要时还应注明天气、室温、大气压、温度等环境条件。接着要记下实验所用仪器装置的名称、型号、规格、编号和性能情况以及被测量样品的号码或者其他标记，以便以后需要时可以用来重复测量和利用仪器的准确度校对实验结果的误差。切勿将数据随意记录在草稿纸上，不可事后凭回忆"追记"数据，更不可为拼凑数据而将实验记录作随心所欲的涂改。

要逐步学会分析实验，排除实验中出现的各种较简单的故障。要了解实验中测量的数据结果是否正确靠什么去判断，数据的好坏说明什么，这些问题主要是靠分析实验本身来判断，即必须分析实验方法是否正确，它带来多大的误差，仪器带来多大的误差，实验环境有多大的影响等。实验后的讨论是发挥学生的才智，提高学生分析问题和解决问题能力的重要环节，应努力去做。但要注意不要空发议论，应力求定量地分析问题，做到言之有据。往往有些学生，当实验数据和理论计算一致时，就会心满意足，简单地认为已经学好了这次实验；而一旦数据和计算差别较大，又会感到失望，抱怨仪器装置，甚至拼凑数据，这两种态度在实验教学和一切科学研究活动中都是不可取的。实际上，任何理论公式都是在一定理论上的抽象和简单化，而客观现实和实验所处的环境条件要复杂得多，必然带来实验结果和理论公式的差异，问题在于差异的大小是否合理。所以不论数据好坏，都应逐步学会分析实验，找出成败的原因。

误差与数据处理知识是物理实验的特殊语言。实验做得好与差，两种方法测量同一物理量其结果是否一致，实验验证还是没有验证理论等，这不能凭感觉，而必须用实验数据和实验误差来下断言。领悟并运用这种语言，才能真正置身于实验之中，亲身感受到成功的喜悦和失败的困惑。

实验结束，要把测得的数据交由指导教师检验并签字认可，对不合理的或者错误的实验结果，经分析后还要补做或重做。离开实验室前要整理好使用过的仪器，做好清洁工作。

（3）课后撰写实验报告

实验报告是实验完成后的书面总结，是把感性认识深化为理性认识的过程。首先应该完整地分析一下整个实验过程，实验依据的理论和物理规律是什么；通过计算、作图等数据处理，得到什么实验结果，有的还要进行恰当、合理的误差估算或不确定度的计算；有哪些提高；存在什么问题。应该注意的是，写实验报告不要不动脑筋地去抄教材。因为实验教材是供做实验的人阅读的，是用来指导别人做实验的。实验报告则是向别人报告实验的原理、方法，使用的仪器，测得的数据，供别人评价自己的实验结果的。认真书写实验报告，不仅可以提高自己写科研报告和科学论文的水平，而且可以提高组织材料、语句表达、文字修饰的能力，这是其他理论课程无法替代的。

物理实验报告一般应包括以下内容。

① 实验名称。

② 实验目的（或要求）。

③ 实验仪器用具。

④ 实验原理。简要叙述实验的物理思想和依据的物理定律、主要计算公式，电学和光学实验应画出相应的电路图或光路图。

⑤ 实验步骤。

⑥ 数据表格及数据处理。把教师签字的原始数据如实地填写在报告的正文中，写出计算结果的主要过程和误差及不确定度的估算过程。进行数值计算时，要先写出公式，再代入数据，最后得出结果，并要完整地表达实验结果。若用作图法处理数据，应严格按作图要求，在坐标纸上画出符合规定的图线。若上机处理数据，则要有打印结果。

⑦ 小结。讨论实验中遇到的问题，写出自己的见解、体会和收获，提出对实验的改进意见等。

⑧ 分析实验中误差的各种来源，并一一做好课后思考题。

实验报告要用统一的实验报告本或实验报告纸书写，字体要工整，文句要简明。原始数据要附在报告后面一并交教师审阅，没有原始数据的实验报告是无效的。

3. 物理实验课学生守则

① 实验课不得迟到、早退，迟到 15 分钟以上者不能参加本次实验课，并以旷课论处。

② 课前必须认真预习，明确该次实验的任务和方法，写出预习报告，经指导教师考核许可后方能进行实验操作。没有预习者不得进行本次实验。

③ 实验前仔细清点仪器，如发现缺损及时向教师报告。实验后必须整理好仪器、座椅，并了解下次实验仪器后方可离开。

④ 爱护实验室一切仪器设施，不随意拆卸挪动。正确安排、调整、使用仪器。电学实验接线须经教师检查许可后，方能通电。

⑤ 实验中如发生事故，须保护现场（电学实验断开电源）并立即报告教师。当事人应如实填写仪器损坏登记表，由教师签署意见。因违章操作造成仪器损坏者，要负责赔偿。

⑥ 以认真的态度和求实的作风做好每个实验，按时完成实验任务。实验测量数据必须当堂交教师审阅签字。

⑦ 禁止在实验室内喧哗、抽烟、吃东西、乱扔纸屑杂物，保持实验室的严肃、整洁和良好的实验环境。

⑧ 课后按教师的要求清扫实验室。

⑨ 按时认真完成实验报告。交报告时应附上有教师签字的原始数据记录。

⑩ 凡无故缺课 3 次以上，或缺交报告 3 份以上者不得参加本学期考试。

本篇将介绍大学物理实验所必备的基础知识，主要内容包括：测量与误差、不确定度的估算、有效数字和数据处理、物理实验中的基本测量方法等。

1.1 误差理论与数据处理

实验离不开测量，由于人们认识能力和科学技术水平的限制，使得物理量的测量很难完全准确。也就是说，一个物理量的测量值与其客观存在的值总有一些差异，即测量总存在着误差。由于误差的存在，使得测量结果带有一定的不确定性，因此，对一个测量质量的评估，要给出它的不确定度。这是本节要介绍的前一部分内容。对物理量的测量结果总是用一组数字来表示，这是物理实验中经常遇到的很重要但又易被忽视的有效数字问题。做完一个实验必定要获得一些测量数据，如何对这些原始数据进行处理，得到实验结果，并给出误差或不确定度，就要使用一些科学的方法，本节后一部分内容，就要介绍有效数字及物理实验中常用的几种数据处理方法，如列表计算法、作图法、线性回归法等。

1.1.1 测量与误差

一、测量及其分类

测量是将被测物理量与选作标准单位的同类物理量进行比较的过程，即以确定量值为目的的一组操作。其比值即为被测物理量的测量值，被测量的测量结果用标准量的倍数和标准量的单位来表示。因此，测量的必要条件是被测物理量、标准量及操作者。测量结果应是一组数字和单位，必要时还要给出测量所用的量具或仪器，测量的方法及条件等。例如，测量一个小钢球的直径，选用的标准单位是毫米，测量结果是毫米的 10.508 倍，则直径的测量值为 10.508mm，使用的量具为螺旋测微计，测量环境温度为 18.5℃。

一个物理量的大小是客观存在的，选择不同的单位，相应的测量数值就有所不同。单位越大，测量数值越小；反之亦然。因此一个测量数据不同于一个数值，它是由数值和单位两部分组成的。一个数值有了单位，便具有了一种特定的物理意义，这时，它被称为一个物理量。测量所得的值（数据）应包括数值（大小）和单位，二者缺一不可。

目前，物理学上各物理量的单位，都采用中华人民共和国法定计量单位，它是以国际单位制（SI）为基础的单位。国际单位制是在 1971 年第十四届国际计量大会上确定的，它是以米（长度）、千克（质量）、秒（时间）、安培（电流强度）、开尔文（热力学温度）、摩尔（物质的量）和坎德拉（发光强度）作为基本单位，称为国际单位制的基本单位，其他的量（如力、电压、磁感应强度等）的单位均可由这些基本单位导出，称为国际单位制的导出单位。

1. 测量的分类

测量可分为两大类：直接测量与间接测量。

可以用测量仪器或仪表直接读出测量值的测量，称为直接测量，相应的物理量称为直接测量值。例如，用秒表测时间，用米尺测长度等。而更多的物理量是由一些直接测量值通过一定的关系式计算出来的，这样的测量就称为间接测量，相应的物理量称为间接测量值。例如，圆柱的体积是通过直接测量其直径 D 和高度 H，由公式 $V = \pi D^2 H/4$ 算得的。值得指出的是，对于同一物理量，由于选用的测量方法不同，它可以是直接测量值，也可以是间接测量值。例如，上面所说的间接测得的圆柱体积，改用量筒排水法，它又成为直接测量值了。

2. 等精度测量与不等精度测量

如对某一物理量进行多次重复测量，而且每次的条件都相同（同一观察者、同一组仪器、同一种实验方法、同一实验环境等），测得一组数据（x_1, x_2, …, x_n），尽管各次测得结果又有所不同，我们没有任何充足的理由可以判断某次测量比另一次更精确，这样，只能认为每次测量的精确程度是相同的。于是将这种具有同样精确程度的测量称为等精度测量；这样的一组数据称为测量列。多次重复测量时，只要有一个测量条件发生了变化，如更换了量具或仪器，或改变了测量方法等，这种重复测量就称为不等精度测量。

3. 误差分析的意义

对被测物理量进行测量，必须使用一定的仪器、通过一定的方法、在一定的环境下由测量者去完成。测量的目的是希望确定被测物理量的真实数据（简称真值）。但是在观察对象、仪器、方法、环境和观察者存在各种不理想的情况下，我们得不到一个绝对准确的数值，这就使得测量所得的值与真值之间有一定的差异。测量值 x 与真值 a 之差称为测量误差 Δ，简称误差，即

$$\Delta = x - a \tag{1.1}$$

式（1.1）定义的误差反映的是测量值偏离真值的大小和方向，因此又称为绝对误差。

事实上，所谓被测量的客观真值是不知道的。人们对客观世界建立的"量"的概念，只能靠测量，能知道的只是测量值。因而以上关于误差的定义还不能用于实际中去。这就有必要对误差进行研究和讨论，用误差分析的思想方法来指导实验的全过程。

误差分析的指导作用包含下列两个方面。

① 为了从测量中正确认识客观规律，就必须分析误差的原因和性质，正确地处理所测得的数据，尽量消除或减少误差或确定误差范围，以便能在一定条件下得到接近于真值的最佳结果。

② 在设计一项实验时，先对测量结果确定一个精度要求，然后用误差分析指导合理地选择测量方法、仪器和条件，在最有利的条件下，获得恰到好处的预期结果。

测量结果应包括数值、误差和单位，三者缺一不可。

二、真值与测量值

任何一个物理量在一定条件下客观存在的量值，也就是实际具备的量值称为真值。例如，某一物体在常温条件下具有一定的几何形状及质量。真值是一个比较抽象和理想的概念，一般来说不可能准确地知道这个值。真值包含理论真值（如三角形内角之和恒为 180°）和约定真值（如指定值、标准值、公认值及最佳估计值等）。

通过各种实验所得到的量值称为测量值，多是测量仪器或装置的读数或指示值，测量值是被测量值的近似值，包括如下几种。

① 单次测量值。若只能进行一次测量，或没有必要进行多次测量；对测量结果的准确度要求不高，或有足够的把握；仪器的准确度不高，多次测量结果相同。这时就用单次测量值近似地表示被测量的真值。

② 算术平均值。对多次等精度重复测量，用所有测得值的算术平均值来替代真值，由数理统计理论可以证明，算术平均值是被测量真值的最佳估计值。

③ 加权平均值。当每个测量值的可信程度或测量准确度不等时，为了区分每个测量值的可靠性，即重要程度，对每个测量值都给一个"权"数。最后测量结果用带上权数的测量值求出的平均值表示，即加权平均值。

三、测量误差

1. 测量误差的分类

从研究误差的需要出发，根据误差产生的原因和性质不同，可将误差分为系统误差、随机误差和粗大误差三大类。

（1）系统误差

在相同条件下，多次测量同一物理量，其误差的绝对值和符号保持不变，或按其确定规律变化，这种误差称为系统误差。系统误差的特征是它的确定性。它的来源有多种，其中有一些与仪器有关，为了便于了解，拟分以下几个方面介绍。

① 仪器误差。

a. 仪器的示值误差。例如，一电压表的示值不准，用它测量某一电压 v 时，得 $v=4.00\text{V}$；设以一只高一级的电压表校准此读数，得 $v_A=4.10\text{V}$（v_A 称为实际值），则系统误差 $\Delta'v=v-v_A=-0.10\text{V}$。对于有示值误差的仪器，一般应对示值进行修正。修正值 $C_x=-\Delta'x$（设待测量为 x）。在上例中，$C_v=-\Delta'v=0.10\text{V}$。所以有

$$实际值 = 示值 + 修正值 = 4.00 + 0.10 = 4.10（V）$$

b. 仪器的零点误差。例如，电表的指针不指在零位，即产生零点误差。所以在使用电表以前，应先检查指针是否指零，否则须调节零位调节器使指针指零。又如使用千分尺测长度之前，也要先检查零位并记下初读数（即零点误差），以便引进修正值对测量值进行修正。

c. 仪器结构误差和测量附件误差等。前者如等臂天平的两个臂事实上不完全相等，或者惠斯登电桥两个比例臂示值虽然相等，但实际上有差异等，可用诸如交换法等来消除此项误差；后者如电学线路中开关、导线等剩余电阻所引入的误差，有时可用替代法来巧妙地避免这些因素的影响。

② 方法误差。实验方法误差是指实验方法不完善或这种方法所依据的理论本身具有近似性所引入的误差。例如，称重量时未考虑空气浮力；采用伏安法测电阻时没有考虑电表内阻的影响；用单摆周期公式 $T=2\pi\sqrt{\dfrac{l}{g}}$ 时，摆角没有趋向于零等。

③ 环境误差。环境误差是指由于外界环境（主要是温度、湿度、电磁场等）发生变化或没有按规定的条件使用仪器而造成的误差。

④ 人员误差。人员误差指由于实验者自身的生理或心理特点等因素所引入的误差。例如，

读数总是偏高或总是偏低；用停表时，有人总是操作过急、计时短，有人总操作过慢、计时长等。

由于系统误差在测量条件不变时有确定的大小和方向，因此，在同一测量条件下多次测量求平均值并不能减少或消除它，必须找出产生系统误差的原因，针对这些原因去消除或引入修正值对测量结果加以修正。

能否识别和消除系统误差与实验者的经验和实际知识有着密切的关系，因此对于初学实验者来说，应该从一开始就逐步积累这方面的感性认识。在实验时要分析：采用这种实验方法（理论）、使用这套仪器、运用这种操作技术会不会对测量结果引入系统误差。我们将在今后实验中，针对各实验具体情况对系统误差进行分析和讨论。

（2）随机误差

随机误差的特点是随机性。当竭力消除或减小一切明显的系统误差之后，在相同条件下，对同一量进行多次重复测量时，每次测量的误差时大时小、时正时负，既不可预测又无法控制。随机误差的来源，一方面是由于实验过程中难以控制的因素所引起的，如空气的流动、温度的起伏、电压的波动等；另一方面是由于人们感觉器官的分辨能力的限制所引起的。同一实验者，在相同条件下重复测量同一物理量时，各次结果常有不同，这是因为调节仪器和估计读数时实验者的判断不可能完全正确。

随机误差的出现，从表面上看似乎纯属偶然，但当重复测量的次数很多时，偶然之中仍然会显示出一定的规律性。我们可以利用这种规律性对实验结果作出随机误差的误差估算。

总之，随机误差与系统误差性质不同、来源不同，处理方法也不同。有时随机误差与系统误差是加以区别、分别处理的；有时只是为了说明误差的限度，就不加以区别；许多不太精密的仪器的误差就既包括系统误差又包括随机误差。

（3）粗大误差

明显地歪曲了测量结果的异常误差称为粗大误差。它是由没有觉察到的实验条件的突变、无意识的不正确操作等因素造成的。含有粗大误差的测量值称为可疑值或异常值、坏值。在没有充分依据时，绝不能按主观意愿轻易地去除，应按一定的统计准则慎重地予以剔除。

由于实验者的粗心大意、疏忽失误，使观察、读数或记录错误，这是应该及时发现、力求避免的。

在分析误差时，必须根据具体情况，对误差来源进行全面分析，不但要找全产生误差的各种因素，而且要找出影响测量结果的主要因素。首先剔除粗大误差，消除或减弱系统误差，然后估算随机误差与未定系统误差并进行合成。

2．测量误差的表示

（1）绝对误差

任何一种测量结果的测量值与其真值之间总会存在一定的差值，这种差值称为被测值的绝对误差，又称为测量误差，即

$$绝对误差 = 测量值-真值$$

绝对误差可正可负，具有与被测量相同的量纲和单位，它表示测量值偏离真值的程度。由于真值一般是得不到的，所以误差也无法计算。实际测量中是用多次测量的算术平均值 $\bar{x}$ 代替真值，测量值与算术平均值之差称为偏差，又称残差，用 Δx 表示，即

$$\Delta x = x - \bar{x} \tag{1.2}$$

假定一个物体的真实长度为 100.0mm，而测量值为 100.5mm，则测量误差为 0.5mm。另

一个物体的真实长度为 10.0mm，测得值为 10.5mm，测量误差也为 0.5mm。从绝对误差看两者相等，但测量结果的准确程度却大不一样。显然，评价一个测量结果的准确程度，不仅要看绝对误差的大小，还要看被测量本身的大小。

（2）相对误差

相对误差为测量值的绝对误差除以被测量的真值，用 E 表示。由于真值不能确定，实际上常用约定真值，如公认值、算术平均值，代替真值。相对误差是一个无单位的无名数，一般用百分数表示，如

$$E = \frac{\Delta x}{\bar{x}} \times 100\% \qquad (1.3)$$

前述第一个测量的相对误差 $E = \dfrac{0.5}{100.0} = 0.5\%$，而第二个测量的相对误差为 $E = \dfrac{0.5}{10.0} = 5\%$。第一个测量比第二个测量准确程度高。

（3）百分误差

将测量值与理论值或公认值比较的误差用百分误差（E_0）表示，即

$$E_0 = \frac{|测量值-理论值|}{理论值} \times 100\%$$

3．测量结果的评价

评价测量结果，常用到精密度、正确度、准确度这 3 个概念。

精密度是反映随机误差大小的程度，是指测量结果的重复性。测量的重复性好，各次测量误差的分布密集，其随机误差就小；反之，精密度低的测量结果，其重复性差，随机误差大。

正确度是反映系统误差大小的程度，是指测量结果的正确性。它描述测量值接近真值的程度。当测量仪器和测量方法选定后，测量的正确度就确定了。精密度和正确度这两个概念不能混淆，精密度高不一定正确度高，这是由于使用一台较粗糙的仪器也能做到测量的精密度高，而使用正确度高的仪器，有时即使测量的精密度较低（重复性差），但其测量结果也可能是正确的。

准确度是反映系统误差与随机误差综合大小的程度。如果测量结果既精密又正确，即随机误差与系统误差均小，则说明测量结果准确度高。

现以射击打靶为例说明精密度与正确度的区别，如图 1.1 所示。图 1.1（a）表示精密度与正确度均好；图 1.1（b）表示精密度好而正确度不高；图 1.1（c）表示精密度和正确度都不高。

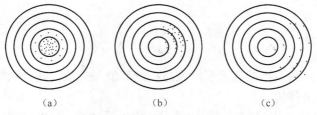

（a）　　　　　　　（b）　　　　　　　（c）

图 1.1　测量结果的评价

四、随机误差的估算

1．直接测量结果误差的估算

（1）单次测量结果的表示

有些实验是在变化过程中对被测量进行测量的，只能测量一次；有些实验有多个被测量，其中某个被测量的相对误差很小，没有必要多次测量；有些实验用的仪器的准确度较低，多次测量结果相同等。这时就用单次测量值作为测量结果，近似表示被测量的真值。

单次测量结果的误差一般用仪器的额定误差来表示。例如，用 0～25mm 的一级千分尺测量圆柱体的直径 D 为 9.034mm，从手册查到示值误差为 0.004mm，则直径的测量结果为

$$D = 9.034 \pm 0.004 \text{(mm)}$$

$$E = \frac{0.004}{9.034} \times 100\% = 0.044\%$$

当测量不能在正常状态下进行时，单次测量结果的误差应根据测量的实际情况和仪器误差进行估计。如用米尺测量钢丝的长度，若米尺不能紧靠钢丝，上下两端读数误差可各取 0.5mm，则钢丝长度的测量误差为 1mm。又如用秒表测量三线摆的周期，误差主要由启动和制动按钮时，手的动作和目测位置不完全一致而引起的，估计启动和制动各有 0.1s 的误差，则该周期时间的误差应估计为 0.2s。

（2）等精度多次测量结果的表示

① 算术平均值。测量结果的最佳值由于测量误差的存在，真值实际上是无法测得的，但我们可以利用随机误差的性质，求出测量结果的最佳值——近真值（即用算术平均值表示）。

根据随机误差的抵偿性可知，在确定的测量条件下，减小测量结果的随机误差的办法是增加测量次数。设对某量在等精度测量条件下进行多次测量时，获得下面的 n 个数据

$$x_1, \ x_2, \ x_3, \cdots, \ x_n$$

则其算术平均值为

$$\bar{x} = \frac{1}{n} \sum_{i=1}^{n} x_i \tag{1.4}$$

又由误差定义 $\Delta_i = x_i - a$，得

$$a = x_i - \Delta_i$$

$$na = \sum_{i=1}^{n} x_i - \sum_{i=1}^{n} \Delta_i$$

由于

$$\lim_{n \to \infty} \frac{1}{n} \sum_{i=1}^{n} \Delta_i = 0$$

可见当 $n \to \infty$ 时，有

$$\bar{x} = \frac{1}{n} \sum_{i=1}^{n} x_i \to a$$

且测量次数越多，测量列的算术平均值越接近真值 a。故称测量列的算术平均值为近真值，它是测量结果的最佳值。

② 偏差。由于真值 a 无法知道，因而误差 Δ_i 也无法计算。可以用测量列中各测量值与算术平均值之差来估算误差，称之为偏差，即

$$\Delta x_i = x_i - \bar{x} \tag{1.5}$$

注意在以后的讨论中，所有的误差都是用偏差表示的。

③ 标准误差。当在相同条件下，对某个被测量进行 n 次测量时，任何一次测量值的标准误差 σ_x 定义为

$$\sigma_x = \sqrt{\frac{\sum\limits_{i=1}^{n} \Delta x^2_i}{n-1}} = \sqrt{\frac{\sum\limits_{i=1}^{n} (x_i - \overline{x})^2}{n-1}} \tag{1.6}$$

它是反映同一待测量的 n 次测量所得结果的离散性的参数，只取决于具体测量的条件。当测量次数足够大时，测量列的标准误差就会趋于一个稳定的数值，而与测量次数无关。测量列中任一测量值的误差落在 $[-\sigma_x, +\sigma_x]$ 内的概率为 68.3%左右。

④ 算术平均误差。对某量在相同条件下进行多次测量时，测量列的平均误差为

$$\sigma_{\overline{x}} = \frac{\sum\limits_{i=1}^{n} |\Delta x_i|}{\sqrt{n(n-1)}} \tag{1.7}$$

式（1.7）表示，n 个测量列中任一测量值的误差落在 $[-\sigma_{\overline{x}}, +\sigma_{\overline{x}}]$ 内的概率为 57.5%。

在普通物理实验中，有时为方便计算，常用各个误差的绝对值的算术平均值

$$\overline{\Delta x} = \frac{\sum\limits_{i=1}^{n} |\Delta x_i|}{n} \tag{1.8}$$

来评价测量结果，并称其为"算术平均绝对误差"。

⑤ 两种误差的比较。用螺旋测微计测量一钢球的直径，得到如下两组测量数据。

A 组　　x_i（mm）　　　1.250　　　1.256　　　1.251　　　1.255
B 组　　x_i（mm）　　　1.253　　　1.248　　　1.253　　　1.258

$$\left.\begin{array}{l} \overline{x}_A = 1.253\text{mm} \\ \overline{x}_B = 1.253\text{mm} \end{array}\right\}$$

$\overline{\Delta x_A} = 0.003\text{mm},\qquad E_A = 0.24\%$

$\overline{\Delta x_B} = 0.003\text{mm},\qquad E_B = 0.24\%$

$\sigma_A = 0.003\text{mm},\qquad E_A = 0.24\%$

$\sigma_B = 0.004\text{mm},\qquad E_B = 0.32\%$

对上列 A、B 两组数据，如果都用算术平均误差计算，则其绝对误差和相对误差都一样，没有区别。若用标准误差计算，则它们的绝对误差和相对误差都不一样。仔细分析数据可以看出，A 组的涨落小于 B 组，这就清楚地说明，标准误差比算术平均误差能更准确地表征测量结果及其数据分布情况。算术平均误差只是粗略地反映了测量误差的大小，而标准误差则反映了误差的分布。但算术平均误差计算比较简单，因此在要求不高或数据离散度不大时，还是一种比较方便的方法。

例 1.1　测某一钢块长，共测 6 次。$L_1 = 14.4\text{mm}$，$L_2 = 14.8\text{mm}$，$L_3 = 14.9\text{mm}$，$L_4 = 14.7\text{mm}$，$L_5 = 14.5\text{mm}$，$L_6 = 14.9\text{mm}$，试写出它的测量结果。

解：

$$\begin{aligned} \overline{L} &= \frac{1}{6} \sum_{i=1}^{6} L_i \\ &= \frac{1}{6}(14.4 + 14.8 + 14.9 + 14.7 + 14.5 + 14.9) \\ &= 14.7(\text{mm}) \end{aligned}$$

① 用算术平均误差表示。

各次测量的偏差为

$$\Delta L_1 = L_1 - \overline{L} = 14.4\text{mm} - 14.7\text{mm} = -0.3\text{mm}$$
$$\Delta L_2 = +0.1\text{mm}, \quad \Delta L_3 = +0.2\text{mm}, \quad \Delta L_4 = 0.0\text{mm}$$
$$\Delta L_5 = -0.2\text{mm}, \quad \Delta L_6 = 0.2\text{mm}$$

平均误差为

$$\Delta L = \frac{\sum_{i=1}^{6}|\Delta L_i|}{\sqrt{6 \times (6-1)}} = 0.2(\text{mm})$$

$$E_L = \frac{\Delta L}{\overline{L}} \times 100\% = 1.4\%$$

测量结果表示为

$$\begin{cases} L = \overline{L} \pm \Delta L = 14.7 \pm 0.2(\text{mm}) \\ E_L = 1.4\% \end{cases}$$

② 用标准误差表示。

测量值 L_i 的标准误差

$$\sigma_L = \sqrt{\frac{\sum_{i=1}^{6}(L_i - \overline{L})^2}{6-1}}$$

$$= \sqrt{\frac{1}{5}(0.3^2 + 0.1^2 + 0.2^2 + 0.0^2 + 0.2^2 + 0.2^2)}$$

$$= 0.210 \approx 0.2(\text{mm})$$

$$E_L = 1.4\%$$

测量结果表示为

$$\begin{cases} L = \overline{L} \pm \sigma_L = 14.7 \pm 0.2(\text{mm}) \\ E_L = 1.4\% \end{cases}$$

以上计算也可用电子计算器直接求得。现以 CASIO FX-100 型计算器为例来说明。

a. 函数模式选择开关置于"SD"位置。

b. 依次顺按 INV 和 AC 键，以清除"SD"中的所有内存。

c. 输入数据，且每输入一个数据按一次"M+"键，如按 14.4 M+、14.8 M+、14.9 M+、14.7 M+、14.5 M+、14.9 M+。

d. 按 $\overline{x}$ 键，得 $\overline{L} = 14.66\text{mm}$，取 14.7mm。

e. 按 σ_{n-1} 键，得 $\sigma_L = 0.207\text{mm}$，取 0.2mm。

测量结果为 $\overline{L} \pm \sigma_L = (14.7 \pm 0.2)\text{mm}$，$E_L = 1.4\%$。

2. 间接测量结果误差的估算

间接测量是由直接测量值通过函数关系计算得到的，既然直接测量有误差，那么间接测量也必有误差，这就是误差的传递。由直接测量值及其误差来计算间接测量值的误差的关系式称为误差的传递公式。

（1）一般误差传递公式

对于那些要求不高的实验，如果系统误差是主要的，而其符号又不能确定，或不必区分系统误差和随机误差，可用如下的方法粗略估算误差范围。

设间接测量值为 N，它是由各互不相关的直接测量值 A、B、C……通过函数关系 f 求得的，即

$$N = f(A,\ B,\ C,\cdots) \tag{1.9}$$

计算函数的全微分，有

$$dN = \frac{\partial f}{\partial A}dA + \frac{\partial f}{\partial B}dB + \frac{\partial f}{\partial C}dC + \cdots$$

其中，$\dfrac{\partial f}{\partial A}$、$\dfrac{\partial f}{\partial B}$、$\dfrac{\partial f}{\partial C}$ 是一阶偏导数。

上式表明，当 A、B、C……诸量有微小增量 dA，dB，dC……时，N 的增量为 dN。通常误差远小于测量值，故可将 dA，dB，dC，$\cdots$，dN 看成误差。设各直接测量值的误差为 ΔA、ΔB、ΔC……间接测量值的误差为 ΔN（ΔA、ΔB、ΔC、ΔN 等可能既包含随机误差，又包含系统误差）。考虑到各项误差本身的正或负是不可知的，有可能会造成正负相消的可能性，从最不利的情况出发，即误差的同向迭加，各分项均取绝对值，则间接测量的绝对误差传递公式为

$$\Delta N = \left|\frac{\partial f}{\partial A}\right|\Delta A + \left|\frac{\partial f}{\partial B}\right|\Delta B + \left|\frac{\partial f}{\partial C}\right|\Delta C + \cdots \tag{1.10}$$

式中，$\dfrac{\partial f}{\partial A}\Delta A$，$\dfrac{\partial f}{\partial B}\Delta B$，$\dfrac{\partial f}{\partial C}\Delta C$ 等项是直接测量值引起的相应的分误差，$\dfrac{\partial f}{\partial A}$、$\dfrac{\partial f}{\partial B}$、$\dfrac{\partial f}{\partial C}$ 等叫做分误差的传递系数。可见一个间接测量值的误差等于各个直接测量值分误差的总和，它不仅取决于各个直接测量值误差的大小，还要取决于误差的传递系数。

间接测量值的相对误差公式为

$$E_N = \frac{\Delta N}{N} = \frac{1}{N}\left(\left|\frac{\partial f}{\partial A}\right|\Delta A + \left|\frac{\partial f}{\partial B}\right|\Delta B + \left|\frac{\partial f}{\partial C}\right|\Delta C + \cdots\right) \tag{1.11}$$

例 1.2　计算圆环面积 $S = \dfrac{\pi}{4}(D^2 - d^2)$ 的误差。

解：

$$\Delta S = \left|\frac{\partial S}{\partial D}\right|\Delta D + \left|\frac{\partial S}{\partial d}\right|\Delta d = \frac{\pi}{4}(|2D|\Delta D + |-2d|\Delta d)$$

$$= \frac{\pi}{4}(2D\Delta D + 2d\Delta d)$$

$$\frac{\Delta S}{S} = 2\frac{D}{D^2 - d^2}\Delta D + 2\frac{d}{D^2 - d^2}\Delta d$$

如果函数形式为乘除、指数或对数时，可先将函数取对数，即

$$\ln N = \ln f(A, \ B, \ C, \ \cdots)$$

然后再求全微分，并将微分号改写为误差号，各项取绝对值，则相对误差公式为

$$\frac{\Delta N}{N} = \left|\frac{\partial \ln f}{\partial A}\right|\Delta A + \left|\frac{\partial \ln f}{\partial B}\right|\Delta B + \left|\frac{\partial \ln f}{\partial C}\right|\Delta C + \cdots \tag{1.12}$$

以上的式（1.10）、式（1.11）和式（1.12）处理间接测量误差的方法可能会夸大测量结果的误差，计算的是最大误差。但是在误差分析、实验设计或做比较粗略的误差计算中，这样的估计还是比较简单而稳妥的。

例 1.3　推导 $Q = \dfrac{xy}{z}a^t$ 的误差传递公式，其中 a 为常数。

解：方法一，对 Q 进行全微分。

$$dQ = \frac{y}{z}a^t dx + \frac{x}{z}a^t dy - \frac{xy}{z^2}a^t dz + \frac{xy}{z}a^t \ln a\, dt$$

$$\Delta Q = \left|\frac{y}{z}a^t\right|\Delta x + \left|\frac{x}{z}a^t\right|\Delta y + \left|-\frac{xy}{z^2}a^t\right|\Delta z + \left|\frac{xy}{z}a^t \ln a\right|\Delta t$$

$$\frac{\Delta Q}{Q} = \left(\left|\frac{y}{z}a^t\right|\Delta x + \left|\frac{x}{z}a^t\right|\Delta y + \left|-\frac{xy}{z^2}\right|a^t\Delta z + \left|\frac{xy}{z}a^t \ln a\right|\Delta t\right)\Big/\frac{xy}{z}a^t$$

$$= \frac{\Delta x}{x} + \frac{\Delta y}{y} + \frac{\Delta z}{z} + \ln a\,\Delta t$$

方法二，对 Q 取对数，然后进行全微分。

$$\ln Q = \ln x + \ln y - \ln z + (\ln a)\cdot t$$

$$\frac{dQ}{Q} = \left(\frac{dx}{x} + \frac{dy}{y} - \frac{dz}{z} + \ln a\, dt\right)$$

$$\frac{\Delta Q}{Q} = \left(\left|\frac{1}{x}\right|\Delta x + \left|\frac{1}{y}\right|\Delta y + \left|-\frac{1}{z}\right|\Delta z + \left|\ln a\right|\Delta t\right)$$

$$\Delta Q = Q\left(\frac{\Delta x}{x} + \frac{\Delta y}{y} + \frac{\Delta z}{z} + \ln a\,\Delta t\right)$$

很显然方法二较为简单。

下面来看一般误差传递公式在基本运算中的应用。

① 和差关系。

设 $N = A + B$，则有

$$\frac{\partial N}{\partial A} = 1, \ \frac{\partial N}{\partial B} = 1$$

由此

$$\Delta N = \left|\frac{\partial N}{\partial A}\right|\Delta A + \left|\frac{\partial N}{\partial B}\right|\Delta B = \Delta A + \Delta B$$

$$\frac{\Delta N}{N} = \frac{\Delta A + \Delta B}{A + B}$$

同理，当 $N = A - B$ 时，有

$$\Delta N = \Delta A + \Delta B$$

$$\frac{\Delta N}{N} = \frac{\Delta A + \Delta B}{A - B}$$

结论：当函数是和差关系时，则间接测量值的绝对误差是各直接测量值的绝对误差之和。因此，以先求其绝对误差，再求相对误差为便。

② 乘除关系。

设 $N = A \cdot B$，则有

$$\frac{\partial N}{\partial A} = B, \quad \frac{\partial N}{\partial B} = A$$

$$\Delta N = \left| \frac{\partial N}{\partial A} \right| \Delta A + \left| \frac{\partial N}{\partial B} \right| \Delta B = B\Delta A + A\Delta B$$

$$\frac{\Delta N}{N} = \frac{B\Delta A + A\Delta B}{A \cdot B} = \frac{\Delta A}{A} + \frac{\Delta B}{B}$$

同理，当 $N = A/B$ 时，有

$$\frac{\partial N}{\partial A} = \frac{1}{B}, \quad \frac{\partial N}{\partial B} = -\frac{A}{B^2}$$

$$\Delta N = \left| \frac{\partial N}{\partial A} \right| \Delta A + \left| \frac{\partial N}{\partial B} \right| \Delta B = \frac{1}{B}\Delta A + \frac{A}{B^2}\Delta B$$

$$\frac{\Delta N}{N} = \left(\frac{1}{B}\Delta A + \frac{A}{B^2}\Delta B \right) / \frac{A}{B} = \left(\frac{1}{B}\Delta A + \frac{A}{B^2}\Delta B \right) \cdot \frac{B}{A}$$

$$= \frac{\Delta A}{A} + \frac{\Delta B}{B}$$

结论：当函数是乘除关系时，间接测量值的相对误差是各直接测量值的相对误差之和。在求这种形式的函数时，可先求其相对误差 $\frac{\Delta N}{N}$，再由式 $\Delta N = N \cdot \frac{\Delta N}{N}$ 求得绝对误差为便。

以上结论不仅适用于两个量的情况，而且还可以推广到任意多个量的情况。

例 1.4 通过测定圆柱体的直径 d、高 h 及质量 m，求圆柱体的密度及误差。

解：因为

$$\rho = \frac{m}{v} = \frac{4m}{\pi d^2 h}$$

由于函数仅为乘除关系，且 4π 是常量，先算相对误差

$$E_\rho = \frac{\Delta \rho}{\rho} \times 100\% = \left(\frac{\Delta m}{m} + \frac{\Delta d}{d} + \frac{\Delta d}{d} + \frac{\Delta h}{h} \right) \times 100\% = \left(\frac{\Delta m}{m} + 2\frac{\Delta d}{d} + \frac{\Delta h}{h} \right) \times 100\%$$

$$\Delta \rho = \rho \cdot E_\rho = \frac{4m}{\pi d^2 h} \left(\frac{\Delta m}{m} + 2\frac{\Delta d}{d} + \frac{\Delta h}{h} \right)$$

表 1.1 列出了常用函数的一般误差传递公式。

表 1.1   常用函数的一般误差传递公式

函数表达式 $[N = f(A, B, C, \cdots)]$	绝对误差（ΔN）	相对误差 $\left(\dfrac{\Delta N}{N}\right)$
$N = A + B$	$\Delta A + \Delta B$	$\dfrac{\Delta A + \Delta B}{A + B}$
$N = A - B$	$\Delta A + \Delta B$	$\dfrac{\Delta A + \Delta B}{A - B}$
$N = A \cdot B$	$A \cdot \Delta B + B \cdot \Delta A$	$\dfrac{\Delta A}{A} + \dfrac{\Delta B}{B}$
$N = \dfrac{A}{B}$	$\dfrac{B \cdot \Delta A + A \cdot \Delta B}{B^2}$	$\dfrac{\Delta A}{A} + \dfrac{\Delta B}{B}$
$N = A^n$	$nA^{n-1} \cdot \Delta A$	$n \cdot \dfrac{\Delta A}{A}$
$N = nA$	$n \cdot \Delta A$	$\dfrac{\Delta A}{A}$
$N = \sqrt[n]{A}$	$\dfrac{1}{n} \cdot A^{\frac{1}{n}-1} \cdot \Delta A$	$\dfrac{1}{n} \cdot \dfrac{\Delta A}{A}$
$N = \sin A$	$\lvert \cos A \rvert \cdot \Delta A$	$\dfrac{\lvert \cos A \rvert}{\sin A} \cdot \Delta A$
$N = \ln A$	$\dfrac{\Delta A}{A}$	$\dfrac{\Delta A}{A \cdot \ln A}$

（2）标准误差传递公式

以上所用的一般误差的传递公式，是在考虑各项误差同时存在，且出现最不利情况时使用的。实际上，出现这种情况的几率是不大的，因而有些夸大了间接测量值的误差。如果各直接测量值之间是相互独立的，且主要误差来源是随机误差，用标准误差来计算间接测量的误差，考虑了随机误差间的抵偿的可能性，能更真实地反映出各直接测量值的误差对间接测量值的贡献。因此，在精度要求较高的实验中，都采用的是标准误差的传递公式。

若采用标准误差系统，可以证明，间接测量的绝对误差为

$$\sigma_N = \sqrt{\left(\frac{\partial f}{\partial A}\right)^2 \sigma_A^2 + \left(\frac{\partial f}{\partial B}\right)^2 \sigma_B^2 + \left(\frac{\partial f}{\partial C}\right)^2 \sigma_C^2 + \cdots} \tag{1.13}$$

而间接测量的相对误差为

$$\frac{\sigma_N}{N} = \sqrt{\left(\frac{\partial f}{\partial A}\right)^2 \left(\frac{\sigma_A}{N}\right)^2 + \left(\frac{\partial f}{\partial B}\right)^2 \left(\frac{\sigma_B}{N}\right)^2 + \left(\frac{\partial f}{\partial C}\right)^2 \left(\frac{\sigma_C}{N}\right)^2 + \cdots} \tag{1.14}$$

式（1.13）、式（1.14）为间接测量的标准误差传递公式，它是以方和根形式合成的，式中的 A、B、C……是直接测量值，σ_A、σ_B、σ_C……是各直接测量值的标准误差。

对于以乘除运算为主的函数关系，可以表示为

$$\frac{\sigma_N}{N} = \sqrt{\left(\frac{\partial \ln f}{\partial A}\right)^2 \sigma_A^2 + \left(\frac{\partial \ln f}{\partial B}\right)^2 \sigma_B^2 + \left(\frac{\partial \ln f}{\partial C}\right)^2 \sigma_C^2 + \cdots} \qquad (1.15)$$

表 1.2 列出了常用函数的标准误差传递公式。

表 1.2 常用函数的标准误差传递公式

函数表达式[$N=f(A、B、C\cdots)$]	绝对误差（σ_N）	相对误差$\left(\dfrac{\sigma_N}{N}\right)$
$N = A + B$	$\sqrt{\sigma_A^2 + \sigma_B^2}$	$\dfrac{\sqrt{\sigma_A^2 + \sigma_B^2}}{A + B}$
$N = A - B$	$\sqrt{\sigma_A^2 + \sigma_B^2}$	$\dfrac{\sqrt{\sigma_A^2 + \sigma_B^2}}{A - B}$
$N = A \cdot B$	$A \cdot B \sqrt{\left(\dfrac{\sigma_A}{A}\right)^2 + \left(\dfrac{\sigma_B}{B}\right)^2}$	$\sqrt{\left(\dfrac{\sigma_A}{A}\right)^2 + \left(\dfrac{\sigma_B}{B}\right)^2}$
$N = \dfrac{A}{B}$	$\dfrac{A}{B} \sqrt{\left(\dfrac{\sigma_A}{A}\right)^2 + \left(\dfrac{\sigma_B}{B}\right)^2}$	$\sqrt{\left(\dfrac{\sigma_A}{A}\right)^2 + \left(\dfrac{\sigma_B}{B}\right)^2}$
$N = A^n$	$nA^{n-1} \cdot \sigma_A$	$n\dfrac{\sigma_A}{A}$
$N = A^{\frac{1}{n}}$	$\dfrac{1}{n} A^{\frac{1}{n}-1} \cdot \sigma_A$	$\dfrac{1}{n}\dfrac{\sigma_A}{A}$
$N = \sin A$	$\lvert \cos A \rvert \sigma_A$	$\dfrac{\lvert \cos A \rvert \sigma_A}{\sin A}$
$N = \ln A$	$\dfrac{1}{A} \sigma_A$	$\dfrac{\sigma_A}{A \ln A}$

由表 1.2 同样可见，当函数关系为加减运算时，间接测量值的绝对误差是各直接测量值的绝对误差的方和根；当函数关系为乘除运算时，间接测量值的相对误差是各直接测量值的相对误差的方和根。

例 1.5 用流体静力称衡法测固体密度的公式为 $\rho = \dfrac{m}{m - m_1} \rho_0$，若测得 $m = (29.05 \pm 0.03)\text{g}$，$m_1 = (19.07 \pm 0.03)\text{g}$，$\rho_0 = (0.9998 \pm 0.0002)\text{g/cm}^3$，分别计算出 ρ、$\Delta\rho$ 和 σ_ρ。

解：

① $\rho = \dfrac{m}{m - m_1} \rho_0 = \dfrac{29.05}{29.05 - 19.07} \times 0.9998 = \dfrac{29.05 \times 0.9998}{9.98} = 2.91(\text{g/cm}^3)$。

② 对 $\rho = \dfrac{m}{m - m_1} \rho_0$ 式两边取对数，再求全微分得

$$\ln \rho = \ln m - \ln(m - m_1) + \ln \rho_0$$

$$\frac{\mathrm{d}\rho}{\rho} = \frac{\mathrm{d}m}{m} - \frac{\mathrm{d}(m - m_1)}{m - m_1} + \frac{\mathrm{d}\rho_0}{\rho_0}$$

合并同一变量系数得

$$\frac{\mathrm{d}\rho}{\rho} = -\frac{m_1}{m(m-m_1)}\mathrm{d}m + \frac{1}{m-m_1}\mathrm{d}m_1 + \frac{1}{\rho_0}\mathrm{d}\rho_0$$

把微分号变为误差号，各项相加得

$$E_\rho = \frac{\Delta\rho}{\rho} \times 100\% = \left(\frac{m_1}{m(m-m_1)}\Delta m + \frac{1}{m-m_1}\Delta m_1 + \frac{1}{\rho_0}\Delta\rho_0 \right) \times 100\%$$

若 $\Delta m = 0.03\mathrm{g}$、$\Delta m_1 = 0.03\mathrm{g}$、$\Delta\rho_0 = 0.0002\mathrm{g/cm^3}$，有

$$E_\rho = \frac{\Delta\rho}{\rho} \times 100\% = \left(\frac{m_1}{m(m-m_1)}\Delta m + \frac{1}{m-m_1}\Delta m_1 + \frac{1}{\rho_0}\Delta\rho_0 \right) \times 100\% = 0.7\%$$

$$\Delta\rho = \rho E_\rho = 0.02(\mathrm{g/cm^3})$$

$$\rho = \rho \pm \Delta\rho = 2.91 \pm 0.02(\mathrm{g/cm^3})$$

③ 若 $\sigma_m = 0.03\mathrm{g}$、$\sigma_m = 0.03\mathrm{g}$、$\sigma_{\rho_0} = 0.0002\mathrm{g/cm^3}$，有

$$\frac{\sigma_\rho}{\rho} = \sqrt{\frac{m_1^2}{m^2(m-m_1)^2}\sigma_m^2 + \frac{1}{(m-m_1)^2}\sigma_m^2 + \frac{1}{\rho_0^2}\sigma_\rho^2} = 0.4\%$$

$$\sigma_\rho = \rho\frac{\sigma_\rho}{\rho} = 0.01(\mathrm{g/cm^3})$$

$$\rho = \rho \pm \sigma_\rho = 2.91 \pm 0.01(\mathrm{g/cm^3})$$

在使用式（1.10）～式（1.15）时须注意，若传递公式中是以测量列误差和测量值 x 代入，则计算所得的 ΔN（或 σ_N）就是 N 的测量列的误差；若以算术平均值的误差和算术平均值 $\bar{x}$ 代入，则计算所得的 ΔN（或 σ_N）就是 N 的算术平均值的误差。

五、系统误差的发现与消除

1．系统误差的来源及特征

系统误差是由理论的近似、方法的不完善、仪器的缺陷、环境条件不符合要求及观测人员的习惯等产生的误差。实验方案一经确定，系统误差就有一个客观的确定值，实验条件一旦变化，系统误差也按一种确定的规律发生变化。从对测量结果的影响来看，系统误差不消除往往比随机误差带来的影响更大，所以，实验中必须进行认真的分析与讨论。

产生系统误差的原因主要有以下几个方面。

（1）仪器误差

仪器误差是由于仪器本身的缺陷或没有按条件使用而造成的。如仪器的零点不准、标尺刻度不准、该水平放置的仪器没有放水平等。

（2）理论（或方法）误差

理论（或方法）误差是测量时所根据的理论公式的近似性，或实验条件达不到理论公式所规定的要求，或测量方法所带来的。例如，用伏安法测电阻时，忽略了电表内阻的影响；用单摆的周期公式 $T = 2\pi\sqrt{\dfrac{l}{g}}$ 时，摆角没有趋于零等。

（3）个人误差

个人误差是由于实验者本身的生理特点、习惯与偏向造成的。例如，读数总是偏高或总是偏低；用秒表计时，有人总是操之过急，计时短，有人总是操之过慢，计时长等。

（4）环境误差

环境误差是由于外界环境因素（主要是温度、压力、湿度、电磁场等情况）发生变化，或者测量仪器规定的使用条件未得到满足所造成的误差。例如，在 20℃下标定的标准电阻、标准电池在较高或较低的温度下使用时所造成的误差。

2．发现系统误差的方法

一般情况下，系统误差是不能由重复多次测量来发现的。针对系统误差的来源，必须仔细地研究测量理论和方法的每一步推导（是否有问题或取近似），检验或校准每一件仪器（是否有仪器误差），分析每一个实验条件（是否受震动，是否与气温、气压、湿度有关，周围是否有磁场、电场对测量的影响等），这些因素都对实验结果有影响。查找系统误差的常用方法如下。

（1）对比的方法

① 实验方法的对比。用不同方法测同一个量，看结果是否一致。如果不一致，就存在系统误差。

② 仪器的对比。如用两块电表接入同一电路，读数不一致，则说明至少有一块电表不准。如果其中一块是标准表，就可以找出修正值。

③ 改变测量方法。如测电流值时，当电流增加时测一组，当电流减小时再测一组，将两组进行比较，看结果是否一致。

④ 改变实验中某些参量的数值。如三线摆测转动惯量实验中，改变摆角测周期来进行比较。

⑤ 改变实验条件。如改变电路中某元件的位置，看结果是否一致。

⑥ 改变实验者。如换其他的实验者进行实验，看结果是否一致。

（2）理论分析法

① 分析测量所依据的理论公式要求的条件与实际情况是否有差异。如三线摆实验中，要求摆角小于 5°，看实验时是否满足该要求。

② 分析仪器所要求的条件是否达到了。如用分光计测棱镜的折射率，则看分光计是否调整好了。

（3）分析数据的方法

在理论上，随机误差是遵从统计分布规律的，如果测量结果不遵从统计分布规律，则存在系统误差。

① 将一组测量值按先后次序排列，如果发现偏差的大小有规则地向一个方向变化，即前后的偏差是递增（或递减）的，则说明该测量存在系统误差。

② 将测量列中各测量值按测量次序排列，如果发现其偏差的符号做有规律的交替变化，则说明该测量列含有系统误差。

③ 在某些测量条件下，测量列的各测量值的偏差均为某一固定的符号（如正号），若条件变化后，测得各测量值的偏差符号发生变化（全为负号），则该测量列就有固定的随着测量条件的变化而消失或出现的系统误差。

3．系统误差的消除

找到了系统误差产生的原因，就可以采取一定的方法加以消除，或对测量结果加以修正。在实际测量中，完全消除系统误差是不可能的，在把系统误差减小到可忽略时，则可认为已消除了系统误差。

（1）测量结果引入修正量

① 由于仪器、仪表不准确产生的误差，可通过更准确（级别高）的仪表作比较，得到应有的修正值。

② 由于理论、公式上的不准确产生的误差，可根据理论分析导出修正公式。

（2）保证仪器装置及测量满足规定的条件

仪器装置及测量满足规定的条件才能有效地减小误差。

（3）采用合适的测量方法

常用的方法如下。

① 交换法（对置法）。

如用天平称衡时，被测物与砝码 P 平衡时，则 $x = P$。如果天平两臂不等长，设两臂长分别为 l_1 和 l_2，即 $l_1 \neq l_2$。根据力矩平衡条件有

$$xl_1 = Pl_2 \tag{1.16}$$

因 $l_1 \neq l_2$，所以 $x \neq P$。将被测物与砝码交换位置，平衡时，则

$$xl_2 = P'l_1 \tag{1.17}$$

式（1.16）与式（1.17）相乘得

$$x^2 l_1 l_2 = PP' l_1 l_2$$
$$x^2 = PP'$$

所以有

$$x = \sqrt{PP'} \tag{1.18}$$

② 替代法。

用已知量（标准量）替代被测量以达到消除系统误差的目的。如用单臂电桥测电阻时，先测被测电阻，使电桥平衡，然后用标准电阻（已知量）替代被测量，保持测被测电阻时的条件，调整标准电阻值，使电桥重新平衡，则标准电阻值等于被测电阻值。这样可消除桥臂的系统误差。

③ 异号法。

使误差出现两次，两次符号相反（+、−），取其平均值以消除系统误差。

如测载流螺线管内的磁场，为了消除地磁场的影响，可使螺线管通正、反向电流，分别测出磁场，然后取平均值，即

$$B_+ = B_0 + B_{地}$$
$$B_- = B_0 - B_{地}$$
$$\bar{B} = \frac{B_+ + B_-}{2} = B_0$$

④ 半周期偶数测量法。

对周期性误差，可以每经过半周期进行偶数次测量（一般测两次）。这种方法用来消除测角仪器中由于转轴偏心而引起的周期性系统误差。

周期性误差可以表示为

$$\theta = a\sin\frac{2\pi}{T}t$$

式中，a 为常数，t 为决定周期性误差的量（如时间、角度）之值，T 为误差变化周期。

当 $t = t_0$ 时，有

$$\theta = a\sin\frac{2\pi}{T}t_0$$

当 $t = t_0 + \frac{T}{2} = \tau$ 时，有

$$\theta_\tau = -a\sin\frac{2\pi}{T}t_0$$

而

$$\frac{\theta_0 + \theta_\tau}{2} = 0$$

故测得一个数后，相隔半个周期再测一个数，取两者平均值，就可消除周期性系统误差。如分光计中度盘偏心误差的消除，就是采用周期相距 $180°$ 的一对游标的读数。

⑤ 补偿法。

在量热计量中采用加水降温，使系统的初温低于室温，以补偿升温时的散热损失。

以上仅就系统误差的来源、发现及消除方法做了一般性介绍，而在实际问题中系统误差的处理是件复杂而困难的工作，涉及许多知识，需要丰富的实验经验。在今后的实验中，应逐步加强对系统误差的分析。

4．仪器误差

测量是用仪器进行的，有的仪器较粗糙，有的较精确，但任何仪器都存在误差。所不同的是，粗糙的仪器其仪器误差大，精确的仪器其仪器误差小。因此，仪器误差对实验结果的影响是不可忽略的。

仪器误差用 $\Delta_仪$ 表示，它是指在正确使用仪器的条件下，测量值和被测物理量的真值之间可能产生的最大误差。

仪器误差通常是由制造厂家或计量机关确定，一般写在仪器的标牌上或说明书中。对于未标明误差的仪器，可取其最小分度值的一半作为其仪器误差。或者根据仪器的级别进行计算，如电表示值的最大绝对误差为

$$\Delta_仪 = \pm\ 量程\times级别（\%）$$

仪器误差往往包括系统误差和随机误差，其中何者为主，对于不同仪器不尽相同。例如 0.2 级以上的仪表主要是随机误差；级别低的和工业用仪表则主要是系统误差；实验室常用仪表（如 0.5 级表）则两种误差都有。

对于不同的量具、量仪，其仪器误差有不同的规定。例如，1/10s 的秒表，仪器误差为 $\pm 0.1s$；游标卡尺、温度计等的仪器误差与其最小分度相等，如 50 分度的游标卡尺的仪器误差为 $\pm 0.02mm$。

以上所述的 $\Delta_仪$ 是仪器的最大示值误差，那么仪器的标准误差如何确定呢？

一般仪器误差的概率密度函数服从图 1.2 所示的均匀分布规律。在 $\pm\Delta_仪$ 范围内，误差出现的概率相同，$\pm\Delta_仪$ 区间外出现的概率为零。例如，游标卡尺

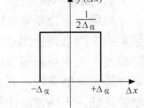

图 1.2 均匀分布规律

的仪器误差、仪器度盘或其他传动齿轮的回差所产生的误差、机械秒表在其分度值内不能分辨引起的误差、指零仪表判断平衡的视差、级别较高的仪器和仪表的误差等都属于均匀分布。误差发生在 $(-\Delta_\text{仪}, +\Delta_\text{仪})$ 区间内的概率为

$$\int_{-\Delta_\text{仪}}^{+\Delta_\text{仪}} f(\Delta x)\mathrm{d}(\Delta x) = 1$$

所以误差服从的规律为

$$f(\Delta x) = \frac{1}{2\Delta_\text{仪}}$$

由此经一定的计算可得仪器的标准误差为

$$\sigma_\text{仪} = \frac{\Delta_\text{仪}}{\sqrt{3}} \tag{1.19}$$

例 1.6　用 0~25mm 的一级千分尺测量钢丝的直径 10 次，数据如下。

d(mm)　1.006，1.008，1.002，1.001，0.998，1.010，0.993，0.995，0.990，0.997

已知千分尺的仪器误差为 0.004mm，用标准误差估算误差，并写出测量结果。

解：$\bar{d} = \dfrac{1}{n}\sum_{i=1}^{n} d_i = \dfrac{1}{10}(1.006 + 1.008 + 1.002 + 1.001 + 0.998 + 1.010 + 0.993$

$+ 0.995 + 0.990 + 0.997) = 1.000(\text{mm})$

标准误差

$$\sigma_d = \sqrt{\frac{1}{n-1}\sum_{i=1}^{n}(\Delta d_i)^2} = \sqrt{\frac{1}{10-1}[(0.006)^2 + (0.008)^2 + (0.002)^2}$$

$$\overline{+(0.001)^2 + (0.002)^2 + (0.010)^2 + (0.007)^2 + (0.005)^2}$$

$$\overline{+(0.010)^2 + (0.003)^2]} = 0.007(\text{mm})$$

与仪器误差合成为

$$\Delta = \sqrt{\sigma_d^2 + \left(\frac{\Delta_\text{仪}}{\sqrt{3}}\right)^2} = \sqrt{(0.007)^2 + \frac{(0.004)^2}{3}} = 0.007(\text{mm})$$

测量结果为

$$d = 1.000 \pm 0.007(\text{mm}), \quad E_d = \frac{0.007}{1.000} \times 100\% = 0.7\%$$

六、测量不确定度及测量结果的表示

1. 测量不确定度

根据国际计量局（BIPM）关于《实验不确定度的规定建议书》（INC-1，1980）建议，采用不确定度来评价测量质量。测量不确定度是指由于测量误差的存在而对被测量值不能肯定的程度，它表征被测量的真值在某个量值范围的一个评定。或者说测量不确定度表示测量误差可能出现的范围，表征合理的赋予被测量值的分散性。它的大小反映了测量结果可信赖程度的高低，不确定度小的测量结果可信赖程度高。不确定度包含了各种不同来源的误差对测量结果的影响，各分量的估算又反映了这部分误差所服从的分布规律，它不再将测量误差分为系统误差和随机误差，而是把可修正的系统误差修正以后，将余下的全部误差划分为可

以用统计方法估算的 A 类分量和用其他非统计方法估计的 B 类分量。在分析误差时要做到不遗漏、不增加、不重复。若各分量彼此独立,将 A 类和 B 类分量按方和根的方法合成得到合成不确定度。不确定度与给定的置信概率相联系,并且可以求出它的确定值。不确定度比标准误差更全面地表示测量结果的可靠性,现今在计量检测、工业等部门已逐步采用不确定度取代标准误差来评定测量结果的质量。

2. 直接测量不确定度的估算和测量结果的表达

(1)A 类(标准)不确定度 $\sigma(\bar{x})$

在相同测量条件下,n 次独立测量值为

$$x_1,\ x_2,\ \cdots,\ x_n$$

其算术平均值为

$$\bar{x} = \frac{1}{n}\sum_{i=1}^{n} x_i \tag{1.20}$$

x_i 的标准误差 σ_x 估计采用贝塞尔公式

$$\sigma_x = \sqrt{\frac{1}{n-1}\sum_{i=1}^{n}(x_i - \bar{x})^2} \tag{1.21}$$

算术平均值 $\bar{x}$ 的标准误差 $\sigma(\bar{x})$ 的最佳估计为

$$\sigma(\bar{x}) = \frac{\sigma_x}{\sqrt{n}} \tag{1.22}$$

平均值的标准不确定度就用 $\sigma(\bar{x})$ 表示,必要时还要给出自由度。

(2)B 类(标准)不确定度 $u(x_i)$

$u(x_i)$ 的估计信息可采用如下内容。

① 以前测量数据所计算的不确定度。

② 对有关材料和仪器性能的了解所估计的不确定度。

③ 厂商技术指标、检定证书、手册中所提供数据的不确定度。

评定 B 类不确定度有下述几种情况。

① 有些情况,不确定度分布是正态或近似正态分布。若检定证书上给出的不确定度估计边界范围(三倍标准差,即 3σ)为 $a_- - a_+ = 2a$,则标准不确定度为 $a/3$。

② 某些情况,测量值 x_i 落在估计边界 $[a_-,\ a_+]$ 范围内的概率为 1,落在该范围之外的概率为零,而对于 x_i 在该范围内的概率分布又不甚了解,只能假定 x_i 在 $[a_-,\ a_+]$ 区间内概率都相同,即所谓的均匀分布,此时标准不确定度为 $a/\sqrt{3}$。例如,数字电压表测量未知电压时估计的标准不确定度;又如游标卡尺、秒表等的误差,安装调整不垂直、不水平、未对准等的误差,回程误差,频率误差,数值凑整误差等。

③ 还有些情况,估计不确定度边界为 $a_- - a_+ = 2a$,虽对其分布没有确切了解,但可近似认为该范围中点处出现 x_i 值的概率最大,离中点越远,出现 x_i 的概率越小,且近似呈线性递减,在边界处的概率几乎为零,即所谓三角分布,此时标准不确定度为 $a/\sqrt{6}$。

④ 在物理实验教学中,约定取仪器误差作为 B 类不确定度分量。这虽是一种简化处理方法,但在测量次数 $n > 7$ 时,测量结果的置信概率仍近似等于 68.3%。

(3)合成不确定度 U

若各不确定度分量相互独立,则合成不确定度为

$$U = \sqrt{\sum_{i=1}^{n} \sigma(\overline{x})^2 + \sum_{i=1}^{m} u(x_i)^2} \tag{1.23}$$

（4）测量结果的表示

算术平均值及合成不确定度为

$$x = \overline{x} \pm U$$

相对不确定度为

$$U_r = \frac{U}{x} \times 100\%$$

必要时还要给出自由度 v。

3. 间接测量不确定度的合成和测量结果的表达

间接测量不确定度的合成与一般标准误差的传递计算方法相同。设间接测量值 N 与直接测量值 x_i 的函数关系为

$$N = f(x_1, \ x_2, \ \cdots, \ x_m)$$

其中，$\overline{x}_i (i = 1, 2, \cdots, m)$ 为各直接测量值的最佳值，则可证明间接测量值的最佳值为

$$\overline{N} = f(\overline{x}_1, \overline{x}_2, \cdots, \overline{x}_m)$$

将式（1.13）、式（1.14）中的标准偏差 σ_{x_i} 用不确定度 U_{x_i} 替代，就得到间接测量值的合成不确定度，即

$$U_N = \sqrt{\left(\frac{\partial f}{\partial x_1}\right)^2 U_{x_1}^2 + \left(\frac{\partial f}{\partial x_2}\right)^2 U_{x_2}^2 + \cdots + \left(\frac{\partial f}{\partial x_m}\right)^2 U_{x_m}^2} \tag{1.24}$$

$$\frac{U_N}{N} = \sqrt{\left(\frac{\partial \ln f}{\partial x_1}\right)^2 U_{x_1}^2 + \left(\frac{\partial \ln f}{\partial x_2}\right)^2 U_{x_2}^2 + \cdots + \left(\frac{\partial \ln f}{\partial x_m}\right)^2 U_{x_m}^2} \tag{1.25}$$

间接测量结果的表示与直接测量结果的表示形式相同，即写成

$$\begin{cases} N = \overline{N} \pm U_N \\ U_r = \dfrac{U_N}{N} \times 100\% \end{cases}$$

前述讨论的置信区间 $[-\sigma, \ \sigma]$，对应的置信概率为 68.3%。在工业、商业活动中，常将合成不确定度乘以包含因子 K 得展伸不确定度。对于高斯分布或近似高斯分布，$K=1.96$ 时，置信概率为 95%；$K=2.58$ 时，置信概率为 99%。

例 1.7 一个铅质圆柱体，用分度值为 0.02mm 的游标卡尺分别测其直径和高度 10 次，数据如下。

d（mm）20.42，20.34，20.40，20.46，20.44，20.40，20.40，20.42，20.38，20.34

h（mm）41.20，41.22，41.32，41.28，41.12，41.10，41.16，41.12，41.26，41.22

用称量 500g 的物理天平测其质量 $m=152.10$g，求铅的密度及不确定度。

解：

① 求铅质圆柱体的密度 ρ。

直径 d 的算术平均值为

$$\overline{d} = \frac{1}{10} \sum_{i=1}^{10} d_i = 20.40 \text{ (mm)}$$

高度 h 的算术平均值为

$$\overline{h} = \frac{1}{10}\sum_{i=1}^{10} h_i = 41.20 \text{ (mm)}$$

圆柱的质量为

$$m = 152.10 \text{ (g)}$$

铅质圆柱体的密度为

$$\rho = \frac{4m}{\pi d^2 h} = \frac{4 \times 152.10}{3.1416 \times 20.40^2 \times 41.20} = 1.129 \times 10^{-2} \text{ (g/mm}^3\text{)}$$

② 求直径 d 的不确定度。

A 类评定为

$$\sigma(\overline{d}) = \sqrt{\frac{\sum_{i=1}^{10}(d_i - \overline{d})^2}{n(n-1)}} = \sqrt{\frac{0.0136}{90}} = 0.012 \text{ (mm)}$$

B 类评定：游标卡尺的示值误差为 0.02mm，按近似均匀分布得

$$u(d) = \frac{0.02}{\sqrt{3}} = 0.012 \text{ (mm)}$$

d 的合成不确定度为

$$U(d) = \sqrt{\sigma(\overline{d})^2 + u(d)^2} = \sqrt{0.012^2 + 0.012^2} = 0.017 \text{ (mm)}$$

③ 求高度 h 的不确定度。

A 类评定为

$$\sigma(\overline{h}) = \sqrt{\frac{\sum_{i=1}^{10}(h_i - \overline{h})^2}{n(n-1)}} = \sqrt{\frac{0.0496}{90}} = 0.023 \text{ (mm)}$$

B 类评定为

$$u(h) = \frac{0.02}{\sqrt{3}} = 0.012 \text{ (mm)}$$

h 的合成不确定度为

$$U(h) = \sqrt{\sigma(\overline{h})^2 + u(h)^2} = \sqrt{0.023^2 + 0.012^2} = 0.026 \text{ (mm)}$$

④ 求质量 m 的不确定度。

从所用天平鉴定证书上得，称量为 1/3 量称时的合成不确定度为 0.04g，包含因子 $K = 3$，按近似高斯分布有

$$U(m) = \frac{0.04}{3} = 0.013 \text{ (g)}$$

⑤ 求铅密度的合成不确定度。

$$\frac{U(\rho)}{\rho} \times 100\% = \sqrt{\left(\frac{2U(d)}{d}\right)^2 + \left(\frac{U(h)}{h}\right)^2 + \left(\frac{U(m)}{m}\right)^2} \times 100\%$$

$$= \sqrt{\left(\frac{2 \times 0.017}{20.40}\right)^2 + \left(\frac{0.026}{41.20}\right)^2 + \left(\frac{0.013}{152.10}\right)^2} \times 100\%$$

$$= \sqrt{2.8 \times 10^{-6} + 0.4 \times 10^{-6}} \times 100\% = 0.18\%$$

$$U(\rho) = 1.129 \times 10^{-2} \times \frac{0.18}{100} = 0.002 \times 10^{-2} \, (\text{g/mm}^3)$$

⑥ 求铅密度的测量结果。

$$\rho = (1.129 \pm 0.002) \times 10^{-2} (\text{g/mm}^3), \quad U_r(\rho) = 0.18\%$$

1.1.2 有效数字

1. 有效数字的一般概念

测量结果都是含有误差的，因此表示测量结果的数字都是具有一定准确度的近似数，对这些数值的记录和计算，应当与一般的数学运算有区别，在测量中，判断哪些位数字应当记而哪些位数字不应当记的根据就是误差。在有误差的那位数以前的各位数字叫可靠数字，都应当记；有误差的那位数叫欠准数字（或可疑数字），也应当记；而误差以后的数字则是不可能确定的，用任何数字表示都是无效的，这些数字就不应当记。因此，我们把测量结果中可靠的几位数字加上欠准的一位数字，统称为有效数字。有效数字的个数称为有效数字的位数。例如 4.35cm 是 3 位有效数字，而 4.350cm 是 4 位有效数字。

需指出，一个物理量的数值和数学上的一个数有着不同的意义。在数学上，4.35 和 4.350 无区别，但从测量的意义上讲，4.35cm 和 4.350cm 是不同的，前者表示数据百分位那位数 5 是估读的欠准数，它有可能不是 5；而后者表示数据百分位这个数准确测量出来就是 5，数据千分位这个"0"才是欠准的。可见，对同一个物理量的测量来说，有效数字的位数越多表示测量精度越高。

关于有效数字应注意以下几个问题。

① 有效数字的位数与十进制单位的变化无关，即与小数点的位置无关。例如，1.36mm 是 3 位有效数字，写成 0.00136 m 仍是 3 位有效数字。

② 关于"0"是否有效的问题。运算过程添的"0"无效；改变单位加的"0"无效；为定位而在数字前加的"0"无效。无效的"0"不计入有效数字的位数。如 0.00136，136 前面的 3 个"0"不是有效数字。但是在数字之间和数字之末的"0"均是有效数字，不得任意取舍。例如，1034Ω是 4 位有效数字，0.0010340Ω是 5 位有效数字。

③ 有效数字的科学表示法。在书写很大或很小的数字，而数字的有效位数又不多时，数字大小将和有效位数发生矛盾，此时通常写成$\times 10^n$（n 可正可负）的标准形式，称为有效数字的科学表示法。例如，地球的半径可写成 6.371×10^8 cm，黄铜的线胀系数写成 1.84×10^{-5} ℃$^{-1}$，钢丝杨氏模量写成 2.00×10^{11}Pa。书写时，一般小数点点在第一位数字后面，而整个数的数量级则用 10 的方幂表示。

④ 计算公式中的常数，如π、e、$\sqrt{2}$ 及 1/2 等，其有效位数可根据需要任意选取。计算中，一般应比参加运算的各数中有效数字位数最多的还要多取一位。

⑤ 有效数字与相对误差的关系。由于有效数字的最后一位是有误差的，因此，大体上说，有效数字位数越多，相对误差就越小，有效数字位数越少，相对误差就越大。如（1.35±0.01）cm，有 3 位有效数字，相对误差近似为 0.7%；（1.3500±0.0001）cm，有效数字是 5 位，其相对误差近似为 0.007%。一般来说，两位有效数字对应于 10^{-2} 至 10^{-1} 这一量级范围的相对误差，3 位有效数字对应于 10^{-3} 至 10^{-2} 这一量级范围的相对误差，以此类推。因此，进行误差分析时，有时讲误差多大，有时讲几位有效数字，它们是密切相关的。

2. 测量结果有效数字的确定

（1）直接测量结果有效数字的取法

仪器上直接测读结果有效数字的多少，是由被测量大小与所用仪器的精度决定的，不能随意增减。正确的读数是应读到仪器的最小分度以下再估计一位为止。

图 1.3 中，用米尺测量某物体的长度 l=4.94cm，其中 4.9 是可靠数，而 0.04 是在最小分度毫米以下估读的一位欠准数字，换一个人来读，也可能估读为 0.03。在图 1.4 中，用米尺测某物体长度，若它的末端正好与 39 毫米刻度线相重合，则必须把测量结果记为 3.90cm，不能记为 3.9cm，因为 3.90cm 表示测量进行到了毫米的十分位上，只不过把它估读为零而已。这样记录符合有效数字的定义，即有 3.9 两位可靠数字，又有一位欠准数字"0"。

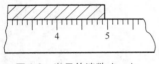　　　　　　　　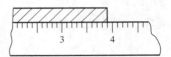

　　图 1.3　米尺的读数（一）　　　　　　　　　　图 1.4　米尺的读数（二）

（2）间接测量结果有效数字的取法

根据有效数字的定义，有效数字的最后一位是有误差的，而误差本身只是一个估计的范围。因此，在一般情况下，误差的有效数字只取一位，且对误差有效数字的取舍一般采用"只进不舍、隔'0'不进"的原则，如误差为 0.4，若为 0.42 则应写为 0.5；若为 0.402 则应写成 0.4，即隔"0"不进。通常要求把误差所在的一位与有效数字的最后位对齐。例如，黄铜的密度 ρ=(8.5±0.3)g/cm^3，钢丝直径 d=(0.501±0.005) mm 的表示是正确的，而铜球体积 V=(20±0.2) cm^3、重力加速度 g=(980.12±0.3) cm/s^2 表示都是错误的。

在下列情况下，误差可以取两位有效数字，但不超过两位。

① 对于一些比较精确和重要的测量结果，可取两位误差。如普朗克常数 h=(6.626 176+0.000036)$\times 10^{-34}$ J·s。

② 为了减少由于尾数的取舍而增大或减小误差，规定误差的首位数字若是 3 或 3 以下，则误差可多取一位，即取两位，如 0.32、0.16 等。

另外，在对间接测量值的中间运算过程中，测量结果及误差的数字可以多保留一位，以使最后结果更合理些，但最后结果的误差一般仍只取一位。

总之，测量结果的有效数字的位数，完全取决于绝对误差的大小。由绝对误差决定有效数字，这是处理一切有效数字问题的依据。

3. 有效数字的运算规则

正确运用有效数字的运算规则，即可以解决在数值计算中因各量取值位数的多少不同而影响实验结果原有的精确度的问题，又不至于去进行本来并不必要的取位过多的运算。

　　有效数字进行数学运算时，一般应遵循如下原则：可靠数字与可靠数字进行运算，其结果仍为可靠数字；可靠数字与可疑数字或可疑数字之间的运算，其结果均为可疑数字。

　　运算结果的有效数字位数视具体问题而定，末尾多余的可疑数字，可用尾数舍入法则处理（见本节后面）。

　　下面通过几个例子说明运算规律，为了醒目，我们在可疑数字下加了一条横线。

（1）加减法的运算规则

$$
\begin{array}{r}
20.\underline{1} \\
+ \ 4.1\underline{7\,8} \\
\hline
24.2\underline{7\,8}
\end{array}
\qquad\qquad
\begin{array}{r}
19.6\underline{8} \\
- \ 5.84\underline{8} \\
\hline
13.83\,\underline{2}
\end{array}
$$

和数应写成 24.$\underline{3}$　　　　　差数应写成 13.8$\underline{3}$

　　可见，和或差的可疑数字所在位置与参与加减运算各量中可疑数字最高位相同。

　　上两例中，也可以在参加运算的各分量中以可疑数字最高位数为基准取齐诸量的可疑位数，然后加减，则结果相同，而运算可简便些，即

$$
\begin{array}{r}
20.\underline{1} \\
+ \ 4.\underline{2} \\
\hline
24.\underline{3}
\end{array}
\qquad\qquad
\begin{array}{r}
19.6\underline{8} \\
- \ 5.8\underline{5} \\
\hline
13.8\underline{3}
\end{array}
$$

（2）乘除法的运算规则

$$
\begin{array}{r}
4.17\underline{8} \\
\times \quad 10.\underline{1} \\
\hline
4\,1\,7\,\underline{8} \\
4\,1\,7\,\underline{8} \\
\hline
4\,2.1\underline{9}\,\underline{7}\,\underline{8}
\end{array}
\qquad\qquad
\begin{array}{r}
39\underline{2} \\
123\overline{)48216} \\
369 \\
\hline
113\underline{1} \\
110\,7 \\
\hline
2\,4\,\underline{6} \\
2\,4\,\underline{6} \\
\hline
0
\end{array}
$$

乘积应写成 42.$\underline{2}$　　　　　商应写成 39$\underline{2}$

　　可见，积或商的有效位数一般和参与乘除的各量中有效位数最少的相同。

（3）函数运算的有效数字位数

　　在进行函数运算时，不能搬用四则运算的有效数字运算规则。根据误差传递的理论，在一般情况下，可以用微分公式求出误差，再由误差确定有效数字的位数。

　　① 对数。

　　对于自然对数，某数 x 的自然对数 $\ln x$，其小数部分的位数取与该数 x 的有效位数相同。例如，$x=57.8$，$\ln x=4.057$，小数 3 位，有效数字 4 位。因为 $\Delta(\ln x)=\dfrac{\Delta x}{x}$，取 Δx 为 x 的最后一位上的 1。x 为 3 位，则不管 x 本身有多大，$\Delta x/x \approx 10^{-3}$，即总是千分之几，于是 $\ln x$ 在小数点后面取 3 位。

　　对于常用对数，由于

$$\Delta(\lg x)=\Delta(\ln x \cdot \lg e)=0.43\Delta x/x$$

所以某数 x 的常用对数 $\lg x$，其小数部分的位数取与该数 x 的有效位数相同或多一位。

② 指数。

对于 e^x，把 e^x 的结果写成科学表达式，小数点前保留一位，小数点后保留的位数与 x 在小数点后的位数相同。

例如，$x=9.34$，小数 2 位，$e^x=e^{9.34}=1.14\times10^4$，小数 2 位，有效数字 3 位。

$x=0.0000934$，小数 7 位，$e^x=e^{0.0000934}=1.0000934$，小数 7 位，有效数字 8 位。

对于 10^x，其取位规则与 e^x 的取位规则大致相同。

例如，$x=9.34$，小数 2 位，$10^{9.34}=2.19\times10^9$，小数 2 位，有效数字 3 位。

③ 开方。

对于 $y=x^{\frac{1}{n}}$，由微分求出误差，由误差决定有效数字的位数。

$$\Delta y=\frac{1}{n}x^{\frac{1}{n}-1}\Delta x$$

若 $y={}^{14}\sqrt{9.35}$，即 $n=14$，$x=9.35$，取 $\Delta x=0.05$，则 $\Delta y\approx0.0004$，y 值应取到小数点后 4 位，即 $y=1.1730$，共 5 位有效数字。

④ 三角函数。

例如，$x=9°24'$，$\cos x=\cos9°24'=0.98657$，有效数字取 5 位。因为 $\Delta\cos x=|-\sin x|\Delta x$，取 x 的误差为 $1'$，化为弧度代入，则 $|-\sin x|\Delta x=0.0000475\approx0.00005$。所以取 5 位有效数字。

综上所述，有效数字的位数由误差确定。在普遍情况下，函数的有效数字取位可以用求微分来确定。

应当注意，在用计算器进行运算时，不应将结果或误差写成一长串的数字，这是不符合有效数字运算和误差取舍的规则的，此时较简便的取舍方法是：计算结果的有效数字位数与参与运算的各量中位数最少的一位相同，而误差一般取 1 位，至多取 2 位。

4．尾数的舍入法则

通常所用的尾数舍入法则是四舍五入。对于大量尾数分布概率相同的数据来说，这样舍入是不合理的，因为总是入的概率大于舍的概率。现在通用的是：尾数"小于五则舍，大于五则入，等于五则把尾数凑成偶数"的法则。这种舍入法则的依据是使尾数入与舍的概率相等。

例如，将下面左边的数取 4 位有效数字，成为右边的数。

$$3.14159\rightarrow3.142$$
$$2.71729\rightarrow2.717$$
$$4.51050\rightarrow4.510$$
$$3.21650\rightarrow3.216$$
$$5.6235\rightarrow5.624$$
$$6.378501\rightarrow6.378$$
$$7.691499\rightarrow7.691$$

1.1.3　实验数据的处理方法

数据处理是指从获得数据起到得到结果止的加工过程，它包括记录、整理、计算、分析等步骤。用简明而严格的方法把实验数据所代表的事物内在规律性提炼出来就是数据处理。本节将介绍列表法、图示法、图解法、逐差法及最小二乘法等数据处理方法。

一、列表法

在记录和处理数据时，常把数据排列成表格，既可以简单而明确地表示出被测物理量之间的对应关系，又便于及时发现和检查测量结果是否合理，有无异常情况。列表法就是将数据处理过程用表格的形式显示出来，即将实验数据中的自变量、因变量的各个数据及计算过程和最后结果按一定的格式有秩序地排列起来。列表法是科技工作者经常使用的一种方法。为了养成习惯，每个实验中所记录的数据必须列成表格，因此在预习实验时，一定要设计好记录原始数据的表格。

列表的要求如下。

① 根据实验内容合理设计表格的形式，栏目排列的顺序要与测量的先后和计算的顺序相对应。

② 各栏目必须标明物理量的名称和单位。

③ 原始测量数据及处理过程中的一些重要中间结果均应列入表中，且要正确表示各量的有效数字。

④ 要充分注意数据间的联系，要有主要的计算公式。

列表法的优点是简单明了，形式紧凑，各数据易于参考比较，便于表示出有关物理量之间的对应关系，便于检查和发现实验中存在的问题及分析实验结果是否合理，便于归纳总结、从中找出规律性的联系。缺点是数据变化的趋势不够直观，求取相邻两数据的中间值时，还需借助插值公式进行计算等。

要注意，原始数据记录表格与实验数据处理表格是有区别的。要动脑筋，设计出合理、完整的表格。

例 1.8 用测量显微镜测量小钢球的直径，用列表法计算其表面积。

列表，如表 1.3 和表 1.4 所示。

表 1.3 　　　　　　　　　　　直径 D 的 A 类不确定度的估算

次数 n	初读数 (mm)	未读数 (mm)	直　　径		$\Delta D_i \times 10^{-3}$ (mm)	$(\Delta D_i)^2 \times 10^{-6}$ (mm^2)	$\sigma_D \times 10^{-3}$ (mm)
			D_i (mm)	$\overline{D}$ (mm)			
1	10.441	11.437	0.996		-1	1	$\sigma_D = \sqrt{\dfrac{\sum (\Delta D_i)^2}{n-1}}$
2	12.285	13.287	1.002		5	25	
3	15.417	16.409	0.992		-5	25	
4	18.639	19.632	0.993	0.997	-4	16	
5	21.364	22.360	0.996		-1	1	1.6
6	25.474	26.474	1.000		3	9	
7	11.458	12.460	1.002		5	25	

表 1.4 　　　　　　　　　　　钢球表面积的计算

表面积 (S) (mm^2)	仪器误差 $\Delta_{仪}$ (mm)	B 类不确定度 $u_D \times 10^{-3}$ (mm)	合成不确定度 $U_D \times 10^{-3}$ (mm)	$U_r = \dfrac{U_s}{S}$ (%)	U_s (mm^2)
$S = \pi D^2$		$u_D = \dfrac{\Delta_{仪}}{\sqrt{3}}$	$U_D = \sqrt{\sigma_D^2 + u_D^2}$	$\dfrac{U_s}{S} = \sqrt{\left(\dfrac{2U_D}{D}\right)^2}$	$U_s = S \cdot U_r$
3.12	0.005	2.9	3	0.6	0.02

$$结果\begin{cases} S = 3.12 \pm 0.02\,(\text{mm}^2)，置信概率为68.3\% \\ U_r = 0.6\% \end{cases}$$

表 1.4 也可以用计算公式运算代替。

二、图示法

把实验测量值按其对应关系在坐标纸上描绘出曲线，以此曲线揭示各物理量间的相互关系，这种方法为图示法。图示法可直观、清晰地反映出各物理量之间的关系。

1. 图线的类型

① 表示在一定条件下某一物理量与另一物理量之间的依赖关系的图线。

例如在恒温下，一定质量气体的压缩 P 和体积 V 的关系，从实验得到若干组 P、V 值，在分别以 P、V 为轴的坐标纸上描点，然后画一条近似地与这些观测点相吻合的光滑图线，如图 1.5 所示，这样的图线称为实验图线。在图线上：

a. 可以直接读出没有进行观测的对应于某 V 的 P 值（内插法）；

b. 在一定条件下，也可以从图线的延伸部分读到测量数据以外的点（外推法）。

要注意，只有在所研究范围内没有不连续性发生或没有新变数产生时，所得外推值才有一定的可靠性。例如，如果压缩足够大时，气体可能液化，$PV=$常数就不再适用了。外推法一般只适用于直线或曲率不大的曲线，如曲线曲率很大，则外推值一般可靠性不大。

② 在某些情况下，当两个物理量的函数关系可能是不规则的，或者依赖关系的精确性质不清楚时，尽管坐标纸上的点都是根据观测值画的，相邻两点间仍然用直线连接。这类图线通常用来统计数据和校正数据，故称为校正图线，如图 1.6 所示。

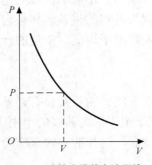

图 1.5　连续光滑的实验图线

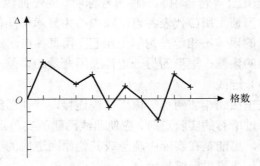

图 1.6　校正曲线

③ 用来代替表格上所列数据的图线。例如，大气压随高度变化的图线、液体或气体密度随温度变化的图线等。这一类图线一般的幅面较大，通常是在很小刻度的坐标纸上精心绘制的。

2. 作图规则

（1）坐标纸的选择

作图一定要用坐标纸。当决定了作图的参量后，根据情况选用坐标纸。常用坐标纸有直角坐标纸、单对数坐标纸、双对数坐标纸、极坐标纸等。

（2）选轴

通常以横轴代表自变量，纵轴代表因变量，并用两条粗线表示。在轴的末端近旁注明所代表的物理量及单位，图 1.7 所示为伏安法测电阻时的 I-U 曲线。

（3）定标度

所谓"标度"，就是在坐标轴上规定每条刻线所代表的数值的大小。在确定标度时应注意以下几点。

① 所确定的标度应反映出实验所得的数据的有效数字位数。原则上应使坐标纸上的最小格对应于有效数字最后一位准确数。

② 标度的划分要得当。以不用计算就能直接读出图线上每一点的坐标为宜。通常凡主线间分为十等分的直角坐标纸，各标度线间的距离以1、2、4、5等几种最为方便，而3、6、7、9应避免。应该用整数而不能用小数来标分度值。

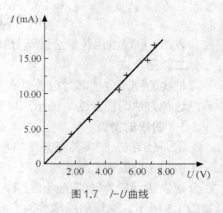

图1.7 *I*-*U*曲线

③ 应使图线占据全幅坐标纸的大部分。因此，标度值的零点不一定在坐标轴的原点。在一组数据中，自变量和因变量都有最小值和最大值，可以选取比数据中最小值小一些的某个整数作为标度的起点，选取比数据中最大值大一些的某个整数作为标度的终点。

④ 如果数据特别大或特别小时，可以提出乘积因子，如×10^6、×10^{-6}放在坐标轴最大值的一端。

（4）描点

用削尖的铅笔将实验数据画到坐标纸上的相应点。描点时，常以该点为中心，用+、×、○、△、□等符号中的一种符号标明。同一曲线上各点用同一符号，不同的曲线则用不同的符号。习惯上用○代表各点，圆中心为算术平均值，圆半径代表各点的误差。如果自变量与因变量的误差不相等，习惯上用□代表各点，矩形中心代表算术平均值，矩形的一边代表自变量的误差，矩形的另一边代表因变量的误差。

（5）连线

校正曲线相邻两点一律用直线连接，其他图线一般为光滑曲线。由于实验有误差，曲线不能经过所有的实验点时，应使曲线两侧的实验点数近于相等。至于远离曲线的个别实验点，经判断，可能是在实验中疏忽或其他原因造成的误差，作曲线时，这样的实验点应舍去。图线的延长线可用虚线表示。

（6）写图名

图名应写在图纸的明显位置，如图纸顶部附近空旷的位置。在图名中，一般将纵轴代表的物理量写在前面，将横轴代表的物理量写在后面，中间用"—"连接，如用伏安法测电阻的*I*-*U*曲线。必要时，在图名下方写上实验条件或图注。

三、图解法

所谓图解法，是由图形所表示的函数关系来求出所含的参数的方法。其中最简单的例子是通过图示的直线关系确定该直线的参数——截距和斜率。由于在许多情况下，曲线能改成直线，而且不少经验方程的参数也是通过曲线改直后，再由图解法求得的，所以图解法在数据处理中占有相当重要的地位。

1. 确定直线图形的斜率和截距求测量结果

图线 *y*=*kx*+*b*，其斜率

$$k = \frac{y_2 - y_1}{x_2 - x_1}$$

可在图线（直线）上选取两点 $P_1(x_1, y_1)$ 和 $P_2(x_2, y_2)$（不要用原来测量的点），代入上面计算 k 值的公式中求得。P_1 和 P_2 不要相距太近，以减小误差。其截距 b 为 $x=0$ 时的 y 值；或选图上任一点 $P_3(x_3, y_3)$，代入 $y=kx+b$ 中，并利用斜率公式得

$$b = y_3 - \frac{y_2 - y_1}{x_2 - x_1}x_3$$

确定直线图形的斜率和截距以后，再根据斜率或截距求出所含的参量，从而得出测量结果。

2．根据图线求出图线所对应的函数关系——方程式或经验公式

如果实验中测量值间的函数关系不是简单的直线关系，则可由解析几何知识来判断图形是哪种图线，然后尝试着将复杂的图形曲线改成直线，如果尝试成功（即改成直线），求出斜率和截距，便可得出图线所对应的物理量间的函数关系。这里，重要的一步是将函数的形式经过适当变换成为线性关系，即把曲线变成直线。举例如下。

① $y = ax^b$，a、b 为常量。

两边取常用对数得

$$\lg y = b\lg x + \lg a$$

则 $\lg y$ 为 $\lg x$ 的线性函数，b 为斜率，$\lg a$ 为截距。

对上述函数选用双对数坐标纸作图即可得一条直线。如果只有直角坐标纸，则需对相应的测量值 (x, y) 进行对数计算，得出 $\lg x$、$\lg y$ 后再在直角坐标纸上作图，可得一直线。

② $y = ae^{-bx}$，a、b 为常量。

两边取自然对数后得

$$\ln y = -bx + \ln a$$

则 $\ln y$ 与 x 为线性函数，斜率为 $-b$，截距为 $\ln a$。选用单对数坐标纸作图可得一直线。如在直角坐标纸上作图，则需将 y 值取对数后再作图。

③ $y = ab^x$，a、b 为常量。

两边取常用对数得

$$\lg y = (\lg b)x + \lg a$$

$\lg y$–x 图线的斜率为 $\lg b$，截距为 $\lg a$。

④ $I\omega = c$，c 为常数。

经整理得

$$I = \frac{c}{\omega}$$

即 I 为 $\frac{1}{\omega}$ 的线性函数。作 I–$\frac{1}{\omega}$ 图线，斜率为 c。

⑤ $y^2 = 2px$，p 为常数。

经整理得

$$y = \pm\sqrt{2px}$$，即 y 为 $x^{\frac{1}{2}}$ 的线性函数。y–$x^{\frac{1}{2}}$ 图线的斜率为 $\pm\sqrt{2p}$。

⑥ $y=\dfrac{x}{a+bx}$，a、b 为常数。

经整理得

$y=\dfrac{1}{\dfrac{a}{x}+b}$，$\dfrac{1}{y}=\dfrac{a}{x}+b$，即 $\dfrac{1}{y}\sim\dfrac{1}{x}$ 图线为一条直线，故斜率为 a，截距为 b。

四、逐差法

逐差法是数值分析中使用的一种方法，也是物理实验处理数据的常用方法。在所研究的物理过程中，当变量之间的函数关系呈现多项式形式时，即

$$y=a_0+a_1x+a_2x^2+a_3x^3+\cdots$$

且自变量 x 是等间距变化的，则可以采用逐差法处理数据。

逐差法是把实验测得的数据进行逐项相减，以验证函数是否是多项式关系；或者将数据按顺序分成前、后两半，后半与前半对应项相减后求其平均值，以得到多项式的系数。由于测量准确度的限制，逐差法仅用于一次和二次多项式。为说明这种方法，仍用伏安法测电阻的实验数据，对其逐项相减及分半等间隔相减的结果，列于表 1.5 中。

表 1.5　用逐差法处理数据

次数（i）	1	2	3	4	5	6	7	8	9	10
U_i(V)	0.00	1.00	2.00	3.00	4.00	5.00	6.00	7.00	8.00	9.00
I_i(mA)	0	24	48	70	94	118	141	164	187	209
$\delta_1I=I_{i+1}-I_i$(mA)	24	24	22	24	24	23	23	23	22	
$\delta_5I=I_{i+5}-I_i$(mA)	118	117	116	117	115					

表中 δ_1I 一栏是相邻两项逐项相减的结果，即一次逐差，其数值基本相等，说明 I 与 U 存在线性关系。δ_5I 一栏是隔五项依次相减，也是一次逐差，其平均值为

$$\overline{\delta_5I}=\frac{1}{5}(118+117+116+117+115)=117\ (\mathrm{mA})$$

那么电阻值为

$$R=\frac{5\delta U}{\overline{\delta_5I}}=\frac{5\times1.00}{117\times10^{-3}}=42.7\ (\Omega)$$

与图解法处理数据所得结果基本相同。

1．验证多项式

如果函数值逐项相减，一次逐差结果是恒量时，则函数是线性函数，即

$$y=a_0+a_1x$$

成立。如前例用伏安法测固定电阻 I 与 U 是线性函数。

如果函数值逐项相减后，再逐项相减，即二次逐差的结果是恒量时，则

$$y=a_0+a_1x+a_2x^2$$

成立。如自由落体运动的路程 s 与时间 t 的关系为 $s=s_0+v_0t+\dfrac{1}{2}gt^2$。

2．求物理量的数值

用逐差法可以求出多项式中 x 的各次项的系数来。如前例用伏安法测固定电阻，通过求

自变量 U 的系数就可以得到电阻 R 的值。因为函数关系式为 $I = \dfrac{1}{R} U$，$R = \dfrac{1}{a_1}$。

需要指出的是，在用逐差法求系数值时，要计算逐差值的平均值，这时，不能逐项逐差，而必须把数据分成两半，后半与前半对应项逐差，故有对数据取平均的效果。如果逐项逐差以后再平均，则有

$$\overline{\delta_1 I} = \frac{1}{9}[(I_2 - I_1) + (I_3 - I_2) + \cdots + (I_{10} - I_9)] = \frac{1}{9}(I_{10} - I_1)$$

最终只用了第一个和最后一个数据，其余中间的数据均被正负抵消，相当于只测了两个数据，这显然是不对的。不仅白白浪费了测量数据，而且会使计算结果的误差增大。

3．逐差法的优点和局限性

逐差法的优点是方法简单、计算简便，可以充分利用测量数据，具有对数据取平均和减小相对误差的效果，可以最大限度地保证不损失有效数字。可以绕过一些具有定值的未知量求出实验结果。可以发现系统误差或实验数据的某些变化规律。如果通过变量代换后能满足适用条件的要求，也可用逐差法。

局限性是有较严格的适用条件：函数必须是一元函数，且可写成自变量的多项式形式，如二逐差法为 $y = a_0 + a_1 x + a_2 x^2$。自变量 x 必须等间距变化，这个条件在实验中是容易满足的，只要使容易测量和控制的物理量呈等间距变化即可。自变量的测量误差要小于因变量。一般测量偶数次。因求多项式的系数时，是先得出高次项再逐步推出低次项系数，由于误差的传递，使低次项系数的准确度变差。另外，非线性函数线性化后，如果原来各数据是等权的，经过函数变换以后可能成为不等权的，这样，用逐差法处理数据时要考虑这个问题。

五、最小二乘法

1．最小二乘法的原理

一列等精度测量的最佳值乃是能使各次测量值误差平方和为最小的那个值，即可以证明

$$\sum_{i=1}^{n} (x_i - \bar{x})^2 = \min \tag{1.26}$$

这就是最小二乘法原理。

2．最小二乘法原理的应用

最小二乘法原理适用于测量数量的误差服从正态分布或近似正态分布的情况。

（1）确定一组等精度测量的最佳值

设对某物理量 x 做多次等精度的测量，其结果为 x_1, x_2, $\cdots$, x_n，若 L 为测量结果的最佳值，根据最小二乘法原理有

$$Q = (x_1 - L)^2 + (x_2 - L)^2 + \cdots + (x_n - L)^2 = \min$$

$Q = \min$ 的条件是

$$\frac{\mathrm{d}Q}{\mathrm{d}L} = 0, \quad \frac{\mathrm{d}^2 Q}{\mathrm{d}L^2} > 0$$

由 $\dfrac{\mathrm{d}Q}{\mathrm{d}L} = 0$，得

$$-2(x_1 - L) - 2(x_2 - L) - \cdots - 2(x_n - L) = 0$$

$$L = \frac{1}{n} \sum_{i=1}^{n} x_i = \overline{x}$$

因 $\dfrac{\mathrm{d}^2 Q}{\mathrm{d}L^2} = 2n > 0$，所以，$L = \dfrac{1}{n} \sum_{i=1}^{n} x_i$ 使 Q 最小，即最佳值 L 等于算术平均值 $\overline{x}$。

（2）用最小二乘法求经验公式

把实验结果画成图线虽然可以粗略地反映出物理量间的关系，但用函数表示更能深刻地反映物理量之间的客观规律。因此，我们往往通过实验数据求出经验方程。求出经验方程的过程称为方程的回归问题。如果两个变量之间的函数关系是线性的，就称为一元线性回归。

方程的回归首先是确定函数的形式。函数形式的确定一般要根据理论的推断或者从实验数据的变化趋势而推测出来。方程回归的第二步就是如何确定已推断出来的方程的未知常数。下面仅就一元线性回归问题，即工程上和科研中常遇到的直线拟合问题进行讨论。

设物理量 y 和 x 间是线性关系，则可以把 x 与 y 写成下面形式

$$y = a + bx \tag{1.27}$$

式中，x 为自变量，y 为因变量，a 和 b 为两个待定常数。现在的问题就是如何确定常数 a 和 b。

对 x 和 y 相应测量 n 次，则测定方程有 n 个，即

$$\left.\begin{array}{l} y_1 = a + bx_1 \\ y_2 = a + bx_2 \\ \cdots \\ y_n = a + bx_n \end{array}\right\} \tag{1.28}$$

在 a、b 确定后，如果没有误差，把测量值 (x_1, y_1)，(x_2, y_2)，$\cdots$，(x_n, y_n) 代入式（1.28）时，方程两边应相等。但实际上，测量总有误差。为简化问题，我们假定 x、y 的直接测量值中，只有 y 存在明显的随机误差，x 的误差小到可以忽略。我们把这些测量归结为 y 的测量偏差，以 V_1，V_2，$\cdots$，V_n 表示。这样，把实验数据 (x_1, y_1)，(x_2, y_2)，$\cdots$，(x_n, y_n) 代入（1.28）式后得

$$\left.\begin{array}{l} y_1 - a - bx_1 = V_1 \\ y_2 - a - bx_2 = V_2 \\ \cdots \\ y_n - a - bx_n = V_n \end{array}\right\} \tag{1.29}$$

式（1.29）称为误差方程组。

由最小二乘法原理可知，当 $\sum V_i^2$ 为最小时，解出的常数 a、b 为最佳值。要使

$$\sum_{i=1}^{n} V_i^2 = \sum_{i=1}^{n} [y_i - (a + bx_i)]^2 = \min$$

必须满足下列条件，即

$$\frac{\partial \left[\sum V_i^2 \right]}{\partial a} = 0$$

$$\frac{\partial \left[\sum V_i^2 \right]}{\partial b} = 0$$

由此得

$$\frac{\partial\left[\sum V_i^2\right]}{\partial a} = \sum[-2(y_i - a - bx_i)] = 0$$

即

$$\sum y_i - na - b\sum x_i = 0$$

$$\frac{\partial\left[\sum V_i^2\right]}{\partial b} = \sum[-2x_iy_i + 2ax_i + 2bx_i^2] = 0$$

即

$$\sum x_iy_i - a\sum x_i - b\sum x_i^2 = 0$$

方程

$$\left.\begin{array}{l} \sum y_i - na - b\sum x_i = 0 \\ \sum x_iy_i - a\sum x_i - b\sum x_i^2 = 0 \end{array}\right\} \tag{1.30}$$

称为正则方程。这样,将上面 n 个测定方程化为两个正则方程,便能确定 a 和 b 的唯一解。用行列式法解正则方程得 a 与 b 为

$$\left.\begin{array}{l} a = \dfrac{\sum(x_iy_i)\cdot\sum x_i - \sum y_i\cdot\sum x_i^2}{\left(\sum x_i\right)^2 - n\sum x_i^2} \\[4mm] b = \dfrac{\sum x_i\sum y_i - n\sum(x_iy_i)}{\left(\sum x_i\right)^2 - n\sum x_i^2} \end{array}\right\} \tag{1.31}$$

由上所得 a 和 b 的标准误差,可应用误差传递公式求出。如前所述,在假定只有 y 存在明显的随机误差的情况下,便可利用式(1.31)及误差传递公式(1.13)写出

$$\left.\begin{array}{l} \sigma_a^2 = \displaystyle\sum_{i=1}^{n}\left(\frac{\partial a}{\partial y_i}\right)^2\sigma_y^2 \\[4mm] \sigma_b^2 = \displaystyle\sum_{i=1}^{n}\left(\frac{\partial b}{\partial y_i}\right)^2\sigma_y^2 \end{array}\right\} \tag{1.32}$$

式中,σ_y 为测量值 y_i 的标准误差。根据标准误差的定义及严格的数学推导可证明为

$$\sigma_y = \sqrt{\frac{\displaystyle\sum_{i=1}^{n}V_i^2}{n-2}} = \sqrt{\frac{\displaystyle\sum_{i=1}^{n}(y_i - a - bx_i)^2}{n-2}} \tag{1.33}$$

式中,$n-2$ 是自由度,其意义是在两个变量的情况下,有两个正则方程就可以解出结果了,现在多了 $n-2$ 个方程,所以自由度为 $n-2$,n 为测量次数。

利用式(1.32)及式(1.31)即可求出 σ_a^2 和 σ_b^2 的具体表示式,即

$$\left.\begin{array}{l} \sigma_a^2 = \dfrac{\sigma_y^2 \cdot \sum x_i^2}{n\sum x_i^2 - (\sum x_i)^2} \\[4mm] \sigma_b^2 = \dfrac{\sigma_y^2 \cdot n}{n\sum x_i^2 - (\sum x_i)^2} \end{array}\right\}$$ （1.34）

例 11.9　当温度 t 变化时，测得某铜圈的电阻 R_t 的变化情况如表 1.6 所示。

表 1.6　　　　　　　　　　　　　　温度 t 变化时，某铜线圈的电阻值 R_t

t(℃)	22.0	95.0	90.0	85.0	80.0	75.0	70.0	65.0	60.0	55.0
R_t(Ω)	0.4976	0.6348	0.6272	0.6144	0.6054	0.5925	0.5851	0.5753	0.5665	0.5551

试按公式 $R_t=R_0(1+\alpha t)$，求出 0℃时铜线圈的电阻及其温度系数。

解：把式 $R_t=R_0(1+\alpha t)$ 改写为 $R_t=R_0+aR_0t$。

令 $y_i=R_t$，$x_i=t$，$a=R_0$，$b=aR_0$，列出测定方程组，即

$$\begin{cases} a+22.0\ b=0.4976; \\ a+55.0\ b=0.5551; \\ a+60.0\ b=0.5665; \\ a+65.0\ b=0.5753; \\ a+70.0\ b=0.5851; \end{cases} \begin{cases} a+75.0\ b=0.5925; \\ a+80.0\ b=0.6054; \\ a+85.0\ b=0.6144; \\ a+90.0\ b=0.6272; \\ a+95.0\ b=0.6348; \end{cases}$$

将数据列到表 1.7 中。

表 1.7　　　　　　　　　　　　　　　列出数据

次数(n)	x_i	x_i^2	y_i	x_iy_i	V_i	V_i^2
1	22.0	484	0.4976	10.947	0.0028	7.8×10^{-6}
2	95.0	9 025	0.6348	60.306	0.0013	1.7×10^{-6}
3	90.0	8 100	0.6272	56.448	0.0032	1.0×10^{-5}
4	85.0	7 225	0.6144	52.224	−0.0001	1.0×10^{-8}
5	80.0	6 400	0.6054	48.432	0.0004	1.6×10^{-7}
6	75.0	5 625	0.5925	44.438	0.0030	9.0×10^{-6}
7	70.0	4 900	0.5851	40.957	0.0009	8.1×10^{-7}
8	65.0	4 225	0.5753	37.394	0.0012	1.4×10^{-6}
9	60.0	3 600	0.5665	33.990	−0.0005	2.5×10^{-7}
10	55.0	3 025	0.5551	30.530	−0.0024	5.8×10^{-6}
Σ	697.0	52 609	5.8539	415.67		36.93×10^{-6}

根据表 1.7 可列出如下正则方程组。

$$\begin{cases} 5.8539 - 10a - 697.0b = 0 \\ 415.67 - 697.0a - 52\ 609b = 0 \end{cases}$$

解方程组得

$$R_0 = a = \frac{\sum (x_i y_i) \cdot \sum x_i - \sum y_i \cdot \sum x_i^2}{\left(\sum x_i\right)^2 - n \sum x_i^2}$$

$$= \frac{415.67 \times 697.0 - 5.853\,9 \times 52\,609}{697.0^2 - 10 \times 52\,609}$$

$$= 0.453\,0(\Omega)$$

$$\alpha R_0 = b = \frac{\sum x_i \sum y_i - n \sum (x_i y_i)}{\left(\sum x_i\right)^2 - n \sum x_i^2}$$

$$= \frac{697.0 \times 5.8539 - 10 \times 415.67}{697.0^2 - 10 \times 52\,609}$$

$$= 1.900 \times 10^{-3} (\Omega / \text{℃})$$

$$\alpha = \frac{\alpha R_0}{R_0} = \frac{1.900 \times 10^{-3}}{0.4530} = 4.194 \times 10^{-3} (1 / \text{℃})$$

结果为

$$R_t = R_0 (1 + \alpha t)$$

$$R_t = 0.4530(1 + 0.004194t)$$

$$\sigma_{R_t}^2 = \sigma_y^2 = \frac{\sum_{i=1}^{n} V_i^2}{n-2} = \frac{36.93 \times 10^{-6}}{10-2} = 4.62 \times 10^{-6}$$

$$\sigma_{R_0}^2 = \sigma_a^2 = \frac{\sigma_{R_t}^2 \cdot \sum x_i^2}{n \sum x_i^2 - \left(\sum x_i\right)^2}$$

$$= \frac{4.62 \times 10^{-6} \times 52\,609}{10 \times 52\,609 - 697.0^2} = 6.03 \times 10^{-6}$$

$$\sigma_{R_0} = 2.5 \times 10^{-3} (\Omega)$$

$$R_0 \pm \sigma_{R_0} = 0.4530 \pm 0.0025\,(\Omega)$$

$$\sigma_{\alpha R_0}^2 = \sigma_b^2 = \frac{\sigma_{R_t}^2 \cdot n}{n \sum x_i^2 - \left(\sum x_i\right)^2}$$

$$= \frac{10 \times 4.62 \times 10^{-6}}{10 \times 52\,609 - 697.0^2} = 0.12 \times 10^{-8}$$

又因

$$\sigma_{\alpha R_0}^2 = R_0^2 \sigma_\alpha^2 + \alpha^2 \sigma_{R_0}^2$$

所以

$$\sigma_\alpha^2 = \frac{\sigma_{\alpha R_0}^2 - \alpha^2 \sigma_{R_0}^2}{R_0^2}$$

$$= \frac{0.12 \times 10^{-8} - (4.194 \times 10^{-3})^2 \times 6.03 \times 10^{-6}}{0.4530^2}$$

$$= 0.53 \times 10^{-8}$$

$$\sigma_\alpha = 0.7 \times 10^{-4} (1 / \text{℃})$$

$$\alpha \pm \sigma_a = (4.19 \pm 0.07) \times 10^{-3} (1/℃)$$

以上介绍的 5 种数据处理方法，各有其特点。总体来说，列表法使测量结果一目了然，在实验数据的记录中普遍采用；图示法可以简明、直观地表示物理量之间的变化关系；图解法可由已做好的图线，定量地求得待测的物理量或得出经验方程，尤其在图线为直线或可以曲线改直线时，图解法显得很方便，不过，用图解法处理数据往往较为粗略，因为同一组测量数据由不同的人做图，会得出不同的结果；而采用最小二乘法处理数据时，所得结果则更为客观和准确；当自变量等间距变化时，如按一般平均值计算则中间测量值会被抵消，若用逐差法，可以保持多次测量的优越性。在实验中，我们可根据具体情况、不同的条件和要求，选用不同的数据处理方法。

1.2 物理实验中的基本测量方法

物理测量是泛指以物理理论为依据，以实验仪器和装置及实验技术为手段进行测量的过程。物理测量的内容非常广泛，它包括对力学量、分子物理与热学量、振动和波动参量、电磁学量和光学量等的测量。物理量的测量方法门类繁多，究其共性可以概括出一些基本测量方法，如比较法、放大法、模拟法、补偿法、干涉法、转换测量法及其他方法等。这些基本测量方法不仅对物理学科的研究是必需的，而且对其他有实验的学科也是不可缺少的。

本章仅为物理实验中常用的几种基本测量方法做简要介绍。实际上，在物理实验中各种方法往往是相互联系、综合使用的，所以在进行物理实验时，应认真考虑所进行的实验应用哪些测量方法，有意识地使自己受到物理实验的基本思想、基本方法和科学实验的基础训练。

1.2.1 比较法

测量的基本概念是将待测量与一个已知的标准量相比较，因此，在物理实验中比较法是最基本最普遍的测量方法。比较法又可分为直接比较法和间接比较法。

在直接比较法中，是将待测量与一个经过校准的属于同类物理量的量具上的标准量进行比较，就可测得待测量。例如，用米尺测量长度；用天平称物体质量，当指针指示达平衡时就是将被测质量与标准质量（千克、克、毫克等）进行比较；测量光栅衍射的各级衍射角，也是用比较法通过已刻好分度的弯游标测出结果的。

在通常情况下，大都是进行间接比较，即利用被测量与"已知量"通过测量装置进行比较，当两者的效应相同时，它们的数值必然是相等的。例如，用惠斯登电桥测电阻就是利用比较法（电位比较法）测未知电阻的，当电桥达到平衡时，可确定未知电阻是用做比较的标准电阻的多少倍。又如，电位差计也是用比较法将被测电压与仪器的标准电压（标准电池）进行比较而实现电压测量的。再如，测振动系统的频率，也可通过李萨如图形法或共振法，将未知频率与已知标准频率相比较，以确定未知频率。在物理实验中，用比较法测量物理量应用是非常广泛的。

1.2.2 放大法

物理实验中常遇到一些微小物理量的测量。为提高测量精度，常需要采用合适的放大方法，选用相应的测量装置将被测量进行放大后再进行测量。常用的放大法有机械放大法、光学放大法、电子放大法等。

一、机械放大法

螺旋测微放大法是一种典型的机械放大法。螺旋测微计、读数显微镜和麦克尔逊干涉仪等的测量系统的机械部分都是采用螺旋测微装置进行测量的。常用的读数显微镜的测微丝杆的螺距是 1mm，当丝杆转动一圈时，滑动平台就沿轴前进或后退 1mm，在丝杆的一端固定一测微鼓轮，其周界上刻成 100 分格，当鼓轮转动 1 分格时，滑动平台移动了 0.01mm，从而使沿轴线方向的微小位移用鼓轮圆周上较大的弧长精确地表示出来，大大提高了测量精度。

二、光学放大法

常用的光学放大法有两种：一种是使被测物通过光学装置放大视角形成放大像，便于观察判别，从而提高测量精度，如放大镜、显微镜、望远镜等；另一种是使用光学装置将待测微小物理量进行间接放大，通过测量放大了的物理量来获得微小物理量，例如，测量微小长度和微小角度变化的光杠杆镜尺法就是一种常用的光学放大法。

三、电子放大法

在物理实验中往往需要测量变化微弱的电信号（电流、电压或功率），或者利用微弱的电信号去控制某些机构的动作，必须用电子放大器将微弱电信号放大后才能有效地进行观察、控制和测量。电子放大作用是由三极管完成的。最基本的交流放大电路是图 1.8 所示的共发射极三极管放大电路。当微弱信号 V_i 由基级和发射极之间输入时，在输出端就可获得放大了一定倍数的电信号 V_o。

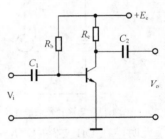

图 1.8　共发射极三极管放大电路

1.2.3　补偿法

采用一个可以变化的附加能量装置，用以补偿实验中某部分能量损失或能量变换，使得实验条件满足或接近理想条件，称为补偿法。简言之，补偿法就是将因种种原因使测量状态受到的影响尽量加以弥补。例如，用电压补偿法弥补因用电压表直接测量电压时而引起被测支路工作电流的变化；用温度补偿法弥补因某些物理量（如电阻）随温度变化而对测试状态带来的影响；用光程补偿法弥补光路中光程的不对称等。

由于补偿法可消除或减弱测量状态受到的影响，从而大大提高了实验的精度，所以，这种实验方法在精密测量和自动控制等方面得到广泛应用。

电位差计是测量电压的精密仪器，其基本原理就是"补偿法"。

若按图 1.9 所示，用电压表测电池的电动势 E_x，则因电池内阻 r 的存在，当有电流 I 通过时，电池内部不可避免地产生电位降 Ir，因此，电压表指示的只是电池的端电压 U，即 $U=E_x-Ir$，显然，只有当 $I=0$ 时，电池的端电压才等于电动势 E_x。

如果有一个电动势大小可以调节的 E_0，使 E_0 与待测电源 E_x 通过检流计 G 反串起来，如图 1.10 所示。调节电动势 E_0 的大小，使检流计指示为零，即 E_0 产生一个与 I 方向相反而大小相等的电流 I'，以弥补 Ir 的损失，于是两个电源的电动势大小相等，互相补偿，可得 $E_x=E_0$，这时电路达到补偿。知道了补偿状态下 E_0 的大小，就可得出待测电动势 E_x。电位差计是应用补偿法的典型。

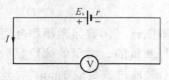

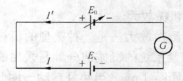

图 1.9 用电压表测量电池电动势 　　　　　　图 1.10 电压补偿法原理图

以上电位差计应用的方法可称为电压补偿法，还有一种方法称电流（或电势）补偿法。

如图 1.11 所示，若用毫安表直接测量硅光电池的短路电流，由于电表本身存在内阻，将影响测量结果的精度。

若在电路右边附加一个电压可调的电源 E，如图 1.12 所示，当电路中 B、D 两点电势相等时，检流计中无电流通过，即

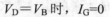

$$V_D = V_B \text{ 时，} I_G = 0$$

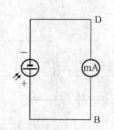

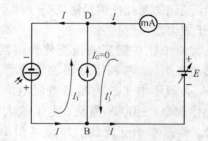

图 1.11 电流补偿法原理（一） 　　　　　　图 1.12 电流补偿法原理（二）

此时，在 DB 支路中，$I_1 = -I_1'$，两电流相互补偿。这样，通过毫安表中的电流 I 即为光电池的短路电流。此为电流补偿法。

1.2.4 模拟法

模拟法是一种间接的测量方法。模拟法是指不直接研究某物理现象或物理过程本身，而是用与该物理现象或过程相似的模型来进行研究的一种方法。采用模拟法的基本条件是模拟量与被模拟量必须是等效或相似的。模拟法用途很广，对于许多难以测量甚至无法测量的物理量或物理过程，可以通过模拟法进行。另外，在工程设计中，也常采用模拟的试验研究方法。

模拟法可分为物理模拟和数学模拟。物理模拟就是保持同一物理本质的模拟，如用光测弹性法模拟工件内部的应力情况，用"风洞"（高速气流装置）中的飞机模型模拟实际飞机在大气中的飞行等。数学模拟是两个类比的物理现象遵从的物理规律具有相似的数学表达形式，如用稳恒电流场来模拟静电场就是基于这两种场的分布有相同的数学表达形式。

把物理模拟和数学模拟两者互相配合使用，就能更见成效。随着微机的引入，用微机进行模拟实验更为方便，并能将两者很好地结合起来。

下面以稳恒电流场模拟静电场为例，对模拟法加以说明。

众所周知，静电场的研究是十分重要的。对于具有一定对称性的规则带电体的电场分布，一般可以由解析法求得。但在实际工作中大多数是不对称或不规则带电体所形成的电场，如示波管、显像管、电子显微镜、加速器内部的聚焦电场等，都无法直接用解析法求得。若直接对电场进行测量，是很困难的。这是因为，一般的磁电式电表，有电流通过才有反应，而

静电场不会有电流，自然不起作用；况且，仪表本身就是导体或电介质，一旦将仪器引入静电场中，原静电场将发生强烈变化。因此，通常是采用稳恒电流的电场来模拟静电场。例如，用直流电通过不良导体（如导电纸、稀薄溶液等），可以得到这种模拟电场。

电流场与静电场本来是两种不同的场，然而它们所遵循的物理规律具有相同的数学形式。由电磁学理论知道，这两种场都可以引入电位 U 的概念，且场强和电位均有 $\vec{E} = \dfrac{\partial U}{\partial n}\vec{n}$ 的关系，对于导电介质中的稳恒电流场，服从下列关系，即

$$\oint_s \vec{E} \cdot \mathrm{d}\vec{s} = 0$$

$$\oint_L \vec{E} \cdot \mathrm{d}\vec{l} = 0 \qquad （电源以外区域）$$

而对于电介质或真空中的静电场，在无源区域内亦有下列关系同时成立

$$\oint_s \vec{E} \cdot \mathrm{d}\vec{s} = 0$$

$$\oint_L \vec{E} \cdot \mathrm{d}\vec{l} = 0$$

由此可见，稳恒电流场与静电场所遵从的物理规律具有相同的数学形式，在相同的边界条件下，两者的解亦具有相同的数学形式，所以这两种场具有相似性。利用这种相似性，对容易测量的电流场进行研究以代替对不容易进行测量的静电场的研究，这就是一种模拟法。

1.2.5　干涉法

用光杠杆放大法或螺旋测微法测长度，最高精度只能达 $10^{-6}\mathrm{m}$。要测量更微小的长度或长度变化，就要用光的干涉法，可精确到光波的数量级。

光的干涉法是以光的干涉原理为基础的。由光的波动理论知道，利用分波阵面（如杨氏双缝干涉、菲涅耳双棱镜干涉等）或分振幅（如劈尖干涉、牛顿环干涉及迈克尔逊干涉等）的方法，把一束光分成两束相干光，使它们经过不同的光程后再相遇，可获得干涉图形。这一干涉图形的形状、位置、条纹间距等取决于各相干光束在各点的光程差、光波的光谱分布和光源的大小等。因此，使用一定的干涉装置得到的干涉图形仅是一个中间信息。通过对干涉图形的分析、计算可以由此确定光程差的变化、几何路程的变化或折射率的变化等。基于上述原理，涌现出了各种高精度的计量干涉仪，用它们可以测量光波的波长，精确地测量微小长度（厚度）和微小角度或它们的微小变化，检验表面的平面度、球面度、光洁度，测定光介质的折射率等。

激光散斑干涉法是近年来发展起来的一种干涉计量方法，在测量微小位移和在实验应力分析中得到了广泛应用。用激光散斑全息干涉法可使微小位移的测量达 $10^{-8}\mathrm{m}$ 的精度。当激光照射到漫反射物体表面时，在不透明物体表面前方或透明物体表面后面均有无规则分布的亮点和暗点，这些亮、暗点称为散斑。散斑的线度和形状与照射光波长、物体表面结构和观察点位置有关。由于散斑包含有物体表面的信息，如果我们能把这种信息分离出来，就可对物体的表面变化情况进行研究。散斑干涉计量正是利用与物体表面变形或位移有内在联系的散斑图将这个变形或位移测量出来。

第**2**篇　基础实验

实验 1　力学基本测量

　　长度是最基本的物理量，是构成空间的最基本要素，是一切生命和物质赖以存在的基础。世上任何物体都具有一定的几何形态，空间或几何量的测量对科学研究、工农业生产和日常生活需求都有巨大的影响。在 SI 制中，长度的基准是米。一旦定义了米的长度，其他长度单位就可用米来表示。

　　"米"制于 1791 年开创于法国，多年来，铂铱合金米原器一直保留在法国巴黎附近。随着人们对客观世界认识的不断深入、科学技术的发展，原有长度标准已无法满足人们的需求。实验证明光波波长是一种可取的长度自然基准，1960 年第 11 届国际计量大会重新定义了米的标准为：米的长度等于氪-86 原子的 $2P_{10}$ 和 $2d_5$ 能级之间跃迁的辐射在真空中波长的 1 650 763.73 倍。其测量精度达到了 5×10^{-9}m，从而开创了以自然基准复现米基准的新纪元。

　　随着人类对宏观世界认识的不断扩大，对微观世界的认识也在不断深入；大单位越来越大，小单位越来越小。在天文学中常用的最大长度单位是光年（Light Year），是光（每秒 299 792.459km）在一年（365 天）里走的距离；最小的长度单位是"$\overset{\circ}{A}$"，一亿分之一（10^{-8}）cm。后来又出现了比埃更小的长度单位，即 atto-meter，1 个 atto-meter 是 10 的 16 次方分之一（10^{-16}）cm。从 1960 年开始，度量时间的最短单位称为 nano-second，为十亿分之一 s。光线在 1 个 nano-second 里，只能走 30cm，还有比光年更大的单位。太阳以银河为中心绕一周，通常称为一个宇宙年，约等于 2.5 亿万年。但是，最大的长度单位是印度教记年上的"卡巴尔"，一个卡巴尔等于 43.2 亿万年，或 19 个宇宙年。

　　长度测量、质量称量是物理实验中必不可少的一个重要部分，游标卡尺、千分尺是长度测量中较精密的仪器，物理天平则是物理实验称量中的主要工具，这些测量工具的使用是我们完成大学物理实验必须具备的最基本的能力。

一、实验目的

　　① 学习掌握游标卡尺、螺旋测微计、物理天平的原理和使用方法。
　　② 练习实验工作中正确读数、记录有效数字及处理初步误差和数据。

二、实验仪器

游标卡尺、螺旋测微计、物理天平及砝码、金属圆柱杯、细铜丝。

三、仪器的工作原理和使用方法

1. 游标卡尺的工作原理和使用方法

游标卡尺的构造如图 2.1 所示，它是由主尺（Z）和可沿主尺滑动的游尺（U）组成。游尺上的刻度称为游标。钳口（C）和刀口（E）与主尺连在一起，固定不动。钳口（D）和刀口（F）及深度尺（G）与游尺连在一起，可随游尺一起滑动。钳口 C、D 可以夹住待测物体，用来测量物体的外部尺寸，故称为外卡。刀口 E、F 用来测量孔的内径，故称为内卡。深度尺（G）用来测量孔的深度。推把（W）用来推动游尺。游尺紧固螺钉（K）在测量结束时用来固定游尺的位置，以便于读数。

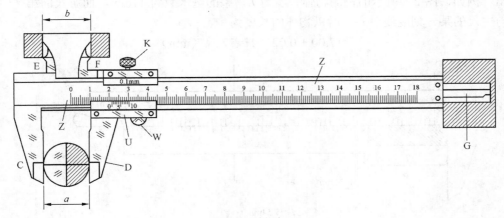

图 2.1　游标卡尺

游尺的作用相当于把主尺的一个最小分格再细分为 n 等份。设主尺的最小分度值为 a，则游标卡尺的实际分度值 $d = \dfrac{a}{n}$。$n=10$ 的游标卡尺称为 10 分度游标卡尺；$n=20$ 的游标卡尺称为 20 分度游标卡尺，依此类推，$n=50$ 的游标卡尺称为 50 分度游标卡尺。当主尺 $a_{min}=1mm$ 时，$d=0.1mm$，$0.05mm$，……，$0.02mm$ 等，下面以 50 分度游标卡尺为例，说明游标卡尺的测量原理。

如图 2.2 所示，50 分度游标卡尺游标总长为 49mm，等分为 50 个小格，每小格的长度为 49/50=0.98mm，主尺上每小格的长度为 1.00mm。因此，游尺上一小格的长度比主尺上一小格的长度小 0.02mm。

图 2.2　50 分度游标卡尺

当钳口 C、D 吻合时，游尺的 0 刻度线与主尺的 0 刻度线对齐，游标的 50 条刻度线与主尺的 49mm 刻度线对齐，而其余的刻度线都不对齐。游标的第 1 条刻度线在主尺的 1mm 刻度线左边 0.02mm 处，游标的第 2 条刻度线在主尺的 2mm 刻度线左边 0.04mm 处，等等。

如果在钳口 C、D 之间夹一张厚 0.02mm 的纸片，游尺就向右移动 0.02（0.02×1）mm，这时游尺的第 1 条刻度线就与主尺的第 1 条刻度线对齐，其余的刻度线都与主尺的刻度线不对齐。如果夹一张厚 0.04（0.02×2）mm 的纸片，游尺的第 2 条刻度线就与主尺的第 2 条刻度线对齐，其余的刻度线都与主尺的刻度线不对齐。如果夹一张厚 0.54(0.02×27)mm 的薄片，游尺的第 27 条刻度线就与主尺的第 27 条刻度线对齐，其余的刻度线都与主尺的刻度线不对齐。因此，当待测薄片的厚度不超过 1mm 时，如果游尺的第 n 条刻度线与主尺的某一刻度线对齐，那么薄片的厚度就是 0.02×$n$mm。

当测量大于 1mm 的长度时，整的毫米数可以从主尺上读出，百分之几毫米可以从游尺上读出。例如，图 2.3 所示的待测物体长度为 L，整的毫米数为 17mm，而游尺的第 27 条刻度线与主尺的某一刻度线对齐，所以物体的长度为

$$L=17.00 + 0.02×27=17.54（mm）$$

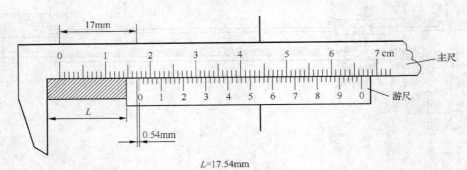

图 2.3　50 分度游标卡尺的读数方法

为了便于读数，在游尺的第 5 条刻度线处刻上"1"，这个"1"表示 0.10mm(0.02×5) = 0.10；在游尺的第 10 条刻度线处刻上"2"，这个"2"表示 0.20mm（0.02×10 = 0.20）；在游尺的第 25 条刻度线上刻上"5"，这个"5"表示 0.50mm(0.02×25=0.50)等。在上例中，游尺的第 27 条刻度线，即"5"右边第 2 条刻度线与主尺的某一刻度线对齐，我们马上就能读出"0.54mm"（0.50+0.02×2=0.054）。

50 分度的游标卡尺可以准确地测出 0.02mm，所以它的精确度是 0.02mm。如果它最大可以测量 135mm 的长度，那么它的量程是 135mm。所谓测量仪器的量程，就是仪器可以测量的最大物理量。

游标卡尺的使用方法如下。

① 测量前应先放松游尺紧固螺钉 K，使游尺能沿主尺自由滑动。再使钳口 C、D 吻合，检查游尺的 0 刻度线与主尺的 0 刻度线是否对齐。如果不对齐，应读出初读数 L_0。测量时的读数值减去初读数，才是测量值，否则将有零点误差。游尺的 0 刻度线在主尺的 0 刻度线右边时初读数为 + 正，反之为负。图 2.4 所示的初读数分别为 + 0.3mm 和 −0.4mm(−1+0.6=−0.4)。

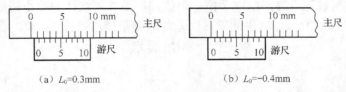

（a）$L_0 = 0.3$mm　　　　　　　　（b）$L_0 = -0.4$mm

图 2.4　初读数读法

② 使用游标卡尺时，左手拿待测物体，右手拿卡尺，用右手大拇指轻轻向右推动推把 W，将物体放在钳口的中间部位，再向左推动推把，使钳口轻轻夹住待测物体，如图 2.5 所示，再拧紧紧固螺钉 K，按照上述读数方法读数。然后再松开 K，向右轻推 W，取下待测物体。

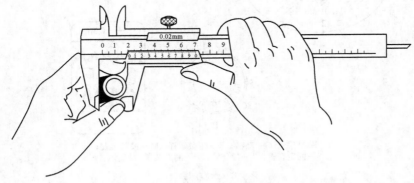

图 2.5　游标卡尺的使用方法

2．螺旋测微计的工作原理和使用方法

螺旋测微计是比游标卡尺更精密的测长量具。它的量程是 25mm，精确度是 0.01mm。用它可以准确地测出 0.01mm，并能估读出 0.001mm，故又称为千分尺。通常用来精确测量金属丝的直径或薄片的厚度。

螺旋测微计的构造如图 2.6 所示，它主要由一根精密的测微螺杆（R）和固定套管（S）组成。螺杆的螺距为 0.5mm，套管（S）的表面上刻有一条水平刻线，刻线下面有 0～25mm 的标尺，刻线上面也有间距为 1mm 的标尺，但上标尺刻线刚好在下标尺两条刻线的中间，即上、下标尺相邻两条刻线之间的距离是 0.5mm；下标尺指示毫米数，上标尺指示半毫米数。固定套管的外面套有微分筒（T），微分筒左边的圆周等分为 50 个小格，微分筒和测微螺杆共轴地固定在一起，所以当微分筒旋转 1 周时，测微螺杆也随之旋转 1 周，它们同时前进或后退 0.5mm。当微分筒转过一小格时，测微螺杆前进或后退 $\dfrac{0.5}{50} = 0.01$(mm)。测量时，再估计出 1/10 小格，就可以估读出 0.001mm。

螺旋测微计的使用方法如下。

① 测量前应先记录初读数。轻轻转动棘轮装置的转柄（H），使测微螺杆（R）前进。当听到棘轮装置中的棘轮发出"喀、喀"的声音时，表明测微螺杆和测砧刚好接触。这时停止转动转柄，观察固定套筒上的水平刻线与微分筒上的零刻度线之间的相对位置，读记初读数 L_0，其方法是：若二刻线恰好对齐，则 $L_0=0$，如图 2.7（a）所示；若水平线在零刻度线上方时，L_0 取正值，数值是二刻线之间的小格数（应估读一位）×0.01mm，如图 2.7（b）所示；

若水平刻线在零刻度线下方时，L_0取负值，数值同样是二刻线之间的小格数（估读一位）×0.01mm，如图 2.7（c）所示，读出此零点误差，对测量值进行修正，即

$$修正值＝示值-零点误差$$

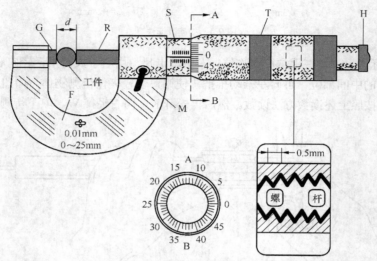

F—尺架；G—测砧；R—测微螺杆；M—锁紧装置；
S—固定套管；T—微分筒；H—测力装置（棘轮装置）

图 2.6　螺旋测微计

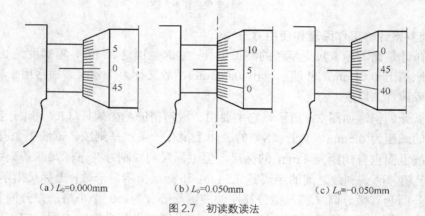

（a）L_0=0.000mm　　　　（b）L_0=0.050mm　　　　（c）L_0=-0.050mm

图 2.7　初读数读法

② 测量物体的长度时，先使测微螺杆退至适当位置，再把物体放在测砧和螺杆之间，然后轻轻转动转柄（H），使测微螺杆前进。当听到"喀、喀"的声音时，表明螺杆和测砧以一定的力刚好把物体夹紧。因棘轮是靠摩擦使测微螺杆转动的，当螺杆和测砧刚好把物体夹紧时，它就会自动打滑。因此，棘轮装置不会把物体夹得过松或过紧，而影响测量结果，也不致损坏测微螺杆的螺纹。螺旋测微计能否保持测量结果的准确，关键是能否保护好测微螺杆的螺纹。

读数时，先从固定套筒水平刻线下面的标尺读出待测件长度的整数毫米值；再观察微分筒左端边缘，看固定套筒水平刻线上面的半毫米标尺线是否露出，如果半毫米标尺线的中心已从微分筒左端边缘露出，则再加上 0.5mm；最后从微分筒上读出 0.5mm 以下的数值，三者相加，即为测量读数。图 2.8 所示的测量读数分别为

$$L_1=6.000+48.2\times0.01=6.482(\text{mm})$$

$$L_2=6.000+0.5+48.2\times0.01=6.982(\text{mm})$$

测量读数减去初读数才是测量值。

③ 螺旋测微计使用完毕后，测微螺杆和测砧之间应留一空隙，并用锁紧手柄将螺杆锁紧，以免在受热膨胀时两者过分压紧而损坏精密螺纹。

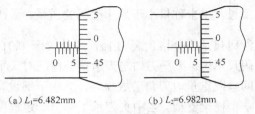

（a）$L_1=6.482\text{mm}$　　　（b）$L_2=6.982\text{mm}$

图 2.8　螺旋测微计的读数方法

3. 物理天平的工作原理和使用方法

天平的原理是利用等臂杠杆水平平衡，将被测质量与标准质量——砝码直接比较。国家标准规定：天平分为 10 个精度等级，砝码分为 5 个精度等级，不同级别的天平配用一定级别的砝码。精度较低的天平称物理天平，配用 4、5 级砝码；精度较高的天平称精密天平或分析天平。天平的使用操作要求严格，分析天平要求最高。下面结合常用的物理天平来说明天平的基本结构、主要性能和使用方法。

如图 2.9 所示，天平的横梁中点和两端各固定一个刀口。中央刀口向下，置于天平立柱

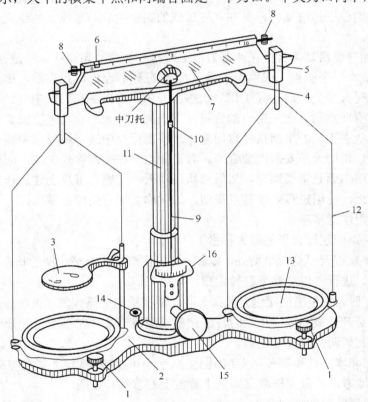

1—水平调节螺丝　2—底座　3—托架　4—横梁支架　5—吊耳　6—游码　7—横梁　8—平衡螺母　9—平衡指针
10—感量调节器　11—立柱　12—秤盘架　13—秤盘　14—水平仪　15—启动旋钮　16—平衡标尺

图 2.9　物理天平

顶端的玛瑙刀承上。横梁两端的刀口向上，支撑吊耳中的小玛瑙平板。秤盘架挂在吊耳下端。横梁中央垂直固定一根平衡指针，针尖向下伸至立柱下端的平衡标尺前。在立柱铅直的条件下，平衡指针指示平衡标尺中心刻度，表示横梁处于水平状态。横梁两端各有一个平衡螺母，调整

平衡螺母的位置，可使横梁在空载（两秤盘无任何外加质量，游码位于游码尺零点）状态下达到水平平衡。横梁上边线刻有游码尺，游码不在游码尺零点时，相当于在砝码盘上添加一定的质量，用来称量小于最小砝码的质量。游码位置应估读到游码尺最小分格的点 $\frac{1}{10} \sim \frac{1}{5}$。例如，游码尺是小分格代表 0.1g，应估读至 0.01～0.02g。一般情况下，天平示值=所用砝码质量+游码尺示值。天平刀口与刀承接触情况对天平的灵敏度和测量准确度都很有影响。为了减小长时间承载重量对刀口造成损害，立柱下部设有启动旋钮，可使中央刀承上下移动。立柱上端固定一个横梁支架。当中央刀承下降至一定程度时，横梁支架两端的竖直锥尖插入横梁下缘上的相应小孔内托住横梁，使刀口与刀承脱离。要启动天平工作，须将中央刀承上升至最高点。

天平的结构非常松散、脆弱，对操作者的工作态度要求极其严格。除底座和立柱以外的所有部件及砝码，受到任何污染、腐蚀或其他损害，都会影响称量的准确度。

（1）天平调整

使用前必须仔细调整，使天平处于良好的工作状态。

① 首先应把天平底座在平整、牢靠的水平台面上放稳，然后再调整底座下的水平调节螺丝，使水准仪气泡位于标准圈内，悬在立柱后侧的铅锤尖端与底座上的锥尖对准。此时底座水平，立柱铅直。

② 检查两侧秤盘吊耳是否挂在两侧刀口上，盘号与耳号和横杆标号是否一致。

③ 调整空载水平平衡点（或称天平零点）。将砝码移至游码尺零线，用启动旋钮将横梁升至最高点，此时天平处于启动（工作）状态。若 3 个刀口不在刀承中央，秤盘架悬挂不正确，或者横梁有横向摆动，应先用启动旋钮降下横梁，使天平止动于横梁支架上，再重新安装调整。在启动状态下，若平衡指针自由静止于平衡标尺中线，或以该中线为平衡点在铅直平面内自由摆动，说明天平安装调整合理。若平衡点不在平衡标尺中线，应先把横梁止动于横梁支架上，再适当调整平衡螺母，然后重新启动天平观察。重复上述操作直至达到严格的空载水平平衡为止。使用过程会使零点变动，每次称衡都应先校正零点。

（2）天平使用注意事项。

① 被测质量不应超过天平的最大称量。

② 除了需要观察天平是否平衡外，其余一切操作都要在天平止动的状态下（即把横梁稳置于横梁支架上）进行，以免横梁翻转歪扭，损坏刀口。

③ 启动天平时，应使横梁缓慢升起，一经发现横梁向一侧倾斜，说明该侧质量大，应立即降下横梁，不必升至最高点。止动时，应使横梁缓慢下降，在平衡指针恰至平衡标尺中线时，使横梁与其支架两尖端同时接触。

④ 移动游码和取用砝码都要用专用镊子，人手不可接触砝码。不要把砝码放在砝码盒和秤盘以外的其他地方。称量完毕应立即取下秤盘上的重物和砝码。

⑤ 不要使天平各部件受到污染、锈蚀。

⑥ 左右秤盘、盘架和吊耳均不能调换。右盘为砝码盘，左盘放被测物。

四、实验内容及步骤

1. 用螺旋测微计测铜丝的直径

① 查明并记录千分尺的量程和允许（基本）误差；打开锁紧手柄，检查零点，记录零点误差。

② 把被测金属丝自由伸直，放在千分尺测头与测砧之间。缓慢转动棘轮，使测头与测砧恰好夹持住金属丝，棘轮发出"喀、喀"示警声，此时读出千分尺的示值。在金属丝的不同位置重复上述测量 5 次。把各次读数记入预先画好的数据表（见表 2.1）中。

③ 测量完毕，按存放注意事项把千分尺放回盒中。

④ 修正各次读数所含的零点误差。然后计算直径测量值的平均值 $\bar{d}$、偏差 Δx_i 及标准误差 $\sigma_{\bar{x}}$。

⑤ 按正确格式表示测量结果。

表 2.1　　　　　　　　　　　　　**测量数据记录表一**

千分尺：量程＿＿＿＿＿　　　　零点误差＿＿＿＿＿

测量次数	千分尺示值（mm）	已修正测量值 d_i（mm）	平均值 $\bar{d}$（mm）	偏差 $\Delta x_i = \bar{d} - d_i$	标准误差 $\sigma_{\bar{x}} = \sqrt{\sum \Delta x_i^2 / n(n-1)}$	相对误差 $E = \dfrac{\sigma_{\bar{x}}}{d}$
1						
2						
3						
4						
5						

$$d = d \pm \sigma_{\bar{x}}$$

2. 用游标卡尺和天平测金属圆柱杯的密度

将金属圆柱杯样品视为理想的几何体，其密度可由下式进行间接测量。

$$\rho = \frac{m}{V} = \frac{m}{\dfrac{\pi}{4}(D^2 H - d^2 h)}$$

① 查明并记录游标卡尺的量程和允许（基本）误差，打开游标紧固螺钉，检查并记录零点误差。

② 用内量爪测量圆柱杯内径 d。用外量爪测量其外径 D 和高度 H。用深度尺测量杯的深度 h。每个量都在样品上取 5 个不同位置重复测量。把它们的各次测量值记入预先画好的数据表（见表 2.2）中。

③ 测量完毕，把游标卡尺放回盒中。

④ 查明并记录天平的型号、精度级别和最大量程，检查天平安装情况。先调整天平底座，使其严格水平，用专用镊子把游码置于游码尺零线，再调整天平横梁空载平衡。调整完毕，使天平回到止动状态，才可进行称量。

⑤ 在天平止动状态下，把圆柱杯放在秤盘中央。依由大到小的顺序给砝码盘放置砝码。每加一个砝码，用启动旋钮轻轻抬起横梁。若看到天平明显不平衡，就不要再继续抬高横梁，应立即止动。然后根据横梁倾斜的方向，判断应添加下一个较小的砝码还是取下本次所添的砝码另换一个较小的砝码。当加至或换至砝码盒中最小的砝码时天平仍不能水平平衡，方可使用游码。最后，用平衡指针是否在中点处来判断天平是否达到严格的水平平衡。操作完毕，立即止动天平。

⑥ 读取游码尺示值。由码盒中的空位计算所用砝码总质量，再将所用砝码依由大到小的顺序放回砝码盒，同时核对所用砝码总质量。质量的测量值＝所用砝码总质量＋游码尺示值。

⑦ 取下圆柱杯，重新调整天平。然后再按上述步骤，进行第二次称衡，共重复测量 5 次，把质量的各次测量值记入数据表（见表 2.2）中。

⑧ 计算各直接测量值的平均值。

⑨ 计算圆柱杯密度的平均值 $\overline{P}$，并估算密度测量的标准误差及相对误差。

⑩ 按正确表示格式，写出密度测量结果。

表 2.2　　　　　　　　　　　　测量数据记录表二

游标卡尺：量程＿＿＿＿　允许误差＿＿＿＿　零点误差＿＿＿＿

物理天平：最大量程＿＿＿＿

测量次数	d_i（cm）	D_i(cm)	h_i(cm)	H_i(cm)	m_i(g)	ρ_i(g·cm^{-3})
1						
2						
3						
4						
5						
平均值	$\overline{d}=$	$\overline{D}=$	$\overline{h}=$	$\overline{H}=$	$\overline{m}=$	$\overline{\rho}=$

结果：　　$\sigma_{\overline{P}}=\sqrt{\dfrac{\sum\limits_{i=1}^{n}\Delta\rho_i^2}{n(n-1)}}=$　　　$E=\dfrac{\sigma_{\overline{P}}}{\rho_{铜}}\times100=$　　　$\rho_{铜}=8.96(\text{g·cm}^{-3})$

$$\rho=\overline{\rho}\pm\sigma_{\overline{\rho}}(\text{g·cm}^{-3})$$

五、思考题

① 设主尺的最小分格为 0.5mm，游尺分度值为 0.01mm。试问，游标分度数为多少？游标的最小分格可取为多长？

② 螺距为 1mm，微分套筒圆周分度数为 50 等份，主尺分度值为 0.5mm，该螺旋测微计的分度值等于多少？

③ 使用游标卡尺和千分尺时应注意哪些问题？为什么？

④ 为什么调整天平、给秤盘加减重物与砝码等操作都必须在横梁止动状态下进行？

实验 2　电学基本测量

电路中有各种电学元件，如线性电阻、半导体二极管和三极管，以及光敏、热敏等元件。了解这些元件的伏安特性，对正确地使用它们是至关重要的。伏安法是电学测量中常用的一种基本方法。

一、实验目的

① 了解安培表内接法和外接法，掌握用伏安法测电阻的方法。

② 熟悉直流电表、滑线变阻器的使用方法及电学实验的基本操作技术。

③ 学习电路设计和仪器选配知识。

④ 认识二极管的伏安特性。

二、实验仪器

直流稳压电源，直流电流表，直流电压表，滑线变阻器，开关，待测线性电阻 R_{x1}、R_{x2}，待测非线性电阻——半导体二极管，导线若干。

三、实验原理

1. 电学元件的伏安特性

在某一电学元件两端加直流电压，元件内就会有电流通过，通过元件的电流与电压之间的关系称为电学元件的伏安特性。一般以电压为横坐标，电流为纵坐标做出元件的电压-电流关系曲线，称为该元件的伏安特性曲线。若元件的伏安特性曲线呈直线，则它称为线性元件，图 2.10（a）所示为线性元件的伏安特性曲线，如碳膜电阻、金属膜电阻、线绕电阻等属于线性元件；若元件的伏安特性曲线呈曲线，则称其为非线性元件，图 2.10（b）所示为非线性元件的伏安特性曲线，如半导体二极管、稳压管、光敏元件、热敏元件等属于非线性元件。

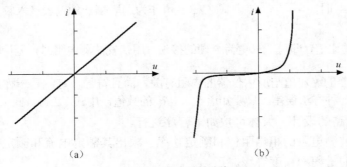

图 2.10　伏安特性曲线

2. 用伏安法测线性元件的电阻

在测量电阻 R 的伏安特性线路中，有两种不同的连接方法——内接法和外接法，如图 2.11 所示。如果电流表和电压表都是理想的，即电流表内阻 $R_A = 0$，电压表内阻 $R_V \rightarrow \infty$，这两种接法没有任何区别。实际上，电表都不是理想的，电压表和电流表的内阻将对测量结果带来一定的系统误差。

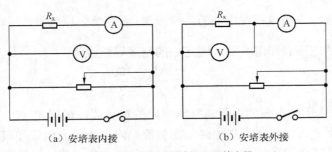

（a）安培表内接　　　　　　　（b）安培表外接

图 2.11　用伏安法测线性元件的电阻

两种接法的理论误差如下。

设电流表内阻为 R_A，电压表内阻为 R_V，电流表和电压表的示值分别为 I_A、U_V，则内

接法的电阻测量值为

$$R'_x = \frac{U_V}{I_A} = R_x + R_A$$

$$\Delta R_内 = R'_x - R_x = R_A > 0 \tag{2.1}$$

外接法的电阻测量值为

$$R'_x = \frac{U_V}{I_A} = \frac{R_x R_V}{R_x + R_V}$$

$$\Delta R_外 = R'_x - R_x = \frac{-R_x^2}{R_x + R_V} < 0 \tag{2.2}$$

由式（2.1）和式（2.2）可得

$$\frac{\Delta R_内}{\Delta R_外} = -\frac{R_A(R_x + R_V)}{R_x^2} = -\frac{R_A}{R_x} \Big/ \frac{R_x}{R_x + R_V} \tag{2.3}$$

当 $\frac{R_A}{R_x} = \frac{R_x}{R_x + R_V}$ 时，$\frac{\Delta R_内}{\Delta R_外} = -1$。式（2.3）可作为选取哪一种电表接入较为合理的依据，判断 $\frac{R_A}{R_x}$ 和 $\frac{R_x}{R_x + R_V}$ 的比值，即可选择更为合理的接法。用伏安法测电阻时，无论哪一种连接法都会产生误差。这种误差的绝对值与所用仪器的内阻有关，而且符号一定，是一种系统误差。按其产生的原因来说，是一种方法误差。只要知道 R_A、R_V 的数值，用式（2.1）、式（2.2）就可以消除。

伏安法测量电路的设计，大体可按如下程序进行。

① 首先查明被测电阻的粗略阻值和额定功率。求出其额定电流和额定电压的粗略量值。

② 选取电表的量程和精度等级。

电流表和电压表最大量程的满度值应小于或等于被测电阻的额定电流和额定电压。电表的允许误差必须保证满足电阻测量的误差要求。根据误差传递公式，有

$$\frac{\Delta R_x}{R_x} = \frac{\Delta V}{U} + \frac{\Delta A}{I} = \frac{U_m}{U} \times a_V\% + \frac{I_m}{I} \times a_A\% \tag{2.4}$$

式中，ΔR_x 为预定的电阻测量的最大绝对误差（极限误差）。ΔV、a_V 分别代表电压表的允许误差和精度等级；ΔA、a_A 则分别代表电流表的允许误差和精度等级。如果采用多量程电表，保证电流和电压的每一个量值都在电表的 $\frac{2}{3}$ 满度值~满度值区域测量，可取 $\frac{I_m}{I} = \frac{U_m}{U} = \frac{3}{2}$。若选取精度等级相同的电压表和电流表，则它们的精度等级应为

$$a_V = a_A = \frac{\Delta R_x}{R_x} \times \frac{100}{3}$$

③ 选定电路。由所选电表的内阻与待测电阻的粗估值，根据式（2.3）选取方法误差较小的测量电路。选取电源电压 E，使电路加在被测电阻上的最大电流和最大电压不超过它们的额定值。选取滑线变阻器的额定电流大于电路的最大工作电流；滑线变阻器的总阻值能满足对电流或电压的调节范围和调节粗细要求。

3. 用伏安法测二极管的伏安特性

把电压加到二极管上，若在二极管的正端接高电位，负端接低电位，称为加正向电压，

当正向电压大于某一定值（称为开启电压，一般较小），二极管正向电阻变得很小（约为 $10 \sim 10^2\Omega$ 的数量级），并且随着正向电压的增大而急剧减小。正向电流的允许界限称为最大正向电流 I_m。超过 I_m 二极管会因自身过热而烧坏。做出的正向电压和正向电流的对应关系的图线，称为二极管正向伏安特性曲线。若在二极管上加反向电压时，反向电流很小，且几乎不变，反向电阻很大，通常可达 $10^5\Omega$ 以上，反向电压的极限值称为反向击穿电压。达到反向击穿电压后，二极管将被击穿，反向电流急剧增大。通常取最大反向工作电压为反向击穿电压的一半。做出的反向电压和反向电流的对应关系的图线称为二极管反向伏安特性曲线。

二极管的特性与材料和工艺条件有很大的关系，单个产品间的差异较大。一般锗管的开启电压为 0.2～0.4V，正常反向电流为 $10 \sim 10^2 \mu A$；硅管的开启电压为 0.6～0.8V，正常反向电流小于 $1 \mu A$。最大正向电流和最大反向电压可由厂家提供的半导体手册查出，实验时不允许超过这两个极限参数。

实验可参照图 2.12 进行。实验前先查明待测二极管的型号、最大正向电流、最大反向工作电压及正反向电阻的粗略值（可用万用表测量）。正向伏安特性的测量电路选用图 2.12（a），mA 表外接；反向伏安特性曲线选用图 2.12（b），μA 表内接。注意选取电路的参数，确保电流和电压不会超过二极管的最大正向电流和最大反向电压。对电表的精度等级可适当放宽。

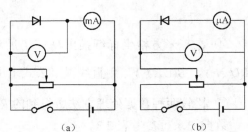

图 2.12　用伏安法测二极管的伏安特性

四、实验内容及步骤

1. 测量线性电阻的阻值

① 测电阻 R_{x1} 的粗估值，正确选用测量电路（电流表内接法或外接法）。设计电路参数（包括电源的输出电压，电流表、电压表的量程等），正确地连接电路。先断开开关，把滑线变阻器滑动接触器移至最小分压处，不要接通直流稳压电源。检查电路无误后，方可进行下一步操作。

② 接通直流稳压电源，闭合开关，把滑线变阻器滑动头缓缓移动，观察电流表和电压表的示值是否在所需范围之内变化。若电路符合设计要求，方可进行数据测量。

③ 电压的允许变化范围 $\frac{2}{3}U_m \sim U_m$ 内选取等间隔递增的 10 个电压值。调节滑线变阻器滑动头，使电压表的示值由小到大依次取所选定的电压值 U_i，测量对应的电流值 I_i。测量完毕断开开关和直流稳压电源。

2. 测量二极管的伏安特性曲线。

① 按图 2.12（a）连接好正向测量电路。选择恰当的电表（稳压电源、伏特表和毫安表）量程，把滑线变阻器置于最小分压处。

② 闭合开关，滑动滑线变阻器，记录 8～10 组数据。

③ 按图 2.12（b）连接好反向测量电路。选则恰当的电表（稳压电源、伏特表和微安表）量程，把滑线变阻器置于最小分压处。

④ 闭合开关，滑动滑线变阻器，记录 8～10 组数据。

五、数据记录及处理

1. 测量线性电阻的阻值

① 把 I_i 和 U_i 代入欧姆定律求出对应的电阻值 R_{x_i}。

② 计算 R_{x_i} 的算术平均值 $\overline{R}_x$，并由式 $\Delta R_{x_i} = R_{x_i} - \overline{R}_x$，求出 R_{x_i} 对应的偏差 ΔR_{x_i}。

③ 计算算术平均值的标准误差 $\sigma_{\overline{R}_x} = \sqrt{\dfrac{\sum\limits_{i=1}^{n} \Delta R_{x_i}^2}{n(n-1)}}$，表示算术平均值 $\overline{R}_x$ 的误差落在区间

$(\overline{R}_x - \sigma_{\overline{R}_x}, \overline{R}_x + \sigma_{\overline{R}_x})$ 内的概率为 68.27%。计算测量相对误差 $E = \dfrac{\sigma_{\overline{R}_x}}{\overline{R}_x}$，将测量结果表示为

$$R_x = \overline{R}_x \pm \sigma_{\overline{R}_x}$$

④ 在毫米方格坐标纸描出 U_i、I_i 所对应的各点，做出 $U - I$ 曲线。在曲线上任选两点 $A(U_1, I_1)$，$B(U_2, I_2)$，用直线斜率公式求出电阻值 $R_x = \dfrac{U_2 - U_1}{I_2 - I_1}$。

⑤ 比较两种数据处理方法所得到的 R_x 值，分析测量的误差来源。

数据记录可参考表 2.3。

表 2.3　　　　　　　　　　　　　数据记录表（一）

次数（n）	1	2	3	4	5	6	7	8	9	10
U_i/V										
I_i/mA										
R_{x_i}/Ω										
$\overline{R}_x = \sum\limits_{i=1}^{n} R_{x_i}/n =$										
$\Delta R_{x_i}/\Omega$										
$\sigma_{\overline{R}_x} = \sqrt{\dfrac{\sum\limits_{i=1}^{n} \Delta R_{x_i}^2}{n(n-1)}} =$										
$R_x = \overline{R}_x \pm \sigma_{\overline{R}_x} =$										

2. 测量二极管的伏安特性曲线

① 用测量的数据在坐标纸上作出二极管的伏安特性曲线。为了能够清晰地显示正反向伏安特性，注意适当选取正反向坐标的比例。

② 比较实验结果和理论结果的差异并分析原因。

数据记录表格可参照表 2.4。

表 2.4　　　　　　　　　　　　　数据记录表（二）

次数（n）		1	2	3	4	5	6	7	8	9	10
正向	U_i (V)										
	I_i (mA)										
反向	U_i (V)										
	I_i (μA)										

六、注意事项

① 滑线变阻器使用前应注意滑动头置于低电位。

② 电流、电压表连接时注意极性，选择合适的量程。调节变阻器，使电压表的示值在 $\frac{2}{3}$ 满度值～满度值区域变化，若电路调试过程中有任一电表的示值超出满偏量程，立即断开电路，重新选取电路参数，经检查无误后才能再次调试。

③ 电压表、电流表读数时须用"三线合一"读数法，即表针、表针在条镜中的像及表盘刻度线三线合一。读数时应只用一只眼睛观察，以免带来人员误差（两眼的视差）。注意应有一位估读值，并注意有效数字的处理。

实验完毕后，断开电源，并整理好仪器和导线。

④ 实验前先查明待测二极管的相关参数，注意选取电路的参数，确保电流和电压不会超过二极管的最大正向电流和最大反向电压。

七、思考题

① 如何由测量数据点绘出最佳曲线？

② 怎样测量才不会损坏二极管？

【小知识】　电阻上的颜色表示。

第一道色环表示阻值的最大一位数字，第二道色环表示第二位数字，第三道色环表示阻值末应该有几个零，第四道色环表示阻值的误差。数字所代表的色环颜色见表 2.5。

表 2.5　　　　　　　　　　数字所代表的色环颜色

棕	红	橙	黄	绿	蓝	紫	灰	白	黑
1	2	3	4	5	6	7	8	9	0

实验 3　刚体转动惯量的测量

转动惯量是刚体转动时惯性的量度，其量值取决于物体的形状、质量分布及转轴的位置。刚体的转动惯量有着重要的物理意义，在科学实验、工程技术、航天、电力、机械、仪表等工业领域也是一个重要参量。

对于质量分布均匀、外形不复杂的物体可以从它的外形尺寸的质量分布用公式计算出相对于某一确定转轴的转动惯量。而对于外形复杂和质量分布不均匀的物体只能通过实验的方法来精确地测定物体的转动惯量，因而实验方法就显得更为重要。

一、实验目的

① 加深对刚体转动惯量及其物理意义的理解。

② 掌握三线摆测转动惯量的原理和方法。

③ 学习使用转动惯量实验仪测定刚体的转动惯量。

④ 熟练长度、质量和时间测量仪器的使用方法及仪器装置的水平调整技术。

二、实验仪器

三线摆仪、钢卷尺、游标卡尺、秒表、气泡水平仪、待测圆环、HM-J-M 型转动惯量实验仪。

三、实验原理

1. 用三线摆仪测刚体的转动惯量

图 2.13 所示是三线摆仪实验装置示意。三线摆是由上、下两个匀质圆盘，用 3 条等长的摆线（摆线为不易拉伸的细线）连接而成。上、下圆盘的系线点构成等边三角形，下盘处于悬挂状态，并可绕 OO' 轴线作扭转摆动，称为摆盘。由于三线摆仪的摆动周期与摆盘的转动惯量有一定关系，所以把待测样品放在摆盘上后，三线摆仪的摆动周期要相应地随之改变。这样，根据摆动周期、摆动质量及有关的参量，就能求出摆盘系统的转动惯量。

设下圆盘质量为 m_0，当它绕 OO' 轴线扭转的最大角位移为 θ_0 时，圆盘的中心位置升高 h，这时圆盘的动能全部转变为重力势能，有

$$E_\rho = m_0 gh \quad (g \text{ 为重力加速度})$$

当下盘重新回到平衡位置时，重心降到最低点，这时最大角速度为 ω_0，重力势能被全部转变为动能，有

$$E_K = \frac{1}{2} I_0 \omega_0^2$$

式中，I_0 是下圆盘对于通过其重心且垂直于盘面的 OO' 轴线的转动惯量。

如果忽略摩擦力，根据机械能守恒定律，可得

$$m_0 gh = \frac{1}{2} I_0 \omega_0^2 \tag{2.5}$$

设悬线长度为 l，上、下圆盘悬线距圆心分别为 r、R（注意，R 和 r 不是大圆盘和小圆盘的半径，而是悬点到盘心的距离），当下圆盘转过一角度 θ_0 时，从上圆盘 B 点做下圆盘垂线，与升高 h 前、后下圆盘分别交于 C 和 C_1，如图 2.14 所示，则

$$h = BC - BC_1 = \frac{(BC)^2 - (BC_1)^2}{BC + BC_1}$$

因为

$$(BC)^2 = (AB)^2 - (AC)^2$$
$$(BC_1)^2 = (A_1B)^2 - (A_1C_1)^2 = l^2 - (R^2 + r^2 - 2Rr\cos\theta_0)$$

所以有

$$h = \frac{2Rr(1 - \cos\theta_0)}{BC + BC_1} = \frac{4Rr\sin^2\dfrac{\theta_0}{2}}{BC + BC_1}$$

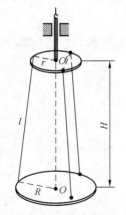

图 2.13 三线摆仪实验装置示意

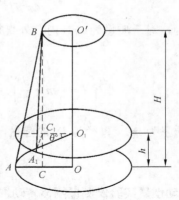

图 2.14 三线摆仪原理

在扭转角 θ_0 很小，悬线 l 很长时，$\sin\dfrac{\theta_0}{2} \approx \dfrac{\theta_0}{2}$，而 $BC+BC_1=2H$，其中

$$H=\sqrt{l^2-(R-r)^2}$$

式中，H 为上、下两盘之间的垂直距离，则

$$h=\frac{Rr\theta_0^2}{2H} \tag{2.6}$$

由于下盘的扭转角度 θ_0 很小（一般在 5° 以内），摆动看成是简谐振动，则圆盘的角位移与时间的关系是

$$\theta = \theta_0 \sin\frac{2\pi}{T_0}t$$

式中，θ 是圆盘在时间 t 时的角位移，θ_0 是角振幅，T_0 是振动周期，若认为振动初位相是零，则角速度为

$$\omega = \frac{\mathrm{d}\theta}{\mathrm{d}t} = \frac{2\pi\theta_0}{T_0}\cos\frac{2\pi}{T_0}t$$

经过平衡位置时，$t=0$，$\dfrac{1}{2}T_0$，T_0，$\dfrac{3}{2}T_0$，… 的最大角速度为

$$\omega_0 = \frac{2\pi}{T_0}\theta_0 \tag{2.7}$$

将式（2.6）和式（2.7）代入式（2.5），可得

$$I_0 = \frac{m_0 gRr}{4\pi^2 H}T_0^2 \tag{2.8}$$

实验时，测出 m_0、R、r、H 及 T_0，由式（2.8）求出圆盘的转动惯量 I_0。在下盘上放上另一个质量为 m、转动惯量为 I（对 OO' 轴线）的物体时，测出周期为 T，则有

$$I+I_0 = \frac{(m+m_0)gRr}{4\pi^2 H}T^2 \tag{2.9}$$

式（2.9）减去式（2.8）得到被测物体的转动惯量 I 为

$$I = \frac{gRr}{4\pi^2 H}[(m+m_0)T^2 - m_0T_0^2] \tag{2.10}$$

在理论上，对于质量为 m，内、外直径分别为 d、D 的均匀圆环，通过其中心垂直轴线的转动惯量为

$$I = \frac{1}{2}m\left[\left(\frac{d}{2}\right)^2 + \left(\frac{D}{2}\right)^2\right] = \frac{1}{8}m(d^2+D^2) \tag{2.11}$$

而对于质量为 m_0、直径为 D_0 的圆盘，相对于中心轴的转动惯量为

$$I_0 = \frac{1}{8}m_0D_0^2 \tag{2.12}$$

2. 用转动惯量实验仪测量刚体转动惯量

根据刚体的定轴转动定律，当刚体绕固定轴转动时，有

$$M = J\beta \tag{2.13}$$

式中，M 是刚体转动时所受的总合外力矩，β 是该力矩作用下刚体转动的角加速度，可见测得这两个量即可计算出该刚体的转动惯量 J。转动惯量实验仪就是根据这一原理设计的。如图 2.15 所示，其结构主体是一套绕竖直转动的圆盘支架，待测物体可以放置在支架上，支架的下面有一个通过特制的轴承安装在主轴上的倒置的塔轮，塔轮直径自上向下依次为 70、60、50、40、30（单位 mm）。可选择不同半径的塔轮或不同质量的砝码，通过绕线牵引产生不同的力矩，产生相应转动角加速度，以测定刚体转动惯量，研究刚体定轴转动的特点。

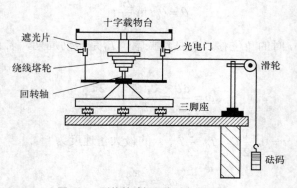

图 2.15　刚体转动惯量实验仪结构示意

设空载（不加任何试件）的转动惯量实验仪绕其回转轴转动的转动惯量为 J_0，称之为系统本底转动惯量。把载有待测试件后系统的总转动惯量用 J_1 表示，根据转动惯量的叠加原理，只要测得 J_0 和 J_1，就可求得待测试件对回转轴的转动惯量 J_2，即

$$J_2 = J_1 - J_0 \tag{2.14}$$

通过受力分析，由刚体动力学理论可知，该实验仪转动系统所受的合外力矩 $M_合$ 主要由引线的张力矩 M 和轴承的摩擦力矩 M_μ 构成，由式（2.13），有

$$M - M_\mu = J\beta \tag{2.15}$$

将式（2.15）稍作变形得

$$M = J\beta + M_\mu \tag{2.16}$$

其中，摩擦力矩虽然是未知的，但因其主要来源为接触摩擦，可以认为是恒定的。如果我们多次改变张力矩大小（3 次以上），并测量相应的角加速度，做出 M-β 图线。由式（2.16）易知，M-β 图线是一条直线，其斜率就是刚体对回转轴的转动惯量 J，而纵轴截距则是摩擦力距 M_μ，可见对确定转动系统，研究其转动惯量，就要研究引线张力矩与角加速度的关系。所以，下面我们分别讨论引线张力矩 M 和其角速度 β。

（1）引线的张力矩 M

设牵引塔轮的细线上张力为 T_2，塔轮绕线轮半径为 R，则

$$M = T_2 \times R \tag{2.17}$$

若滑轮的半径为 r，其转动惯量为 $J_{滑轮}$，塔轮转动时砝码下落加速度为 a，参照图 2.16 进行分析。

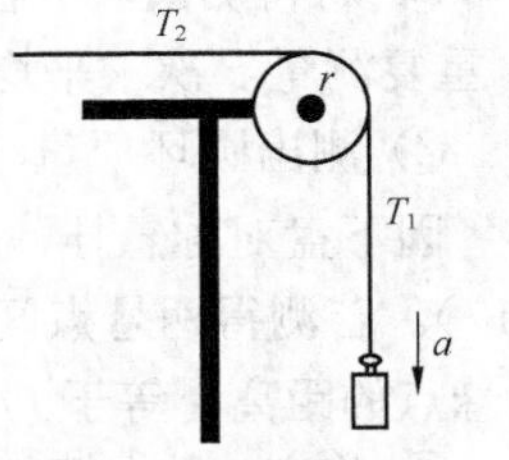

对于砝码，有

$$mg - T_1 = ma \tag{2.18}$$

对于滑轮，有

$$T_1 r - T_2 r = J_{滑轮} \frac{a}{r} \tag{2.19}$$

从上述二式中消去 T_1，同时取 $J_{滑轮} = \frac{1}{2} m_{滑轮} r^2$，得出

图 2.16 滑轮受力分析示意

$$T_2 = m \left[g - (1 + \frac{1}{2} \frac{m_{滑轮}}{m}) a \right] \tag{2.20}$$

在此实验中，$\left(1 + \dfrac{1}{2} \dfrac{m_{滑轮}}{m} \right) a < 0.03g$，所以可近似取 $T_2 \approx mg$。同时，有

$$M \approx mgR \tag{2.21}$$

可见，在实验中可通过改变砝码质量或塔轮半径来改变 M。m、R 可以测定，所以，转动惯量测量的重点就转化为测定角加速度 β。

（2）加速度 β 的测量

在回转台（支架）上加有两个对称分布的遮光片。给定一定初始角速度后，回转台发生旋转。每转动半圈会遮挡一次固定在底座上的光电门，产生一个计数光电脉冲，毫秒计就可自动记录回转台转过半圈的间隔时间，即旋转 π 的时间。若测量从遮光片开始的第 1 圈的时间为 t_1，第 4 圈完成后的累计时间为 t_4。第 1 圈的平均角速度为 $2\pi/t_1$，应当等于时刻 $t_1/2$ 的即时角速度；前 4 圈的平均角速度为 $8\pi/t_4$，应当等于时刻 $t_4/2$ 时的即时角加速度，则

$$\beta = \frac{\dfrac{8\pi}{t_4} - \dfrac{2\pi}{t_1}}{\dfrac{t_4}{2} - \dfrac{t_1}{2}} = 4\pi \frac{\dfrac{4}{t_4} - \dfrac{1}{t_1}}{t_4 - t_1} \tag{2.22}$$

β 值的求取有两种方法：第一，通过数字毫秒计直接读取；第二，根据数字毫秒计自动记录时间，再由式（2.22）求出。

（3）刚体转动的平行轴定理

可以通过理论分析证明，质量为 m 的刚体围绕通过其质心 O 的转轴转动时的转动惯量

J_0 最小。当转轴平行移动距离 d 后，绕新转轴转动的转动惯量为

$$J = J_0 + md^2 \tag{2.23}$$

四、实验内容

1. 用三线摆仪测量下盘和圆环对中心轴的转动惯量

① 调节上盘绕线螺丝使三根线等长（50cm 左右）；调节底脚螺丝，使上、下盘处于水平状态（水平仪位于下圆盘中心）。

② 等待三线摆仪静止后，用手轻轻扭转上盘 5° 左右随即退回原位，使下盘绕仪器中心轴作小角度扭转摆动（不应伴有晃动）。用秒表测出 50 次完全振动的时间 t_0，重复测量 5 次求平均值 t_0，计算出下盘空载时的振动周期 T_0。

③ 将待测圆环放在下盘上，使它们的中心轴重合。再用秒表测出 50 次完全振动的时间 t，重复测量 5 次求平均值，算出此时的振动周期 T。

④ 测出圆环质量（m）、内外直径（d、D）及仪器有关参量（m_0、R、r 和 H 等）。

因下盘对称悬挂，使三悬点正好连成一个等边三角形（见图 2.17）。若测得两悬点间的距离为 L，则圆盘的有效半径 R（圆心到悬点的距离）等于 $L/\sqrt{3}$。同理，上盘的有效半径 r 也可测得。

⑤ 将实验数据填入表 2.6。先由式（2.8）推出 I_0 的相对不确定度公式，算出 I_0 的相对不确定度、绝对不确定度，并写出 I_0 的测量结果。再由式（2.10）算出圆环对中心轴的转动惯量 I 并与理论值比较，计算出绝对不确定度、相对不确定度，写出 I 的测量结果。

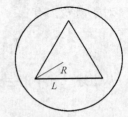

图 2.17　下盘悬点示意

2. 用转动惯量实验仪测量刚体转动惯量

（1）本底转动惯量 J_0 的测量

将圆盘、圆环从十字承物台取下，按照上述实验方法将数字毫秒计和转动惯量仪连接，砝码、挂钩与细线连接，并将细线一端打结塞入塔轮的狭缝中，打开数字毫秒计电源，使数字毫秒计电源进入计时状态（具体操作方法见 HM-J-M 型数字存储毫秒计使用说明书），然后放开砝码让其自由下落，记录测量数据。改变砝码质量（3 次以上），重复测量。做出 $M\text{-}\beta$ 图线，根据斜率求得本底转动惯量 $\left(J = \dfrac{M}{\beta} = \dfrac{\Delta mgR}{\Delta \beta}\right)$。

（注：如果要强调实验精度，考虑到机械加工误差的不可避免，用数字毫秒计提取时间 t 或 β 时，最好只用第 1、3、5…个数据或只使用第 2、4、6…个数据，以消除因两个遮光片或光电门不是精确成 180° 对称分布造成的实验误差。）

（2）圆环转动惯量的测量

将圆环放在载物台上，重复上述实验过程，记录测量数据。求得圆环加本底的转动惯量 $(J_{圆环} + J_0)$，进而由 $J_{圆环} = (J_{圆环} + J_0) - J_0$ 求得圆环对其几何中心轴线的转动惯量。然后可根据圆环转动惯量的理论公式 $J_{圆环} = \dfrac{1}{2}m(R_{外}^2 + R_{内}^2)$，再测出圆环质量 m 和内外径，求得圆环转动惯量的理论值，并与实验值相比较。

（3）圆盘的转动惯量的测量

将圆盘放在十字承物台上，重复上述实验过程，记录测量数据。求得圆盘加本底的总转

动惯量（$J_{圆盘}+J_0$），进而由 $J_{圆盘}=(J_{圆盘}+J_0)-J_0$ 求得圆盘对其几何中心轴线的转动惯量。然后可根据圆盘转动惯量的理论公式 $J_{圆盘}=\dfrac{1}{2}mR^2$，在测出圆盘质量 m 和半径后，求得圆盘转动惯量的理论值，并与实验值相比较。

（4）刚体定轴转动平行轴定理的验证

用天平测出金属圆柱体的质量 m，设金属圆柱体对于自身质心对称轴的转动惯量为 J_c。设载物十字架中心两侧圆孔中心到转动惯量实验仪回转轴的距离记为 d，d 值由内到外依次为 $d_1=50\text{mm}$、$d_2=75\text{mm}$、$d_3=100\text{mm}$。把两块圆柱体对称安置于载物十字架中心两侧的圆孔上，按照实验内容 2 所述的方法，分别测得 d 取不同值时（如 50mm 和 75mm）两块圆柱体对转动惯量实验仪回转轴的转动惯量（分别记录为 J_{c_1} 和 J_{c_2}）。那么，单块圆柱体对转动惯量实验仪回转轴的转动惯量分别为 $J_{01}=\dfrac{1}{2}J_{c_1}$，$J_{02}=\dfrac{1}{2}J_{c_2}$。因为圆柱体自身质量对称轴与转动惯量实验仪回转轴平行，J_c 和 J_0 的关系应符合刚体转动的平行轴定理 $J=J_0+md^2$，所以有

$$J_{01}=J_c+md_1^2$$
$$J_{02}=J_c+md_2^2$$

上两式联立，消掉 J_c，应该有 $J_{01}-J_{02}=m(d_1^2-d_2^2)$。也就是说，该关系式成立，则平行轴定理得到验证。请根据实验所得数据，对其进行验证。

五、数据记录及处理

把实验结果记录在表 2.6 中。

表 2.6　　　　　　　　　　　　实验数据表格

下盘质量 $m_0=$_____g，　　　　圆环质量 $m=$_____g

待测物体	待测量	测量次数					平均值
		1	2	3	4	5	
上盘	有效半径 r(mm)						
下盘	有效半径 R(mm)						
	周期 $T_0=t_0/50$(s)						
上、下盘	垂直距离 H(cm)						
圆环	内径 d(mm)						
	外径 D(mm)						
下盘加圆环	周期 $T=t/50$(s)						

根据表中数据计算出相应量，并将测量结果表达如下。

下盘：$\overline{I}_0=$_____g·cm^2，$\Delta\overline{I}_0=$_____g·cm^2　$I_0=\overline{I}_0\pm\Delta\overline{I}_0=($_____$\pm$_____$)$g·cm^2

圆环：$\overline{I}=$_____g·cm^2，$\Delta\overline{I}=$_____g·cm^2　$I_0=(\overline{I}_0\pm\Delta\overline{I}_0)=($_____$\pm$_____$)$g·cm^2

六、注意事项

① 转动三线摆仪上盘时角度应小于 5°，且不可使圆盘晃动。

② 连续测量摆动 50 次所需时间共 5 次，每次之值相差应小于 1s。

③ 放置圆环时，应使环心与下盘中心复合。

七、思考题

① 若被测物体质心不在 OO' 轴线上，将产生什么现象？
② 实验中忽略了哪些次要影响因素？理由是什么？
③ 怎么判断刚体作匀减速或加速运动？

实验 4　直流电桥

电桥是指用来测量电阻或交流阻抗的桥式电路，或按此原理制成的仪器。电桥线路在电磁测量技术中得到了极其广泛的应用。它不仅可以用来测量电阻，还可以用来测量电感、电容、频率、温度、压力等许多物理量。根据用途不同，电桥有多种类型，结构与性能也各有特点，但基本原理是相同的。按工作原理来分，可分为直流电桥和交流电桥两大类，依工作方式还可分为平衡电桥和非平衡电桥。

直流平衡电桥有直流单臂电桥（又称惠斯登电桥）和直流双臂电桥（又称开尔文电桥）两种。惠斯登电桥适用于测量 $10 \sim 10^6 \Omega$ 数量级的电阻，小于 10Ω 的电阻可用双臂电桥测量。它们都具有较高的灵敏度。

实验 4.1　用惠斯登电桥测电阻

一、实验目的

① 掌握惠斯登电桥的基本原理和使用方法。
② 了解电桥的灵敏度和测量误差。

二、实验仪器

QJ24 型惠斯登电桥、待测电阻、数字万用表、导线等。

三、实验原理

如图 2.18 所示，将待测电阻 R_x 与可调标准电阻 R_2 并联在一起，因并联电阻两端的电压相等，于是有

$$I_x R_x = I_2 R_2$$

或

$$\frac{R_x}{R_2} = \frac{I_2}{I_x} \tag{2.24}$$

这样，待测电阻 R_x 与标准电阻 R_2 的关系就通过 $\dfrac{I_2}{I_x}$ 联系在一起。

但是，要测得 R_x，还需要测量电流 I_2 和 I_x。为了避免测这两个电流，我们采用图 2.19 所示的电路。

在图 2.19 中，R_1、R_3 也是可调的两个标准电阻，R_2 和 R_x 右端（C 点）仍然连接在一起，因而具有相同的电位，它们的左端（B、D 点）则通过检流计连在一起。当我们调节 R_1、R_2 和 R_3 的阻值使检流计中的电流 $I_g = 0$ 时，则 B、D 两点电位相同，也就是说 R_x 和 R_2 左端虽然分开了，但仍保持同一电位，因而式（2.24）仍然成立。

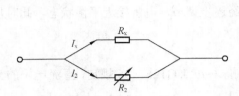

图 2.18 将电阻并联起来

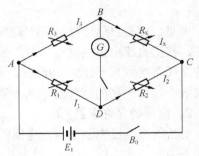

图 2.19 惠斯登电桥原理

对于 R_1 和 R_3，同样有

$$I_1 R_1 = I_3 R_3 \quad 或 \quad \frac{R_3}{R_1} = \frac{I_1}{I_3} \qquad (2.25)$$

又因 $I_g = 0$，这时 $I_3 = I_x$，$I_1 = I_2$，故 $\dfrac{I_2}{I_x} = \dfrac{I_1}{I_3}$，代入式（2.24）、式（2.25），得

$$\frac{R_x}{R_2} = \frac{R_3}{R_1} \quad 或 \quad R_x = \frac{R_3}{R_1} R_2 = kR_2 \qquad (2.26)$$

这样，就把待测电阻的阻值用 3 个标准电阻的阻值表示了出来。式中的 $k = \dfrac{R_3}{R_1}$，称为比率系数。

图 2.19 的电路称为惠斯登电桥。一般将电阻 R_1、R_2、R_3 和 R_x 叫做电桥的"臂"，将接有检流计的对角线 BD 称为"桥"。当"桥"上没有电流通过时（$I_g = 0$），我们认为电桥达到了平衡。式（2.26）称为电桥的平衡条件。易知电桥平衡与工作电压 U 的大小无关，不会给 R_x 的测量带来误差，除非电源电压超过各臂电阻的额定电压使其阻值发生变化。电桥的误差主要来自于电桥灵敏度及各标准臂电阻的允许误差，必要时还应考虑桥路中的温差电动势。

1. 电桥灵敏度

电桥灵敏度是反映电桥对桥臂阻值微小变化的影响能力的参数，其定义为

$$S = \frac{\Delta n}{\Delta R / R} \qquad (2.27)$$

式中，$\Delta R / R$ 是某一个桥臂的阻值相对变化。Δn 为相应于 $\Delta R / R$ 的检流计指针偏转量。可以证明，在平衡点附近，电桥的灵敏度可表示为

$$S = R\left(\frac{\Delta n}{\Delta I_g}\right)\left(\frac{\Delta I_g}{\Delta R}\right) = S_i R\left(\frac{\Delta I_g}{\Delta R}\right)$$

$$= \frac{ES_i}{R_1 + R_2 + R_3 + R_x + R_g\left(2 + \dfrac{R_1}{R_2} + \dfrac{R_2}{R_1}\right)}$$

此式表明，电桥的灵敏度不仅与检流计的灵敏度 S_i 有关，并且与各臂阻值、检流计内阻 R_g 及电源电压 E 的大小等都有关系。当 I_g 小于人眼判断检流计指针偏转的分辨力时，即 $0.1\sim 0.2$ 分度值时，电桥将被判定为平衡。取 $\Delta n = 0.2$，带入式（2.27）得

$$\frac{\Delta R}{R} = \frac{0.2}{S}$$

可见，电桥灵敏度越高，平衡判定误差越小。但是，灵敏度越高，调整电桥平衡就会越困难。在用直流电桥测试电阻时，被测电阻是未知的，电桥离平衡状态相差悬殊，检流计易受冲击（而损坏）。因此，初测时，灵敏度应较低。经逐步调节，电桥接近平衡状态，此时加大灵敏度，可提高测试精度，减小测试误差。

2．电桥的允许误差

电桥的准确度主要由桥臂电阻的准确度决定。国家标准 JJG125—86 规定，直流电桥的允许误差为

$$|\Delta| = (R + \frac{R_N}{K}) \times \alpha\%$$

式中，R 为电桥对被测电阻的示值（由测量盘上读出的值）；K 为一个常数，一般取 10。α 为电桥精度等级。R_N 称基准值，定义为电桥的使用量程内最大的 $10^n\,\Omega$ 阻值（n 为整数）。例如，电桥量程为 99 999.90Ω，则 $R_N = 10^4\,\Omega$。一般可近似地认为 $|\Delta| = R \times \alpha\%$。

四、仪器结构

惠斯登电桥分为滑线式和箱式两大类。滑线式电桥用一根粗细均匀的电阻丝作为 $R_1 + R_2$，令检流计接点在电阻丝上滑动可改变比率 $k' = \dfrac{R_2}{R_1}$。箱式电桥比率臂采用电阻箱，其比率不能连续调节。所有部件都装在一个箱体中，比率和比较臂阻值在面板的相应转盘上分别标出。

QJ24 型箱式惠斯登电桥的面板排列见图 2.20。

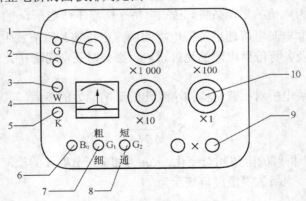

图 2.20　箱式惠斯登电桥的面板

1—量程因数（比率 $k = R_3 / R_1$），用一个转盘选择 0.001、0.01、0.1、1、10、100 和 1000 等 7 个挡次

2—G，外接检流计端钮（供鉴定时用）　3—W，检流计调零旋钮　4—检流计表头

5—K，晶体管放大器的电源开关（指向 K 为接通）。　6—B$_0$，电桥的电源开关，可作按入或旋转锁住，放开为不通。　7—G$_1$，检流计的粗、细开关。　8—G$_2$，检流计接通、短路开关。也作外接检流计的开关，指向"短"为外接。　9—×，被测电阻 R 的一对接线柱端钮。

10—电桥的测量盘（比较臂 R 旋钮），分别用 4 个转盘选择阻值，用法和电阻箱相同。

五、实验内容及步骤

① 指零仪转换开关拨向"内接",按下"G_2"按钮,将指零仪指针调至零位。

② 使用万用表测量待测电阻标称值。将万用表功能开关置于电阻量程,各档位数字代表该档量程,测量结果直接从显示屏读出,读数单位与所选量程单位一致。

③ 把待测电阻连接到"×"端钮(测量电阻为 10Ω 以下时两连接导线的阻值应小于 0.01Ω)。

④ 根据待测电阻标称值和仪器上盖内表格将量程倍率 k 变换器转动到适当数值,使电桥平衡时 R_2 为数千欧姆。

⑤ 按下"B"和"G_1"按钮并调节测量盘旋钮,使指零仪指针重新回到零位,重复测量 3 次,记录各次测量值 R_{2i}。

⑥ 测量完毕后,应放开"B"和"G_1"、"G_2"按钮,将指零仪和电源转换开关拨向"外接"。

⑦ 计算 $\overline{R}_2 = \dfrac{\sum R_{2i}}{n}$,$\overline{R}_x = k\overline{R}_2$,$\Delta a = 0.01\alpha(\overline{R}_x + 500k)$,式中,$\alpha$ 为与 k 对应的各量程的准确度等级,对应关系见仪器上盖内表格。将测量结果表示成 $R = \overline{R}_x \pm \Delta a$ 的形式。数据记录及处理可参考表 2.7。

表 2.7　　　　　　　　　　　**数据记录及处理**

电桥型号＿＿＿＿＿＿＿＿＿＿

电阻标称值（Ω）	比率 k	准确度等级 α	$R_{2i}(\Omega)$			$\overline{R}_2 = \dfrac{\sum R_{2i}}{n}$	$\overline{R}_x = k\overline{R}_2$	$\Delta a = 0.01\alpha$ $(\overline{R}_x + 500k)$	$R = \overline{R}_x \pm \Delta a$
			R_{21}	R_{22}	R_{23}				

数据处理及记录要点如下。

a. R_{2i} 为 4 位有效数字。$\overline{R}_2$ 保留 4 位有效数字,按照"四舍六入五凑偶"的原则处理。

b. 在测量结果表示式 $R = \overline{R}_x \pm \Delta a$ 中,误差 Δa 的有效数字末位应与 $\overline{R}_x$ 的末位相同,并按照"只进不舍,隔 0 不进"的原则处理。例如,结果可表示为 $(20.32 \pm 0.05)\Omega$,$(340.5 \pm 0.3)\Omega$;对于较大电阻应使用科学记数法,如 $(1.502 \pm 0.065) \times 10^6 \Omega$。

六、注意事项

① 测量前由电阻的标称值选择合适的量程倍率 k,再接通电桥。

② 测量过程中注意检流计灵敏度的适当选择。

③ 不要长时间接通,应采用"跃接"方式(即作短暂接通)。

七、思考题

① 测量过程中如何调节检流计的灵敏度?

② 怎样选取量程倍率 k，使待测电阻测量值的位数最多？

【小知识】

数字直流电桥（见图2.21）是以惠斯登电桥线路为基础，用精密合金绕线电阻为基准的更新换代产品。数字直流电桥具有数字万用表同样简便、快速、醒目的特点，还保持了惠斯登电桥准确、稳定、可靠的优点。

数字直流电桥用户使用方便、不需要调零、不用对标准、测试快捷，是工矿企业、科研单位、大专院校、计量部门对各类直流电阻作精密测量的最佳选择。而且，数字直流电桥反应

图2.21　数字直流电桥

快速，采样时间为0.4s，一般在数秒内即可显示稳定数据；醒目，采用200mm大数显示，字迹清晰，一目了然；稳定，主要基准电阻采用精密锰铜合金线绕制，稳定性优于0.02%。

与伏安法比较，数字直流电桥准确性好。数字直流电桥法只需要指示电桥上有无微小电压或者电流，只要电压表/电流表在零点指示上准确就可以了。伏安法依赖于电压表、电流表在测量范围内的准确性，而电压表、电流表在测量范围内不易保持高精度。

实验 4.2　用双臂电桥测低电阻

一、实验目的

① 了解双臂电桥的原理。
② 学会用双臂电桥测量低电阻。

二、实验仪器

QJ44型携带式直流双臂电桥、待测金属棒、数字万用表、螺旋测微计、米尺、导线等。

三、实验原理

电阻按阻值的大小来分，大致可分为3类：在 1Ω 以下的为低电阻，在 $1\Omega \sim 100k\Omega$ 的为中电阻，$100k\Omega$ 以上的为高电阻。不同阻值的电阻，测量方法不尽相同，它们都有本身的特殊问题。例如，用惠斯登电桥测量中电阻时，可以忽略导线本身的电阻和接点处的接触电阻（总称附加电阻）的影响，但用它测量低电阻时，就不能忽略了。一般来说，附加电阻约为 0.001Ω，若所测电阻为 0.1Ω，则附加电阻的影响可达10%。若所测电阻在 0.001Ω 以下，就无法得到测量结果了。

采用图2.22所示的对惠斯登电桥加以改进而成的双臂电桥（又称开尔文电桥），可以消除或减小这些附加电阻的影响，它适用于 $10^{-6} \sim 10^{2}\ \Omega$ 电阻的测量。其原理如下。

令 R_1 以接触方式与 R_3 本身的端点（而不是 R_3 与其引线的连接点）连接，这样就可以把接触点的附加电阻 r_{13} 置于比率臂 R_1 中，把 R_3 与其引线及电源线连接点 A 的附加电阻 r_A 隔离在桥路之外，可计入电源内阻。

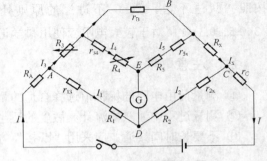

图2.22　双臂电桥

同理，可使 R_2 与 R_x 本身接触点电阻 r_{2x} 置于比率臂 R_2 中，把 R_x 与其引线及电源线连接点 C 的附加电阻 r_C 隔离在桥路之外，计入电源内阻。令 R_1 和 R_2 的阻值足够大，则 r_{13} 和 r_{2x} 对它们的影响可以忽略不计。

为了减小连接点 B 的附加电阻 r_B 的影响，把检流计 G 通过两个较大的电阻 R_4 和 R_5 分别与 R_3 和 R_x 自身的端点接触，使接触电阻 r_{34} 和 r_{5x} 分别置于 R_4 和 R_5 的支路。调节 R_3 和 R_4 使电桥平衡，$I_g = 0$，则

$$I_1 = I_2, \quad I_3 = I_x, \quad I_4 = I_5$$

$$\begin{cases} I_1 R_1 = I_3 R_3 + I_4 R_4 \\ I_1 R_2 = I_3 R_x + I_4 R_5 \\ (I_3 - I_4) r_B = I_4 (R_4 + R_5) \end{cases}$$

解以上方程，得

$$R_x = \frac{R_2 R_3}{R_1} + \frac{R_4 r_B}{R_4 + R_5 + r_B} \left(\frac{R_2}{R_1} - \frac{R_5}{R_4} \right) \tag{2.28}$$

若满足辅助条件

$$\frac{R_2}{R_1} = \frac{R_5}{R_4} \tag{2.29}$$

则

$$R_x = \frac{R_2}{R_1} R_3 = k' R_3 \tag{2.30}$$

实际的双臂电桥很难完全满足辅助式（2.29）。所以，应尽可能地减小 r_B，使式（2.28）右边第二项的影响可以忽略不计。同时，由于双臂电桥工作电流较大，更要注意减小电源接通时间，以免桥臂电阻发热改变阻值。

若待测导体的电位接点之间的长度为 L，横截面积为 S，测得电阻为 R_x，则电阻率为

$$\rho = R_x \frac{L}{S} \tag{2.31}$$

四、仪器结构

本实验所用 QJ44 型直流双臂电桥面板及线路原理如图 2.23 和图 2.24 所示。

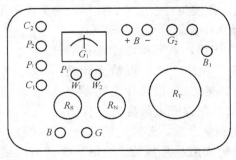

图 2.23　双臂电桥面板

图中各部分说明如下。

B_1——晶体管检流计工作电源开关。

W_1——晶体管检流计调零旋钮。

W_2——晶体管检流计灵敏度调节旋钮。

C_1,C_2——被测电阻电流端接线柱。

P_1,P_2——被测电阻电位端接线柱。

R_S——倍率读数开关。

R_N——步进读数开关。

B——电桥工作电源按钮开关。

G——检流计按钮开关。

R_T——滑线读数盘。

G_1——检流计。

B_{+-}——电桥外接工作电源接线柱。

G_2——电桥外接检流计接线柱。

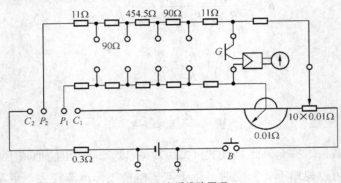

图 2.24 电桥线路原理

五、实验内容及步骤

① 将"B_1"开关扳到通位置，等稳定后（约 5min），调节检流计指针到零。

② 灵敏度旋钮放在最低位置。

③ 将待测金属棒作成"四端电阻"，如图 2.25 所示，AB 之间为被测电阻。将电阻的电压端接到双臂电桥的 P_1、P_2 接线柱上，将电阻的电流端接到电桥的 C_1、C_2 的接线柱上。注意连接用的导线应该短而粗，各接头必须干净、接牢，避免接触不良。

④ 根据待测电阻粗测值大小，选择适当倍率位置，先按"G"按钮，再按"B"按钮，调节步进读数和滑线盘读数，使检流计指针在零位上。如发现检流计灵敏度不够，应增加其灵敏度，变化 2%检流计偏离零位约 1 格，就能满足测量要求，在改变灵敏度时，会引

图 2.25 四端电阻

起检流计指针偏离零位，在测量之前，必须先调节检流计零位。由于通过待测电阻的电流较大，在测量过程中，通电时间应尽量短暂。在每一次调节滑线读数盘时，都应先放开电源按钮和检流计按钮。被测电阻按下式计算，即

$$被测电阻值 = 倍率读数 \times (步进读数 + 滑线读数)$$

测量 3 次以上求平均值。

⑤ 用螺旋测微计在不同地方测量金属棒的直径共 5 次，求平均值。用米尺测量 P_1、P_2 之间长度共 5 次，求出平均值。

⑥ 按式（2.30）计算待测金属材料的电阻率 ρ （ $S = \dfrac{1}{4}\pi d^2$ ），并估算其不确定度。

⑦ 换一种金属材料，重复以上步骤，直到把 3 种不同材料的金属棒测完为止。

六、注意事项

① 测量时，应先按下"G"，再按下"B"，断开时，应先断开"B"，再断开"G"。
② 测量过程中，通电过程应尽量短暂。
③ 电桥使用完毕后，"B"与"G"按钮应松开，"B_1"开关应扳向"断"位置，避免浪费晶体管检流计放大器的工作电源。

七、思考题

① 操作中为什么要强调把电桥工作电源及时断开？
② 怎样保护检流计？

实验 5 示波器的使用

电子示波器又称阴极射线示波器，简称示波器，是现代科学技术领域中广泛应用的测试工具。它能把肉眼看不见的电信号变换成看得见的图像，便于人们研究各种电现象的变化过程。示波器利用狭窄的、由高速电子组成的电子束，打在涂有荧光物质的屏面上，就可产生细小的光点。在被测信号的作用下，电子束就好像一支笔的笔尖，可以在屏面上描绘出被测信号的瞬时值的变化曲线。用示波器可以直接观察电压波形，并测量电压大小。因此，一切可转化为电压的电学量（如电流、电功率、阻抗等）、非电学量（如温度、位移、速度、压力、光强、磁场、频率等）及它们随时间变化的过程都可以用示波器来观测。

一、实验目的

① 了解示波器的主要结构和显示波形的基本原理。
② 掌握示波器和低频信号发生器的使用方法。
③ 观察正弦波电压经整流后的波形。
④ 通过用示波器观察李萨如图形，学会一种观察正弦频率的方法，并加深对互相垂直振动合成理论的理解。

二、实验仪器

电子示波器、低频信号发生器、晶体二极管半波整流板等。

三、实验原理

1. 示波器的基本构造

示波器是由示波管及与其配合的电子线路组成的。为了适应各种测量的要求，示波器的电子线路是多种多样而复杂的。这里仅就其主要部分用方框图来加以介绍。

（1）示波管

如图 2.26 所示，示波管主要包括电子枪、偏转系统和荧光屏三部分，全部密封在玻璃外壳内，里面抽成高真空。下面分别说明各部分的作用。

① 荧光屏。它是示波器的显示部分，当加速聚焦后的电子打到荧光屏上时，屏上所涂的荧光物质就会发光，从而显示出电子束的位置。当电子束停止作用后，荧光剂的发光需要经一段时间后才能停止，称为余辉效应。

② 电子枪。由灯丝、阴极、控制栅极、第一阳极、第二阳极五部分组成。灯丝通电

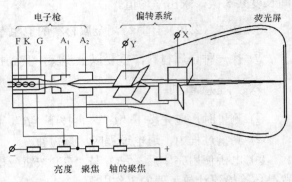

F—灯丝；K—阴极；G—控制栅极；A₁—第一阳极；A₂—第二阳极；Y—竖直偏转板；X—水平偏转板

图 2.26　示波管的结构简图

后加热阴极。阴极是一个表面涂有氧化物的金属筒，被加热后发射电子。控制栅极是一个顶端有小孔的圆筒，套在阴极外面。它的电位比阴极低，对阴极发射出来的电子起控制作用，只有初速度较大的电子才能穿过栅极顶端的小孔然后在阳极加速下奔向荧光屏。示波器面板上的"亮度"调整就是通过调节电位以控制射向荧光屏的电子流密度，从而改变了屏上光斑亮度。阳极电位比阴极电位高很多，电子被它们之间的电场加速形成射线。当控制栅极、第一阳极、第二阳极之间的电位调节合适时，电子枪内的电场对电子射线有聚焦作用，所以第一阳极也称聚焦阳极。第二阳极电位更高，又称加速阳极。面板上的"聚焦"调节，就是调节第一阳极电位，使荧光屏上的光斑成为明亮、清晰的小圆点。有的示波器还有"辅助聚焦"，实际是调节第二阳极电位。

③ 偏转系统。它是由两对相互垂直的偏转板组成，一对竖直偏转板，一对水平偏转板。在偏转板上加以适当电压，电子束通过时，其运动方向发生偏转，从而使电子束在荧光屏上的光斑位置也发生改变。

容易证明，光点在荧光屏上偏离的距离与偏转板上所加的电压成正比，因而可以将电压的测量转化为屏上光点偏离距离的测量，这就是示波器测量电压的原理。

（2）信号放大器和衰减器

示波器本身相当于一个多量程电压表，这一作用是靠信号放大器和衰减器实现的。由于示波管本身的 X 轴和 Y 轴偏转板的灵敏度不高（0.1mm/V～1mm/V），当加在偏转板的信号过小时，要预先将小的信号电压加以放大后再加到偏转板上，为此设置 X 轴及 Y 轴电压放大器。衰减器的作用是使过大的输入信号电压变小以适应放大器的要求，否则放大器不能正常工作，使输入信号发生畸变，甚至使仪器受损。对于一般示波器来说，X 轴和 Y 轴都设置有衰减器，以满足各种测量的需要。

（3）扫描系统

扫描系统也称时基电路，用来产生一个随时间做线性变化的扫描电压，这种扫描电压随时间变化的关系如锯齿，故称为锯齿波电压。这个电压经 X 轴放大后加到示波管的水平偏转板上，使电子束发生水平扫描。这样，屏上的水平坐标变成时间坐标，Y 轴输入的被测信号波形就可以在时间轴上展开。扫描系统是示波器显示被测电压波形必须的重要组成部分。

2．示波器显示波形原理

如果只在竖直偏转板上加一交变的正弦电压，则电子束的亮点随电压的变化在竖直方向

来回运动，如果电压频率较高，则看到的是条竖直亮线，如图 2.27 所示。要能显示波形，必须同时在水平偏转板上加一扫描电压，使电子束的亮点沿水平方向拉开。这种扫描电压的特点是电压随时间成线性关系增加到最大值，最后突然回到最小，此后再重复地变化。这种扫描电压即前面所说的"锯齿波电压"，如图 2.28 所示。当只有锯齿波电压加在水平偏转板上时，如果频率足够高，则荧光屏上只显示一条水平亮线。

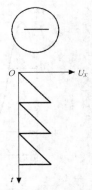

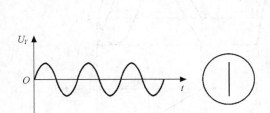

图 2.27　只在竖直偏转板上加一正弦电压的情形　　　图 2.28　只在水平偏转板上加一锯齿波电压的情形

如果在竖直偏转板上（简称 Y 轴）加正弦电压，同时在水平偏转上（简称 X 轴）加锯齿波电压，电子受竖直、水平两个方向力的作用，电子的运动就是两个相互垂直的运动方向的合成。当锯齿波电压比正弦电压变化周期稍大时，在荧光屏上将能显示出完整周期的所加正弦电压波形图，如图 2.29 所示。

3．同步的概念

为了观察到稳定的波形，只有当扫描电压的周期 T_X 与被测信号周期 T_Y 保持整数倍的关系，即 $T_X = nT_Y$（其中 n 为 1、2、3……是整数）时，荧光屏上才会出现稳定的波形。如果正弦波和锯齿波的周期稍微不同，屏上出现的是一移动着的不稳定图形。这种情形可用图 2.30 说明。设锯齿波电压的周期 T_X 比正弦波电压周期 T_Y 稍小，比方说 T_X/T_Y = 7/8。在第一扫描周期

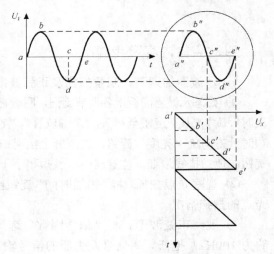

图 2.29　示波器显示正弦波的原理

内，屏上显示正弦信号 0～4 点的曲线段；在第二扫描周期内，显示 4～8 点的曲线段，起点在 4 处；第三扫描周期内，显示 8～11 点的曲线段，起点在 8 处。这样，屏上显示的波形都不重叠，好像波形在向右移动。同理，如果 T_X 比 T_Y 稍大，则好像在向左移动，以上描述的情况在示波器使用过程中经常会出现。这是由扫描电压的周期与被测信号的周期不相等或不成整数倍，以至于每次扫描开始时波形曲线上的起点均不一样所造成的。

为了获得一定数量的波形，示波器上设有"扫描时间"、"扫描微调"旋钮，用来调节锯齿波电压的周期 T_X，使之与被测信号的周期 T_Y 成合适的关系，从而在示波器屏上得到所需数目的完整的被测波形。输入 Y 轴的被测信号与示波器内部的锯齿波电压是互相独立的。由于环境或其他

因素的影响，它们的周期可能发生微小的改变。这时，虽然可通过调节扫描旋钮将周期调整到整数倍关系，但过一会又变了，波形又移动起来。在观察高频信号时这种问题尤为突出。为此，示波器内部装有扫描同步装置，让锯齿波电压的扫描起点自动跟着被测信号改变，这被称为整步（或同步）。面板上的"电平"旋转即为此而设，在使用中，有时需要让扫描电压与外部某一信号同步，因此面板设有"触发选择"；可选择外触发工作状态，相应地设有"外触发"信号输入端。

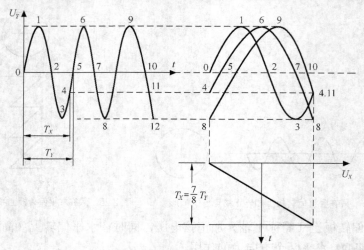

图 2.30　T_x/T_y=7/8 时显示的波形

四、实验内容及步骤

1．示波器的调节，观察扫描及正弦波形

① 熟悉示波器面板上各调节旋钮，明确它们的功能。然后将"扫描时间"旋钮旋到"0.5μs"，反时针旋"亮度"旋钮至尽头，"X 轴位移"、"Y 轴位移"旋到中间位置。接通电源，预热 3～5min。顺时针方向旋"亮度"旋钮，直至屏上出现扫描线。调节"聚焦"、"X 轴位移"、"Y 轴位移"等旋钮，使扫描线最细，位置居中，长短稍小于屏的直径，亮度适中，能看得清楚，但又不过亮。

② 观察光点扫描。将"扫描时间"旋钮由高频率逐档旋到低频率，观察扫描频率变化时，光点的扫描情况。

③ 观察正弦波形。将"偏转因数"选择开关旋到"5V"档。取低频信号发生器的频率约为 100Hz，把低频率信号发生器的信号输入示波器的 Y1（或 Y2）通道输入插座。观察并调整出现的波形。

2．观察交变电流整流后的波形

① 把低频信号发生器的信号输入示波器的 Y1（或 Y2）通道输入插座。低频信号发生器的频率调到 50Hz 左右，适当调节其他旋钮，使屏上显示出稳定的 2～3 个完整的波形。在坐标纸上描下波形。

② 将低频信号发生器的输出接到半波整流板的输入端，再将整流板的输出端接到示波器的输入插座上，观察单相半波整流的电压波形，并描下波形。按图 2.31 接钱。

③ 将信号发生器的频率增大到 5 000Hz，观察整流后的电压波形，选择有代表性的波形描绘下来。

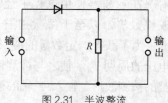

图 2.31　半波整流

3. 观察李萨如图形

示波管内的电子束受 X 偏转板上正弦电压的作用时，屏上的亮点做 X 轴向的谐振动；受 Y 偏转板上正弦电压作用时，亮点在 Y 方向做谐振动。若 X 和 Y 偏转板同时加上正弦电压时，亮点的运动是两个相互垂直振动的合成。一般地，如果频率比值 f_X:f_Y 为整数比，合成运动的轨迹是一个封闭的图形，称为李萨如图形，如图 2.32 所示。

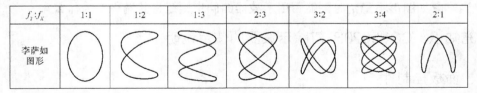

f_Y:f_X	1:1	1:2	1:3	2:3	3:2	3:4	2:1
李萨如图形							

图 2.32 f_Y:f_X=N_Y:N_X 的几种李萨如图形

李萨如图形与振动频率之间有如下简单关系。

$$\frac{X\text{方向切线对图形的切点数}}{Y\text{方向切线对图形的切点数}} = \frac{f_Y}{f_X}$$

如果 f_X 或 f_Y 中有一个是已知的，则可由李萨如图形的切点数确定频率比，求出另一个未知频率来。

具体操作如下。

① 触发方式选择"电源触发"（即 X 通道输入示波器内部自带 50Hz 正弦信号），操作：将触发源置于"LINE"或"电源"挡位。

② 扫描旋钮打到"$X-Y$"处或按下"$X-Y$"键（即观察两个正弦信号的合成波形）。

③ 信号发生器输出强度调到最小，输出衰减调到"零"，输出端接示波器 CH1 通道输入端。

④ 调节示波器"输出强度"旋钮，使荧光屏上的波形大小适中。改变信号发生器的频率直到屏上得到不同的李萨如图形。将相应的 f_Y、f_X 实际值填入表 2.8 中。

实际操作时，f_Y:f_X 不可能成标准的整数比，因此两个振动的周期差要发生缓慢的改变，图形不可能很稳定，只求调到变化最缓慢即可。

相应的值及图形填入表 2.8 中。

表 2.8 数据表

f_Y:f_X		1:1	2:1	3:1	3:2	1:2
李萨如图形						
水平切点						
竖直切点						
f_Y(Hz)	计算值					
	指示值					

五、注意事项

① 示波器上所有旋钮都是逆时针减小，顺时针增大。

② 保持聚焦良好的情况下，调节辉度旋钮，应降低亮度，不应过亮，以看得清为准，并尽量避免让电子束固定打在荧光屏上的某一点，以避免损坏荧光屏。

③ 示波器所有开关及旋钮均有一定的转动范围，决不可用力旋转，以免使内部电子线路发生短路或使旋钮发生错位。如果旋钮发生错位，可将旋钮逆时针旋到极限位置，对应于周

边刻度的起始值，然后顺时针逐挡旋动，找到真实的所需示值位置。

④ 观察中注意勿超过仪器允许的上限电压。实验完毕注意仪器复位，关闭电源。

六、思考题

① 示波器上的正弦波形不断地向右"跑"或向左"跑"，这是什么原因？应如何调整？

② 当李萨如图形不稳定时，能否用示波器的同步旋钮将其调稳？为什么？

补充知识　COS5020B 双踪示波器的使用说明

一、面板控制件

具体如图 2.33 所示。

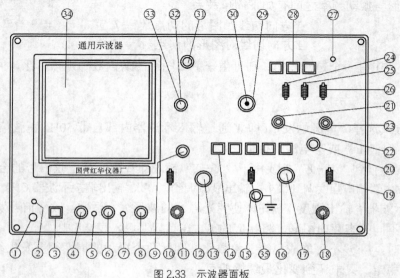

图 2.33　示波器面板

① 校准信号。供给频率 1kHz，校准电压 $0.5V_{P-P}$ 的正方波，输入端阻抗约为 $500\,\Omega$。

② 电源指示灯。

③ 主电源开关。此开关按下时，开关上方的指示灯亮，表示电源已接通。

④ 辉度。控制光点和扫线的亮度。

⑤ B 辉度。在 B 扫描方式时，用来调节扫线亮度。

⑥ 聚焦。将扫描线聚成最清晰。

⑦ 光迹旋转。用来调整水平扫线，使之平行于刻度线。

⑧ 标尺亮度。调节刻度照明的亮度。

⑨ 位移。调节扫线或光点的垂直位置。

⑩ 输入信号与垂直放大器连接方式的选择开关。

⑪ CH1。Y 的垂直输入端（通道 1）。

⑫ 衰减开关，从 5mV/cm 到 5V/cm 共分了 10 挡，选择垂直偏转因数用。

⑬ 衰减微调。偏转因数微调。

⑭ Y 方式。选择垂直系统的工作方式（Y_1、交替、断续、相加、Y_2）。

⑮ 示波器外壳接地。

⑯ 衰减开关。从 5mV/cm 到 5V/cm 共分了 10 挡，选择垂直偏转因数用。

⑰ 衰减微调。偏转因数微调。

⑱ CH2。Y 的垂直输入端（通道 2）。

⑲ 输入信号与垂直放大器连接方式的选择开关。

⑳ 位移。调节扫线或光点的垂直位置。

㉑ 释抑。此双联控制旋钮为释抑时间调节。

㉒ 触发电平调节。用于调节在信号的任意选定电平进行触发。

㉓ 外触发。这个输入端作为外触发信号和外水平信号的公用输入端。

㉔ 极性。选择触发极性。（"+:" 在信号正斜率上触发；"−:" 在信号负斜率上触发）。

㉕ 耦合。选择触发信号和触发电路之间的耦合方式，也选择 TV 同步触发电路的连接方式（AC、HFR、TV、DC）。

㉖ 触发源。选择触发信号。

㉗ 准备灯。单次扫描启动（扫描电路复位）按钮按下时亮，单次扫描结束后熄灭。

㉘ 扫描方式。选择需要的扫描方式（自动、常态、单次、X 方式、A 主扫描、A 加亮、B 扫描、B 触发等）。

㉙ 扫描时间选择（T/DIV）。选择 A 扫描时间因数或工作在被延迟扫描方式时选择延迟时间用。

㉚ 微调。扫描时间因数微调用。

㉛ 位移。调节扫线光点的水平位置。

㉜ V/DIV。为被延迟扫描（B 扫描）选择扫描时间因数。

㉝ 延迟时间。对由"T/DIV"开关选择的延迟时间进行微调控制。

㉞ 荧光屏。

㉟ 内触发开关。选择内部信号作为触发信号。

二、基本操作

1. 信号的输入

① 仪器校准时，使用示波器的校准信号源。将插头接在校准信号源的地端，中心探头接在校准信号源的选定接线柱上。

② 观测外接电压时，接头线接外接电压源的地端，中心探头接电压源。

③ 观察低频信号发生器的输出波形时，将信号发生器的输出引线黑端接在示波器的地端引线上，信号发生器输出引线的红端接在示波器输入探头线的中心探头上（红接红，黑接黑）。

④ 观察半波整流时，将信号发生器的输出引线接在整流器的输入端，示波器的中心探头和地线探头接在整流器的输出端。

⑤ 观察李萨如图形时，将示波器内部自带 50Hz 标准正弦波信号作为标准信号，低频信号发生器输出信号作为待测信号。T/DIV 置于 X-Y 位置，触发方式选为内触发。

2. 仪器调节

各有关控制件和旋钮置于表 2.9 所列位置，接通电源，电流指示灯亮。分别调节亮度和聚焦，应能看到亮度适中、清晰的扫描亮线。如看不到此扫描亮线，则调节 Y_1 和 Y_2 两位移

（上、下）旋钮，使两条扫描亮线分别处于屏幕上、下两半部分的中间位置，调节水平位移旋钮使扫描亮线左右居中。

表 2.9   **控制件及其作用位置**

控制件名称	作用位置	控制件名称	作用位置
亮度	居中	输入耦合	DC
聚焦	居中	扫描方式	自动
位移（三只）	居中	极性	+
工作方式	Y_1	T/DIV	0.5ms
V/DIV	5mV	触发选择	内

三、使用方法

1．扫描线的观察

按表 2.9 所示将各控制钮置于相应位置，输入耦合开关置于接地位置，即可观察到扫描亮线。旋转扫描时间选择（T/DIV）开关，即可观察到对应于不同扫描频率的扫描线。

Y_1 通道与 Y_2 通道扫描线类似，它们的扫描频率相同。

2．正弦波的观察

① 调整仪器，获得扫描亮线。

② 旋转 Y 轴位移旋钮，将扫描线移到水平中心刻度线。

③ 将被测信号输入垂直通道输入端，置垂直工作方式开关于被使用通道。

④ 垂直偏转因数旋钮置于合适位置。如输入电压未知，则先从低灵敏度位置开始调节。

⑤ 将输入耦合开关置于"DC"，调节触发电平旋钮以获得稳定显示。

⑥ 将扫描时间因数旋转置于合适位置，使屏幕显示几个周期的波形。

3．李萨如图形的观察

① 将扫描时间因数旋钮置于 X-Y 位置，触发方式选为"内触发"。

② 将低频信号发生器被测信号送入 Y 轴。

③ 调节仪器，使波形出现于屏幕。

④ 调节低频信号发生器频率，使李萨如图形稳定显示于屏幕。

实验 6   RLC 振荡电路实验

RLC 电路是一种由电阻（R）、电感（L）、电容（C）组成的电路结构，它一般被称为二阶电路，因为电路中的电压或者电流的值，通常是某个由电路结构决定其参数的二阶微分方程的解。电路元件都被视为线性元件的时候，一个 RLC 电路可以被视为电子谐波振荡器。电容、电感元件在交流电路中的阻抗是随着电源频率的改变而变化的。将正弦交流电压加到电阻、电容和电感组成的电路中时，各元件上的电压及相位会随之变化，这称为电路的稳态特性；将一个阶跃电压加到 RLC 元件组成的电路中时，电路的状态会由一个平衡态转变到另一个平衡态，各元件上的电压会出现有规律的变化，这称为电路的暂态特性。

一、实验目的

① 观测 RC 和 RL 串联电路的幅频特性和相频特性。

② 了解 RLC 串联、并联电路的相频特性和幅频特性。

③ 观察和研究 RLC 电路的串联谐振和并联谐振现象。

④ 观察 RC 和 RL 电路的暂态过程，理解时间常数 τ 的意义。

⑤ 观察 RLC 串联电路的暂态过程及其阻尼振荡规律。

⑥ 了解和熟悉半波整流、桥式整流电路及 RC 低通滤波电路的特性。

二、实验仪器

信号源、电阻箱、电感箱、电容箱、双踪示波器。

三、实验原理

1. RC 串联电路的稳态特性

（1）RC 串联电路的频率特性

在图 2.34 所示电路中，电阻 R、电容 C 的电压有以下关系式。

$$I = \frac{U}{\sqrt{R^2 + \left(\dfrac{1}{\omega \cdot C}\right)^2}}, \quad U_R = I \cdot R, \quad U_C = \frac{I}{\omega \cdot C}, \quad \phi = -\arctan\frac{1}{\omega \cdot C \cdot R}$$

式中，ω 为交流电源的角频率，U 为交流电源的电压有效值，ϕ 为电流和电源电压的相位差，它与角频率 ω 的关系见图 2.35。

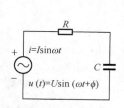

图 2.34　RC 串联电路

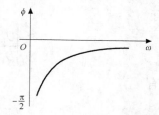

图 2.35　RC 串联电路的相频特性

可见当 ω 增加时，I 和电阻上的电压 U_R 增加，而 U_C 减小。当 ω 很小时，$\phi \to -\dfrac{\pi}{2}$，ω 很大时，$\phi \to 0$。

（2）RC 低通滤波电路

RC 低通滤波电路如图 2.36 所示，其中 U_i 为输入电压，U_o 为输出电压，其比值是一个复数，其模为

$$\frac{U_o}{U_i} = \frac{1}{1 + j \cdot \omega \cdot R \cdot C}$$

设 $\omega_0 = \dfrac{1}{R \cdot C}$，则由上式可知 $\left|\dfrac{U_o}{U_i}\right| = \dfrac{1}{\sqrt{1 + (\omega \cdot R \cdot C)^2}}$

$\omega = 0$ 时，$\left|\dfrac{U_o}{U_i}\right| = 1$，$\omega = \omega_0$ 时，有 $\left|\dfrac{U_o}{U_i}\right| = \dfrac{1}{\sqrt{2}} = 0.707$，$\omega \to \infty$ 时，有 $\left|\dfrac{U_o}{U_i}\right| = 0$，可见 $\left|\dfrac{U_o}{U_i}\right|$ 随 ω 的变化而变化，并且当 $\omega < \omega_0$ 时，$\left|\dfrac{U_o}{U_i}\right|$ 变化较小，$\omega > \omega_0$ 时，$\left|\dfrac{U_o}{U_i}\right|$ 明显下降。这就是低通

滤波器的工作原理，它使较低频率的信号容易通过，而阻止较高频率的信号通过。

（3）RC 高通滤波电路

RC 高通滤波电路的原理如图 2.37 所示。

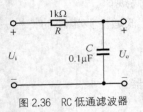
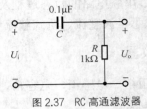

图 2.36　RC 低通滤波器　　　　图 2.37　RC 高通滤波器

根据图 2.37 分析可知

$$\left|\frac{U_o}{U_i}\right| = \frac{1}{\sqrt{1 + \left(\dfrac{1}{\omega \cdot R \cdot C}\right)^2}}$$

同样，令 $\omega_0 = \dfrac{1}{R \cdot C}$，则有 $\omega = 0$ 时，

$$\left|\frac{U_o}{U_i}\right| = 0$$

$\omega = \omega_0$ 时有

$$\left|\frac{U_o}{U_i}\right| = \frac{1}{\sqrt{2}} = 0.707$$

$\omega \to \infty$ 时有

$$\left|\frac{U_o}{U_i}\right| = 1$$

可见该电路的特性与低通滤波电路相反，它对低频信号的衰减较大，而高频信号容易通过，衰减很小，通常称为高通滤波电路。

2. RL 串联电路的稳态特性

RL 串联电路如图 2.38 所示。

可见电路中 I、U、U_R、U_L 有以下关系。

$$I = \frac{U}{\sqrt{R^2 + (\omega \cdot L)^2}} \qquad U_R = I \cdot R$$

$$U_L = I \cdot \omega \cdot L$$

$$\phi = \arctan\left(\frac{\omega \cdot L}{R}\right)$$

可见 RL 串联电路的幅频特性与 RC 串联电路相反，ω 增加时，I、U_R 减小，U_L 则增大。它的相频特性见图 2.39。

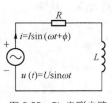

图 2.38 RL 串联电路

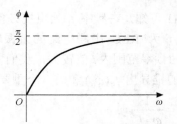

图 2.39 RL 串联电路的相频特性

由图 2.39 可知，ω 很小时 $\phi \to 0$，ω 很大时 $\phi \to \dfrac{\pi}{2}$。

3．RLC 电路的稳态特性

在电路中如果同时存在电感和电容元件，那么在一定条件下会产生某种特殊状态，能量会在电容和电感元件中产生交换，我们称之为谐振现象。

（1）RLC 串联电路

在图 2.40 所示的电路中，电路的总阻抗$|Z|$、电压 U 和 i 之间有以下关系。

$$|Z| = \sqrt{R^2 + \left(\omega \cdot L - \frac{1}{\omega \cdot C} \right)^2}$$

$$\phi = \arctan\left(\frac{\omega \cdot L - \dfrac{1}{\omega \cdot C}}{R} \right)$$

$$i = \frac{U}{\sqrt{R^2 + \left(\omega \cdot L - \dfrac{1}{\omega \cdot C} \right)^2}}$$

式中，ω 为角频率，可见以上参数均与 ω 有关，它们与频率的关系称为频响特性，见图 2.41。

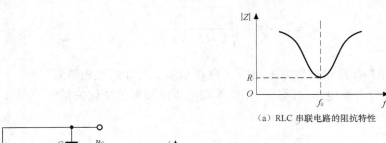

（a）RLC 串联电路的阻抗特性

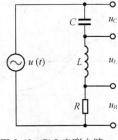

图 2.40 RLC 串联电路

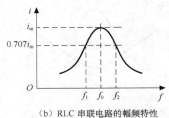

（b）RLC 串联电路的幅频特性

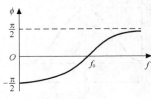

（c）RLC 串联电路的相频特性

图 2.41 频响特性

由图 2.41 可知，在频率 f_0 处阻抗 Z 值最小，且整个电路呈纯电阻性，而电流 i 达到最大值，我们称 f_0 为 RLC 串联电路的谐振频率（ω_0 为谐振角频率）。从图 2.41 还可知，在 $f_1 < f_0 < f_2$ 的频率范围内 i 值较大，我们称为通频带。

下面我们推导出 $f_0(\omega_0)$ 和另一个重要的参数品质因数 Q。

当 $\omega \cdot L = \dfrac{1}{\omega \cdot C}$ 时，有

$$|Z| = R, \quad \phi = 0, \quad i_m = \frac{U}{R}, \quad \omega = \omega_0 = \frac{1}{\sqrt{L \cdot C}}, \quad f = f_0 = \frac{1}{2\pi\sqrt{L \cdot C}}$$

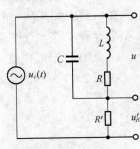

这时的电感上的电压为

$$U_L = i_m \cdot |Z_L| = \frac{\omega_0 \cdot L}{R} \cdot U$$

电容上的电压为

$$U_C = i_m \cdot |Z_C| = \frac{1}{R \cdot \omega_0 \cdot C} \cdot U$$

图 2.42 RLC 并联电路

U_C 或 U_L 与 U 的比值称为品质因数 Q。

（2）RLC 并联电路

在图 2.42 所示的电路中，可以求得并联谐振角频率，即

$$|Z| = \sqrt{\frac{R^2 + (\omega \cdot L)^2}{(1 - \omega^2 \cdot L \cdot C)^2 + (\omega \cdot C \cdot R)^2}}$$

$$\phi = \arctan\left(\frac{\omega \cdot L - \omega \cdot C \cdot [R^2 + (\omega \cdot L)^2]}{R}\right)$$

$$\omega_0 = 2\pi \cdot f_0 = \sqrt{\frac{1}{L \cdot C} - \left(\frac{R}{L}\right)^2}$$

可见并联谐振频率与串联谐振频率不相等（当 Q 值很大时才近似相等）。

图 2.43 给出了 RLC 并联电路的阻抗、相位差和电压随频率的变化关系。

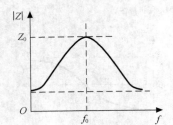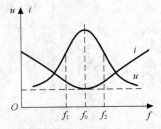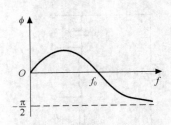

图 2.43 RLC 并联电路的阻抗特性、幅频特性、相频特性

和 RLC 串联电路类似，品质因数为 $Q = \dfrac{\omega_0 L}{R} = \dfrac{1}{R\omega_0 C}$

由以上分析可知，RLC 串联、并联电路对交流信号具有选频特性，在谐振频率点附近，有较大的信号输出，其他频率的信号被衰减。这在通信领域，高频电路中得到了非常广泛的应用。

4．RC 串联电路的暂态特性

电压值从一个值跳变到另一个值称为阶跃电压。

在图 2.44 所示电路中当开关 K 合向"1"时，设 C 中初始电荷为 0，则电源 E 通过电阻 R 对 C 充电，充电完成后，把 K 打向"2"，电容通过 R 放电。

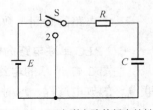

图 2.44　RC 串联电路的暂态特性

充电方程为

$$\frac{\mathrm{d}U_C}{\mathrm{d}t} + \frac{1}{R \cdot C} \cdot U_C = \frac{E}{R \cdot C}$$

放电方程为

$$\frac{\mathrm{d}U_C}{\mathrm{d}t} + \frac{1}{R \cdot C} \cdot U_C = 0$$

可求得充电过程时，有

$$U_C = E \cdot \left(1 - \mathrm{e}^{-\frac{t}{RC}}\right) \quad U_R = E \cdot \mathrm{e}^{-\frac{t}{RC}}$$

放电过程时，有

$$U_C = E \cdot \mathrm{e}^{-\frac{t}{RC}} \quad U_R = -E \cdot \mathrm{e}^{-\frac{t}{RC}}$$

由上述公式可知 U_C、U_R 和 i 均按指数规律变化。令 $\tau = RC$，τ 称为 RC 电路的时间常数。τ 值越大，则 U_C 变化越慢，即电容的充电或放电越慢。图 2.45 给出了不同 τ 值的 U_C 变化情况，其中 $\tau_1 < \tau_2 < \tau_3$。

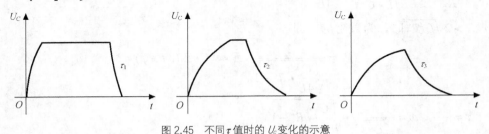

图 2.45　不同 τ 值时的 U_c 变化的示意

5．RL 串联电路的暂态过程

在图 2.46 所示的 RL 串联电路中，当 S 打向"1"时，电感中的电流不能突变，S 打向"2"时，电流也不能突变为 0，这两个过程中的电流均有相应的变化过程。类似 RC 串联电路，电路的电流、电压方程如下。

电流增长过程为
$$\begin{cases} U_L = E \cdot e^{-\frac{R}{L}t} \\ U_R = E \cdot (1 - e^{-\frac{R}{L}t}) \end{cases}$$

电流消失过程为
$$\begin{cases} U_L = -E \cdot e^{-\frac{R}{L}t} \\ U_R = E \cdot e^{-\frac{R}{L}t} \end{cases}$$

其中电路的时间常数为 $\tau = \dfrac{L}{R}$

6. RLC 串联电路的暂态过程

在图 2.47 所示的电路中，先将 S 打向"1"，待稳定后再将 S 打向"2"，这称为 RLC 串联电路的放电过程，这时的电路方程为

$$L \cdot C \frac{\mathrm{d}^2 U_C}{\mathrm{d}t^2} + R \cdot C \frac{\mathrm{d}U_C}{\mathrm{d}t} + U_C = 0$$

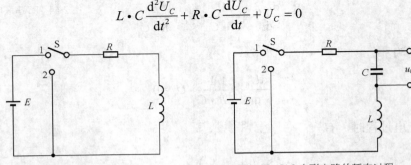

图 2.46　RL 串联电路的暂态过程　　　　图 2.47　RLC 串联电路的暂态过程

初始条件为：$t = 0$，　$U_C = E$，　$\dfrac{\mathrm{d}U_C}{\mathrm{d}t} = 0$，这样方程解一般按 R 值的大小可分为如下 3 种情况。

① $R < 2\sqrt{L/C}$ 时，为欠阻尼，即

$$U_C = \frac{1}{\sqrt{\left(1 - \dfrac{C}{4L} \cdot R^2\right)}} \cdot E \cdot e^{-\frac{t}{\tau}} \cdot \cos(\omega t + \phi)$$

式中，　$\tau = \dfrac{2L}{R}$，$\omega = \dfrac{1}{\sqrt{L \cdot C}} \sqrt{1 - \dfrac{C}{4L} \cdot R^2}$。

② $R > 2\sqrt{L/C}$ 时，为过阻尼，即

$$U_C = \frac{1}{\sqrt{\dfrac{C}{4L} \cdot R^2 - 1}} \cdot E \cdot e^{-\frac{t}{\tau}} \cdot \mathrm{sh}(\omega t + \phi)$$

式中，　$\tau = \dfrac{2L}{R}$，$\omega = \dfrac{1}{\sqrt{L \cdot C}} \cdot \sqrt{\dfrac{C}{4L} \cdot R^2 - 1}$。

③ $R = 2\sqrt{L/C}$ 时，为临界阻尼，即

$$U_C = \left(1 + \frac{t}{\tau}\right) \cdot E \cdot e^{-\frac{t}{\tau}}$$

图 2.48 为这 3 种情况下的 U_C 变化曲线，其中 1 为欠阻尼，2 为过阻尼，3 为临界阻尼。

如果当 $R \ll 2\sqrt{L/C}$ 时，则曲线 1 的振幅衰减很慢，能量的损耗较小。能够在 L 与 C 之间不断交换，可近似为 LC 电路的自由振荡，这时 $\omega \approx \dfrac{1}{\sqrt{LC}} = \omega_0$，$\omega_0$ 是 $R = 0$ 时 LC 回路的固有频率。

对于充电过程，与放电过程相类似，只是初始条件和最后平衡的位置不同。

图 2.49 给出了充电时不同阻尼的 U_C 变化曲线图。

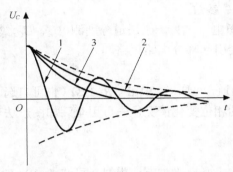

图 2.48 放电时的 U_c 曲线示意

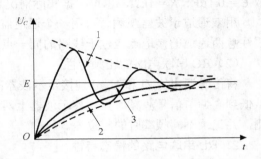

图 2.49 充电时的 U_c 曲线示意

7. *整流滤波电路

常见的整流电路有半波整流、全波整流和桥式整流电路等。这里介绍半波整流电路和桥式整流电路。

（1）半波整流电路

图 2.50 所示为半波整流电路，交流电压 U 经二极管（VD）后，由于二极管的单向导电性，只有信号的正半周 VD 能够导通，在 R 上形成压降；负半周 VD 截止。电容 C 并联于 R 两端，起滤波作用。在 VD 导通期间，电容充电；在 VD 截止期间，电容 C 放电。用示波器可以观察 C 接入和不接入电路时的差别，以及不同 C 值和 R 值时、不同电源频率时的波形差别。

（2）桥式整流电路

图 2.51 所示电路为桥式整流电路。在交流信号的正半周 VD_2、VD_3 导通，VD_1、VD_4 截止；负半周 VD_1、VD_4 导通，VD_2、VD_3 截止，所以在电阻 R 上的压降始终为上"＋"下"－"，与半波整流相比，信号的另半周也有效地利用了起来，减小了输出的脉动电压。电容 C 同样起到滤波的作用。用示波器可以比较桥式整流与半波整流的波形区别。

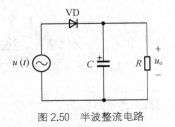

图 2.50 半波整流电路

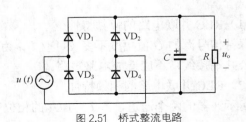

图 2.51 桥式整流电路

四、实验内容及步骤

对 RC、RL、RLC 电路的稳态特性的观测采用正弦波。对 RLC 电路的暂态特性观测可采用直流电源和方波信号，用方波作为测试信号可用普通示波器方便地进行观测；以直流信号作实验时，需要用数字存储式示波器才能得到较好的观测。

1. RC 串联电路的稳态特性

（1）RC 串联电路的幅频特性

选择正弦波信号，保持其输出幅度不变，分别用示波器测量不同频率时的 U_R、U_C，可取 $C = 0.1\mu F$、$R = 1k\Omega$，也可根据实际情况自选 R、C 参数。

用双通道示波器观测时可用一个通道监测信号源电压，另一个通道分别测 U_R、U_C，但需注意两通道的接地点应位于线路的同一点，否则会引起部分电路短路。

（2）RC 串联电路的相频特性

将信号源电压 U 和 U_R 分别接至示波器的两个通道，可取 $C=0.1\mu F$、$R=1k\Omega$（也可自选）。从低到高调节信号源频率，观察示波器上两个波形的相位变化情况，先可用李萨如图形法观测，并记录不同频率时的相位差。

2. RL 串联电路的稳态特性

测量 RL 串联电路的幅频特性和相频特性与 RC 串联电路时方法类似，可选 $L=10mH$，$R=1k\Omega$，也可自行确定。

3. RLC 串联电路的稳态特性

自选合适的 L 值、C 值和 R 值，用示波器的两个通道测信号源电压 U 和电阻电压 U_R，必须注意两通道的公共线是相通的，接入电路中应在同一点上，否则会造成短路。

（1）幅频特性

保持信号源电压 U 不变（可取 $U_{pp}=5V$），根据所选的 L、C 值，估算谐振频率，以选择合适的正弦波频率范围。从低到高调节频率，当 U_R 的电压为最大时的频率即为谐振频率，记录下不同频率时的 U_R 大小。

（2）相频特性

用示波器的双通道观测 U 的相位，U_R 的相位与电路中电流的相位相同，观测在不同频率下的相位变化，记录下某一频率时的相位差值。

4. RLC 并联电路的稳态特性

按图 2.42 进行连线，注意此时 R 为电感的内阻，随不同的电感取值而不同，它的值可在相应的电感值下用直流电阻表测量，选取 $L = 10mH$、$C = 0.1\mu F$、$R' = 10k\Omega$。也可自行设计选定。注意 R' 的取值不能过小，否则会由于电路中的总电流变化大而影响 $U_{R'}$ 的大小。

（1）RLC 并联电路的幅频特性

保持信号源的 U 值幅度不变（可取 U_{PP} 为 2～5V），测量 U 和 $U_{R'}$ 的变化情况。注意示波器的公共端接线，不应造成电路短路。

（2）RLC 并联电路的相频特性

用示波器的两个通道，测 U 与 $U_{R'}$ 的相位变化情况，自行确定电路参数。

5．RC 串联电路的暂态特性

如果选择信号源为直流电压，观察单次充电过程要用存储式示波器。我们选择方波作为信号源进行实验，以便用普通示波器进行观测。由于采用了功率信号输出，故应防止短路。

① 选择合适的 R 和 C 值，根据时间常数 τ，选择合适的方波频率，一般要求方波的周期 $T > 10\tau$，这样能较完整地反映暂态过程，并且选用合适的示波器扫描速度，以完整地显示暂态过程。

② 改变 R 值或 C 值，观测 U_R 或 U_C 的变化规律，记录下不同 R、C 值时的波形情况，并分别测量时间常数 τ。

③ 改变方波频率，观察波形的变化情况，分析相同的 τ 值在不同频率时的波形变化情况。

6．RL 电路的暂态过程

选取合适的 L 与 R 值，注意 R 的取值不能过小，因为 L 存在内阻。如果波形有失真、自激现象，则应重新调整 L 值与 R 值进行实验，方法与 RC 串联电路的暂态特性实验类似。

7．RLC 串联电路的暂态特性

① 先选择合适的 L、C 值，根据选定参数，调节 R 值的大小。观察 3 种阻尼振荡的波形，如果欠阻尼时振荡的周期数较少，则应重新调整 L、C 值。

② 用示波器测量欠阻尼时的振荡周期 T 和时间常数 τ。τ 值反映了振荡幅度的衰减速度，从最大幅度衰减到 0.368 倍的最大幅度处的时间即为 τ 值。

8．整流滤波电路的特性观测

（1）半波整流

按图 2.50 原理接线，选择正弦波信号作为电源。先不接入滤波电容，观察 U 与 U_o 的波形。再接入不同容量的 C 值，观察 U_o 波形的变化情况。

（2）桥式整流

按图 2.51 原理接线，先不接入滤波电容，观察 U_o 波形，再接入不同容量的 C 值。观察 U_o 波形的变化情况，并与半波整流比较有何区别。

五、数据处理

① 根据测量结果作 RC 串联电路的幅频特性和相频特性图。

② 根据测量结果作 RL 串联电路的幅频特性和相频特性图。

③ 分析 RC 低通滤波电路和 RC 高通滤波电路的频率特性。

④ 根据测量结果作 RLC 串联电路、RLC 并联电路的幅频特性和相频特性，并计算电路的 Q 值。

⑤ 根据不同的 R 值、C 值和 L 值，分别作出 RC 电路和 RL 电路的暂态响应曲线，并分析它们有何区别。

⑥ 根据不同的 R 值作出 RLC 串联电路的暂态响应曲线，分析 R 值的大小对充放电的影响。

⑦根据示波器的波形作出半波整流和桥式整流电路的输出电压波形，并讨论滤波电容数值的大小对电路有何影响。

六、注意事项

① 使用双踪示波器要正确接线，注意两通道的接地点应该位于线路的同一点，否则会引起部分电路短路。

② 测量 RLC 串联特性改变频率时，注意随时调整输出幅度，要保证输出幅度的恒定。

七、思考题

① 在实验中如何判断 RLC 电路发生了谐振？为什么？

② 如何利用测量数据求得 RLC 串联电路的品质因数 Q？

③ 改变 R 是否影响 RLC 串联电路谐振频率？改变 C 是否影响谐振频率？

实验 7　电流场模拟静电场

"模拟法"是一种广泛用于现代社会的研究方法，它的本质在于用易于实现、便于测量的状态和过程模拟不易实现、不便测量的过程。

相对于观测者静止的带电体周围存在的电场称为静电场，通常用两种方法来描述静电场：定量描述——给出电场强度 $\vec{E}(\vec{r})$ 和电势 $U(\vec{r})$ 的数学表达式；定性描述——画出电场线的空间分布。但是，除非是规则的带电体，否则很难找到静电场的定量描述；定性描述也存在相当的困难，由于没有办法测量，几乎不可能在静电场中找到电势相等的点，即使有办法测量，引入的电极也会破坏原静电场的分布。

要研究静电场，就必须借助于"模拟法"。

一、实验目的

① 掌握用模拟法描述静电场的原理和方法。

② 加深对静电场的理解。

③ 了解模拟法的适用条件。

二、实验仪器

静电场描绘仪、电极槽、稳压电源、伏特表、开关、滑线变阻器和若干导线。

三、实验原理

静电场是一种特殊形式的物质，它具有能量，对电荷有力的作用。除了电场强度 $\vec{E}(\vec{r})$ 和电势 $U(\vec{r})$ 以外，为了形象地描述静电场，相应地引入了电场线和等势面的概念。电场线的疏密度表示了该处电场的强弱，电场线的切线方向是该点电场的方向。等势面是电场中电势相等的点构成的面。两者之间的关系是电场线和等势面垂直。

然而直接测量电场强度和电位存在很大的困难，因为不论引入电极还是试验电荷都会破坏原静电场的分布。所以常采用模拟法来研究静电场。

均匀导体中的稳恒电流场与真空（或空气）中静电场有相似的物理规律，它们都遵守高斯定律和拉普拉斯方程，都可用电位来描述，而且电流密度与电场强度成正比。所以可以用稳恒电流场来模拟静电场。为了模拟准确，产生电流场的装置应满足以下条件。

① 导电体应选用电阻分布均匀的各向同性材料，如稀薄的电解液、性能良好的导电纸或导电橡胶膜。

② 电极材料的电导率必须远大于导电体的电导率，以使每个电极自身各点间的电位差可忽略，即电极为一等势体，类似处于静电平衡状态的导体。

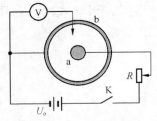

图 2.52 静电场模拟原理

③ 电极形状应保证电流场分布与被模拟的静电场分布相同。电极与导电体之间要良好接触。

一根同轴圆柱体横断面如图 2.52 所示，a 为中心电极，b 为同轴外电极。将其置于电解液中，或固定于导电纸上，在 a、b 电极上加以电压 U_0。（a 接正，b 接负），由于电极的对称性，电流将均匀地沿径向从内电极流向外电极。该电流场可以模拟一个"无限长"的同轴带电圆柱体之间的静电场。

四、实验内容及步骤

① 按图 2.53 连接好实验电路。

② 在电解槽中加入水。

③ 调节稳压电源的电压为 15V 左右。

④ 在静电场描绘仪的上层放一张方格纸（或白纸），用夹子固定好。

⑤ 移动探针从内到外依次描出等势点，每组等势点 15 个以上，等势线间的电势间隔为 1V 或 0.5V。

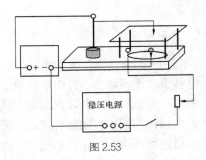

图 2.53

五、数据记录及处理

① 在方格纸（或白纸）上用铅笔平滑地连接等势点，标出每条等位线代表的电压值，写出图名。

② 根据电场线与等位线正交的关系，画出电场线。

六、注意事项

① 在测量过程中伏特表的量程要始终一致。

② 水槽电极放置时位置要端正、水平，避免等位线失真。

③ 实验结束后，将水槽中的水倒掉并倒扣放置，避免电极氧化生锈。

七、思考题

① 模拟法的适用条件有哪些？

② 用稳恒电流场模拟静电场的实验条件是什么？

实验8 热功当量的测定

热量以卡为单位时与功的单位之间的数量关系，相当于单位热量的功的数量，叫做热功当量。英国物理学焦耳首先用实验确定了这种关系，将这种关系表示为 1 卡（热化学卡）= 4.1840 焦耳，即 1 千卡热量同 427 千克米的功相当，即热功当量 J = 427 千克米/千卡 = 4.1840 焦耳/卡。在国际单位制中规定热量、功统一用焦耳作单位，热功当量已失去意义。

一、实验目的

① 测量机械功转变为热能的能量守恒定律，并测量热功当量。
② 掌握热力学实验结果的曲线校正方法。

二、仪器设备

J-FR3 型热功当量实验仪、天平（50mg）及附件、烧杯、温度计（0.1℃）、秒表、砝码、钢卷尺。

三、实验原理

J-FR3 型热功当量实验仪（见图 2.54）的主要部分为两个黄铜制成密切相合的圆锥体。外圆锥体直立于转轴上，可由摇轮通过皮带传动使其转动。并有记转器与转轴相联。内圆锥体系空心铜杯，可盛放水，上置大圆盘，沿圆盘外周用软线通过一小滑轮悬挂砝码，使产生一力矩，以阻止内圆锥体随同外圆锥体转动。若此力矩与内圆锥体间的摩擦力矩相等且作用方向相反时，内锥体将停留不转动，砝码亦悬空。此种情况下，相当于外锥体转动一样。砝码下落所作的功则完全消耗在克服内外锥体间的摩擦，故若圆盘半径为 R，外锥体转动 n 转相当于砝码下落 $2\pi nR$。

图 2.54　J-FR3 型热功当量实验仪

假定砝码质量为 m 则砝码下落所作之功，亦即消耗在内外锥体间的摩擦功为 $2\pi nRmg$。此项摩擦消耗的功全部转变为热能。其热量可由内外锥体及杯内所盛水的温度变化量来求算。

四、实验内容及步骤

① 熟悉仪器。先将大圆盘及内外两锥体取下，可看到外锥体底座有一缺口，安装时可将锥体转动位置待缺口对准轴上的销子，锥体即坐落在轴上，扶正锥体并稍微向下压紧即可。装上大圆盘处于近水平位置。悬挂砝码钩的线一端固定在圆盘边上将线在盘周槽内套一圈再跨过小滑轮，并使悬线与圆盘成正切。摇动摇轮，并一手拉住砝码钩，阻止圆盘及内锥体随

同外锥体转动。试摇数转后可加 100～200 g 砝码，使在外锥体静止时，能拖动圆盘带动内锥体转动。再徐徐摇动摇轮，控制摇转的速度，将能使砝码悬挂在空中不动。适当调节砝码重量，至摇轮每分钟约 60 转较为适宜。

② 记录数据。

室温：由温度计读出。

圆盘周长：用圆盘上的线绕圆盘一周，用钢卷尺测量细线的长度。

搅拌棒的质量，内、外圆锥体的质量：由天平测出。

记转器初始值：注意左边的计数盘每格为一转，而右边的计数盘每格为 100 转。

用烧杯取大约 100ml 的水（注意：水的温度应低于室温大约 10℃ 为宜，可用温度计测量）。

放于天平上称出烧杯连同水的总质量，然后取下热功当量实验仪的大圆盘，将水加入到小圆锥体的小杯中，至杯口 12～15mm 为宜，然后称出剩余水及烧杯的总质量，并记录两次称量的结果，它们的差值即为我们实验中注入水的质量。

③ 重新装上大圆盘并插入温度计并浸入水中央。用搅拌器轻轻上下搅动，待温度上长较为缓慢时，每隔大约 2 min 记录一次水的温度，并注意记录每一温度相对应的时间值（注意：在整个实验过程中时间记录值为连续变化值，秒表不可暂停或清零），一面观察温度计待水的温度回升到较室温低 2℃ 左右时，即可开始实验。

④ 随即摇动手轮，控制摇轮速度，使砝码保持在悬挂空中状态，继续不停摇转，并不时搅动搅拌器及观察温度计并记录每一时刻对应的温度，每隔两三分钟记录一次，待温度计指示水温已比室温约高 2℃ 时停止摇转，一面继续搅动搅拌器并注意温度计指示值的变化，停止摇转后温度仍会上升，将最高指示值记下，记录记转器最后读数。

⑤ 不断地用搅拌器搅拌水，每隔大约 2 min 记录一次水的温度，记录 5～8 组数据后才可停止。

⑥ 取下温度计及大圆盘，取出内外锥体，将锥体中的水倒入烧杯中，然后将烧杯中的水倒掉，整理桌面的仪器。

五、数据记录及处理

1. 热功当量的计算

室温：$t_0 =$ ＿＿＿ ℃。

内锥体的质量 $W_0 =$ ＿＿＿。

外锥体的质量 $W_1 =$ ＿＿＿。

搅拌棒的质量 $W_2 =$ ＿＿＿。

开始量取的冷水同烧杯的总质量 $P_1 =$ ＿＿＿。

所剩冷水同烧杯的总质量 $P_2 =$ ＿＿＿。

水的比热 $c_1 = 1\,\text{cal/g} \cdot$ ℃。

黄铜的比热 $c_2 = 0.093\,\text{cal/g} \cdot$ ℃。

实验开始时水的温度 $t_1 =$ ＿＿＿ ℃。

实验终止时水的最高温度 $t_2 =$ ＿＿＿ ℃。

则可计算出铜锥体及水等所吸收的热量为

$$Q = \left[(P_2 - P_1)c_1 + (W_0 + W_1 + W_2)c_2 \right] \cdot [t_2 - t_1]$$

实验开始时计转器读数 $n_1 = \underline{\qquad}$。

实验终止时计转器的读数 $n_2 = \underline{\qquad}$。

圆盘的周长 $L = \underline{\qquad}$。

所悬挂砝码的质量 $m = \underline{\qquad}$。

重力加速度 $g = 9.78 \dfrac{\text{m}}{\text{s}^2}$

则克服摩擦力所作的功为

$$A = L(n_2 - n_1)mg$$

由此可计算热功当量得

$$J = \frac{A}{Q}$$

2．实验测量结果的修正

实验测量结果的修正见表 2.10～表 2.12。

表 2.10 实验开始前

时间						
温度						

表 2.11 实验中

时间						
温度						

表 2.12 实验终止后

时间						
温度						

在实验准备开始前约 10 min 就要对锥体中的水的温度进行测量，每 2 min 记录一次时间和水的温度，实验正式开始后，每 3 min 测量一次水的温度，在实验停止后，也要保持测量水的温度 10 min 以上，利用以上测量的结果作温度——时间曲线，如图 2.55 所示，将温度上升部分 AB 延长，温度下降部分 CD 延长，然后通过室温作平行于时间轴的直线交 BD 于 G 点，然后过 G 点作温度轴的平行线分别交 AB、CD 的延长线于 E、F 点，则折线 $AEGFC$ 为校正后的曲线，AE 段为被测量的水在空气中吸收热量引起的温度上升，EF 段表示由无限快的做功和热传递把热量传递给水的过程，FC 段表示由于水的温度高于室温所引起的放热。则 E、F 点即为理论上做功起点的温度值和作功结束时的温度值，故我们可以利用这两点再次计算出热功当量的值。

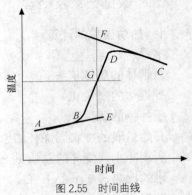

图 2.55 时间曲线

六、注意事项

① 摇动摇轮时一定要匀速，切勿过快以免将细线拉断。

② 小心使用温度计，轻拿轻放，凡打碎温度计者将按仪器损坏赔偿制度处罚。

七、思考题

① t_0 是否一定要是在系统加热前的温度？可否任意选定？是否一开始加热就要记时？

② 以实验数据说明散热修正的必要，如不修正，将会有多大的误差？

③ 如何判定散热修正后末温是正确的？

【小知识】

1. 牛顿冷却定律

在系统与环境温度差不太大时，可以采用牛顿冷却定律来求出实验过程中实验系统所散失或吸收的热量，实验证明：温度差相当小时，散热速度与温度差成正比，此即牛顿冷却定律，用数学形式表示可以写成

$$\frac{\Delta q}{\Delta t} = K(T - \theta)$$

式中，Δq 是系统散失的热量，Δt 是时间间隔，K 是一个常数（称为散热常数）与系统表面积成正比，并随着表面的吸收或发射辐射的性能而变；T、θ 分别是我们考虑的系统及环境温度，$\frac{\Delta q}{\Delta t}$ 称为散热率，表示单位时间内系统散失的热量。

2. 科学家焦耳

图 2.56　焦耳

焦耳（见图 2.56）1818 年 12 月 24 日生于英国曼彻斯特，他的父亲是一个酿酒厂厂主。焦耳自幼跟随父亲参加酿酒劳动，没有受过正规的教育。青年时期，在别人的介绍下，焦耳认识了著名的化学家道尔顿。道尔顿给予了焦耳热情的教导。焦耳向他虚心学习了数学、哲学和化学等方面的知识，这些知识为焦耳后来的研究奠定了理论基础。而且道尔顿教会了焦耳理论与实践相结合的科研方法，激发了焦耳对化学和物理的学习兴趣。

1840 年，焦耳把环形线圈放入装水的试管内，测量不同电流强度和电阻时的水温。他发现：导体在一定时间内放出的热量与导体的电阻及电流强度的平方之积成正比。该定律称为焦耳-楞次定律。上述实验也使焦耳想到了机械功与热的联系，经过反复的实验、测量，焦耳终于测出了热功当量，但结果并不精确。1843 年 8 月 21 日，在英国学术会上，焦耳报告了他的论文《论电磁的热效应和热的机械值》，他在报告中说 1 千卡的热量相当于 460 kg·m 的功。他的报告没有得到支持和强烈的反响，这时他意识到自己还需要进行更精确的实验。

1847 年，焦耳做了迄今人们认为是设计思想最巧妙的实验：他在量热器里装了水，中间安上带有叶片的转轴，然后让下降重物带动叶片旋转，由于叶片和水的摩擦，水和量热器都变热了。根据重物下落的高度，可以算出转化的机械功；根据量热器内水升高的温度，就可以计算水的内能的升高值。把这两个数值进行比较就可以求出热功当量的准确值来。焦耳还

用鲸鱼油代替水来作实验，测得了热功当量的平均值为 423.9 千克米/千卡。接着又用水银来代替水，不断改进实验方法，直到 1878 年，这时距他开始进行这一工作将近 40 年了，他已前后用各种方法进行了 400 多次实验。他在 1849 年用摩擦使水变热的方法所得的结果跟 1878 年的是相同的，即为 423.9 千克米/千卡。一个重要的物理常数的测定，能保持 30 年而不作较大的更正，这在物理学史上也是极为罕见的事。这个值当时被大家公认为热功当量 J 的值，它比现在 J 的公认值——427 千克米/千卡约小 0.7%。在当时的条件下，能做出这样精确的实验来，说明焦耳的实验技能是多么的高超！

焦耳曾对他的弟弟说，"我一生只做了两三件事，没有什么值得炫耀的。"相信对于大多数物理学家，他们只要能够做到这些小事中的一件也就会很满意了。焦耳的谦虚是非常真诚的。很可能，如果他知道了在威斯敏斯特教堂为他建造了纪念碑，并以他的名字命名能量单位，他将会感到惊奇的，虽然后人决不会感到惊奇。

实验 9　光学基本测量

透镜是古老的光学元件，透镜分凸透镜和凹透镜两类，它们有着广泛的应用，如照相机、摄像机镜头镜片、望远镜、显微镜的物镜和目镜，眼镜片等都是透镜组成。焦距是薄透镜的光心到其焦点的距离，是薄透镜的重要参数之一，测定焦距是最基本的光学实验。物体通过薄透镜而成像的位置及性质（大小、虚实）均与其有关。焦距的测量是否准确主要取决于光心及焦点（或物的位置、像的位置）定位否准确。下面介绍薄透镜焦距测量的方法。

一、实验目的

① 加深对薄透镜成像规律的理解。
② 掌握光学系统的共轴调节和简单光路的分析及调整方法。
③ 掌握薄透镜焦距的常用测定方法。

二、实验仪器

光具座及附件、白炽光源、平面反射镜、待测凸透镜和凹透镜。

三、实验原理

1．透镜

透镜是具有两个折射面的简单共轴球面系统。

2．薄透镜

薄透镜是指厚度远比两个折射面的曲率半径和焦距小得多的透镜。

3．薄透镜的成像公式

在满足薄透镜和近轴光线的条件下，物距 u、像距 v 和焦距 f 之间的关系为

$$\frac{1}{u} + \frac{1}{v} = \frac{1}{f} \tag{2.32}$$

这就是薄透镜成像的公式，又称高斯公式。并规定式（2.32）中，物距，实物为正，虚物为负；像距 v，实像为正，虚像为负；对凸透镜 f 为正值，对凹透镜 f 为负值。

4. 凸透镜的成像规律

像的大小和位置是依照物体离透镜的距离而决定的。

① 当 $u \gg f$ 时，极远处的物体经过透镜，在后焦点附近成缩小的倒立实像。

② 当 $u > f$ 时，物体越靠近前焦点，像逐渐远离后焦点且逐渐变大。

③ 当 $u = f$ 时，物体位于前焦点，像存在于无穷远处。

④ 当 $u < f$ 时，物体位于前焦点以内，像为正立放大的虚像，与物体位于同侧，由于虚像点是光线反方向延长的交点，因此不能用像屏接收，只能通过透镜观察。

5. 凸透镜焦距的测定

（1）自准直法

如图 2.57 所示，当物体 A 处在凸透镜的焦距平面时，其上各点发出的光束，经透镜后成为不同方向的平行光束。若用一与主光轴垂直的平面镜 M 将平行光反射回去，则反射光再经透镜后仍会聚焦于透镜的焦平面上，此关系就称为自准直原理。所成像是一个与原物等大的倒立实像 A'。所以自准直法的特点是：物、像在同一焦平面上。自准直法除了用于测量透镜焦距外，还是光学仪器调节中常用的重要方法。

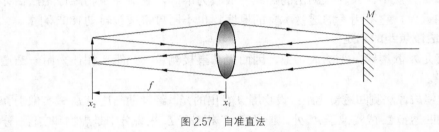

图 2.57　自准直法

则凸透镜焦距为

$$f = |x_1 - x_2| \tag{2.33}$$

式中，x_2 为物体在光具座上位置的读数，x_1 为凸透镜在光具座上位置的读数。

（2）物距像距法

只要 $u > f$，就可得到一个倒立的实像，在光具座上分别测出物体、透镜 L 及像的位置，就可以得到 u、v，从而根据式（2.32）求出 f。那么在测量中，u 究竟取多大，误差才会最小呢？根据式（2.32）推导出 f 的相对误差传递公式可知，当 $u = v$ 时，f 的相对误差最小，这时 $u = v = 2f$。为消除透镜的光心位置估计不准带来的误差，可以将透镜转动180°再进行测量，取两次测量的平均值。测量光路图如图 2.58 所示，此时 $u = |x_2 - x_1|$、$v = |x_3 - x_2|$。

（3）共轭法

利用凸透镜物像共轭对称成像的性质测量凸透镜焦距的方法叫共轭法（又称为贝塞尔法、二次成像法）。所谓"物像共轭"，是指物与像的位置可以互换，透镜位置与像的大小一一对应。

固定物与像屏间的距离不变，并使间距 D 大于 $4f$（为什么？），则当凸透镜置于物体与像屏之间时，移动凸透镜可以找到两个位置，使白屏上都能得到清晰的实像，一个大像，一个小像。测量光路图如图 2.59 所示。

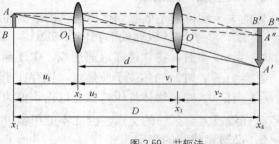

图 2.58 物距像距法 图 2.59 共轭法

透镜移动的距离为 $d = |x_3 - x_2|$，物屏、像屏之间的距离为 $D = |x_4 - x_1|$，运用物像共轭的对称性质有

$$f = \frac{D^2 - d^2}{4D} \qquad (2.34)$$

式（2.34）由学生自己推导。提示：只要测出 d 和 D，即可求出 f。

以上 3 种方法中，共轭法测出的焦距一般较为准确，它避免了物距像距法估计光心位置不准带来的误差，它不用考虑透镜本身的厚度，也不用再将透镜转动180° 测量。

6. 凹透镜焦距的测定

凹透镜是发散透镜，无法成实像，因而无法直接测量其焦距，往往采用一凸透镜作辅助透镜来测量。

辅助透镜成像法测凹透镜焦距：设物屏 A 发出的光，经辅助凸透镜 L_1 成实像于 A' 处，放入待测焦距的凹透镜 L_2 成实像于 A'' 处，则 A' 和 A'' 相对于 L_2 来说分别是虚物和实像。分别测出 L_2 到 A' 和 A'' 的距离 u 和 v，根据式（2.32），就可以算出焦距 f。测量光路图如图 2.60 所示。

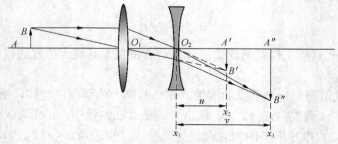

图 2.60 测量光路图

实物 AB 经凸透镜 L_1 成像于 $A'B'$，在 L_1 和 $A'B'$ 之间插入待测凹透镜 L_2，就凹透镜 L_2 而言，虚物 $A'B'$ 又成像于 $A''B''$。实验中，调整 L_2 及像屏至合适的位置，就可找到透镜组所成的实像 $A''B''$。因此可把 O_2A' 看为凹透镜的物距 u，把 O_2A'' 看为凹透镜的像距 v，则由成像公式可得

$$-\frac{1}{u} + \frac{1}{v} = \frac{1}{f} \qquad \text{（虚物的物距为负）}$$

$$f = \frac{u \cdot v}{u - v} \qquad (2.35)$$

由于 $u < v$，求出的凹透镜 L_2 的焦距 f 为负值。

7．在实验测试前，进行"共轴等高"的调整

光学元件之间的等高共轴调节是光学器件调节的基础，必须很好地掌握。透镜成像公式（2.32）只有在薄透镜、近轴光线的条件下才成立。所谓近轴光线，是指通过透镜中心部分并与主光轴夹角很小的那一部分光线。为了满足这一条件，一般在光源前加一光栅以挡住边缘光线，光栅上的箭头便是实验中的物体。对于仅有单一透镜的装置，应使物光处于该透镜的主光轴上。对于由多个透镜等元件组成的光路，应使各光学元件的主光轴重合。这一步骤称为等高共轴的调节，具体调整过程可分两步进行。

（1）粗调

先将透镜等器件向光源靠拢，调节高低、左右位置，凭目视使光源、物屏上的透光孔中心、透镜光心、像屏的中央大致在一条与光具座导轨平行的直线上，并使物屏、透镜、像屏的平面与导轨垂直。

（2）细调

利用透镜二次成像法来判断是否共轴，并进一步调至共轴。当物屏与像屏距离大于 $4f$ 时，沿光轴移动凸透镜，将会成两次大小不同的实像。若物的中心 P 偏离透镜的光轴，则所成大像和小像的中心 P' 和 P'' 将不重合，但小像位置比大像更靠近光轴（见图 2.61）。就垂直方向而言，如果大像中心 P' 高于小像中心 P''，说明此时透镜位置偏高（或物偏低），这时应将透镜降低（或把物升高）。反之，如果 P' 低于 P''，便应将透镜升高（或将物降低）。调节时，以小像的中心位置为参考，调节透镜（或物）的高低，逐步逼近光轴位置。当大像中心 P' 与小像中心 P'' 重合时，系统即处于共轴状态。

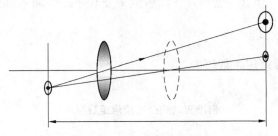

图 2.61　共轴调节示意

当有两个透镜需要调整（如测凹透镜焦距）时，必须逐个进行上述调整，即先将一个透镜（凸）调好，记住像中心在屏上的位置，然后加上另一透镜（凹），再次观察成像的情况，对后一个透镜的位置上下左右的调整，直至像中心仍旧保持在第一次成像时的中心位置上。注意，已调至同轴等高状态的透镜，在后续的调整、测量中绝对不允许再变动。

8．在实验中确定清晰像的位置

能够正确判断成像的清晰位置是光学实验获得准确结果的关键，为了准确地找到像的最清晰位置，可采用左右逼近法读数。先使像屏从左向右移动，到成像清晰为止，记下像屏位置，再自右向左移动像屏，到像清晰再记录像屏位置，取其平均作为最清晰的像位。

四、实验内容及要求

按前述方法调光学元件共轴等高，在此基础上，进行以下的测量操作。

1．用自准直法测凸透镜焦距

开启白炽灯光源，照亮物屏，适当移动凸透镜，让反射镜靠近透镜并调整反射镜的俯仰和左右，直到在物屏"1"字下（或旁）看到清晰、等大倒立的"1"字像，即实现自准直。记下透镜位置 x_1 和物屏位置 x_2，重复测 3 次。由式（2.33）计算焦距 f 及其平均值和不确定度。

2．用物距像距法测凸透镜焦距

开启白炽灯光源，将物屏、透镜和像屏依次放到光具座上，调其共轴等高。根据自准直法测得的焦距 f，使得物屏到透镜的距离 $u > f$，保持透镜位置不动，移动像屏，直到在像屏上得到清晰实像，记下各光学元件位置读数，重复测量 3 次，计算出 u、v，根据式（2.32）求 f 平均值及不确定度。

3．用共轭法测凸透镜焦距

开启白炽灯光源，将光学元件依次放在光具座上，将各元件调至共轴等高，根据自准直法测得的透镜焦距，使物屏与像屏之间的距离大于 $4f$，记下物屏位置 x_1、像屏位置 x_4，透镜在物屏与像屏间移动，当凸透镜在光具座的 x_2 处和 x_3 处时，像屏上分别成清晰放大倒立实像和缩小倒立实像，再记下 x_2 和 x_3 位置的数值，重复测量 3 次。由式（2.34）求焦距 f 及其平均值和不确定度。

4．用辅助透镜成像法测凹透镜的焦距

开启白炽灯光源，先调物屏、凸透镜、凹透镜及像屏共轴等高，根据辅助透镜成像法，分别记录相对凹透镜 L_2 的所成虚像 $A'B'$ 位置读数 x_2，实像 $A''B''$ 位置读数 x_3 及凹透镜的位置读数 x_1，重复测量 3 次，由式（2.35）计算焦距 f 及其平均值和不确定度。

五、数据记录及处理

1．自准直法测凸透镜焦距数据表

具体如表 2.13 所示。

表 2.13　　　　　　　　　　自准直法测凸透镜焦距数据表

物屏位置 $x_1 = $ _____ cm。

测量次数	x_2 透镜位置（cm）	$f = \|x_1 - x_2\|$ (cm)	$\Delta f = \|f_i - \overline{f}\|$ (cm)
1			
2			
3			
平均		$\overline{f} = $	$\sigma_f = $

$f = \overline{f} \pm \sigma_f = $ _____ cm，$E_f = $ _____ %。

2．物距像距法测凸透镜焦距数据表

具体如表 2.14 所示。

表 2.14 物距像距法测凸透镜焦距数据表

物屏位置 $x_1 =$ ____cm，透镜位置 $x_2 =$ ____cm。

测量次数	像屏位置 x_3(cm)	$v_i = \left| x_3 - x_2 \right|$(cm)	$\Delta v_i = \left| v_i - \bar{v} \right|$(cm)
1			
2			
3			
平均		$\bar{v} =$	$\sigma_v =$（利用传递公式求）

$f = \bar{f} \pm \sigma_f =$ ____cm，$E_f =$ ____%。

3. 共轭法测凸透镜焦距数据表

具体如表 2.15 所示。

表 2.15 共轭法测凸透镜焦距数据表

物屏位置 $x_1 =$ ____cm，像屏位置 $x_4 =$ ____cm，$D = \left| x_4 - x_1 \right| =$ ____cm。

测量次数	透镜位置（cm）		透镜位移（cm）	$\Delta d = \left| d_i - \bar{d} \right|$(cm)
	x_2	x_3	$d = \left| x_3 - x_2 \right|$	
1				
2				
3				
平均			$\bar{d} =$	利用传递公式求 σ_f

$f = \bar{f} \pm \sigma_f =$ ____cm，$E_f =$ ____%。

4. 物距像距法测凹透镜焦距数据表

具体如表 2.16 所示。

表 2.16 物距像距法测凹透镜焦距数据表

物经凸透镜后所成像的位置 $x_1 =$ ____cm。

测量次数	x_2 (cm)	x_3 (cm)	$u = \left| x_2 - x_1 \right|$(cm)	$v = -\left| x_3 - x_2 \right|$(cm)
1				
2				
3				
平均			$\bar{u} =$ $\sigma_u =$	$\bar{v} =$ $\sigma_v =$

$f = \bar{f} \pm \sigma_f =$ ____cm，$E_f =$ ____%（利用传递公式求出 σ_f）。

六、思考题

① 什么是透镜的光轴？为什么要对光学器件进行等高共轴调整？

② 在用共轭法测凸透镜的焦距时，D 变大，标准误差 σ_f 是变大还是变小？为什么？

③ 如果进行单凸透镜成像的共轴调节时，放大像和缩小像的中心在像屏上重合，是否意味着共轴？为什么？

④ 什么是实像和虚像？什么是实物和虚物？如何获得虚物？

⑤ 如果用不同的滤光片加在光源前面,那么所测得的某一透镜的焦距是否一样?

实验 10 混合法测量金属的比热容

比热容(Specific Heat Capacity)又称比热容量,简称比热(Specific Heat),是单位质量物质的热容量,即使单位质量物体改变单位温度时的吸收或释放的内能。比热容是表示物质热性质的物理量。最初是在 18 世纪,苏格兰的物理学家兼化学家 J.布莱克发现质量相同的不同物质,上升到相同温度所需的热量不同,而提出了比热容的概念。几乎任何物质皆可测量比热容,如化学元素、化合物、合金、溶液,以及复合材料。历史上,曾以水的比热来定义热量,将 1 g 水升高 1℃所需的热量定义为 1 cal。

水的比热容较大,在工农业生产和日常生活中有广泛的应用。这一应用主要考虑两个方面,第一是一定质量的水吸收(或放出)很多的热而自身的温度却变化不多,有利于调节气候。白天沿海地区比内陆地区升温慢,夜晚沿海温度降低少,为此一天中沿海地区温度变化小,内陆温度变化大,一年之中夏季内陆比沿海炎热,冬季内陆比沿海寒冷;第二是一定质量的水升高(或降低)一定温度吸热(或放热)很多,有利于用水作冷却剂或取暖。在本实验中,已知水的比热容,借助热学和力学测量仪器,根据两物体混合后的热平衡方程 $Q_1 = Q_2$ 算出金属的比热容。

一、实验目的

① 学习热学实验的操作方法。
② 掌握用混合法测定金属的比热容。

二、实验仪器

量热器、温度计、秒表、物理天平、游标卡尺、量筒、烧杯和待测金属块(实验所需热水由实验室提供)。

三、实验原理

比热容指单位质量的物质,温度升高 1K 所吸收的热量,其一般定义为

$$C = \lim_{\Delta T \to 0} \frac{\Delta Q}{m \Delta T} = \frac{\mathrm{d}Q}{m \mathrm{d}T} \tag{2.36}$$

式中,m 为质量,Q 为热量,T 为开氏温度。比热容的国际单位为 J/kg·K(焦耳/千克·开),测量时常取有限温度变化区间内的平均比热容,即

$$C = \bar{C} = \frac{\Delta Q}{m \Delta T} = \frac{1}{T_2 - T_1} \int_{T_1}^{T_2} C \mathrm{d}T \tag{2.37}$$

将具有一定温度和质量的物体(待测系统)与另一些已知温度、质量、比热容的物体(已知比热容系统)相混合之后,热量将由高温物体传向低温物体。如果在混合过程中和外界没有热交换,则整个实验系统为一孤立系统。最终将达到均匀、稳定的平衡温度。这样高温物体放出的热量等于低温物体所吸收的热量——热平衡原理。

在热容量为 ω 的绝热容器中注入 m_0 kg 热水,设达到平衡后的温度为 T_0。把温度为 T_1 的

1 kg 被测物体放入绝热容器内的水中，使绝热容器、水与被测物体达到新的平衡，该过程称为被测物体与绝热容器混合。设混合后系统的平衡温度为 T，且 $T_1 < T_0$，被测物体的比热容为 C，水的比热容为 C_0，则

$$Cm(T - T_1) = (C_0 m_0 + \omega)(T_0 - T)$$

$$C = \frac{(C_0 m_0 + \omega)(T_0 - T)}{(T - T_1)} \tag{2.38}$$

若已知 C_0、ω，测得 m_0、m、T、T_1 和 T_0，便可计算 C。

事实上，理想的绝热容器并不存在。实验中所能做的就是尽量减少待用容器与外界的热交换，并把这种装置称为量热器。人们可以依据对测量对象的不同要求设计不同的量热器，但其基本思路和原理大体一致。现介绍其中较简单的一种，如图 2.62 所示。它由内、外两个铝（或铜）质圆筒组成。内筒做被测物容器，放在外筒中的绝热支架上，四周与外筒保持一定的距离；外筒加绝热盖。被封闭在外筒内的空气能减少内筒与外界环境的热传导和对流。为了防止热辐射，内筒与外筒表面都电镀得很光亮。绝热盖上有两孔可插入温度计和搅拌器。搅拌器可上下拉动，以便加速内筒与被测物体的平衡过程。要求高的量热器采用更加严密的绝热措施。但是，任何量热器的器壁都不是理想的绝热壁。插入内筒的温度计、搅拌器杆都与外界连通，要加入被测物体还需要打开外筒绝热盖，这些都会导致热量损失。此外，如外筒壁沾有水，其蒸发也将使散热增大。所以，量热器中的系统与外界仍有一定的热交换。

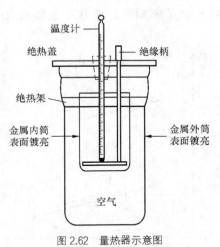

图 2.62　量热器示意图

当系统温度 T 与外界环境温度 θ 相差不太大（如 $|T-\theta| \leqslant 10\sim15℃$）时，它们之间的热交换速度遵从牛顿冷却定律，即

$$\frac{\mathrm{d}Q}{\mathrm{d}t} = -K(T - \theta)$$

或写作

$$\frac{\mathrm{d}Q}{\mathrm{d}t} = -\frac{K}{C}(T - \theta) \tag{2.39}$$

式中，K 称为散热常数，与系统表面积、表面光洁度有关。当 θ 保持不变时，由式（2.38）得

$$T = be^{\frac{K}{C}t} + \theta \tag{2.40}$$

T-t 曲线称为散热曲线，短时间内的一段 T-t 曲线可近似看为直线。

当 T-θ 较大时，或环境空气有强迫性对流时，式（2.39）不成立，散热常数 K 还与系统温度 T 及 T-θ 有关，散热曲线的形式将更加复杂。

为了减少热量的损失，首先要尽量缩短加入被测物体的操作过程。同时使量热器尽量远离环境热源、冷源，避免环境空气对流和太阳直晒，使散热遵守牛顿冷却定律。然后根据牛顿冷却定律修正散热的影响。下面介绍一种修正散热的方法，称为外推法。从放入被测物体前某时刻开始，到被测物质与量热器达到平衡后一段时间为止，测出量热器内筒的温度变化曲线 T-t。例如，图 2.63 是在被测物体初温 T_1 等于室温 θ 的条件下测得的 T-t 曲线。AB 段是放入被测物体前，量热器的散热曲线。$BB'MC$ 段是从打开量热器盖加入被测物体，到被测物体与量热器内筒温度混合均匀为止的温度变化曲线。CD 段是混合均匀后量热器的散热曲线。真正的混合是从被测物体与量热器内筒中原有的水接触的时刻开始的，即曲线上的 B' 点，相应的温度为 $T_{B'}$。但实际上只能测得打开外筒绝热盖的前一时刻的温度 T_B 等。可以设想，若加入被测物体后量热器不散失热量，则混合将进行的较快，混合均匀后的平衡温度 T 将比实际平衡温度 T_C 高，温度变化曲线应如虚线 $B'C'$ 所示。为了得到 T，可以用一个无限迅速的假想过程 EF 代替未知的实际过程 $B'C'$。E 点为 AB 延长线与 EF 直线的交点，对应于温度 $T_{B'}$。F 点是 CD 延长线与 EF 直线的交点，对应于温度 T。当然，EF 对应的时刻 t_0 也是未知的，通常可近似地取为加入被测物体盖上绝热盖后开始搅拌的时刻。

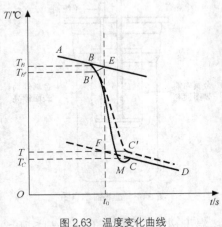

图 2.63　温度变化曲线

量热器的热容量包括 3 部分：内筒热容量、搅拌器和温度计插入内筒的那一部分的热容量，即

$$\omega = C_1 m_1 + C_2 m_2 + C_3 m_3 \tag{2.41}$$

式中，$C_3 m_3 = 1.92V$（J/K），V 为温度计插入内筒的体积。假定搅拌器和量热器内筒由相同的

材料制成，称出各自质量，查得比热，可算出式（2.41）中的前两项。

T_0 和 T 相差越大混合时间越长，散失的热量会越大，所以，应适当选取 T_0 和 m，使 T_0-T 取略大于 $T-T_1$ 的适当值。

四、实验内容及步骤

① 用物理天平称量空量热器（包括搅拌器和温度计）质量 M_0 和被测铜粒质量 m。

② 测量室温 θ。给量热器内筒注入高出室温约 50℃ 的热水，达到内筒容积的 1/3～2/3。盖好绝热盖，称量此时量热器的总质量 M。

③ 把温度计插入量热器内的水中（记下温度计没入水中的刻度 h），不停地上下拉动搅拌器，注意不要使水溅出内筒。待温度计示值趋于平稳下降后，启动秒表，每 30s 测一次温度，共测 10～15 次。在读出最后一次温度 T_B 后，立即进行下一步的操作。

④ 测量室温 θ。迅速把温度为室温的（即 $T_1=\theta$）的被测金属粒轻轻放入量热器的内筒，立即盖上绝热盖。继续不停地搅拌，每隔 30s 测一次温度。在温度下降过程中出现一个很小的回峰点 C 后，再继续测 10～15 次温度。再次测量室温 θ，在毫米方格坐标上作出 T-t 图线，用外推法求出 $T_{B'}$（即式（2.38）中的 T_0）和 T。

⑤ 取出金属块，放在专用容器中晾干。取出量热器内筒，倒掉水，用干净布擦干。

⑥ 计算量热器的热容量。

a. 用物理天平称量内筒的质量 m_1 和搅拌器的质量 m_2。

b. 用游标卡尺测量温度计的直径 d 和没入水中的深度 h，计算温度计插入水中的体积 V。

c. 把 m_1、m_2、V、$C_3 m_3=1.92V$（J/K）和铝的比热 $C=C_1=C_2=900$（J/kg·K）代入式（2.41）计算出 ω。

⑦ 从①～④步测得的 $m_0= M-M_0$、m、$T_{B'}$（即 T_0）、θ（即 T_1）和第⑥步求得的 ω 一起代入式（2.38），计算被测金属的比热容 C（水的比热容为 4200（J/kg·k））。

五、数据记录及处理

把数据记录至表 2.17 与表 2.18 中。

表 2.17　　　　　　　　　　　数据记录（一）

M_0（g）	M（g）	$m_0= M- M_0$（g）	m	m_1（g）	m_2（g）	h（cm）	d（cm）

表 2.18　　　　　　　　　　　数据记录（二）

30s 时间间隔	金属粒未放入内筒中水的温度（℃）	金属粒放入内筒中水的温度（℃）	出现拐点后内筒中水的温度（℃）
1			
2			
3			
4			

续表

30s 时间间隔	金属粒未放入内筒中水的温度（℃）	金属粒放入内筒中水的温度（℃）	出现拐点后内筒中水的温度（℃）
5			
6			
7			
8			
9			
10			
11			
12			
13			
14			
15			

要求：计算金属铜的比热容，保留 3 位有效数字；计算 C 的合成不确定度。

六、注意事项

① 实验前量热器的内、外筒的外壁应该擦干，避免在风口上做实验。
② 严格按实验步骤操作，温度计为易碎物品，操作时不可用力太大。
③ 搅拌的时候只能上下搅动，不能旋转，而且不可搅拌得太快，以防水溅出。

七、思考题

① 能否采取其他方法获得量热器的比热容？
② 用混合法能否测定不良导体的比热容？为什么？
③ 通过本实验的练习，你有什么收获？

实验 11　分光计的调节与使用

分光计是精确测定光线偏转角的仪器，也称测角仪。光学中的许多基本量如波长、折射率等都可以直接或间接地表现为光线的偏转角，因而利用它可测量波长、折射率，此外，还能精确地测量光学平面间的夹角。许多光学仪器（棱镜光谱仪、光栅光谱仪、分光光度计、单色仪等）的基本结构也是以它为基础的，所以分光计是光学实验中的基本仪器之一。使用分光计时必须经过一系列的精细调整才能得到准确的结果，它的调整技术是光学实验中的基本技术之一，必须正确掌握。

一、实验目的

① 了解分光计的结构，学习分光计的调节和使用方法。
② 利用分光计测定三棱镜的顶角。
③ 学习用分光计测量三棱镜的偏向角。

二、实验仪器

FGY-01 型分光计、双面平面反射镜、玻璃三棱镜、汞灯。

三、仪器简介

分光计主要由 5 个部分组成，即底座、望远镜、载物台、准直管（平行光管）和读数盘，外形如图 3.1 所示。

1．底座

底座是分光计的基座，中心轴线是分光计的转轴，望远镜、载物平台和读数盘可绕中心转轴转动，准直管装在一个底脚的立柱上。

2．望远镜

图 3.2 为望远镜示意图，它由自准目镜、全反射直角棱镜、分划板（十字叉丝）和物镜组成。常用的自准目镜有高斯式目镜和阿贝式目镜，实验室的分光计大多采用阿贝式目镜，就是在目镜和分划板之间装有全反射直角棱镜，直角棱镜上刻有"十"字，从目镜观察，叉

丝的一小部分被直角棱镜挡住，呈现它的阴影。

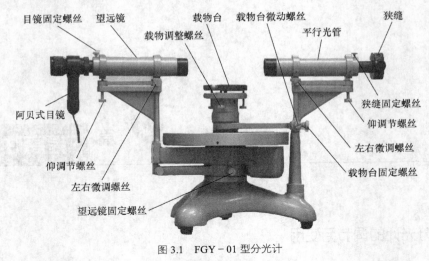

图 3.1　FGY－01 型分光计

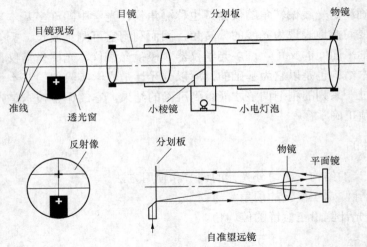

图 3.2　望远镜内部结构

目镜筒套在安装分划板的套筒内。拧松目镜固定螺丝、伸缩目镜可改变目镜和分划板的距离，分划板套筒又套在物镜筒内，前后移动分划板套筒，可改变目镜和分划板相对于物镜的距离。若在物镜前放一个平面镜，使平面镜镜面与望远镜光轴垂直，且分划板位于物镜焦平面上时，则焦平面（分划板）上发出的光（绿十字）经物镜后成平行光射于平面镜，由平面镜反射经物镜后在焦平面（分划板）上形成绿十字反射像，如图 3.2 所示。望远镜的倾斜度可用仰调节螺丝调节，松开望远镜固定螺丝，望远镜可绕转轴转动，望远镜左右微调螺丝能使望远镜在小范围内微动。

3．载物平台

载物平台套在仪器转轴上，是用来放置待测物体的，平台下面的 3 个螺丝用来调节平台的倾斜度。松开载物调整螺丝，平台可单独绕轴旋转或沿转轴升降；拧紧载物调整螺丝，载物平台与游标盘相连。松开载物台固定螺丝，载物平台和游标盘一起绕转轴转动。

4．准直管（平行光管）

准直管是用来获得平行光的，如图 3.3 所示；准直管的一端装有物镜，另一端是套筒端，有一可变狭缝。狭缝宽度可以调节，前后移动狭缝套筒，可改变狭缝与物镜的距离。当狭缝位于物镜的焦平面上时，准直管发出平行光，调节平行光管仰调节螺丝，可改变准直管的倾斜度。

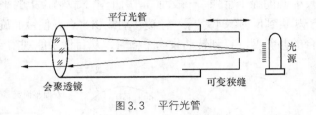

图 3.3　平行光管

5．读数盘

读数盘有内外两层，如图 3.4 所示，外层是主刻度盘，上面有 $0°\sim360°$ 的圆刻度，分度值为 $0.5°$。内盘为游标盘，有两个相隔 $180°$ 的角游标，分度值为 $1'$。望远镜的方位由刻度盘和游标确定，为了消除刻度盘中心与仪器转轴之间的偏心差，在测量时，两个游标都应读数，然后算出每个游标两次读数的差，再取平均值。角游标的读数方法与游标卡尺的读数方法相似。

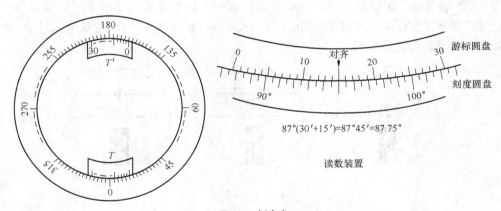

$87°(30'+15')=87°45'=87.75°$

读数装置

图 3.4　刻度盘

四、分光计的调节

分光计的调节要求是：望远镜聚焦于无穷远，准直管发出平行光，准直管与望远镜同轴并与分光计转轴正交。调节时，首先用目视法进行粗调，使望远镜、准直管和载物台面大致都垂直于分光计转轴，然后按下述步骤和方法进行细调。

1．用自准法调节望远镜聚焦于无穷远

① 目镜视度的调节，点亮目镜照明小灯，转动目镜视度调节手轮，使从目镜中能清晰地看到分划板上的黑十字叉丝。

② 将平面镜轻轻贴住望远镜物镜镜筒，使平面镜与望远镜主轴基本垂直，前后移动分划板套筒，直至从目镜视场中观察到反射回的绿十字像清晰，且绿十字像与分划板上的叉丝间

无视差，则望远镜聚焦于无穷远。

2. 调节望远镜主轴垂直于仪器转轴

① 为了方便调节，转动分划板套筒，使分划板上的细线分别处于水平和竖直。

② 将平面镜按图 3.5 置于载物平台上，转动载物平台，使镜面与望远镜主轴大致垂直，从目镜中观察由平面镜反射回的绿十字像。一般而言，由于置于载物台上的平面镜与望远镜不互相垂直，所以不能一下子观察到反射绿十字像，轻缓转动载物平台，使镜面旋转一个小角度，适当调节望远镜和载物平台的倾斜度，直到转动载物平台时，从目镜中能观察到反射回的绿十字像。

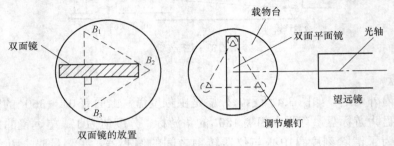

图 3.5　镜面与 B_1B_3 的连线垂直

③ 通常，绿十字反射像水平线和分划板调整叉丝水平线（分划板的上水平线）不重合，可采用"1/2 调节法"来反复调节。先调节望远镜的仰调节螺丝，使十字反射像向上水平线移近一半的距离（使两者水平线的差距减小一半），再调节载物平台下的调节螺丝 B_1 或 B_3，使两者水平线重合（见图 3.6）。

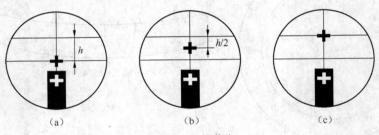

图 3.6　1/2 调节法

④ 将载物平台旋转 180°，重复步骤③，这样反复进行调节，直到平面镜的任何一面正对望远镜时，绿十字像水平线与分划板调整叉丝两者水平线都重合，说明望远镜主轴与平面镜的两个面都垂直，则望远镜主轴垂直于仪器转轴。

⑤ 在平台上重新放置平面镜，使镜面与 B_1B_3 连线平行，旋转载物台使镜面正对望远镜，调节 B_2 使十字叉丝的反射像与分划板的上水平线重合，此时载物台也严格水平。

3. 调节分划板上十字叉丝水平与竖直

转动载物平台，从目镜中观察绿十字像是否沿叉丝水平线平行移动，若不平行，则可转动分划板套筒使其平行（注意不要破坏望远镜的调焦），到此，望远镜已调好，可作为基准进行其他调节。

4. 调节准直管发出平行光且准直管主轴与转轴垂直

① 将已点亮的汞灯置于狭缝前，取下平面镜，转动望远镜，从目镜中观察到狭缝的

像，前后移动狭缝套筒，改变狭缝与准直管物镜之间的距离，使狭缝像最清晰，此时准直管即发出平行光。调节狭缝宽度，使从目镜中看到的狭缝像约为 1mm 宽（**严禁将狭缝完全合拢**）。

② 转动狭缝套筒，使狭缝呈水平，调节准直管的仰调节螺丝，使狭缝像与测量用叉丝水平线重台，则准直管与望远镜共轴，即准直管主轴与仪器转轴垂直。为了用于测量，转回狭缝套筒，使狭缝竖直放置，复查狭缝像是否清晰，如不清晰，按①中的要求调节。转动望远镜，使狭缝像与分划板上的竖线重合，此时拧紧狭缝固定螺丝。

至此，分光计已调节完毕。

五、用最小偏向角法测三棱镜材料的折射率的实验原理

一束单色光以 i_1 角入射到 AB 面上，经棱镜两次折射后，从 AC 面折射出来，出射角为 i_2'。入射光和出射光之间的夹角 δ 称为偏向角。当棱镜顶角 A 一定时，偏向角 δ 的大小随入射角 i_1 的变化而变化。当 $i_1 = i_2'$ 时，δ 为最小（证明略）。这时的偏向角称为最小偏向角，记作 $\delta_{\min}$。

由图 3.7 中可以看出，这时有

$$i_1' = \frac{A}{2}$$

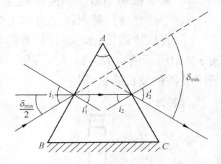

图 3.7 用最小偏向角法测三棱镜材料的折射率

$$\frac{\delta_{\min}}{2} = i_1 - i_1' = i_1 - \frac{A}{2} \tag{3.1}$$

$$i_1 = \frac{1}{2}(\delta_{\min} + A)$$

设棱镜材料折射率为 n，则有

$$\sin i_1 = n \sin i_1' = n \sin \frac{A}{2}$$

$$n = \frac{\sin i_1}{\sin \dfrac{A}{2}} = \frac{\sin \dfrac{\delta_{\min} + A}{2}}{\sin \dfrac{A}{2}} \tag{3.2}$$

由此可知，如要求得棱镜材料折射率 n，必须测出其顶角 A 和最小偏向角 $\delta_{\min}$。

六、实验内容及步骤

1．调节分光计
要求与调整方法见第四点。

2．棱镜顶角的测定
（1）待测三棱镜的调整

为了测量准确，需调节三棱镜主截面垂直于仪器转轴，将三棱镜放置在载物平台上，使底边垂直于平行光管的光轴，顶角 A 位于平台的中心（望远镜已调好，不能再调），由平行光管射出的平行光束被棱镜的两个折射面分成两部分。

（2）用反射法测定三棱镜顶角

图 3.8 所示为用反射法测量三棱镜顶角，将待测三棱镜置于载物平台上，使三棱镜的顶角对准准直管，由准直管射出的平行光被分成两部分在三棱镜的两个工作面上反射。先转动望远镜，观察平行光经两工作面反射的狭缝像，然后将望远镜转至 T_1 位置，使分划板叉丝中间竖线对准狭缝像的中心，记下望远镜的位置读数 θ_1 和 θ_2，转动望远镜至 T_2 位置。同样记下望远镜的位置读数 θ_1' 和 θ_2'，由图 3.8 可证得棱镜顶角 A 为

$$A = \frac{1}{2} \cdot \frac{1}{2} \left[|\theta_1' - \theta_1| + |\theta_2' - \theta_2| \right]$$

重复 3 次，求出棱镜顶角 A 的平均值。

3. 测三棱镜的最小偏向角 δ_{min}

① 平行光管狭缝对准前方水银灯光源。

② 旋松望远镜止动螺钉和游标盘止动螺钉，把载物台转至图 3.9 所示位置，望远镜转至图 3.9 中所示的位置（1）处，再左右微微转动望远镜，找出棱镜出射的各种颜色的水银灯光谱线（各种波长的狭缝像）。

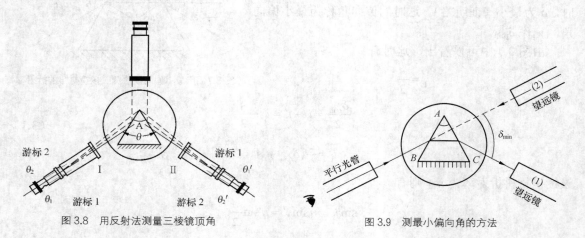

图 3.8　用反射法测量三棱镜顶角　　　　　　图 3.9　测最小偏向角的方法

③ 轻轻转动载物台（改变入射角 i_1），在望远镜中将看到谱线跟着动。改变 i_1，应使谱线往 δ 减小的方向移动（向顶角 A 方向移动）。望远镜要跟踪光谱线转动，直到棱镜继续转动，而谱线开始要反向移动（即偏向角反而变大）为止。这个反向移动的转折位置就是光线以最小偏向角射出的方向。固定载物台，再使望远镜微动，使其分划板上的中心竖线对准其中的那条绿谱线（546.1mm）。

④ 测量。记下此时两游标处的读数 θ_1 和 θ_2，取下三棱镜（载物台保持不动），转动望远镜对准平行光管，即图 3.9 中（2）的位置，以确定入射光的方向，再记下两游标处的读数 θ_1' 和 θ_2'。此时绿谱线的最小偏向角为

$$\delta_{min} = \frac{1}{2} \left[|\theta_1 - \theta_1'| + |\theta_2 - \theta_2'| \right]$$

⑤ 重复测量 3 次，求出最小偏向角的平均值 $\overline{\delta}_{min}$。

将 $\overline{\delta}_{min}$ 的值和测得的棱镜顶角 A 的平均值代入式（3.2）计算 n。

七、数据记录及处理

1．测定三棱镜的顶角 A

具体如表 3.1 所示。

表 3.1　　　　　　　　　　　　　测定三棱镜的顶角

实 验 次 数	T_1 位置		T_2 位置		$A = \frac{1}{2} \cdot \frac{1}{2} \left[\left| \theta_1' - \theta_1 \right| + \left| \theta_2' - \theta_2 \right| \right]$
	θ_1（左）	θ_2（右）	θ_1'（左）	θ_2'（右）	
1					
2					
3					

$\overline{A} =$

2．测定最小偏向角 δ_{min}

具体如表 3.2 所示。

表 3.2　　　　　　　　　　　　　测定最小偏向角

实 验 次 数	T_1 位置		T_2 位置		$\delta_{min} = \frac{1}{2} \left[\left| \theta_1' - \theta_1 \right| + \left| \theta_2' - \theta_2 \right| \right]$
	θ_1（左）	θ_2（右）	θ_1'（左）	θ_2'（右）	
1					
2					
3					

$\overline{\delta}_{min} =$

求出 n，即

$$n = \frac{\sin \frac{1}{2} \left(\overline{A} + \overline{\delta}_{min} \right)}{\sin \frac{\overline{A}}{2}}$$

八、注意事项

① 不要用手触摸光学元件的光学表面，光学仪器螺钉的调节动作要轻柔，锁紧镙钉也是指锁住即可，不可用力过大，以免损坏器件。

② 分光计调节中要严格按步骤进行，不可急于求成。

③ 狭缝宽度 1mm 左右为宜，宽了测量误差大；窄了光通量小。狭缝易损坏，尽量少调，调节时要边看边调，动作要轻，切忌两缝太近。

九、思考题

① 分光计由哪几个主要部件组成？各部分的作用是什么？分光计的调节要求是什么？

② 为什么要从分光计的左右两个读数窗口读记游标读数盘的读数？

③ 什么叫最小偏向角？它与三棱镜的折射率 n 和三棱镜顶角 A 有何关系？在实验中如何确定最小偏向角的位置？

④ 在实验中怎样测定三棱镜的顶角 A？

⑤ 用反射法测三棱镜顶角时，为什么要使三棱镜顶角置于载物平台中心附近？

实验 12　迈克尔逊干涉仪的调整与使用

迈克尔逊干涉仪是一种分振幅的双光束干涉测量仪器，是美国科学家迈克尔逊（A.A. Michelson）于 1881 年设计制造的一种精密干涉测量仪器，可用于测量光波波长、折射率、物体的厚度及微小长度变化等，其精度可与光的波长比拟。

迈克尔逊干涉仪在历史上起了很大的作用。迈克尔逊及其合作者曾用此仪器做了"以太漂移"实验、用光波波长标定米尺长度、推断光谱精细结构三项著名实验，第一项实验解决了当时关于"以太"的争论，为爱因斯坦建立狭义相对论奠定了基础；第二项实现了长度单位的标准化（用镉红光作为光源标定标准米尺长度，建立了以光波为基准的绝对长度标准）；第三项工作研究了光源干涉条纹可见度随光程差变化的规律，并以此推断光谱。迈克尔逊和莫雷因在这方面的杰出成就获得了 1907 年诺贝尔物理学奖。

迈克尔逊干涉仪结构简单、光路直观、精度高，其调整和使用具有典型性，根据迈克尔逊干涉仪基本原理发展的精密干涉测量仪器已经广泛应用于生产和科研领域。因此，了解它的基本结构、掌握其使用方法很有必要。

一、实验目的

① 了解迈克尔逊干涉仪的结构及工作原理，掌握其调试方法。
② 学会观察激光的非定域干涉、等倾干涉、等厚干涉及白光干涉条纹。
③ 学会用迈克尔逊干涉仪测量激光波长及钠光双线波长差。

二、实验仪器

迈克尔逊干涉仪、多光束 He-Ne 激光器、扩束镜、钠光灯。

三、实验原理

1. 迈克尔逊干涉仪的结构及工作原理

迈克尔逊干涉仪由分光镜 G_1、补偿板 G_2、两个全反射镜 M_1、M_2 和观察屏 E 组成。分光镜的后表面镀有半透半反射膜，将入射光分成两束：一束透射光 2；另一束反射光 1。这两束光分别被 M_1、M_2 反射后，经半透半反射膜的反射和透射在观察屏上相遇，由于这两束光是相干光，在屏上产生等倾干涉条纹，其光路如图 3.10 所示。

M_2' 是 M_2 被分光镜反射所成的像，光束 1 和光束 2 之间的干涉等效于 M_1、M_2' 之间空气膜产生的干涉。补偿板是一个与分光镜平行放置且材料、厚度完全相同的玻璃板，其作用是补偿两束光使得两束光在玻璃中的光程相等。由于玻璃的色散，不同波长的光在干涉仪中具有不同的光程差，无法观测白光干涉条纹，在分光镜 G_1 和反射镜 M_2 之间加入补偿板，这两束光在相同的玻璃中都穿过 3 次，不同波长的光在干涉仪中具有相同的光程差，这对观察白光干涉很有必要。反射镜 M_1、M_2 分别装在相互垂直的两个臂上，反射镜 M_2 位置固定（称为定镜），M_1 位置固定在滑块上，可通过转动粗调手轮、微调手轮沿臂长方向移动（称为动镜），在该方向上附有主尺，其位置可通过主尺、粗调手轮上方读数窗口及微调手轮示数读出，其读数原理与千分尺读数原理相同。粗调手轮转动一周，动镜 M_2 沿臂长方向上移动 1mm，

手轮上刻有 100 个刻度，因此粗调手轮每转动一个小刻度相当于动镜沿臂长方向移动
0.01mm；微调手轮转动一周，相当于粗调手轮转动一个小刻度；手轮上也刻有 100 个刻度，
因此微调手轮转动一个小刻度，相当于动镜移动了 0.0001mm，加上一位估读位，可读到
0.00001mm 位。反射镜 M_1、M_2 的方位可通过其后面的 3 个螺钉来调节，在反射镜 M_2 的下
方还有两个互相垂直的拉簧螺丝用以微调 M_2 的方位。

2. 点光源产生的非定域干涉条纹及激光波长的测量

激光经短透镜会聚后成为一点光源，水平入射到分光板上，经 M_1、M_2 反射后产生的干
涉现象等效于两个虚光源 S_1、S_2' 发出的光产生的干涉，如图 3.11 所示。S_1、S_2' 分别是点光源
经 G 被 M_1、M_2 反射所成的像，虚光源 S_1、S_2' 发出的光由于是同一束光分出的两束光，具有
相干性，在其相遇的空间处处相干，因此是非定域干涉。用观察屏观察干涉条纹时，在不同
的位置可以观察到不同的干涉条纹（如圆、椭圆、双曲线、直线），在迈克尔逊干涉仪的实际
情况下，放置屏的空间是有限的，一般能观察到圆和椭圆形状。当把观察屏放在垂直于 S_1、
S_2' 的连线上时，观察到的条纹是一组同心圆。

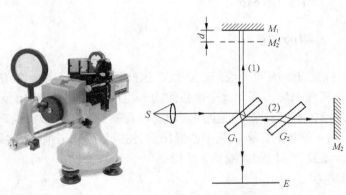

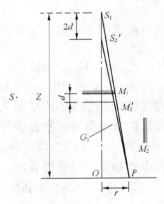

图 3.10 迈克尔逊干涉仪光路图　　　　　　　　图 3.11 等效光路

由 S_1、S_2 到达观察屏上任一点 P 两束光的光程差为 $\Delta L = \overline{S_2'P} - \overline{S_1P}$。当 $r \ll Z$ 时，有

$$\Delta L = 2d\cos\theta \approx 2d\left(1 - \frac{r^2}{2Z^2}\right)$$

出现亮条纹的位置为

$$2d\left(1 - \frac{r_k^2}{2Z^2}\right) = k\lambda$$

由上式可得以下结论。

① r_k 越小，k 越大，即靠近中心的干涉条纹干涉级次高，靠近边缘的干涉条纹干涉级次低。

② 改变动镜的位置，两束光的光程差发生变化，因此干涉条纹也发生变化。当 M_1、M_2'
之间的距离 d 增大时，对于同一级干涉，r_k 也增大，条纹向外扩展，圆心处有条纹"涌出"，
当其间的距离减小时，条纹向中心"涌入"，中心条纹消失。涌入或涌出一条干涉条纹动镜位
置的变化为 $\lambda/2$，设涌入或涌出 N 个干涉圆环动镜位置的变化为 Δd，则有

$$\Delta d = N \cdot \frac{\lambda}{2}$$

由上式可知：改变动镜的位置，测出涌入或涌出 N 个干涉圆环对应动镜位置的变化 Δd，就可以算出激光的波长。

③ 相邻两条干涉条纹之间的距离为

$$\Delta r = r_{k-1} - r_k \approx \frac{\lambda Z^2}{2r_k d}$$

越靠近中心（r_k 越小），Δr 越大，即干涉条纹中间稀边缘密。

d 越小，Δr 越大，即减小 M_1、M_2' 之间的距离，条纹变疏，增大 M_1、M_2' 之间的距离，条纹变密。

Z 越大，Δr 越大，即点光源、观察屏距分光镜越远，条纹越疏。

3．扩展光源产生的等倾干涉条纹

用扩展光源照射，当 M_1、M_2' 平行时，被 M_1、M_2' 反射的两束光互相平行，若用透镜接收这两束光，则这两束光在透镜的焦平面上相遇发生干涉，如图 3.12 所示。

两束光的光程差为

$$\Delta L = 2d\cos\theta$$

出现亮条纹的位置为

$$2d\cos\theta = k\lambda$$

由上可得以下结论。

① 在 d 一定时，倾角相同的入射光束对应同一级干涉条纹，因此称为等倾干涉，倾角相同的光在透镜的焦平面上对应同一干涉圆环，因此其干涉条纹为一组同心圆。用聚焦于无穷远的眼睛直接观察或放置一会聚透镜，在其后焦平面上用观察屏可观察到等倾干涉条纹。

② 中心干涉圆环干涉级次高，当 d 增加时，条纹从中心涌出向外扩展，d 减小时，条纹向中心涌入，每涌出或涌入一条干涉条纹，d 增加或减小了 $\lambda/2$。

③ 相邻两条干涉圆环之间的距离为

$$\Delta\theta_k \approx \frac{\lambda}{2d\theta_k}$$

越靠近中心的干涉圆环，$\Delta\theta_k$ 越大，条纹越疏，即干涉条纹中间疏边缘密。

d 越小，$\Delta\theta_k$ 越大，即条纹随着 d 的变化而变化，当 d 增大时，条纹变疏，当 d 减小时，条纹变疏。

4．扩展光源产生的等厚干涉条纹

用扩展光源照射，当 M_1、M_2' 之间有一小的夹角时，被 M_1、M_2' 反射的两束光在镜面附近相遇发生干涉，如图 3.13 所示。

在入射角不大的情况下，其光程差为

$$\Delta L = 2d - d\theta^2$$

出现亮条纹的位置为

$$2d - d\theta^2 = k\lambda$$

在两镜面交线附近，$d\theta^2$ 可以忽略，光程差主要决定空气膜的厚度，厚度相同的地方对应同一级干涉条纹，因此称为等厚干涉，其干涉条纹为平行于两镜面交线的等间隔的直条纹。远离两镜面交线处，$d\theta^2$ 不能忽略，其干涉条纹发生弯曲，并凸向两镜面交线的方向。

用眼睛向镜面附近观察就可以观察到等厚干涉条纹。

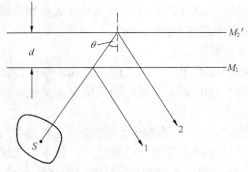

图 3.12 等倾干涉相干光的光程差

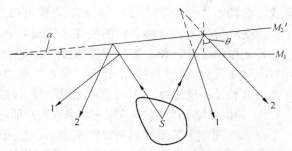

图 3.13 等厚干涉相干光的光程差

5. 条纹视见度及钠光双线波长差的测量

通常用视见度来描述干涉条纹的清晰程度，其定义为

$$V = \frac{I_{max} - I_{min}}{I_{max} + I_{min}}$$

式中，I_{max}、I_{min} 分别为明、暗条纹的光强。$V = 1$ 时视见度最大，条纹最清楚，$V = 0$ 时视见度最小，条纹最模糊。

用钠光灯作光源，由于钠光含有波长非常相近的两条谱线，每组谱线都各自产生一套干涉条纹，改变动镜的位置，这两套干涉条纹交叉重叠，条纹的视见度随之发生周期性变化，当

$$2d = k_1\lambda_1 = \left(k_2 + \frac{1}{2}\right)\lambda_2$$

时，条纹视见度为零，设相邻两次视见度为零时 M_1 移动的距离为 Δd，则钠光两条谱线的波长差为

$$\Delta\lambda = \frac{\lambda_1\lambda_2}{2\Delta d} \approx \frac{\overline{\lambda}^2}{2\Delta d}$$

由上式可知：测出相邻两次视见度为零时 M_1 移动的距离 Δd，可求出钠光双线的波长差。

四、实验内容及步骤

① 迈克尔逊干涉仪的基本调节。移动 M_1 使 M_1、M_2 距分光镜 G 的距离大致相等。调节 He-Ne 激光器水平并垂直导轨方向入射到分光镜的中央部位，然后在激光器和分光镜之间放一小孔光阑，使光通过小孔照射到分光镜上，被 M_1、M_2 反射在小孔光阑上各有一排亮点，调节 M_2 后的 3 个方位螺钉，使得被 M_2 反射的一排亮点中的最亮点与小孔重合，再调节 M_1 后的 3 个方位螺钉，使得被 M_1 反射的一排亮点中的最亮点与小孔重合，这时 M_1、M_2'基本互相平行，光照射到迈克尔逊干涉仪就可以观察到干涉条纹。

② 用激光作光源。

a. 调出非定域干涉圆条纹，观察条纹特征，选定一个图样清新，且干涉条纹粗细适中的 M_1 的位置区间，用粗条手轮把 M_1 移到该区间的对应于主尺分度数较小的一端。沿使 M_1 主尺方向增大或减小方向缓慢旋转微调手轮，直至干涉图样中心恰为一暗斑。读出此时 M_1 的位置。

b. 继续沿原方向缓慢旋转微调手轮，同时计数从干涉图样中心产生（或陷入）的暗环数目，每数 100 环或 50 环记录一次 M_1 的位置 d，并连续记录次干涉条纹变化 600 条对应的 d 值，用逐差法求 $\overline{\Delta d}$，计算激光的波长及其不确定度，正确表示测量结果。

移去小孔光阑，放上扩束镜，使光均匀照亮分光镜，这时在观察屏上就可以观察到干涉条纹，再调节 M_2 的两个微动拉簧螺丝，就可以观察到非定域干涉圆条纹。

改变动镜位置，观察条纹的变化，记录并分析观察结果。

转动微调手轮，使动镜位置缓慢变化，记录干涉圆环"涌入"或"涌出"100 条干涉圆环对应动镜的位置，用逐差法计算"涌入"或"涌出"100 条干涉圆环动镜位置的变化，求激光的波长及不确定度，正确表示测量结果（注意：消除空程差）。

③ 调出等倾干涉条纹，观察干涉条纹的特征，改变动镜位置，观察条纹的变化（选做内容）。

在观察到非定域干涉圆条纹的基础上，扩束镜和分光镜之间置一毛玻璃屏，使入射光成为扩展光源入射到迈克尔逊干涉仪上，用聚焦到无穷远的眼睛代替观察屏，即可看到圆条纹。进一步调节 M_2 的微动拉簧螺丝，使眼睛上下左右移动时，干涉圆环没有"涌入"或"涌出"现象，而仅仅是圆心随眼睛的移动而移动，这时我们看到的就是等倾干涉条纹。

改变动镜的位置，观察条纹的变化规律，记录并分析观察结果。

④ 用钠光作光源，调出等厚干涉条纹，观察条纹的特征，改变动镜位置，观察条纹视见度的变化，并连续记录 6 次视见度为零时的 d 值，用逐差法求 $\overline{\Delta d}$，计算钠光双线波长差。

改变动镜的位置，在干涉条纹变粗变疏时，用钠光灯作光源直接照射在分光镜上，调节 M_2 微动拉簧螺丝使 M_1、M_2' 之间有一很小夹角，即可在观察屏上观察到等厚干涉条纹。改变动镜的位置，观察条纹的变化，记录并分析观察结果。

调节粗调手轮和微调手轮，改变动镜的位置，观察条纹视见度的变化，记录条纹视见度为零时动镜的位置 d，用逐差法计算相邻两次视见度为零时动镜位置的变化，求钠光双线波长差。

⑤ 用白光作光源，观察白光干涉条纹。改变动镜位置，在钠光等厚干涉条纹变成直线时，用白炽灯直接照射在分光镜上，非常地缓慢移动 M_1，即可观测到白光彩色条纹。注意：由于白光干涉条纹数很少，所以必须耐心、细致地调节才能观测到，如果 M_1 移动得太快，干涉条纹会一晃而过不易找到。

五、数据记录及处理

测激光波长的记录表格如表 3.3 所示。

表 3.3	测激光波长的记录表格				N= 600 条	
涌出或涌入条纹数（i）	100	200	300	400	500	600
d_i(mm)						
Δd (mm)	$d_{400}-d_{100}=$		$d_{500}-d_{200}=$		$d_{600}-d_{300}=$	
$\overline{\Delta d}$ (mm)	$\dfrac{1}{9}[(d_{400}-d_{100})+(d_{500}-d_{200})+(d_{600}-d_{300})]=$					

测钠光双线波长差的记录表格如表 3.4 所示。

表 3.4	测钠光双线波长差的记录表格				$\overline{\lambda}_{钠光}$ = 589.3nm	
次数 i	1	2	3	4	5	6
d_i(mm)						
Δd (mm)	$d_4-d_1=$		$d_5-d_2=$		$d_6-d_3=$	
$\overline{\Delta d}$ /(mm)	$\dfrac{1}{9}[(d_4-d_1)+(d_5-d_2)+(d_6-d_3)]=$					

六、注意事项

① 干涉仪中的全反射镜、分光镜、补偿板均为精密光学元件，调节过程中严禁手摸所有光学表面，同时调反射镜时螺钉及拉簧螺丝松紧要适度。

② 测量时注意消除空程差。

③ 不要用眼直视未扩束的激光。

七、思考题

① 迈克尔逊干涉仪观察到的圆条纹与牛顿环产生的圆条纹有什么不同？

② 什么情况下可以观测到非定域干涉中的椭圆、双曲线、直线条纹？

【小知识】

迈克尔逊的第一个重要贡献是发明了迈克尔逊干涉仪，并用它完成了著名的迈克尔逊-莫雷实验。按照经典物理学理论，光乃至一切电磁波必须借助静止的以太来传播。地球的公转产生相对于以太的运动，因而在地球上两个垂直的方向上，光通过同一距离的时间应当不同，这一差异在迈克尔逊干涉仪上应产生 0.04 个干涉条纹移动。1881 年，迈克尔逊在实验中未观察到这种条纹移动。1887 年，迈克尔逊和著名化学家莫雷合作，改进了实验装置，但仍未发现条纹有任何移动。这次实验的结果暴露了以太理论的缺陷，动摇了经典物理学的基础，为狭义相对论的建立铺平了道路。

迈克尔逊是第一个倡导用光波的波长作为长度基准的科学家。1892 年迈克尔逊利用特制的干涉仪，以法国的米原器为标准，在温度 15℃、压力 760mmHg 的条件下，测定了镉红线波长是 6 438.4696 Å，于是 1m 等于 1 553 164 倍镉红线波长。这是人类首次获得了一种永远不变且毁坏不了的长度基准。

在光谱学方面，迈克尔逊发现了氢光谱的精细结构及水银和铊光谱的超精细结构，这一发现在现代原子理论中起了重大作用。迈克尔逊还运用自己发明的"可见度曲线法"对谱线形状与压力的关系、谱线展宽与分子自身运动的关系作了详细研究，其成果对现代分子物理学、原子光谱和激光光谱学等新兴学科都产生了重大影响。1898 年，他发明了一种阶梯光栅来研究塞曼效应，其分辨本领远远高于普通的衍射光栅。

实验 13　牛顿环实验

17 世纪初，物理学家牛顿在考察肥皂泡及其薄膜干涉现象时，把一个玻璃三棱镜压在一个曲率半径已知的透镜上，偶然发现了干涉圆环，并对此进行了实验观测和研究。他发现用一个曲率半径大的凸透镜和一个平面玻璃相接触，用白光照射时，其接触点出现明暗相间的同心圆圈，用单色光照射，则出现明暗相间的单色圆圈。这是由于光的干涉造成的，这种光学现象后被称为"牛顿环"。牛顿环是一种光的等厚干涉现象。牛顿环装置常用来检验光学元件表面的准确度。如果改变凸透镜和平板玻璃间的压力，能使其间空气薄膜的厚度发生微小变化，条纹就会移动，用此原理可以精密地测定压力或长度的微小变化。

一、实验目的

① 观察干涉现象，加深对光的波动性的认识。

② 掌握利用牛顿环测定平凸透镜的曲率半径及光波波长的方法。

③ 学习使用读数显微镜；熟悉读数显微镜的结构，掌握其使用方法。

④ 学会用逐差法来消除误差的一种数据处理方法。

二、实验仪器

读数显微镜、牛顿环、钠光灯。

图 3.14　牛顿环装置

三、实验原理

如图 3.15 所示，将一块曲率半径较大的平凸透镜的凸面放在一平面玻璃板上，就组成了一个牛顿环装置，在透镜的凸表面与平面玻璃板的上表面之间形成了一个厚度随直径变化的空气薄层，空气隙的等厚干涉条纹是一组明暗相间的同心圆环，该条纹最早被牛顿发现，所以称为牛顿环（Newton-ring）。在以接触点 O 为中心的任一圆周上，空气层的厚度都相等。这样，如果有以波长为 λ 的单色光垂直入射时，则空气薄层的上边缘面所反射的光和下边缘面所反射的光之间就有了光程差，因此发生干涉现象。光程差相等的地方就是以 O 点为中心的同心圆，因此干涉条纹也就是一组以 O 点为中心的同心圆。

设平凸透镜的曲率半径为 R，距接触点 O 半径为 r 的圆周上一点 D 处的空气层厚度为 δ，对应于 D 点产生的干涉所形成的暗条纹的条件为

$$2\delta + \frac{\lambda}{2} = (2k+1)\frac{\lambda}{2}, \quad k=0,1,2\cdots \tag{3.3}$$

由图 3.15 的几何关系可看出

$$R^2 = r^2 + (R-\delta)^2 = r^2 + R^2 - 2R\delta + \delta^2 \tag{3.4}$$

由于 $R \gg \delta$，将式（3.4）中的 δ^2 略去，故

$$\delta = \frac{r^2}{2R} \tag{3.5}$$

将 δ 值代入式（3.3），化简得

$$r^2 = k\lambda R \tag{3.6}$$

由式（3.6）可知，如果已知单色光的波长 λ，又能测出各暗条纹的半径 r，就可算出曲率半径 R。反之，如果知道 R，测出 r，亦可算出单色光的波长 λ。

在实际测量时，由于牛顿环的级数 k 和中心不易确定，可将式（3.6）变为如下形式，即

$$R = \frac{D_{k+m}^2 - D_k^2}{4m\lambda} \tag{3.7}$$

式中，D_{k+m} 和 D_k 分别为 $k+m$ 级和 k 级暗环的直径（见图 3.16），从式（3.7）可知，只要求出所测各环的环数差 m，而无须确定各环的级数，不必确定圆环的中心，避免了实验中圆心不易确定的困难。

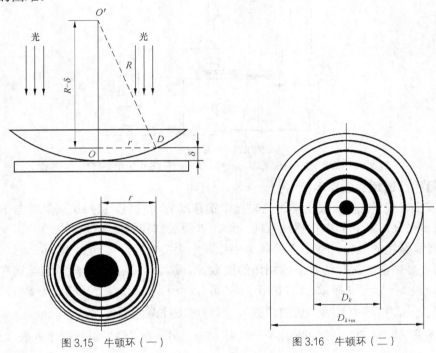

图 3.15　牛顿环（一）　　　　　图 3.16　牛顿环（二）

四、实验内容及要求

1. 调整实验装置

① 调节牛顿环仪上的 3 个螺钉，用眼睛直接观察，使干涉条纹成圆形并处在牛顿环仪的中心。注意平凸透镜和玻璃板不能挤压过紧，以免损坏牛顿环仪。

② 开启钠光灯源（电源需预热 5min），黄光稳定，将牛顿环仪置于显微镜筒下方（见图 3.17），调节显微镜座架的高度，使套在显微镜镜头上 45° 的反射镜 M 与钠光灯等高。

③ 调节目镜 1，使十字叉丝清晰，无视差。调节反射镜 M，使显微镜下视场黄光均匀。

④ 调节调焦旋钮 3 对牛顿环聚焦，使干涉条纹清晰。调节时，显微镜筒应自下而上缓慢移动，直到在目镜中看清干涉条纹为止（不要自上而下调，以免损坏仪器），并适当移动牛顿环仪，使牛顿环圆心处在视场中央。

⑤ 显微镜的叉丝应调节成其中一根与载物台的移动方向严格垂直，测量时应使这根叉丝与干涉环纹相切时来读数。

2. 观察干涉条纹的分布特征

观察牛顿环条纹的粗细和形状，间距是否相等，并从理论上做出解释，观察牛顿环中心是亮斑还是暗斑。

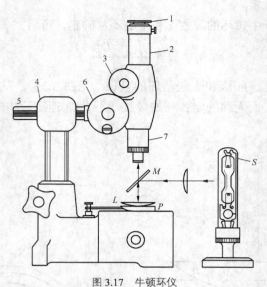

图 3.17　牛顿环仪

1—目镜　2—镜筒　3—调焦手轮　4—柱　5—横杆　6—测微刻度轮　7—物镜

3. 测量平凸透镜的曲率半径

① 调节目镜镜筒，使一根十字叉丝与显微镜移动方向垂直，保持这条叉丝与干涉条纹相切，另一根水平叉丝则和显微镜移动方向一致，以便观察和测量条纹的直径。

② 旋转显微镜的鼓轮，使十字叉丝由牛顿环中央缓慢向左移动到 36 环，然后单方向向右移动，测出显微镜的叉丝与各条纹相切的读数 $d_{35},d_{34},\cdots,d_{17},d_{16}$。然后继续向右移动，经过环的中心，到另一边继续向右测出 $d_{16}',d_{17}',\cdots\cdots,d_{34}',d_{35}'$，则第 n 级条纹的直径 $D_n=\left|d_n-d'_n\right|$（$d_n'$ 指环中心另一边的读数），测量时应注意回程差。

③ 用逐差法，将 D_k 值分为两组，一组为 $k+m$，另一组为 k，将数据填入表 3.5 中。

五、数据记录及处理

$$\lambda = 589.3\text{nm}$$

表 3.5　　　　　　　　　　　　　　　　数据记录表

环级 $k+m$		35	34	33	32	31	30	29	28	27	26
环的位置（mm）	左										
	右										
直径 D_{k+m}(mm)											
直径平方 D_{k+m}^2 (mm)											
环级 k		25	24	23	22	21	20	19	18	17	16
环的位置（mm）	左										
	右										
直径 D_k(mm)											
直径平方 D_k^2 (mm)											
$D_{k+m}^2-D_k^2$ （mm²）											
$\Delta(D_{k+m}^2-D_k^2)$ （mm²）											

$$\overline{D_{k+m}^2 - D_k^2} = \qquad (\text{mm}^2)$$

$$\overline{\Delta(D_{k+m}^2 - D_k^2)} = \qquad (\text{mm}^2)$$

$$\overline{R} = \overline{\frac{D_{k+m}^2 - D_k^2}{4m\lambda}} = \qquad (\text{mm})$$

$$\overline{\Delta R} = \overline{\frac{\Delta(D_{k+m}^2 - D_k^2)}{4m\lambda}} = \qquad (\text{mm})$$

实验结果为

$$R = \overline{R} \pm \overline{\Delta R} = \qquad \pm \qquad (\text{mm})$$

六、注意事项

① 使用读数显微镜进行测量时，手轮必须向一个方向旋转，中途不可倒退。

② 读数显微镜镜筒必须自下而上移动，切莫让镜筒与牛顿环装置碰撞。

③ 光学仪器光学面在实验时不要用手去摸或与其他东西相接触，因为这样极易磨损精致的光学表面，这点在实验中千万小心，若有不洁需用专门的擦镜纸擦拭。

七、思考题

① 什么是光的干涉？产生光的干涉现象的条件是什么？

② 观察牛顿环为什么选用钠光灯作光源？若用白光照射将如何？

③ 本实验在处理数据时，为什么要用逐差法？用算术平均法行吗？为什么？

④ 使用读数显微镜进行测量时，手轮为什么必须向一个方向旋转，中途不可倒退？

⑤ 使用读数显微镜进行测量时，为什么读数显微镜镜筒必须自下而上移动？

【小知识】

在日常生活中光的干涉现象我们常常可以见到。比如，当太阳光照射在肥皂泡或水面上的油膜时，它们的表面便呈现出美丽的彩色条纹，这是由于自然光在薄膜上产生干涉现象引起的。

牛顿环现象又称"牛顿圈"在光学上，牛顿环（见图 3.18）是一个薄膜干涉现象。光的一种干涉图样是一些明暗相间的同心圆环，例如，用一个曲率半径很大的凸透镜的凸面和一平面玻璃接触，在日光下或用白光照射时，可以看到接触点为一暗点，其周围为一些明暗相间的彩色圆环；而用单色光照射时，则表现为一些明暗相间的单色圆圈。这些圆圈的距离不等，随离中心点的距离的增加而逐渐变窄。它们是由球面上和平面上反射的光线相互干涉而形成的干涉条纹。

在加工光学元件时，广泛采用牛顿环的原理来检查平面或曲面的面型准确度。在牛顿环的示意图（见图 3.19）上，B 为底下的平面玻璃，A 为平凸透镜，其与平面玻璃的接触点为 O，在 O 点的四周则是平面玻璃与凸透镜所夹的空气气隙。当平行单色光垂直入射于凸透镜的平表面时，在空气气隙的上、下两表面所引起的反射光线形成相干光。光线在气隙上、下表面反射（一是在光疏媒质面上反射，一是在光密媒质面上反射），用样板检查光学零件表面时所出现的同心或平行的等厚干涉条纹就是牛顿环。

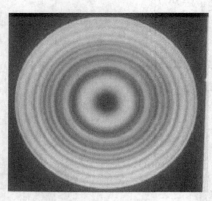

图 3.18　牛顿环

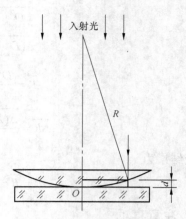

图 3.19　牛顿环示意

　　牛顿环是一种光的干涉图样，是牛顿在 1675 年首先观察到的，将一块曲率半径较大的平凸透镜放在一块玻璃平板上，用单色光照射透镜与玻璃板，就可以观察到一些明暗相间的同心圆环。圆环分布是中间疏、边缘密，圆心为接触点 O。从反射光看到的牛顿环中心是暗的，从透射光看到的牛顿环中心是明的。若用白光入射，将观察到彩色圆环。牛顿环是典型的等厚薄膜干涉。凸透镜的凸球面和玻璃平板之间形成一个厚度均匀变化的圆尖劈形空气薄膜，当平行光垂直射向平凸透镜时，从尖劈形空气膜上、下表面反射的两束光相互叠加而产生干涉，同一半径的圆环处空气膜厚度相同，上、下表面反射光程差相同，因此使干涉图样呈圆环状。这种由同一厚度薄膜产生同一干涉条纹的干涉称为等厚干涉。

　　牛顿在光学中的一项重要发现就是"牛顿环"。这是他在进一步考察胡克研究的肥皂泡薄膜的色彩问题时提出来的。

　　牛顿环实验是这样的：取来两块玻璃体，一块是 14 英尺（1 英尺＝0.3048m）望远镜用的平凸镜，另一块是 50 英尺左右望远镜用的大型双凸透镜。在双凸透镜上放上平凸镜，使其平面向下，当把玻璃体互相压紧时，就会在围绕着接触点的周围出现各种颜色，形成色环。于是这些颜色又在圆环中心相继消失。在压紧玻璃体时，在别的颜色中心最后现出的颜色，初次出现时看起来像是一个从周边到中心几乎均匀的色环，再压紧玻璃体时，这色环会逐渐变宽，直到新的颜色在其中心现出。如此继续下去，第三、第四、第五种以及跟着的别种颜色不断在中心现出，并成为包在最内层颜色外面的一组色环，最后一种颜色是黑点。反之，如果抬起上面的玻璃体，使其离开下面的透镜，色环的直径就会偏小，其周边宽度则增大，直到其颜色陆续到达中心，后来它们的宽度变得相当大，就比以前更容易认出和识别它们的颜色了。牛顿测量了 6 个环的半径（在其最亮的部分测量），发现这样一个规律：亮环半径的平方值是一个由奇数构成的算术级数，即 1、3、5、7、9、11，而暗环半径的平方值是由偶数构成的算术级数，即 2、4、6、8、10、12。

　　在例凸透镜与平板玻璃在接触点附近的横断面，水平轴画出了用整数平方根标的距离：$\sqrt{1}=1$，$\sqrt{2}=1.41$，$\sqrt{3}=1.73$，$\sqrt{4}=2$，$\sqrt{5}=2.24$ 等。在这些距离处，牛顿观察到交替出现的光的极大值和极小值。从图中看到，两玻璃之间的垂直距离是按简单的算术级数 1、2、3、4、5、6……增大的。这样，知道了凸透镜的半径后，就很容易算出暗环和亮环处的空气层厚度，牛顿当时测量的情况是这样的：用垂直入射的光线得到的第一个暗环的最暗部分的空气层厚度为 1/189 000 英寸（1 英寸＝2.54cm），将这个厚度的一半乘以级数 1、3、5、7、9、11，就可以给出所有亮环的最亮部分的空气层厚度，即为 1/17 8000, 3/178 000, 5/178 000, 7/178 000……它们的算术平均值 2/178 000, 4/178 000, 6/178 000 等则是暗环最暗部分的空气层厚度。牛顿还用水代替空气，从而观察到色环的半径将减小。他不仅观察了白光的干涉条纹，而且还观察了单色光所呈现的明暗相间的干涉条纹（见图 3.20）。

　　牛顿环仪是由曲率半径为 R 的待测平凸透镜 L 和玻璃平板 P 叠装在金属框架 F 中构成，如图 3.21 所示。框架边上有 3 个螺钉 H，用来调节 L 和 P 之间的接触，以改变干涉条纹的形状和位置。调节时，螺钉不可旋得过紧，以免接触压力过大而引起玻璃透镜迸裂、破损。

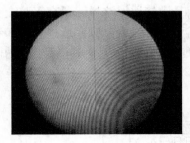

图 3.20　牛顿环现象

图 3.21　牛顿环仪

　　牛顿虽然发现了牛顿环，并做了精确的定量测定，可以说已经走到了光的波动说的边缘，但由于过分偏爱他的微粒说，始终无法正确解释这个现象。事实上，这个实验倒可以成为光的波动说的有力证据之一。直到 19 世纪初，英国科学家托马斯·杨才用光的波动说完满地解释了牛顿环实验。

　　应用：判断透镜表面凸凹、精确检验光学元件表面质量、测量透镜表面曲率半径和液体折射率。

实验 14　弦音实验

　　驻波是频率和振幅均相同、振动方向一致、传播方向相反的两列波叠加后形成的波。波在介质中传播时其波形不断向前推进，故称行波；上述两列波叠加后波形并不向前推进，由于节点静止不动，所以波形没有传播。能量以动能和位能的形式交换存储，亦传播不出去。

　　测量两相邻波节间的距离就可测定波长。各种乐器，包括弦乐器、管乐器和打击乐器，都是由于产生驻波而发声。为得到最强的驻波，弦或管内空气柱的长度必须等于半波长的整数倍。

　　驻波多发生在海岸陡壁或直立式水工建筑物前面。紧靠陡壁附近的水面随时间虽作周期性升降，海水呈往复流动，但并不向前传播，水面基本上是水平的，这就是由于受岸壁的限制使入射波与反射波相互干扰而形成的。波面随时间作周期性的升降，每隔半个波长就有一个波面升降幅度为最大的断面，称为波腹；当波面升降的幅度为零时的断面称为波节。相邻两波节间的水平距离仍为半个波长，因此驻波的波面包含一系列的波腹和波节，腹节相间，波腹处的波面的高低虽有周期性变化，但此断面的水平位置是固定的，波节的位置也是固定的。这与进行波的波峰、波谷沿水平方向移动的现象正好相反，驻波的形状不传播，故名驻波。当波面处于最高和最低位置时，质点的水平速度为零，波面的升降速度也为零；当波面处于水平位置时，流速的绝对值最大，波面的升降也最快，这是驻波运动独有的特性。

一、实验目的

　　了解弦振动的传播规律，观察弦振动形成驻波时的波形，测量弦线上横波的传播速度及弦线的线密度和张力间的关系。

二、实验仪器

ZCXS-A 型弦音实验仪。

三、实验装置

实验装置如图 3.22 所示。吉他上有 4 支钢质弦线，中间两支是用来测定弦线张力，旁边两支用来测定弦线密度。在实验时，弦线 3 与音频信号源接通。这样，通有正弦交变电流的弦线在磁场中就受到周期性的安培力的激励。根据需要，可以调节频率选择开关和频率微调旋钮，从显示器上读出频率。移动劈尖的位置，可以改变弦线长度，并可适当移动磁钢的位置，使弦振动调整到最佳状态。

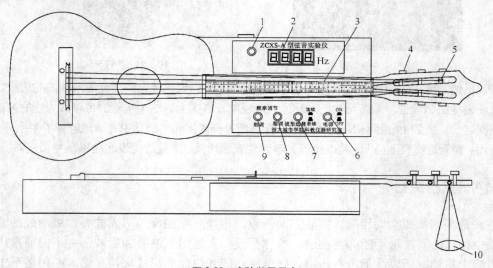

图 3.22 实验装置示意
1—接线柱插孔 2—频率显示 3—钢质弦线 4—张力调节旋钮 5—弦线导轮 6—电源开关
7—波形选择开关 8—频段选择开关 9—频率微调旋钮 10—砝码盘

根据实验要求：挂有砝码的弦线可用来间接测定弦线线密度或横波在弦线上的传播速度；利用安装在张力调节旋钮上的弦线，可间接测定弦线的张力。

四、实验原理

如图 3.22 所示，在实验时，将钢质弦线 3（钢丝）绕过弦线导轮 5 与砝码盘 10 连接，并通过张力调节旋钮 4 接通正弦信号源。在磁场中，通有电流的金属弦线会受到磁场力（称为安培力）的作用，若弦线上接通正弦交变电流时，则它在磁场中所受的与磁场方向和电流方向均为垂直的安培力，也随之发生正弦变化，移动劈尖改变弦长，当弦长是半波长的整倍数时，弦线上便会形成驻波。移动磁钢的位置，将弦线振动调整到最佳状态，使弦线形成明显的驻波。此时我们认为磁钢所在处对应的弦为振源，振动向两边传播，在劈尖与吉他骑码两处反射后又沿各自相反的方向传播，最终形成稳定的驻波。

考察与张力调节旋钮相连时的钢质弦线 3 时，可调节张力调节旋钮改变张力，使驻波的长度产生变化。

为了便于研究问题，当弦线上最终形成稳定的驻波时，我们可以认为波动是从骑码端发出的，沿弦线朝劈尖端方向传播，称为入射波，再由劈尖端反射沿弦线朝骑码端传播，称为反射波。入射波与反射波在同一条弦线上沿相反方向传播时将相互干涉，移动劈尖到适合位置，弦线上就会形成驻波。这时，弦线上的波被分成几段形成波节和波腹，如图 3.23 所示。

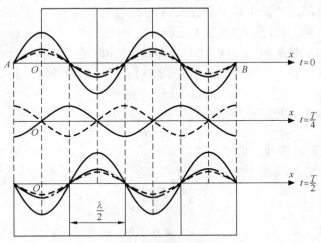

图 3.23　波形示意

设图 3.23 中的两列波是沿 X 轴相向方向传播的振幅相等、频率相同、振动方向一致的简谐波。向右传播的用细实线表示，向左传播的用细虚线表示，当传至弦线上相应点时，位相差为恒定时，它们就合成驻波用粗实线表示。由图 3.23 可见，两个波腹或波节间的距离都是等于半个波长，这可从波动方程推导出来。

下面用简谐波表达式对驻波进行定量描述。设沿 X 轴正方向传播的波为入射波，沿 X 轴负方向传播的波为反射波，取它们振动相位始终相同的点作为坐标原点"O"，且在 $X=0$ 处，振动质点向上达最大位移时开始计时，则它们的波动方程分别为

$$Y_1 = A\cos 2\pi (ft - X/\lambda)$$
$$Y_2 = A\cos 2\pi (ft + X/\lambda)$$

式中，A 为简谐波的振幅，f 为频率，λ 为波长，X 为弦线上质点的坐标位置。两波叠加后的合成波为驻波，其方程为

$$Y_1 + Y_2 = 2A\cos 2\pi (X/\lambda)\cos 2\pi ft \tag{3.8}$$

由此可见，入射波与反射波合成后，弦上各点都在以同一频率作简谐振动，它们的振幅为 $|2A\cos 2\pi(X/\lambda)|$，只与质点的位置 X 有关，与时间无关。

由于波节处振幅为零，即

$$|\cos 2\pi(X/\lambda)| = 0$$
$$2\pi X/\lambda = (2k+1)\pi/2 \, (k=0, 1, 2, 3, \cdots)$$

可得波节的位置为

$$X = (2K+1)\lambda/4 \tag{3.9}$$

而相邻两波节之间的距离为

$$X_{K+1} - X_K = [2(K+1)+1]\,\lambda/4 - (2K+1)\lambda/4 = \lambda/2 \tag{3.10}$$

又因为波腹处的质点振幅为最大，即

$$|\cos 2\pi(X/\lambda)|=1$$
$$2\pi X/\lambda=K\pi\ (K=0, 1, 2, 3, \cdots)$$

可得波腹的位置为

$$X=K\lambda/2=2K\lambda/4 \tag{3.11}$$

这样相邻的波腹间的距离也是半个波长。因此，在驻波实验中，只要测得相邻两波节（或相邻两波腹）间的距离，就能确定该波的波长。

在本实验中，由于弦的两端是固定的，故两端点为波节，所以，只有当均匀弦线的两个固定端之间的距离（弦长）等于半波长的整数倍时，才能形成驻波，其数学表达式为

$$L=n\lambda/2(n=1, 2, 3, \cdots)$$

由此可得沿弦线传播的横波波长为

$$\lambda=2L/n \tag{3.12}$$

式中，n 为弦线上驻波的段数，即半波数。

根据波动理论，弦线横波的传播速度为

$$V=(T/\rho)^{1/2} \tag{3.13}$$

即

$$T=\rho V^2$$

式中，T 为弦线中张力，ρ 为弦线单位长度的质量，即线密度。

根据波速、频率及波长的普遍关系式 $V=f\lambda$，将式（3.12）代入可得

$$V=2Lf/n \tag{3.14}$$

再由式（3.13）与式（3.14）可得

$$\rho=T(n/2Lf)^2(n=1, 2, 3, \cdots)$$

即

$$T=\rho(2Lf/n)^2(n=1, 2, 3, \cdots) \tag{3.15}$$

由式（3.15）可知，当给定 T、ρ、L，频率 f 只有满足该式关系才能在弦线上形成驻波。

五、实验内容及要求

① 频率 $f(f=300\text{Hz})$ 一定，改变张力，调节出驻波，测量弦线长 L，计算得弦线线密度 ρ。其中，砝码钩质量为 0.0035kg，重力加速度 $g=9.8\ \text{m/s}^2$。

选取频率 $f=300\text{Hz}$，张力 T 由挂在弦线一端的砝码及砝码钩产生，分别挂 150g、200g 和 250g 砝码。在各张力的作用下调节弦长 L，使弦线上出现 $n=2$、$n=3$ 个稳定且明显的驻波段。记录相应的 f、n、L 的值，由公式 $\rho=T(n/2Lf)^2$ 计算弦线的线密度 ρ。计算弦线上横波传播速度 $V=2Lf/n$。

② 张力 T 一定，测量弦线的线密度 ρ 和弦线上横波传播速度 V。

在张力 T 一定的条件下，改变频率 f 分别为 200Hz、220 Hz、240Hz、260 Hz、280 Hz，移动劈尖，调节弦长 L，仍使弦线上出现 $n=2$、$n=3$ 个稳定且明显的驻波段。记录相应的 f、n、L 的值，由式（3.14）可间接测量出弦线上横波的传播速度 V。

六、数据记录及处理

频率 f 一定，测弦线的线密度 ρ 和弦线上横波传播速度 V，$m=0.0035\text{kg}$，记录于表 3.6 中。

表 3.6   表格（一）

项　　目	\multicolumn{6}{c}{f=300 Hz}
T（9.8N）	\multicolumn{2}{c}{0.150+m}	\multicolumn{2}{c}{0.200+m}	\multicolumn{2}{c}{0.250+m}
驻波段数 n	2(3)	3(4)	2(3)	3(4)	2(3)	3(4)
弦线长 L（10^{-2}m）						
线密度 $\rho = T\left(n/2Lf\right)^2$（kg/m）						
平均线密度 $\overline{\rho}$（kg/m）						
传播速度 $V = 2Lf/n$(m/s)						
平均传播速度 $\overline{V}$（m/s）						

张力 T 一定，测量弦线的线密度 ρ 和弦线上横波传播速度 V，记录于表 3.7 中。

表 3.7   表格（二）

项　　目	\multicolumn{10}{c}{T=(0.150+m)×9.8N}
频率 f(Hz)	\multicolumn{2}{c}{200}	\multicolumn{2}{c}{220}	\multicolumn{2}{c}{240}	\multicolumn{2}{c}{260}	\multicolumn{2}{c}{280}
驻波段数 n	2	3	2	3	2	3	2	3	2	3
弦线长 L（10^{-2}m）										
横波速度 $V=2Lf/n$(m/s)										
平均横波速度	\multicolumn{4}{l}{$\overline{V}=$ 　　　　(m/s)}	\multicolumn{6}{l}{$\overline{V}^2=$ 　　　　(m/s)^2}
线密度	\multicolumn{10}{l}{$\rho=\dfrac{T}{\overline{V}^2}=$ 　　　　(kg/m)}

七、注意事项

① 在张力调节旋钮 4 与弦线连接时，应避免与相邻弦线短路。

② 改变挂在弦线一端的砝码后，要使砝码稳定后再测量。

③ 磁钢不能处于波节下位置。要等波稳定后，再记录数据。

八、思考题

磁钢为什么不能处于波节下的位置？

实验 15　霍尔效应测磁场

当稳恒磁场垂直作用于载流导体（或半导体）一段时间后，在导体（或半导体）的另外两个端面上会产生电位差（称霍尔电压），这种现象称为霍尔效应。霍尔电压与电流强度、磁场强度、载流子的浓度及导体（或半导体）的几何尺寸有关。

一、实验目的

① 学会利用霍尔效应测量磁感应强度。

② 加深对霍尔效应的理解。

③ 掌握异号消除系统误差的方法。

二、实验仪器

霍尔元件测磁场装置、直流毫安表、直流安培表、UJ31 低电势电位差计、200Ω滑线变阻器、AC15 型直流复射式检流计、干电池、蓄电池、稳压电源、标准电池和导线若干。

三、实验原理

垂直于磁场运动的带电离子将受到洛伦兹力 $\vec{F}_\mathrm{m} = q\vec{v} \times \vec{B}$ 的作用，其中，q 为带电离子的电量，$\vec{v}$ 为带电离子的速度，$\vec{B}$ 为磁场的磁感应强度。

取一块形状为长方体、电子导电的半导体，如图 3.24 所示。在它的左右两端焊接上电极（标记为 3 和 4），通以自左向右的直流电流 $I = \dfrac{dq}{dt} = \dfrac{nqV}{dt} =$

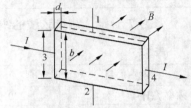

图 3.24 霍尔效应原理

$\dfrac{nqvbd \cdot dt}{dt} = nqvbd$ ，则半导体中的电子会产生定向移动。然后在它的前后两端通以稳恒磁场，由于洛伦兹力的作用，电子将向上偏转积聚在上表面，下表面由于少了电子而带正电，上下两面将很快形成一个稳定的电场，且电场力和洛伦兹力大小相等、方向相反，电子不再偏转，上下两面产生恒定的电势差（霍尔电压），连接上下电极 1 和 2，则可测量霍尔电压的大小。简单的数学计算如下。

由电场力和洛伦兹力大小相等、方向相反得到

$$\left.\begin{array}{l} e v B = eE = e\dfrac{U_H}{b} \Rightarrow U_H = v B b \\[2mm] v = \dfrac{I}{nebd} \end{array}\right\} \Rightarrow U_H = \dfrac{1}{en} \cdot \dfrac{IB}{d} = R_H \dfrac{IB}{d} = K_H I B \tag{3.16}$$

式中的 R_H 仅由霍尔材料的性质决定，称为霍尔系数。$K_H = \dfrac{1}{end}$ 称为霍尔元件的灵敏度。对于给定的霍尔元件，K_H 为常数，单位为 mV/mA · T（毫伏/毫安·特斯拉）。若已知 K_H，测得霍尔电压 U_H 和工作电流 I，则可由式（3.16）计算磁感应强度

$$B = \dfrac{U_H}{K_H I} \tag{3.17}$$

用霍尔元件测量磁场的主要误差有以下几个。

1．不等位电势差

不等位电势差（U_0）是指当霍尔电压输出电极 1 与 2 不在电流场的同一等位面上时所引起的电势差。该电势差的大小与工作电流成正比，方向随工作电流的方向而改变，与磁场有关。可以通过改变工作电流的方向使 U_0 反向，用异号法消除它的影响。

2．温度的影响

半导体的载流子浓度对温度很敏感。环境温度变化或工作电流的焦耳热都会引起 K_H 的变化。除此之外，元件中的温度梯度还会产生下述磁热效应。

① 厄迁豪森效应。半导体中各载流子的定向迁移速率实际上互不相同，高速载流子会聚在洛伦兹力指向的一侧，使该侧温度较高，从而在 1 和 2 两个电极间产生温差电动势 U_E。当 I 和 B 任意一个反向时，U_E 也随之反向。可用异号法消除其影响。

② 能斯特效应。当电极 3 和 4 与半导体的接触电阻不相等时，工作电流的焦耳热将会使它们产生温差，引起温差电动势和温差电流。在外磁场的作用下产生附加的霍尔电压 U_N。它的方向随 B 的变化而变化，与电流的方向无关。可用异号法消除其影响。

③ 里纪-勒杜克效应。与能斯特效应的温差电流相应的各个载流子附加定向迁移速率互不相同，也会产生厄迁豪森温差电动势 U_{NE}，它的方向仅随着 B 的改变而改变，与电流方向无关。

另外，外加磁场与霍尔元件不垂直时，霍尔电压仅与 B 的垂直分量有关。

四、实验内容及步骤

下面测量出电磁铁产生的匀强磁场的大小。

① 掌握 UJ31 型低电势电位差计的使用（参见补充知识）。

② 熟悉检流计的使用。

③ 熟悉霍尔效应测磁场装置的面板布置，如图 3.25 所示，自左向右依次是工作电流换向开关（接霍尔元件的电极 3 和 4）、霍尔电压换向开关（接霍尔元件的电极 1 和 2）、励磁电流换向开关（接电磁铁）。

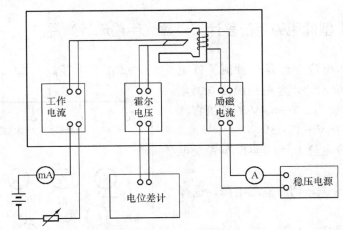

图 3.25 霍尔效应测磁场实验

④ 如图 3.25 所示连接好实验电路。

⑤ 工作电流调整为 10mA，励磁电流调整为 100mA。

⑥ 规定 3 个换向开关的近端为正侧，远端为负侧，记录表 3.8 所示的数据。

表 3.8　　　　　　　　　　　　　　　　记录数据

工 作 电 流	励 磁 电 流	电位差计测量值（mV）
I（正侧）	B（正侧）	U_1（正侧）$=U_H+U_0+U_E+U_N+U_{NE}=$_____
$-I$（负侧）	B（正侧）	U_2（负侧）$=-U_H-U_0-U_E+U_N+U_{NE}=$_____
$-I$（负侧）	$-B$（负侧）	U_3（正侧）$=U_H-U_0+U_E-U_N-U_{NE}=$_____
I（正侧）	$-B$（负侧）	U_4（负侧）$=-U_H+U_0-U_E-U_N-U_{NE}=$_____
霍尔元件灵敏度 $K_H=$_____		$U_H=\dfrac{1}{4}(U_1-U_2+U_3-U_4)=$_____

注：正、负侧指换向开关的闭合方向。

五、数据记录及处理

把工作电流 I、霍尔元件灵敏度 K_H 及霍尔电压 U_H 带入 $B = \dfrac{U_H}{K_B I}$ 计算磁感应强度的大小。

六、注意事项

① 注意 3 组电源及标准电池的极性，不可接错。
② 调整工作电流时先把滑线变阻器置于阻值最大处。
③ 每次测量完毕应及时断开换向开关。

七、思考题

① 本实验中为什么要用换向开关？
② UJ31 型低电势电位差计在本实验中的作用是什么？它与一般的电压测量仪器有何不同？
③ 你认为本实验中最困难的是哪一步？

补充知识　UJ31 型低电势电位差计（外置光电检流计）简介

UJ31 型低电势电位差计是一种测量低电动势的实验室型电位差计，精度等级为 0.05，工作电流为 10mA，使用 5.7～6.4V 的外接直流电源，测量范围为 1μV～171mV。

UJ31 型低电势电位差计的面板布置及电路图如图 3.26 所示。

K_0：限量转换开关。切断接通电源，选择量程。

K_2：测量转换开关。切断、接通检流计，选择接通校准回路或测量回路。

K_1：检流计接通按钮。分粗、细两个按钮（按顺时针旋转接通）。

粗：按下后，检流计与保护电阻串接入电路。

细：按下后，检流计单独接入电路。

调节顺序：先粗调，使 G 为零，再细调使 G 为零。

短路按钮：此按钮可使检流计两极短路，处于阻尼很大的状态。用做测量过程中的检流计制动或平时的保护措施。

R_n：工作电流制流电阻，分粗、中、细 3 组，有 3 个转盘分别调节各组电阻的大小。配合 5.7～6.4V 外接电源 E 可使工作电源精确地调至 10mA。

R_s：校准回路补偿电阻。由一个固定电阻和可调电阻组成，配合 10mA 工作电流，产生 1.0178～1.0190V 的补偿电压。应当选配电动势在此范围的标准电池。补偿电压值共分 12 挡，每挡步进电压为 0.0001V。

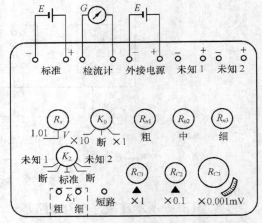

图 3.26　UJ31 型低电势电位差计面板图（检流计外置）

R_C：测量回路补偿电阻。总阻值保持不变。分为 3 盘调节所产生的补偿电压的大小。配合 10mA 的工作电流，当 K_0 置于×1 挡时，各盘的调节范围如下。

R_{C1}：0～16mV，每挡步进电压 1mV。

R_{C2}：0～1mV，每挡步进电压 0.1mV。

R_{C3}：0～0.105mV，用游标读数，可读至 0.0001mV。

读出各盘的分读数 C_1、C_2、C_3，则总的补偿电压为 $U_C=(C_1×1+C_2×0.1+C_3+×0.001)$mA，当 K_0 置于×10 挡时，将各盘电压扩大 10 倍。

操作要点如下。

1. 调整电位差计的工作电流至 10mA

① 如图 3.26 所示连接电路，K_0 置于×1 挡，K_2 置于标准挡。

② 调整 R_s 至标准电流在室温时的电动势数值 E_t。

$$E_t=E_{20℃}-[39.94(t-20)-0.929(t-20)^2-0.090(t-20)^3]×10^{-6}V$$

式中，t 为室温度，$E_{20℃}$ 为室温 20℃ 时标准电池的电动势。

③ 按下 K_1 的粗调按钮，调节 R_n（先粗后细）使检流计 G 指向零。

④ 断开 K_1 的粗调按钮，按下 K_1 的细调按钮，调节 R_n 使检流计 G 指向零。

⑤ 断开 K_1 的细调按钮，工作电流调整完毕。

2. 测量电压

① 待测电压接于未知 1（或未知 2）。

② K_1 置于未知 1（或未知 2）。

③ 按下 K_1 的粗调按钮，调节 R_C 使检流计 G 指向零。

④ 断开 K_1 的粗调按钮，按下 K_1 的细调按钮，调节 R_C 使检流计 G 指向零。

⑤ R_C 的示数即为待测电压。

【小知识】

图 3.27 爱德温·霍尔（1855～1938 年）

爱德温·霍尔（见图 3.27）1855 年出生于美国的缅因州，毕业于约翰·霍普金斯大学。在那个年代，金属中导电的机理还不清楚。麦克斯韦在《电磁学》一书中写道："我们必须记住，推动载流导体切割磁力线的力不是作用在电流上……，在导线中，电流的本身完全不受磁铁接近或其他电流的影响。真是这样吗？"1879 年，24 岁的霍尔在撰写物理学博士论文期间对麦克斯韦的理论进行验证式实验时发现，位于磁场中的导体上出现了横向电势差，霍尔将他的这一发现写成一篇名为"论磁铁对电流的新作用"的论文，发表在《美国数学杂志》上。这种"新作用"就是后来的"霍尔效应"。

事实上，在霍尔发现这个现象之前，英国物理学家洛奇也曾有类似想法，但慑于麦克斯韦的权威，放弃了实验。麦克斯韦经典电磁学理论被霍尔打破之后，新的发现不断涌现。此后的 100 多年里，反常霍尔效应、整数霍尔效应、分数霍尔效应、自旋霍尔效应和轨道霍尔效应等相继被发现，构成了一个庞大的霍尔效应家族，其中整数霍尔效应和分数霍尔效应的发现者分别在 1985 年和 1998 年获得诺贝尔奖。英国著名物理学家开尔文在谈到霍尔效应时说，霍尔效应即使与法拉第的电磁学相比也毫不逊色。

实验 16　液体黏滞系数的测定

黏滞系数是液体的重要性质之一，它反映液体流动行为的特征，黏滞系数与液体的性质、温度和流速有关，准确测量这个量在工程技术方面有着广泛的实用价值，如润滑机械，在管道中传输石油、油质涂料、医疗和药物等方面，都需测定黏滞系数。

测量液体黏滞系数方法有多种，落球法（又称 Stokes 法）是最基本的一种，它可用于测量黏度较大的透明或半透明液体，如蓖麻油、变压器油、甘油等。

一、实验目的

① 学习用落球法测定液体黏滞系数的原理和方法。
② 加深对黏滞现象的认识。
③ 了解斯托克斯分式的修正。

二、实验原理

一切实际液体，当其相邻两层各以不同的定向速度运动时，由于流体分子之间的相互作用，就会产生平行于接触面的切向力，运动快的流层给运动慢的流层以加速度力 f'，运动慢的流层则对运动快的流层施以阻滞力 f，这一对力称为内摩擦力或黏滞力。不同的液体具有不同的黏度，同种液体在不同温度下其黏度变化也很大，如蓖麻油，当温度从 18℃ 上升至 40℃，黏度几乎降到原来的 1/4。压强不太大（如几百个大气压）时，对液体的黏滞系数影响极小，可忽略不计。实验证明，内摩擦力与两个流层的接触面积 ΔS 和两个流层之间的梯度 $\mathrm{d}\upsilon/\mathrm{d}y$ 成正比，即

$$f = \eta \cdot \frac{\mathrm{d}\upsilon}{\mathrm{d}y} \Delta S \tag{3.18}$$

研究和测定液体的黏度，不仅在研究物质的属性方面，而且在医学、化学、机械工业、水利工程、材料科学及国防建设中都有重要的意义。测定液体的黏度的方法较多，对于机油、甘油等透明或半透明的液体的黏度常用落球法测定。对于黏度为 $0.1\sim100\mathrm{Pa\cdot s}$（$\mathrm{N\cdot s/m^2}$ 的简写）的液体可用转筒法测定。本实验用落球法测定液体的黏滞系数。

小球在液体中运动时，随着在它上面的液体与周围液层间将产生内摩擦力，小球受到的内摩擦阻力取决于液体的黏滞系数、小球直径和运动速度。在液体无限广延、黏滞系数较大、小球半径较小、运动速度较大和液体内无涡旋的情况下，液体对小球的摩擦阻力遵从斯托克斯公式，即

$$f = 6\pi\eta r\upsilon \tag{3.19}$$

式中，r 和 υ 分别为小球的半径和运动速度。

在液体中自由下落的小球，除了摩擦阻力外，同时受重力 P 和浮力 F 的作用。当下落速度增大到某一定值 υ_0 时，小球受力平衡，即

$$P = F + f$$

$$mg = \rho_0 Vg + 6\pi\eta r\upsilon$$

式中，ρ_0 为液体的密度，V 为小球的体积，m 为小球的质量。设小球的密度为 ρ，把 $m=\rho V$ 和 $V=\pi d^3/6$（d 为小球的直径）代入上式，解出 η 为

$$\eta = (\rho - \rho_0)g \frac{\pi d^3}{36 \pi r \upsilon_0} = \frac{(\rho - \rho_0)gd^2}{18\upsilon_0} \qquad (3.20)$$

测出ρ_0、ρ、d 和υ_0，便可计算出η。

实际上，液体总在受到容器、管道的限制，不可能无限广延。器壁直接影响液体的流速梯度使小球受到的实际摩擦阻力增大，受力平衡时的运动速度υ_0减小，它们之间的关系并不满足式（3.19），用式（3.19）作黏滞系数测量公式将会有较大的理论误差。实验证明，对于直径$D \gg d$ 的圆筒状容器，液体相同时，小球自由下落受力平衡时的运动速度的倒数$1/\upsilon_0$随d/D 的值线性变化，据此可对式（3.20）作如下修正。

$$\eta = \frac{(\rho - \rho_0)dg^2}{18\upsilon_0(1 + 4.8d/D)} \qquad (3.21)$$

也可以测出（$1/\upsilon_0$）-（d/D）曲线，用外推法求出 $D \to \infty$ 时的υ_0值，代入式（3.20）计算η。把一组直径不同的圆筒安装在同一个水平底座上，每个圆筒上刻上、下两条水平线，使各筒的上线位于同一水平面上，且与下线的距离都相等。上线与液面的距离保证小球降落到上线之前已达到匀速运动状态。测量小球在各管中通过上、下线的距离S 所需的时间t_i。作t-（d/D）图线，将其延长与 t 轴相交。交点t_0就是当$D \to \infty$ 时，即在无限广延的液体中，小球匀速通过距离S 所需的时间。所以，满足式（3.19）、式（3.20）的υ_0为

$$\upsilon_0 = S/t_0$$

这种方法称为多管法，本实验采用该方法测量液体的黏滞系数。

三、实验仪器

多管黏滞系数仪、螺旋测微计、秒表、米尺、比重计、小钢球、待测液体、镊子、磁铁。

多管黏滞系数仪：由直径不同的 5 个有机玻璃管（直径已知）顺序排列在底座上组成，如图 3.28 所示。底座下设三个水平调节螺丝。各管上、下刻线相距 12.00cm。

比重计：是根据阿基米德原理测量密度的仪器。如图 3.29 所示，两端封闭的玻璃管内装铅丸。外表面沿轴向刻有分度尺，并按密度标度。当它在被测液体中稳定悬浮时，液面处的示值即为该液体的密度测量值。使用时应注意以下几点。

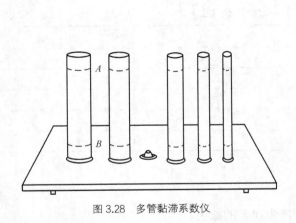

图 3.28　多管黏滞系数仪

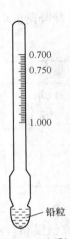

图 3.29　比重计

① 根据实验要求和被测液体密度的粗略估值，选取精度和测量范围适合的比重计。

② 测量前应把比重计清洗干净。

③ 用两手捏住比重计上端，把它缓缓放入待测液体。当比重计即将达到自由悬浮位置时再松开手指，以避免比重计冲至容器底部碰破。同时也可避免本应露出液面的部分沾上被测液体，造成附加的测量误差。

四、实验内容及步骤

① 调节黏滞系数仪水平螺丝，使底座平面水平，各管轴线铅直。

② 用镊子夹起小钢球，在第一个管子轴线上靠近液面处由静止释放，使小球在液体中自由落下。在小球经过上线的时刻启动秒表开始计时，测量到达下线的时间 t_1。

③ 用磁铁将小球沿管壁移出管外。再用它依次测出其余各管的相应时间 t_2、t_3、t_4 和 t_5，分别记录 t_i。

④ 用螺旋测微计测量小球直径 d。在不同的方向共测 5 次，记录 d_i 并计算平均值。

⑤ 用比重计测量被测液体的密度 ρ_0。用温度计测量被测液体的温度 T。小球密度 ρ 由常数表查出，或选取 10 个直径相同的小球，测其总质量 M，计算 $m = M/10$ 和 ρ。

⑥ 在毫米方格纸上作 $t - d/D$ 图线，求出 $\upsilon_0 = S/t_0$。

⑦ 把 d 的平均值、ρ_0、ρ 和 υ_0 代入式（3.20）计算 η。

五、数据记录及处理

将数据记入表 3.9 与表 3.10 中。

$S=$_____ cm；　　　$\rho =$_____ g/cm³；　　　$\rho_0=$_____ g/cm³；

记录小球直径（mm）。

表 3.9　　　　　　　　　　　　　数据记录（一）

次数	1	2	3	4	5	d 的平均
d_i						

记录小球降落的时间 t_i 和筒径 d_{i}。

表 3.10　　　　　　　　　　　　　数据记录（二）

管　号	t_i	d_i
1		
2		
3		
4		
5		

要求：

① 计算结果和合成不确定度；

② 比较测量值和公认值并分析产生误差的原因。

六、注意事项

① 比重计的操作一定要严格按要求来。

② 小球放入第一个管中前，应先放在液体中浸润。

七、思考题

① 斯托克斯公式成立的条件是什么？

② 在特定液体中，当小球的半径减小时，它下降的速度如何变化？当小球密度增大时又将如何呢？

③ 能否在一个管中不间歇地多次测量下降时间？为什么？

【小知识】

有关液体中物体运动的问题，19 世纪物理学家斯托克斯（见图 3.30）建立了著名的流体力学方程组"斯托克斯组"，它较为系统地反映了流体在运动过程中质量、动量、能量之间的关系：一个在液体中运动的物体所受力的大小与物体的几何形状、速度及液体的内摩擦力有关。

当液体流动时，液体质点之间存在着相对运动，这时质点之间会产生内摩擦力反抗它们之间的相对运动，液体的这种性质称为黏滞性，这种质点之间的内摩擦力也称为黏滞力。黏滞系数是液体的重要性质之一，它反映液体流动行为的特征。黏滞系数与液体的性质、温度和流速有关，因此黏滞系数的测量在工程技术方面有着广泛的使用价值。如机械的润滑、石油在管道中的传输、油质涂料、医疗和药物等方面，都需测定黏滞系数。

测量液体黏滞系数方法有多种，如落球法、转筒法、毛细管法等，其中落球法是最基本的一种，它可用于测量黏度较大的透明或半透明液体，如蓖麻油、变压器油、甘油等。

图 3.30 斯托克斯（1819～1903 年）

斯托克斯定律：当半径为 r 的光滑圆球以速度 v 在均匀的无限宽广的液体中运动时，若速度大，球也很小，在液体中不产生涡流的情况下，球在液体中所受到的阻力为

$$F = 6\pi \eta r v$$

式中，η 为液体的黏滞系数。

斯托克斯定律成立的条件有以下 5 个方面。

① 媒质的不均一性与球体的大小相比是很小的。

② 球体仿佛是在一望无涯的媒质中下降。

③ 球体是光滑且刚性的。

④ 媒质不会在球面上滑过。

⑤ 球体运动很慢，故运动时所遇的阻力系由媒质的黏滞性所致，而不是因球体运动所推向前行的媒质的惯性所产生。

实验 17　用拉脱法测液体的表面张力系数

表面张力（surface tension），是液体表面层由于分子引力不均衡而产生的沿表面作用于任一界线上的张力。通常，由于环境不同，处于界面的分子与处于样本体内的分子所受力是不同的。在水内部的一个水分子受到周围水分子的作用力的合力为零，但在表面的一个水分子却不如此。因上层空间气相分子对它的吸引力小于内部液相分子对它的吸引力，所以该分子所受合力不等于零，其合力方向垂直指向液体内部，结果导致液体表面具有自动缩小的趋势，这种收缩力称为表面张力。表面张力是物质的特性，其大小与温度和界面两相物质的性质有关。

在自然界中，我们可以看到很多表面张力的现象和对张力的运用。比如，露水总是尽可能地呈球形，而某些昆虫则利用表面张力可以漂浮在水面上。

借助焦利秤可测量微小力的手段，测出表面张力 f 的大小，根据表面张力 f 的大小与分界线长度 l 成正比 $f=\alpha l$，算出表面张力系数 α。

一、实验目的

① 学习用焦利秤测量微小力的原理和方法。
② 测定常温下水的表面张力系数。
③ 加深对液体表面性质的了解。

二、实验仪器

焦利秤（包括弹簧、带镜挂钩、测量杆）、砝码、金属圆环，玻璃皿、游标卡尺。

三、实验原理

由于分子的吸引力，液体表面的相邻两部分之间产生垂直于它们的分界线与液面相切的相互作用力，称为表面张力。其大小与分界线长度成正比，即

$$f=\alpha l \tag{3.22}$$

式中，α 称为表面张力系数，它与液体的成分、密度及温度等因素都有关系。

一小滴液体不与固体或其他液体相接触时，液面将收缩为球形。当液体与固体接触时，将要受到固体分子的吸引力。如果这个吸引力大于液体分子间的吸引力，液体就会附着在固体的表面上，并沿固体表面扩展，这就是所谓的浸润现象。反之，液体分子并不附着于固体表面，液体表面有收缩趋势，称不浸润。但两者都使固体附近的液面弯曲。液面与固体接触线上的表面张力方向由液面弯曲程度和方向决定，如图 3.31 所示。这种机制可以说明毛细管现象。液体的这一特有现象正是测定表面张力系数的依据。

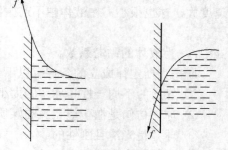

图 3.31　表面张力

把一个金属环水平悬挂，使其与水面接触浸润。然后缓慢匀速提高，拉起一个筒状水膜。当水膜达到一定的高度 h 时，将会因自身重量与向下的表面张力大于金属环对它的拉力而断开。选取与水浸润较强的金属环材料，使 h 较大，

则水膜厚度近似均匀，内外表面的表面张力方向铅直向下，如图 3.32 所示。在水膜即将断裂的瞬间，下面的等式成立

$$F-W=2\pi\alpha(r_1+r_2)-\rho gh\pi(r_1^2-r_2^2) \tag{3.23}$$

式中，F 为铅直向上的外力，W 为金属环与悬线的重量，ρ 为水的密度。式（3.23）就是拉脱法测量表面张力系数的依据。式中的 $F-W$ 可用焦利秤测量。

焦利秤的结构如图 3.33 所示。立柱中空，装有 3 个底脚螺丝，可调整立柱铅直。圆柱形主尺插入立柱，用主尺旋钮操纵主尺升降。主尺的高度变化用游标读出。弹簧上端固定在主尺顶端的短臂上。弹簧下端挂一个带镜挂钩，穿过固定在立柱中部的玻璃管自由悬垂。金属小圆环（也叫张力环）挂在带镜挂钩下端，环面保持水平。挂钩镜面和玻璃管上各刻一条水平线。当镜面水平刻线、玻璃管水平刻线与它在镜面上的反射像三线重合时，弹簧下端位于空间的某一个确定点。若无论弹簧伸长多少，都用主尺旋钮调节主尺的高度，使"三线重合"，则主尺示值变化等于弹簧伸长量。平台旋钮用来调节平台高度，盛水容器放在平台上。

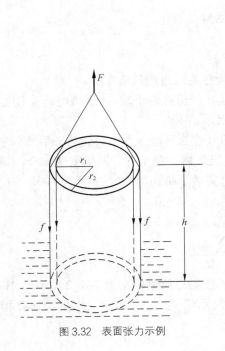

图 3.32　表面张力示例

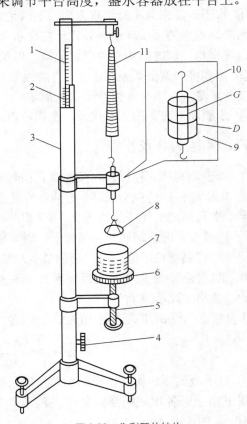

图 3.33　焦利秤的结构

1—主尺　2—游标　3—立柱　4—主尺旋钮　5—平台升降螺杆
6—平台　7—盛液杯　8—金属环　9—玻璃管
10—带镜挂钩　11—弹簧　D、G—水平刻线

设金属环不与水接触时，三线重合的主尺示值为 y_0。金属环与水浸润后带起的水膜被拉断的时刻，三线重合的主尺示值为 y_1，则

$$F-W=k(y_1-y_0)=k\Delta y \tag{3.24}$$

式中，k 为弹簧的倔强系数，可以由实验测得。用小砝码盘替换挂在带镜挂钩下端的金属环。使加在砝码盘中的砝码总质量先后为 M_1、M_2，分别读出三线重合的主尺示值 y_{M1}、y_{M2}，则

$$k=(M_1-M_2)g/(y_{M1}-y_{M2})=\Delta Mg\Delta Y_M \tag{3.25}$$

由式（3.23）～式（3.25）可得

$$\alpha = \left(\frac{\Delta Mg\Delta y}{\Delta y_M} - \rho gh\pi(r_2^2 - r_1^2)\right)/2\pi(r_1 + r_2)$$

$$\alpha = \frac{\Delta Mg\Delta y}{2\pi(r_1 + r_2)\Delta y_M} - \frac{\rho gh(r_1 - r_2)}{2} \tag{3.26}$$

此式即为拉脱法的测量公式。

测量的主要误差来源如下。

① 水膜表面张力不沿铅直方向，不满足式（3.26）成立的条件。为消除这种误差，除选取与水浸润性强的金属环材料外，还应使水和金属环严格洁净、保持金属环水平、拉起时要缓慢匀速平稳，同时防止室内空气流动，以免水膜过早断裂。

② 焦利秤弹簧倔强系数很小。它的性能好坏直接影响测量结果。不可给弹簧施加超过弹性限度的重量或用手拉长弹簧，以免损坏。

③ 水膜断裂时刻的判断误差，金属环内外径的测量误差等。

四、实验内容及步骤

① 调整焦利秤立柱铅直。使弹簧自由悬垂时带镜挂钩通过玻璃管中心。

② 用酒精仔细清洗金属环。把清洗好的金属环挂在带镜挂钩下端，使环面水平。用主尺旋钮调节主尺高度，使"三线重合"，读出此时的主尺示值 y_{01}。

③ 把盛有水的玻璃皿放在平台上。调节平台高度使金属环浸入水中，然后一手调节平台旋钮使平台缓慢平稳下降，另一手调节主尺旋钮使主尺缓慢平稳上升。两手密切配合，始终保持"三线重合"。注意在水膜即将断开（带镜挂钩有突然上跳的趋势）的瞬间，立即停止主尺运动。读出主尺示值 y_1。

重复第②、③两步共测量 10 次，记录各次测量值 y_{0i} 和 y_i，计算

$$\overline{\Delta y} = \frac{\sum (y_i - y_{0i})}{10} = \frac{\sum \Delta y_i}{10}$$

④ 取下金属环，换上小砝码盘。使加入砝码盘的砝码总质量依次为 1g，2g，…，10g。

测出相应于各次砝码质量的"三线重合"的主尺示值 y_{M1}，y_{M2}，…，y_{M10}。计算相应于 $\Delta M=5g$ 的各个 $\Delta y_{Mj}=y_{Mj+5}-y_{Mj}$，并计算

$$\overline{\Delta y_M} = \frac{\sum \Delta y_{Mj}}{5}, (j = 1, 2, \cdots, 5)$$

⑤ 取下弹簧，把带钩测量杆的无钩端固定在主尺顶端的短臂上。把带镜挂钩和金属环悬挂在测量杆下端。调节主尺旋钮使"三线重合"，读出主尺示值 y_3。再重复第 3 步的操作，读出水膜断裂时刻的"三线重合"的主尺示值 y_4。则水膜的最大高度为 $h=y_3-y_4$。记录 h、室温和水温。

⑥ 用游标卡尺测量金属环的内、外半径 r_1、r_2。注意不能使金属环变形。

⑦ 计算。$u_y = \Delta_仪/2$（$\Delta_仪$ 取焦利秤游标尺分度值）；$u_r = \Delta_仪'/2$（$\Delta_仪'$ 取游标卡尺允许误差）。略去 ΔM、g 和 ρ 的不确定度，用下式估算 α 的合成不确定度。

$$\overline{\alpha} = \frac{\Delta M g \overline{\Delta y}}{2\pi(r_1 + r_2)\overline{\Delta y_M}} - \frac{\rho g h(r_2 - r_1)}{2}$$

$$S_{\overline{\Delta y}} = \sqrt{\frac{\sum(\Delta y_i - \overline{\Delta y_n})^2}{n(n-1)}}$$

$$S_{\overline{\Delta y_M}} = \sqrt{\frac{\sum(\Delta y_{Mi} - \overline{\Delta y_n})^2}{n(n-1)}}$$

最后，用正确格式表示测量结果。

五、数据记录及处理

表 3.11 为金属环及将要拉脱的瞬间时主尺的示值（单位：cm）。

$$\overline{\alpha} = \sqrt{\left(\frac{\partial\alpha}{\partial(\Delta y)}\cdot S_{\overline{\Delta y}}\right)^2 + \left(\frac{\partial\alpha}{\partial(\Delta y_M)}\cdot S_{\overline{\Delta y_M}}\right)^2 + 2\left(\left(\frac{\partial\alpha}{\partial(\Delta y)}\right)^2 + \left(\frac{\partial\alpha}{\partial(\Delta y_M)}\right)^2 + \left(\frac{\partial\alpha}{\partial h}\right)^2\right)u_y^2}$$
$$\overline{+\left(\left(\frac{\partial\alpha}{\partial r}\right)^2 + \left(\frac{\partial\alpha}{\partial r}\right)^2\right)u_y^2}$$

表 3.11　　　　　　　　　　数据记录（一）

项　　目	1	2	3	4	5	6	7	8	9	10
y_i										
y_{0i}										
Δy_i										

$$\overline{\Delta y} = \sum(y_i - y_{0i})/10 = \sum \Delta y_i/10 =$$

表 3.12 为测定 k 时主尺示数。

表 3.12　　　　　　　　　　数据记录（二）

项　　目	1～5		6～10		Δy_{Mj}(cm)
	M_j(g)	y_{Mj}(cm)	M_{j+5}(g)	y_{Mj+5}(cm)	
	1g		6g		
	2g		7g		
	3g		8g		
	4g		9g		
	5g		10g		
$\overline{\Delta y_M} = \sum \Delta y_{Mj}/5$					

表 3.13 记录其他数据（单位：cm）。

表 3.13 　　　　　　　　　　　　数据记录（三）

y_3	y_4	$h = y_3 - y_4$	r_1	r_2

要求：比较测量值和公认值的差异，并分析原因。

六、注意事项

① 实验前一定要熟悉焦利秤的调整和读数。
② 预习时了解本实验的主要误差来源，以便在实验中有效地减小误差。

七、思考题

① 你认为焦利秤的弹簧为什么要做成锥形？
② "三线重合"的目的是什么？

实验 18　用阿贝折射仪测液体的折射率

阿贝折射仪是能测定透明、半透明液体或固体的折射率和平均色散的仪器（其中以测透明液体为主），如仪器上接恒温器，则可测定温度为 0℃～70℃ 的折射率。折射率和平均色散是物质的重要光学常数之一，能借以了解物质的光学性能、纯度及色散大小等。阿贝折射仪操作简单、使用方便，广泛用于制糖、制药、饮料、石油、食品、化工工业生产、科研教学部门的检测分析中。

一、实验目的

① 学习一种测液体折射率的方法。
② 学习正确使用阿贝折射仪。

二、实验仪器及用品

阿贝折射仪、酒精、蒸馏水、脱指棉、滴瓶等。

三、实验原理

阿贝折射仪是测量透明、半透明液体或固体折射率的仪器，还可用来测定液体的色散及测溶液中溶质的含量等。由于它使用简便、精度较高（仪器误差为 10^{-4}），在生产中和实验室经常用到。但测量范围有限（$n_D = 1.3$ 到 $n_D = 1.7$）是其缺点。

其测量原理如图 3.34 所示。

光线由介质 D 以角度 α 投射在玻璃镜 ABC 的界面 AB 上，折射入棱镜中，再由界面 AC 以角度 i 出射到空气中。设介质 D 不是空气，并以 n 表示此介质的折射率，以 N 表示棱镜的折射率，这时有

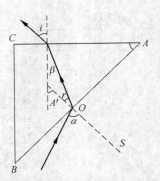

图 3.34　阿贝折射仪的测量原理

$$\frac{\sin \alpha}{\sin r} = \frac{N}{n} \tag{3.27}$$

$$\frac{\sin i}{\sin \beta} = N \tag{3.28}$$

$$\angle \beta = \angle A - \angle r \tag{3.29}$$

由上述公式可得

$$\sin i = N \sin \beta = N \sin(A - r)$$
$$= \sin A \sqrt{N^2 - n^2 \sin^2 \alpha} - n \cos A \cdot \sin \alpha \tag{3.30}$$

设 $\alpha = 90°$，这时入射光线称为掠射光线，如果以 $i_\circ$ 表示此时 α 的出射角，则式（3.30）变为

$$\sin i_\circ = \sin A \sqrt{N^2 - n^2} - n \cos A \tag{3.31}$$

即

$$n = \sin A \sqrt{N^2 - \sin^2 i} - \cos A - \sin i_\circ \tag{3.32}$$

根据简单的三角函数及不等式的概念可知，对于小于 90° 的 α 下列二式成立。

$$n \cos A < n \cos A \sin \alpha \tag{3.33}$$

$$\sin A \sqrt{N^2 - n^2} < \sin A \sqrt{N^2 - n^2 \sin^2 \alpha} \tag{3.34}$$

二不等式相减，得

$$\sin A \sqrt{N^2 - n^2} - n \cos A < \sin A \sqrt{N^2 - n^2 \sin^2 \alpha} - n \cos A \sin \alpha \tag{3.35}$$

将式（3.30）与式（3.31）代入式（3.35）得

$$\sin i_\circ < \sin i$$

因而

$$i_\circ < i$$

所以，当入射角 i 最大时（掠射时），出射角 $i_\circ$ 为最小，即出射角没有小于 $i_\circ$ 的，入射光线以一切可以的入射角向 AB 面投射时，则从已对无穷远聚焦的望远镜中观察 AC 面上的出射光时，视场一部分是暗的，一部分是亮的，其明暗分界线，就是掠射光由棱镜射出所形成的。如果 N 与 A 已知，并测出 i，即可由式（3.32）算出 n。

为了测量液体的折射率，在阿贝折射仪上有一对折射系数很大的等边直角棱镜，待测液体放在两棱镜相合的弦面上（见图 3.35）。

棱镜 I 的斜边是毛面，它可给出各种角度的入射光线，入射角为 90° 的光线在液体中向棱镜 I 掠射，再被棱镜 II 折射进入空气，由图 3.34 所证明的结果可知，此掠射光线经棱镜射出时，其出射角 $i_\circ$ 最小，其出射方向形成了视场中的明暗界线。而对

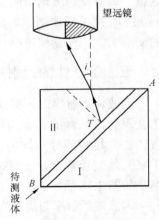

图 3.35　测折射率

不同折射率的待测液体 i。角的大小亦不同，反之 i。角大小不同，就对应着液体折射的不同。

在仪器上有一个与棱镜连动的刻度盘，当转动棱镜，使其明暗分界线落在望远镜中十字叉丝的交点时，则可直接从刻度盘上读出对应于该 i。角的液体折射率。

四、仪器的构造及使用

阿贝折射仪的构造如图 3.36 所示。

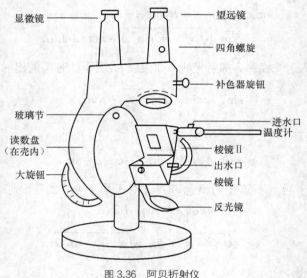

图 3.36　阿贝折射仪

阿贝折射仪在使用前要用校准片校准。校准片是一折射率 n_D 已知的长方形透明固体，它有大、小两个磨光面，其余的面全是毛面。校准前应用棉花蘸酒精轻轻擦洗棱镜和校准片。校准时，把仪器按图 3.37 所示放置好，把校准片用溴代萘粘于棱镜 II 的中央。应注意的是：使校准片小磨光面向下，大磨光面与棱镜粘合。溴代萘应均匀布满粘合处，粘合处不应有气泡，粘合处之外应没有液体。溴代萘过多或过少均不能达到此目的，以致校不准。

如图 3.37 所示，自然光射入校准片的小磨光面，再在大磨光面折射进入棱镜，再进入望远镜，调节反射玻璃节照亮刻度盘；转动大旋钮使显微镜中的读数与校准片上所刻的折射率 n_D 相等，用补色器消除场颜色，用校准钥匙转动四角螺旋，使明暗分界线恰好位于十字叉丝的交点上。则仪器被校准，测量时不要再动四角螺旋。

五、测液体的折射率

测液体折射率时，将仪器如图 3.36 所示放置，用酒精清洁两棱镜表面，待表面干后，关闭金属盒，从盒的右上角小孔中滴入四五滴待测液体，并稍松开而再关紧金属盒数次，使液体在二棱镜间分布均匀。调节反射镜使视场明亮。转动大旋钮使望远镜中明暗分界线与十字叉丝交点重合，（注意用补色器消除视场中的颜色），则可从显微镜中直接读出液体折射率，如图 3.38 所示。

因液体折射率与温度有关，故在测时应将仪器与恒温器接通。但一般测量，也可不用恒温器，但须记下当时的室温。

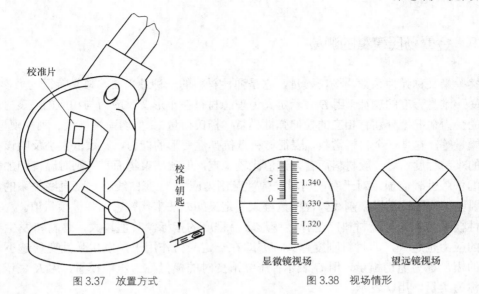

校准片

校准钥匙

图 3.37　放置方式

1.340
5
0
1.330
1.320

显微镜视场

望远镜视场

图 3.38　视场情形

因折射率与光波长有关，在测量时，应用单色光源。但在无单色光源时，可用白光测量。这样误差较大，测量完毕应注明此情况。

我们所用待测液体是蒸馏水和酒精，按上述作法各测 8 次，取其算术平均值为测量结果，并算出平均绝对误差和相对误差。

思考题

① 如何防止校准片跌打？

② 简述阿贝折射仪测折射率的原理，用其他方法能否测得折射率？

③ 为什么观察明暗分界线时要用望远镜，而读数时却用显微镜？

④ 用阿贝折射仪如何测透明固体的折射率？

⑤ 若阿贝折射仪未经校准，是否影响测量的精度？其准确度如何？

⑥ 测液体的折射率时，还应知道哪些客观条件？

【小知识】

恩斯特·卡尔·阿贝（见图 3.39），德国物理学家。1840 年 1 月 23 日生于爱森纳赫，1905 年 1 月 14 日卒于耶拿。1861 年在耶拿大学获博士学位。1863 年在该校任数学、物理学和天文学讲师，1876 年任教授。1866 年与 C.蔡司合作研制光学仪器，促进了德国光学工业的发展。以显微镜为中心，他的两项重要贡献为：几何光学中的正弦条件，确定了可见光波段上显微镜分辨本领的极限，成为迄今光学设计的基本依据之一；波

图 3.39　恩斯特·卡尔·阿贝
（1840～1905 年）

动光学中的两步成像理论——阿贝成像原理，A.B.波特 1906 年以实验证明了这个理论，它成为近年以激光为实验条件的光学变换基本理论之一。阿贝在 1867 年制成测焦计，1869 年制成阿贝折射仪及分光仪，1870 年后又制成数值孔径计、高度计和比长仪等。1879 年阿贝与 O.肖托合作，研制成可用于整个可见光区的复消色差镜头。阿贝还改进了不少天文观察仪器。

实验 19　金属杨氏模量的测量

弹性模量又称弹性系数、杨氏模量，它是弹性材料的一种最重要、最具特征的力学性质，是物体变形难易程度的表征，用 E 表示定义为理想材料在小形变时应力与相应的应变之比。根据不同的受力情况，分别有相应的拉伸弹性模量（杨氏模量）、剪切弹性模量（刚性模量）、体积弹性模量等。它是一个材料常数，表征材料抵抗弹性变形的能力，其数值大小反映该材料弹性变形的难易程度。对一般材料而言，该值比较稳定，但就高聚物而言，则对温度和加载速率等条件的依赖性较明显。对于有些材料在弹性范围内应力-应变曲线不符合直线关系的，则可根据需要取切线弹性模量、割线弹性模量等人为定义的办法来代替它的弹性模量值。

弹性模量可视为衡量材料产生弹性变形难易程度的指标，其值越大，使材料发生一定弹性变形的应力也越大，即材料刚度越大，亦即在一定应力作用下，发生弹性变形越小。剪切形变时的模量称为剪切模量，用 G 表示；压缩形变时的模量称为压缩模量，用 K 表示。模量的倒数称为柔量，用 J 表示。

拉伸试验中得到的屈服极限 σ_b 和强度极限 σ_S，反映了材料对力的作用的承受能力，而延伸率 δ 或截面收缩率 ψ 则反映了材料缩性变形的能力，为了表示材料在弹性范围内抵抗变形的难易程度，在实际工程结构中，材料弹性模量 E 的意义通常是以零件的刚度体现出来的，这是因为一旦零件按应力设计定型，在弹性变形范围内的服役过程中，是以其所受负荷而产生的变形量来判断其刚度的。构件的理论分析和设计计算来说，弹性模量 E 是经常要用到的一个重要力学性能指标。

金属的杨氏模量是金属材料的固有属性。不同类型的材料，其杨氏模量不同；一般材料的杨氏模量都是通过实验来测定的，最常用的一种方法就是根据胡克定律，使用拉伸法测杨氏模量。

一、实验目的

① 用拉伸法测定钢丝的杨氏模量。
② 掌握用光杠杆测量微小伸长量的原理和方法。
③ 学会用逐差法处理实验数据。

二、实验仪器

杨氏模量仪、光杠杆、读数望远镜、螺旋测微计、卷尺、游标卡尺、钢尺、大砝码一套（每个砝码质量为 1kg）。

1. 杨氏模量仪

杨氏模理仪如图 3.40 右边所示。在一较重的三脚底座上固定有两根立柱，在两立柱上装有可沿立柱上下移动的横梁和平台，被测金属丝的上端夹紧在横梁夹子 1 中，下端夹紧在夹子 2 中，夹子 2 能在平台 4 上的圆孔内上下自由运动。其下面有砝码托 5，用以放置拉伸金属丝的砝码，当砝码托上增加或减少砝码时，金属丝将伸长或缩短 ΔL，夹子 2 也跟着下降或上升 ΔL。光杠杆 3 放在平台 4 上。

2. 光杠杆

光杠杆是利用放大法测量微小长度变化的常用仪器，有很高的灵敏度。结构如图 3.41（a）所示，平面镜垂直装置在"T"形架上，"T"形架由构成等腰三角形的 3 个足尖 A、B、C 支撑，A 足到 B、C 两足之间的垂直距离 K 可以调节，如图 3.41（b）所示。

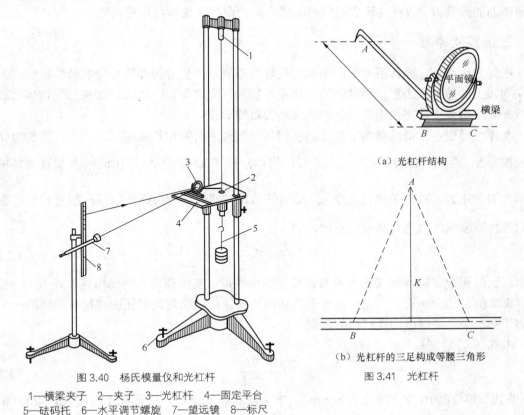

图 3.40 杨氏模量仪和光杠杆

1—横梁夹子 2—夹子 3—光杠杆 4—固定平台
5—砝码托 6—水平调节螺旋 7—望远镜 8—标尺

（a）光杠杆结构

（b）光杠杆的三足构成等腰三角形

图 3.41 光杠杆

　　测量时光杠杆的放置如图 3.42 所示，将两前足 B、C 放在固定平台 4 前沿的槽内，后足尖 A 搁在夹子 2 上，用望远镜 7 及标尺 8 测量平面镜的角偏移就能求出金属丝的伸长量。

3．读数望远镜

　　读数望远镜的构造如图 3.43 所示，主要由物镜、内调焦透镜、目镜和叉丝组成。物镜将物体发出的光线会聚成像。叉丝用做读数的标准。目镜用来观察像和叉丝，并对像和叉丝起

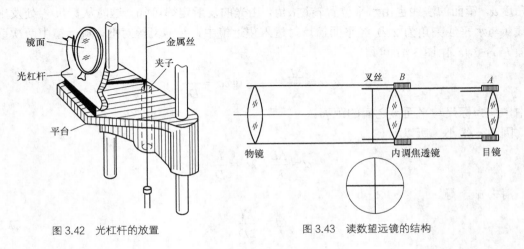

图 3.42 光杠杆的放置

图 3.43 读数望远镜的结构

放大作用。调节螺旋 A，改变目镜与叉丝之间的距离，可使叉丝成像清晰。调节安装在望远镜筒侧面的螺旋 B，改变内调焦透镜与物镜之间的距离，使标尺成像清晰。

三、实验原理

在外力作用下，固体所发生的形状变化称为形变。形变分为弹性形变和范性形变。如果加在物体上的外力撤去后，物体能完全恢复原状的形变称为弹性形变；如果加在物体上的外力撤去后，物体不能完全恢复原状的形变称为范性形变。

在弹性形变中，最简单的形变是棒状物体受到外力后的伸长或缩短。设一物体长为 L，截面积为 S，两端受拉力（或压力）F 后，物体伸长（或缩短）ΔL。比值 $\dfrac{F}{S}$ 是加在物体单位面积上的作用力，称为胁强；比值 $\dfrac{\Delta L}{L}$ 是物体的相对伸长，称为胁变。根据胡克定律，在物体的弹性限度内，胁强与胁变成正比，即

$$\frac{F}{S} = Y \frac{\Delta L}{L} \tag{3.36}$$

式中，比例系数 Y 称为杨氏弹性模量，简称杨氏模量。实验证明，杨氏模量与外力 F、长度 L 和截面积 S 的大小无关，而只决定于物体的材料。杨氏模量是表征固体材料性质的一个重要物理量，是选定机械构件材料的依据之一。

由式（3.36）得

$$Y = \frac{FL}{S\Delta L} \tag{3.37}$$

在国际单位制中，Y 的单位为 $N \cdot m^{-2}$。本实验用 $kg \cdot mm^{-2}$。只要测出 F、L、S 和 ΔL，根据式（3.37）就可求出 Y、F、L 和 S，所以关键是如何测出微小伸长量 ΔL。通常 ΔL 量值很小，直接测量很难得出准确数值。故实验中，要用光杠杆将 ΔL 予以放大，以便于测量。

其原理如图 3.44 所示：金属丝没有伸长时，平面镜垂直于平台，其法线为水平线。望远镜水平地对准平面镜，从标尺 r_0 处发出的光线经平面镜反射进入望远镜中，并与望远镜中的叉丝对准。在砝码托上加砝码后，金属丝受力而伸长 ΔL，夹子 2 跟着向下移动 ΔL，光杠杆足尖 A（见图 3.41）也跟着向下移动 ΔL。这样，平面镜将以刀片 BC 为轴、以 K 为半径转过一个角度 α，镜面的法线也由水平位置转过 α 角。由光的反射定律可知，这时从标尺 r_1 处发出的光线（与水平线夹角为 2α）经平面镜反射进入望远镜中，并与叉丝对准，望远镜中两次读数之差 $l = |r_1 - r_0|$。由图 3.41 可得

$$\text{tg}\alpha = \frac{\Delta L}{K} \qquad \text{tg}2\alpha = \frac{l}{D}$$

式中，D 为标尺与平面镜之间的距离。

因为 α 很小，所以

$$\alpha = \frac{\Delta L}{K}, \quad 2\alpha = \frac{l}{D}$$

消去 α，得

$$\Delta L = \frac{Kl}{2D} \tag{3.38}$$

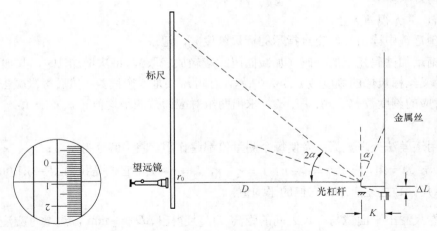

图 3.44 光杠杆测量微小伸长的原理

这样，通过平面镜的旋转和反射光线的变化把微小位移 ΔL 转化为容易观测的大位移 l，这与机械杠杆类似，所以把这种装置称为光杠杆。

将式（3.38）代入式（3.37），得

$$Y = \frac{2DFL}{SKl} \tag{3.39}$$

本实验就是根据式（3.39）求出钢丝的杨氏模量 Y。

四、实验内容及步骤

① 把调节好的光杠杆放在纸上，使刀片 BC 和足尖 A 在纸上印出印痕，用细铅笔作 A 到 BC 的垂线，用游标卡尺量出 A 到 BC 的距离 K。

② 用铅垂线仔细调节杨氏模量仪底座上的水平调节螺旋 6，使平台处于水平状态（即令钢丝铅直），然后在砝码托上加 1.0kg 的砝码，将钢丝拉直（此重量不计在外力 F 内），用卷尺测出横梁夹子 1 的紧固螺钉的边缘与夹子 2 的上表面之间的钢丝长度，这就是钢丝的原长 L；再用螺旋测微计在钢丝的不同部位、不同方向测量 5 次直径 d，求其平均值 $\bar{d}$ 和截面积 S。

③ 把光杠杆放在平台上，转动平面镜，用目测初调，使镜面与平台垂直。

④ 移动望远镜，使标尺与光杠杆平面镜之间的距离大于 100cm。

⑤ 调节望远镜，使镜筒与平面镜等高。然后仔细调节望远镜筒和平面镜的方向，使得标尺经过平面镜反射后的像刚好处于望远镜的视场中（这一点初学者不易做到，下面介绍一种简便易行的调节方法：可令眼在望远镜目镜附近，通过望远镜上方缺口直接观察平面镜，如在平面镜内看不到标尺的像，可稍微转动一下平面镜，使镜面法线严格成水平状态，为了保证标尺的像被平面镜水平地反射到望远镜中，可调整望远镜下面的螺旋来调节望远镜筒的倾角，使其光轴成水平状，必要时还应稍微转动一下小平面镜，如果仍观察不到，可将望远镜镜架左右稍微移动一下，总之应先用肉眼在望远镜外看到标尺的像，然后通过望远镜观察，一般均能看到标尺的像）。此时像可能不太清晰，无法读数，可调节望远镜筒上的物镜焦距调节螺旋 B，待标尺上的刻度和数字均很清晰后再调节目镜焦距螺旋 A，使叉丝的像也很清晰，这时标尺的像可能又较模糊，再调节 B，如此反复，仔细地调节螺旋 A、B，使标尺和叉丝的

像同时清晰，并无视差为止。

⑥ 从望远镜中读出叉丝交点指示的标尺刻度 r_0，记录 r_0。

⑦ 逐渐增加砝码托上的砝码（加减砝码时应轻放轻取），每次增加 1kg，共加 5 次，记下望远镜中叉丝标尺像的刻度数 $r_1, r_2, \cdots, r_5$，连同 r_0 共是 6 个读数；然后每次减去 1kg 的砝码，记下对应的刻度数 $r'_4, r'_3, \cdots, r'_0$，求出两组对应读数的平均值 $\overline{r_0}$，$\overline{r_1}, \cdots, \overline{r_4}, \overline{r_5}$，共得 6 个数据。

⑧ 采用逐差法处理数据：为使每个测量值都起作用，将 $\overline{r}$ 值分为两组：$\overline{r_0}$、$\overline{r_1}$、$\overline{r_2}$ 为一组，$\overline{r_3}$、$\overline{r_4}$、$\overline{r_5}$ 为一组，求出 $l_0 = \overline{r_3} - \overline{r_0}$，$l_1 = \overline{r_4} - \overline{r_1}$，$l_2 = \overline{r_5} - \overline{r_2}$，它们是拉力 $\Delta F = 3 \times 1.00 = 3.00$(kg) 时相应的标尺读数之差，求出它们的平均值 $\overline{l}$。

⑨ 用卷尺测出平面镜与标尺之间的距离 D，且得出 $\Delta D \approx \frac{1}{3}$ mm，测量时应注意使卷尺保持水平状态。

⑩ 根据式（3.39）求出钢丝的杨氏模量 Y。

五、数据记录及处理

记录表 3.14。

表 3.14　　　　　　　　　数据记录（一）

次数	1	2	3	4	5	$\overline{d}$(mm)	$\Delta \overline{d}$(mm)
d(mm)							
D(cm)		ΔD(cm)		L(cm)		ΔL(cm)		K(cm)		ΔK(cm)	

表 3.15 记录望远镜中的读数及 $\Delta F = 3.00$kg 的读数差。

表 3.15　　　　　　　　　数据记录（二）

次数	F(kg)	望远镜中的读数			$\Delta F = 3.00$kg 的读数差（cm）
		加砝码	减砝码	平均值	
0	1.00	$r_0=$	$r'_0=$	$\overline{r_0} =$	$l_0 = \overline{r_3} - \overline{r_0} =$
1	2.00	$r_1=$	$r'_1=$	$\overline{r_1} =$	$l_1 = \overline{r_4} - \overline{r_1} =$
2	3.00	$r_2=$	$r'_2=$	$\overline{r_2} =$	$l_2 = \overline{r_5} - \overline{r_2} =$
3	4.00	$r_3=$	$r'_3=$	$\overline{r_3} =$	
4	5.00	$r_4=$	$r'_4=$	$\overline{r_4} =$	$\overline{l} = \frac{1}{3}(l_0 + l_1 + l_2) =$ cm
5	6.00	$r_5=$	$r'_5=$	$\overline{r_5} =$	

下面进行数据处理。

钢丝截面积为

$$s = \frac{1}{4}\pi \overline{d}^2 = \qquad \text{mm}^2$$

$$\overline{Y} = \frac{2DL\Delta F}{SKl} = \qquad \text{kg} \cdot \text{mm}^{-2}$$

并由误差递推公式得相对误差，即

$$E = \sqrt{\left(\frac{\Delta D}{D}\right)^2 + \left(\frac{\Delta L}{L}\right)^2 + \left(\frac{2\Delta d}{d}\right)^2 + \left(\frac{\Delta K}{K}\right)^2 + \left(\frac{\Delta l}{l}\right)^2}$$

由此得：$\delta_{\overline{Y}} = \overline{Y}E$　　$Y = \overline{Y} \pm \delta_{\overline{Y}}$。

六、注意事项

① 钢丝必须铅直（平台要水平），否则会使钢丝夹与平台有摩擦，平面镜与平台不垂直；光杠杆的后足一定要放在钢丝夹子上。

② 消除视差：上下移动眼睛，望远镜中叉丝像与标尺刻度线应无相对位移，否则就是有视差，应反复、仔细调节物镜和目镜焦距（即望远镜螺旋 A、B），直到视差消除为止。

③ 调整好实验装置，记下读数 r_0 后，千万不可碰撞实验装置和放置仪器的架子，平面镜调好后，两侧螺栓要旋紧，否则可能会由于一点微小的振动，造成数据较大偏离，严重时，将导致数据混乱，实验失败。

④ 加减砝码时，要一手扶住砝码托，另一手轻拿轻放，并等钢丝稳定 1min 后再读数。

七、思考题

① 由式（3.38）得 $\frac{l}{\Delta L} = \frac{2D}{K}$，$\frac{l}{\Delta L}$ 称为光杠杆的放大率。将测得的 K、D 值代入，求出光杠杆的放大率。说明怎样提高光杠杆的放大倍数。

② 材料相同，粗细、长度不同的两根钢丝，它们的杨氏模量是否相同？

③ 根据胡克定律，r_i 和 r'_i 应该有什么关系？当每次加减砝码的重量相同时，读数 r_i 应有什么规律？如何判断你的实验数据是否合理？

④ 哪个量的误差对 Y 的测量影响最大？

实验 20　气垫导轨在力学实验中的应用

气垫导轨是力学实验中基础的实验仪器之一。利用导轨表面的小孔喷出的压缩空气，使导轨表面与滑块之间形成一层很薄的"气垫"将滑块浮起，使滑块在导轨上作近似无摩擦的滑动，从而大大提高了实验的准确度。利用气垫导轨，可研究和观察在近似无阻力的情况下物体的各种运动规律，如速度、加速度的测定，牛顿运动定律和守恒定律的验证，碰撞和简谐振动的研究。

在气垫导轨上做实验，减小了摩擦力引起的误差，使实验结果基本接近理论值。气垫实验中，滑块之所以能漂浮在导轨上，是因为气膜内的平均气压高于大气压，由于气膜内平均气压与大气压之间存在的压力差，从而对滑块产生了一个向上的作用力 N，当 N 等于滑块的重量 M 时，滑块就能漂浮在导轨上。在平衡状态，滑块可以稳定地浮在某一高度上，一般气膜厚度为 10～200μm，视气流量的大小而不同。流量与气膜厚度的三次方成正比。

　　气膜厚度（或滑块浮高）直接影响滑块运动时所受到的黏滞性阻力。气膜越厚，黏滞阻力越小。所以严格说来，不能把滑块在气垫导轨上的运动作为理想的无摩擦运动。实际上，不仅存在黏滞性阻力，还有周围空气对滑块的阻力和气流的水平分速度造成的作用力，而且，这些阻力是随滑块速度而变化的。气垫导轨上某些实验误差较大的部分原因正是由于忽略了这些阻力，但这些阻力终究比其他力学实验摩擦力小得多，只要使用得当，它仍不失为定量研究许多物理现象的一种良好工具。

一、实验目的

① 熟悉气垫导轨的使用。
② 利用气垫导轨验证牛顿第二定律并测重力加速度。

二、实验仪器

气垫导轨、滑块 2 个、直尺、游标卡尺、挡光片等。

三、实验原理

1．测重力加速度

　　将已调水平的气垫导轨的单脚螺钉用垫块垫高，使气垫导轨倾斜，如图 3.45 所示，则滑块将沿斜面作下滑运动。由于滑块所受的合外力为重力沿斜面的分力，是一恒力，因此滑块的运动可认为是匀加速运动。若气垫上间距为 S 的 A、B 两处各置一个光电门，测出 A、B 两个位置的速度 υ_A、υ_B，则滑块的加速度满足下式

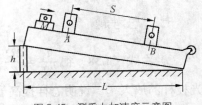

图 3.45　测重力加速度示意图

$$a = \frac{\upsilon_B^2 - \upsilon_A^2}{2S} \tag{3.40}$$

由此可得

$$g = \frac{a}{\sin\theta} = \frac{aL}{h} \tag{3.41}$$

式中，$\sin\theta = h/L$，h 为气垫导轨垫起的高度，L 为气垫导轨的长度。

2．验证牛顿第二定律

　　牛顿第二定律的内容为：物体所产生的加速度与合外力成正比（在经典力学中物体质量为常数），数学表达式为

$$F = ma \tag{3.42}$$

　　气垫导轨调整水平后，将砝码盘用细线跨过滑轮穿过端盖上小孔与滑孔相连，利用砝码盘与砝码的重力为牵引力 F 使滑块作匀加速运动，此时运动系统的质量 m 由砝码盘、砝码和滑块的质量组成。实验中只要逐次将滑块上的砝码加到砝码盘上，并依次利用式（3.40）测量 a_i。该过程相当于运动系统的质量不变，而外力在变化。如果 F_i 和 a_i 成正比，牛顿第二定律就成立。

3. 气垫导轨使用说明

气垫导轨如图 3.46 所示，由铝合金做成三角形管状，其一端封死，另一端装有进气嘴，轨面上均匀分市两排喷气小孔，当压缩空气由进气嘴进入管腔后就从喷气小孔喷出，托起放置于轨面上的滑块，使滑块可在轨面上作近似无摩擦运动。导轨的倾斜度可以自由调节，根据实验需要可分别装上挡光板、加重块、橡皮泥或缓冲弹簧等附件。同时还配备光电门和数字毫秒计以计时。

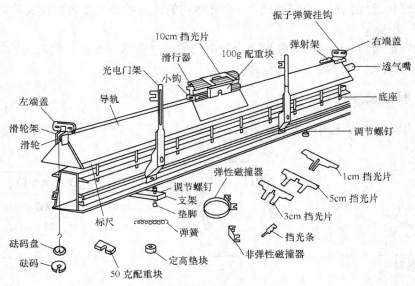

图 3.46　气垫导轨全貌图

导轨的水平状态调整是实验前的一个重要环节，有两种常用的调整方法。

（1）第一种——静态调平

将导轨通气，把滑行器放置于导轨上，调节支点螺钉，直至滑行器在实验段内保持不动或稍有滑动但不总是向一个方向滑动，即认为已基本调平。

（2）第二种——动态调平

把两个光电门装卡在导轨底座的 T 形槽上，接通计时器电源并给气轨通气，使滑行器从一端向另一端运动，先后通过两个光电门，在计时器上计下通过两个光电门所用的时间 Δt_1 和 Δt_2，调节支点螺钉使 $\Delta t_1 = \Delta t_2$，此时可认为导轨调节水平。

四、实验内容及步骤

① 小心安装、调节导轨上的滑轮，使其转动自如又松紧适中。

② 调整导轨的水平状态。

③ 将拴在砝码盘上的线跨过滑轮并通过端盖上的小孔挂在滑块上的小钩上。

④ 选好滑块起始位置，装好挡光片。将两个光电门拉开一定的距离固定在气垫底座上。注意当砝码盘着地前，滑块要能通过靠近滑轮一侧的光电门，并测出两光电门的中心距离 S。

⑤ 在滑块上放置两个砝码，让滑块依次在砝码盘、砝码盘加一个砝码（滑块上放置的两

个砝码之一）、砝码盘加两个砝码的重力 $F_i(i=1,2,3)$ 作用下运动，分别记录滑块经过两个光电门的即时速率 υ_{i1} 和 υ_{i2}；$\upsilon_{i1}=\Delta r/t_{i1}$、$\upsilon_{i2}=\Delta x/t_{i2}$（$\Delta x$ 为挡光片的计时宽度，t_{i1} 和 t_{i2} 分别通过计时宽度所用的时间），按式（3.40）计算 a_i，在毫米方格纸上作 F_i-a_i 图线，观察该图线是否为过原点的直线。

⑥ 取掉滑块小钩上的砝码盘，测量完气垫导轨长度 L 后将气垫导轨一端螺钉用高度为 h 的垫块垫高。

⑦ 选好滑块起始位置，装好挡光片。将光电门的距离按步骤④适当拉大并固定，记录两光电门中心距离 S_1。

⑧ 自由释放滑块，记录滑块经过两个光电门的即时速率 υ_1 和 υ_2，代入式（3.40）算出 a，把 a 代入式（3.41）即算得本地重力加速度。

五、数据记录及处理

表 3.16 为验证牛顿运动定律数据表。

表 3.16 　　　　　　　　　　　　　　**数据记录（一）**

项 目	第一光电门			第二光电门		
$F_i(N)$	Δx(cm)	t_{i1}(s)	υ_{i1}(m/s)	Δx(cm)	t_{i2}(s)	υ_{i2}(m/s)
砝码盘重						
砝码盘+1 砝码重						
砝码盘+2 砝码重						

$S=$＿＿＿＿＿＿cm；$g=$＿9.79＿m/s^2。

表 3.17 为测重力加速度表。

表 3.17 　　　　　　　　　　　　　　**数据记录（二）**

第一光电门			第二光电门		
Δx(cm)	$t_1(s)$	υ_1(m/s)	Δx(cm)	$t_2(s)$	υ_2(m/s)

$S_1=$＿＿＿＿＿＿cm；$h=$＿＿＿＿＿＿cm；$L=$＿＿＿＿＿＿cm。

要求：计算用该方法测量重力加速度的不确定度。

已知挡光片上 Δx 的测量误差为 0.005cm，数字毫秒计的最小分辨率为 0.01ms，两光电门之间距离 S 的误差为 3mm。计算公式为

$$\left(\frac{\Delta g}{g}\right)^2=\left(\frac{2\Delta_{\Delta x}}{\Delta x}\right)^2+\left(\frac{2\Delta_{\Delta t}}{\Delta t}\right)^2+\left(\frac{\Delta S}{S}\right)^2+\left(\frac{\Delta h}{h}\right)^2+\left(\frac{\Delta L}{L}\right)^2$$

Δh 和 ΔL 分别取各自测量仪器最小刻度的一半。

六、注意事项

① 气垫导轨的轨面不允许用其他东西敲、碰，否则将损坏轨面精度，甚至使仪器损坏而不能使用。光电门支架要固定牢固，防止倾倒损坏轨面。

② 滑块的内表面光洁度高，严防划伤、碰坏，更不允许将滑块掉在地上。导轨不通气时，不要将滑块放在导轨上来回滑动。实验后，及时取下滑块，以免导轨变形。

③ 实验前，先熟悉数字毫秒计的使用方法。

七、思考题

① 对本实验而言是否挡光片的计时宽度越小越好？为什么？

② 本实验的误差主要来自哪几方面？

实验 21　PN 结正向压降与温度的关系

常用的温度传感器有热电偶、测温电阻器和热敏电阻等，这些温度传感器均有各自的优点，但也有不足之处，如热电偶适用的温度范围宽，但灵敏度低，线性差且需要参考温度；热敏电阻灵敏度高、热响应快、体积小，但却是非线性的；测温电阻器虽有精度高、线性好的长处，但灵敏度低且价格昂贵。而根据 PN 结正向压降与温度关系而设计的温度传感器具有灵敏度高、热响应快、体积小、线性好等特点，尤其是在温度数字化、温度控制及用微机进行温度实时信号处理等方面，是其他温度传感器所不能比拟的，其应用日益广泛。

一、实验目的

① 了解 PN 结正向压降随温度变化的基本关系。

② 在恒流供电条件下，测绘 PN 结正向压降随温度变化的曲线，并由此确定其灵敏度和被测 PN 结材料的禁带宽度。

③ 学习用 PN 结测温度的方法。

二、实验原理

1．PN 结正向压降与温度变化的基本关系

在理想情况下，PN 结的正向电流 I_F 和正向电压 U_F 存在如下近似关系

$$I_F = I_s e^{\frac{qU_F}{kT}} \tag{3.43}$$

式中，q 为电子电荷；k 为玻尔兹曼常数；T 为绝对温度；I_s 为反向饱和电流，它是一个与 PN 结材料的禁带宽度以及温度等有关的系数，即

$$I_s = CT^r e^{-\frac{qU_g(0)}{kT}} \tag{3.44}$$

式中，C 为与结面面积、掺质浓度等有关的常数，r 也是常数；$U_g(0)$ 为绝对零度时，PN 结材料的导带底和价带顶的电势差。

将式（3.44）代入式（3.43），两边取对数得

$$U_F = U_g(0) - \left(\frac{k}{q}\ln\frac{C}{I_F}\right)T - \frac{kT}{q}\ln T^r \tag{3.45}$$

$$= U_1 + U_{n_1}$$

式中，$U_1 = U_g(0) - \left(\frac{k}{q}\ln\frac{C}{I_F}\right)T$；$U_{n_1} = -\frac{kT}{q}\ln T^r$。式（3.45）就是 PN 结正向压降和温度函数的表达式，它是 PN 结温度传感器的基本方程。如果使 I_F 保持不变，则正向压降只随温度而变化，在式（3.45）中，除线性项 U_1 外还包含非线性项 U_{n_1}。

2. 非线性项 U_{n_1} 引起的误差

设温度由 T_1 变为 T 时，正向电压由 U_{F_1} 变为 U_F，由式（3.45）得

$$U_{F_1} = U_g(0) - \left(\frac{k}{q}\ln\frac{C}{I_F}\right)T_1 - \frac{kT_1}{q}\ln T_1^r \tag{3.46}$$

$$U_F = U_g(0) - \left(\frac{k}{q}\ln\frac{C}{I_F}\right)T - \frac{kT}{q}\ln T^r \tag{3.47}$$

将式（3.47）$\times T_1$ -式（3.46）$\times T$，整理得

$$U_F = U_g(0) - \left[U_g(0) - U_{F_1}\right]\frac{T}{T_1} - \frac{kT}{q}\ln\left(\frac{T}{T_1}\right)^r \tag{3.48}$$

按 PN 结理想的温度响应，$U_{F理想}$ 应取如下形式，即

$$U_{F理想} = U_{F_1} + \frac{\partial U_{F_1}}{\partial T}(T - T_1) \tag{3.49}$$

式中，$\frac{\partial U_{F_1}}{\partial T}$ 等于 T_1 温度时的 $\frac{\partial U_F}{\partial T}$ 值。

由式（3.48）可得

$$\frac{\partial U_{F_1}}{\partial T} = -\frac{U_g(0) - U_{F_1}}{T_1} - \frac{k}{q}r \tag{3.50}$$

所以有

$$U_{F理想} = U_{F_1} + \left[-\frac{U_g(0) - U_{F_1}}{T_1} - \frac{k}{q}r\right](T - T_1)$$

$$= U_g(0) - \left[U_g(0) - U_{F_1}\right]\frac{T}{T_1} - \frac{k}{q}(T - T_1)r \tag{3.51}$$

由理想线性温度响应式（3.51）和实际响应式（3.48）相比较，可得到实际响应对线性的理论误差，即

$$\Delta = U_{F理想} - U_F = -\frac{k}{q}(T - T_1)r + \frac{kT}{q}\ln\left(\frac{T}{T_1}\right)^r \tag{3.52}$$

设 T_1=300K，T=310K，r=3.4 时，由式（3.52）可得$\Delta = 0.048\text{mV}$，而相应的 U_F 的改变

量约为 20mV，相比之下误差非常小。但是当温度变化范围增大时，U_F 温度响应的非线性误差将有所递增，这主要是由于 r 因子所引起的。

　　综上所述，在恒流供电条件下，PN 结的 U_F 对 T 的依赖关系取决于线性项 U_1，即正向压降几乎随温度升高而线性下降，这就是 PN 结测温的依据。但上述结论仅适用于杂质全部电离、本征激发可以忽略的温度区间（对于通常的硅二极管来说，温度范围为 $-50℃\sim150℃$）。如果温度低于或高于上述范围时，由于杂质电离因子减小或本征载流子迅速增加，U_F-T 关系将产生新的非线性，这一现象说明 U_F-T 的特性还随 PN 结的材料而异，对于宽带材料（如 GaAs）的 PN 结，其高温端的线性区较宽；而材料杂质电离能小（如 Insb）的 PN 结，则低温端的线性范围宽，对于给定的 PN 结，即使在杂质导电和非本征激发温度范围内，其线性度亦随温度的高低而有所不同，这是由非线性项 U_{n_1} 引起的，由 U_{n_1} 对 T 的二阶导数 $\dfrac{\mathrm{d}^2 U_{n_1}}{\mathrm{d}T^2} = \dfrac{1}{T}$

可知，$\dfrac{\mathrm{d}^2 U_{n_1}}{\mathrm{d}T^2}$ 的变化与 T 成反比，所以 U_F-T 的线性度在高温端优于低温端，这是 PN 结温度传感器的普遍规律。另外，由式（3.45）可知，减小 I_F，可以改善线性度，但并不能从根本上解决问题，目前广泛应用的有如下两种方法。

　　① 利用给三极管的两个 be 结（将三极管的基极与集电极短路与发射极组成一个 PN 结）分别在不同电流 I_{F_1}、I_{F_2} 下工作，由此获得两者电压之差，（$U_{F_1} - U_{F_2}$）与温度成线性函数关系，即

$$U_{F_1} - U_{F_2} = \frac{kT}{q} \ln \frac{I_{F_1}}{I_{F_2}}$$

　　由于晶体管的参数有一定的离散性，实际与理论仍存在差距，但与单个 PN 结相比其线性度与精度均有所提高，这种电路结构与恒流、放大等电路集成一体，便构成集成电路温度传感器。

　　② 采用电流函数发生器来消除非线性误差。由式（3.45）可知，非线性误差来自 T' 项，利用函数发生器，使 I_F 正比例于绝对温度的 r 次方，则 U_F-T 的线性理论误差为 $\varDelta = 0$，实验结果与理论值将会比较一致，其精度可达 0.01℃。

三、实验仪器

　　TH-J 型 PN 结 U_F-T 特性实验台、TH-J 型 PN 结正向压降温度特性测试仪、温度计等。

　　TH-J 型 PN 结 U_F-T 特性实验仪使用方法如下。

　　① 组装实验台。TH-J 型 PN 结 U_F-T 特性实验仪由实验台和测试仪两部分组成。实验台的结构如图 3.47 所示，其中 A 为样品室，是一个可拆卸的筒状金属容器，筒盖内设橡皮圈盖与套具有相应的螺纹可使两者旋紧保持密封。待测 PN 结样管（采用 3DG6 晶体管的基极与集电极短接作为正极，发射极作为负极，构成一只二极管）和测温元件（AD590）均置于铜座 B 上，其管脚通过高温导线分别穿过两旁空芯细管与顶部插座 P_1 连接。加热器 H 装在中心管的支座下，其发热部位埋在铜座 B 的中心柱体内，加热电源的进线由中心管上方的插孔 P_2 引入，P_2 和引线（外套瓷管）与容器绝缘，容器为电源负端，通过插件 P_1 的专用线与测试仪机壳相连接地，并将被测 PN 结的温度和电压号输入测试仪。测试仪面板如

图 3.48 所示。

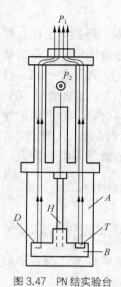

图 3.47 PN 结实验台

A—样品 B—样品座 D—待测 PN 结
T—测温元件 P—引线座 H—加热器
P₂—加热电源插孔

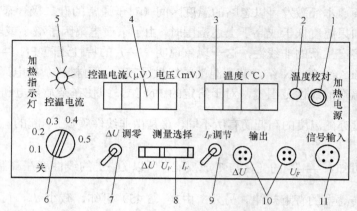

图 3.48 PN 结 U_F—T 测试仪

1—加热电源输入端 2—温标校准旋钮 3—温度显示 4—ΔU、U_F、
I_F 数值显示 5—加热指示灯 6—加热控温电流旋钮 7—ΔU 调零旋钮
8—ΔU、U_F、I_F 选择开关 9—I_F 调节旋钮 10—ΔU、
U_F（数显温度）输出端 11—测试信号输入端

② 将两端带插头的四芯屏蔽电缆一端插入测试仪的"信号输入"插座，另一端插入样品室顶部插座。连接时，应先将插头与插座的凹凸定位部对准，再按插头的紧线夹部位，便可插入；拆除时只要拉插头的可动外套部位即可，切勿扭转或硬拉。打开电源开关（在机箱背后），两组显示器即有指示，如发现数字乱跳或溢出（即首位显示"1"，后 3 位不显示），应检查信号电缆插头是否插好或电缆芯线有否折断，检查待测 PN 结和测温元件管脚是否与容器短路或引线脱落。

③ 将"测量选择"开关拨到 I_F，转动"I_F 调节"旋钮，I_F 值可变，将其拨到 U_F，调 I_F，U_F 亦变，再将其拨到 ΔU，转动"ΔU 调零"旋钮，可使 ΔU = 0，说明仪器以上功能正常。

④ 将两端带插头导线分别插入测试仪的加热电源输出孔和实验台的对应输入孔，开启控温电源开关（置 0.2A 挡），加热指示灯即亮，1～2min 后，即可显示温度上升。至此，仪器运行正常。

四、实验内容

1. 实验系统检查与连接

① 取下样品室的筒套（左手扶筒盖，右手扶筒套顺时针旋转），查待测 PN 结管和测温元件应分放在铜座的左、右两侧圆孔内，其管脚不与容器接触，然后放好筒盖内的橡皮圈，装上圈的作用是当样品室在冰水中进行降温时，防止冰水渗入室内。

② 控温电流开关应放在"关"的位置，此时加热指示灯不亮。接上加热电源线和信号传输线。两者连线均为直插式，在连接信号线时，应先对准插头与插座的凹凸定位标记，再按插头的紧线夹部位，即可插入。而拆除时，应拉插头的可动外套，决不可鲁莽地左右转动，

或因操作部位不对而硬拉，否则可能拉断引线影响实验。

2．校准测试仪上的温度显示值

打开电源开关，预热几分钟后，此时测试仪上将显示出室温 T_s，与温度计上的指示值比较，调节温标校准旋钮，使测试仪上显示的温度 T_s 与温度计指示值相同，记下起始温度 T_s。

3．$U_F(T_s)$ 的测量和 ΔU 的调零

将"测量选择"开关拨到 I_F，由"I_F 调节"使 $I_F=50\mu A$，将开关拨到 U_F，记下 $U_F(T_s)$ 值，再将开关置于 ΔU，由"ΔU 调零"使 $\Delta U=0$。

4．测量 ΔU-T 曲线

开启加热电源（指示灯即亮），逐步提高加热电流进行变温实验，并记录对应的 ΔU 和 T，在测量时，ΔU 可每改变 20mV 立即读取一组 ΔU、T，直到温度升高至 120℃ 左右为止。

5．求被测 PN 结正向压降随温度变化的灵敏度 S(mV/℃)

以 T 为横坐标，ΔU 为纵坐标，作 ΔU-T 曲线，其斜率就是 S。

6．估算被测 PN 结材料的禁带宽度

根据式（3.50）略去非线性项，可得

$$U_g(0)=U_F(T_s)+\frac{U_F(T_s)}{T}\Delta T=U_F(T_s)+S\cdot\Delta T$$

式中，$\Delta T=-273.2℃-T_s$。将实验所得的 $E_g(0)=eU_g(0)$ 与公认值 $E_g(0)=1.21eV$ 比较，求其误差。

7．数据记录

实验起始温度 $T_s=$_____℃。

工作电流 $I_F=$_____μA。

起始温度 T_s 时的正向压降 $U_F(T_s)=$_____mV。

控温电流=_____A。

填写表 3.18。

表 **3.18**	数据记录							
$\Delta U=U_F(T)-U_F(T_s)$(mV)	−20	−40	−60	−80	−120	−140	−160	⋯
T(℃)								⋯
(273.2+T) (K)								⋯

改变加热电流，重复上述步骤进行测量（$I=0.3A$），并比较两组测量结果。

改变工作电流 $I_F=100\mu A$，重复上述 1～7 的步骤进行测量；并比较两组测量结果。

注意

① 打开电源，在测量前先预热几分钟后再进行测量。

② 在整个实验过程中，升温速率要慢。

五、思考题

① 在测量 PN 结正向压降和温度的变化关系时，温度高时 U_F-T 线性好，还是温度低时好？

② 测量时，为什么温度必须在−50℃～150℃ 范围内？

【小知识】

采用不同的掺杂工艺，将 P 型半导体与 N 型半导体制作在同一块半导体基片上，在它们的交界面就形成空间电荷区，称为 PN 结，PN 结具有单向导电性。

一块单晶半导体中，一部分掺有受主杂质的是 P 型半导体，另一部分掺有施主杂质的是 N 型半导体，P 型半导体和 N 型半导体的交界面附近的过渡区域即 PN 结。PN 结有同质结和异质结两种。用同一种半导体材料制成的 PN 结叫同质结，由禁带宽度不同的两种半导体材料制成的 PN 结叫异质结。制造 PN 结的方法有合金法、扩散法、离子注入法和外延生长法等。制造异质结通常采用外延生长法。

P 型半导体：由单晶硅通过特殊工艺掺入少量的三价元素组成，会在半导体内部形成带正电的空穴。

N 型半导体：由单晶硅通过特殊工艺掺入少量的五价元素组成，会在半导体内部形成带负电的自由电子。

在 P 型半导体中有许多带正电荷的空穴和带负电荷的电离杂质。在电场的作用下，空穴是可以移动的，而电离杂质（离子）是固定不动的。N 型半导体中有许多可动的负电子和固定的正离子。当 P 型和 N 型半导体接触时，在界面附近空穴从 P 型半导体向 N 型半导体扩散，电子从 N 型半导体向 P 型半导体扩散。空穴和电子相遇而复合，载流子消失。因此在界面附近的结区中有一段距离缺少载流子，却有分布在空间的带电的固定离子，称为空间电荷区。P 型半导体一边的空间电荷是负离子，N 型半导体一边的空间电荷是正离子。正负离子在界面附近产生电场，这电场阻止载流子进一步扩散，达到平衡。

在 PN 结上外加一电压，如果 P 型一边接正极，N 型一边接负极，电流便从 P 型一边流向 N 型一边，空穴和电子都向界面运动，使空间电荷区变窄，甚至消失，电流可以顺利通过。如果 N 型一边接外加电压的正极，P 型一边接负极，则空穴和电子都向远离界面的方向运动，使空间电荷区变宽，电流不能流过。这就是 PN 结的单向导电性。

PN 结加反向电压时，空间电荷区变宽，区中电场增强。反向电压增大到一定程度时，反向电流将突然增大。如果外电路不能限制电流，则电流会大到将 PN 结烧毁。反向电流突然增大时的电压称击穿电压。基本的击穿机构有两种，即隧道击穿和雪崩击穿。PN 结加反向电压时，空间电荷区中的正负电荷构成一个电容性的器件，它的电容量随外加电压而改变。

根据 PN 结的材料、掺杂分布、几何结构和偏置条件的不同，利用其基本特性可以制造多种功能的晶体二极管。如利用 PN 结单向导电性可以制作整流二极管、检波二极管和开关二极管，利用击穿特性制作稳压二极管和雪崩二极管；利用高掺杂 PN 结隧道效应制作隧道二极管；利用结电容随外电压变化效应制作变容二极管。使半导体的光电效应与 PN 结相结合还可以制作多种光电器件。如利用前向偏置异质结的载流子注入与复合可以制造半导体激光二极管与半导体发光二极管；利用光辐射对 PN 结反向电流的调制作用可以制成光电探测器；利用光生伏特效应可制成太阳电池。此外，利用两个 PN 结之间的相互作用可以产生放大、振荡等多种电子功能。PN 结是构成双极型晶体管和场效应晶体管的核心，是现代电子技术的基础，在二极管中广泛应用。

实验 22　大学物理仿真实验

计算机微机技术和网络通信的高速发展，使当今社会进入了知识经济的信息时代，教育作为这个时代发展的重要支柱，受到社会各领域及各国政府的普遍关注和重视。20 世纪 80

年代出现了 CAI（Computer Aided Instruction），20 世纪 90 年代又出现了网络教育，二者的结合已成为当前教育手段现代化的主要内容。它将形成一个崭新的教学环境，使在校教育、函授教育、电视教育打破各种限制，发生深刻的变化。但这种教学的更新是依靠具体的教学媒体创新来实现的。对大学物理来说，由于在目前的物理实验教学中，实验仪器复杂、精密与昂贵，往往不能允许学生自行设计实验参数、反复调整仪器，这对学生自行设计实验参数、剖析仪器性能和结构、理解实验的设计思想和方法是很不利的。大学物理仿真实验可在相当程度上弥补实验教学上这方面的缺陷。而且"大学物理仿真实验"是一个具有代表性的创新媒体，它利用数学建模和 3D 图形设计虚拟仪器，建立虚拟实验环境，让学生在这个虚拟环境中操作仿真仪器模拟真实的实验过程，以达到培养学生动手能力、学习实验技能、深化理解物理知识的目的。

大学物理仿真实验通过微机与实验设备、教学内容、教师指导和学生的操作有机地融合为一体，通过对实验环境的模拟，加深学生对实验的物理思想和方法、仪器的结构及原理的理解，并加强对仪器功能和使用方法的训练，培养设计思考能力和比较判断能力，可以达到实际实验难以实现的效果，实现了培养动手能力、学习实验技能、深化物理知识的目的。

大学物理仿真实验具有下列优点。

① 通过对实验环境的模拟，使未做过实验的学生通过仿真软件对实验的整体环境、所用仪器的整体结构能建立起直观的认识。仪器的关键部位可拆卸并进行调整，以实时观察仪器的各种指标和内部结构的动作，增强了熟悉仪器功能和使用方法的训练。

② 在实验中仪器实现了模块化，学生可对提供的仪器进行选择和组合，用不同的方法完成同一实验目标，培养学生的设计思考能力和对不同实验方法的优劣、误差大小的比较、判断能力。

③ 通过探入剖析教学过程，设计上充分体现教学思想的指导，使学生必须在理解的基础上认真思考才能正确操作，克服了实际实验中出现的盲目操作和实验"走过场"的缺点，使学生切实受益。

④ 对实验的相关理论进行了演示和讲解，对实验的历史背景和意义、现代应用等方面都作了介绍，使仿真实验成为连接理论教学与实验教学，培养学生理论与实践相结合思维的一种崭新教学模式。

⑤ 实验中待测的物理量可以随机产生，以适应同时实验的不同学生和同一学生的不同次操作。对实验误差也进行了模拟，以评价实验质量的优劣。

⑥ 具有多媒体配音解说和操作指导，易于使用。

目前，我们选用了较为成熟的由中国科学技术大学研制、高等教育出版社出版的《大学物理仿真实验 II》教学软件，它包括对大学物理实验中的绪论、误差分析与数据处理、力热学基本测量仪器、杨氏模量等内容进行了仿真模拟，覆盖了理工科大学物理实验的主要内容。

一、实验目的

① 学习和理解用微机模拟大学物理实验的操作过程。
② 培养学生的动手能力、学习实验技能和深化物理知识。

二、操作方法

在仿真实验中几乎所有的操作都要使用鼠标，启动 Windows 后，屏幕上就会出现鼠标指针。移动鼠标，屏幕上的指针随之移动。下面是鼠标操作的名词约定。

单击：按一下鼠标左键再放开。

双击：快速地连续按两下鼠标左键。

拖动：按下鼠标左键并移动。

右击：按一下鼠标右键再放开。

1. 软件系统的启动和功能介绍

在微机的程序菜单或桌面上双击"大学物理仿真实验 v2.0（第二部分）"图标，启动仿真实验系统。进入系统后出现主界面（见图 3.49），单击"上一页"、"下一页"按钮可前后翻页。单击各实验项目文字按钮（不是图标）即可进入相应的仿真实验平台。结束仿真实验后回到主界面，单击"退出"按钮即可退出本系统。如果某个仿真实验还在运行，则在主界单击"退出"按钮无效，待关闭所有正在运行的仿真实验后，系统会自动退出。

图 3.49　仿真实验主界面

仿真实验平台采用窗口式的图形化界面，形象生动，使用方便。

由仿真系统主界面进入仿真实验平台后，首先显示该平台的主窗口——实验室场景（见图 3.50），该窗口大小一般为全屏或 640 像素 × 480 像素。实验室场景内一般都包括实验台、实验仪器和主菜单。用鼠标在实验室场景内移动，当鼠标指向某件仪器时，鼠标指针处会显示相应的提示信息（仪器名称或如何操作），如图 3.51 所示。有些仪器位置可以调节，可以按住鼠标左键进行拖动。

主菜单一般为弹出式，隐藏在主窗口里。在实验室场景上右键单击即可显示（见图 3.52）。菜单项一般包括：实验背景知识、实验原理的演示，实验内容、实验步骤和仪器说明文档，开始实验或进行仪器调节，预习题，思考题和实验报告，退出实验等。

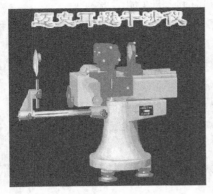

图 3.50 迈克尔逊干涉仪实验

图 3.51 提示信息

图 3.52 主菜单

2．仿真实验的具体操作方法

（1）开始实验

有些仿真实验启动后就处于"开始实验"状态，有些需要在主菜单上选择。

（2）控制仪器调节窗口

调节仪器一般要在仪器调节窗口内进行。

打开窗口：双击主窗口上的仪器或从主菜单上选择，即可进入仪器调节窗口。

移动窗口：用鼠标拖动仪器调节窗口上端的细条。

关闭窗口。

方法①：右键单击仪器调节窗口上端的细条，在弹出的菜单中选择"返回"或"关闭"命令。

方法②：双击仪器调节窗口上端的细条。

方法③：激活仪器调节窗口，按 Alt+F4 组合键。

（3）选择操作对象

激活对象（仪器图标、按钮、开关、旋钮等）所在窗口，当鼠标指向此对象时，系统会给出下列提示中的至少一种。

① 鼠标指针提示。鼠标指针光标由箭头变为其他形状（如手形）。

② 光标跟随提示。鼠标指针光标旁边出现了一个黄色的提示框，提示对象名称或如何操作。

③ 状态条提示。状态条一般位于屏幕下方，提示对象名称或如何操作。

④ 语音提示。朗读提示框或状态条内的文字说明。

⑤ 颜色提示。对象的颜色变为高亮度（或发光），显得突出而醒目。

出现上述提示即表明选中该对象，可以用鼠标进行仿真操作。

（4）进行仿真操作

① 移动对象。如果选中的对象可以移动，就用鼠标拖动选中的对象。

② 按钮、开关、旋钮的操作。

按钮：选定按钮，单击即可（见图 3.53）。

开关：对于两挡开关，在选定的开关上单击鼠标切换其状态。多挡开关，在选定的开关上单击左键或右键切换其状态（见图 3.54 和图 3.55）。

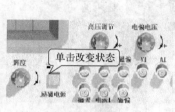

图 3.53　按钮

图 3.54　两挡开关

旋钮：选定旋钮，左键单击，旋钮反时针旋转；右键单击，旋钮顺时针旋转（见图 3.56）。

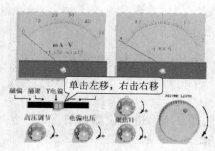

图 3.55　多挡开关

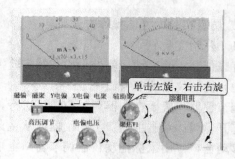

图 3.56　旋钮开关

（5）连接电路

连接两个接线柱：选定一个接线柱，按住鼠标左键并拖动，一根直导线即从接线柱引出。将导线末端拖至另一个接线柱释放鼠标，就完成了两个接线柱的连接（见图 3.57）。

删除两个接线柱的连线：将这两个接线柱重新连接一次（如果面板上有"拆线"按钮，则应先选择此按钮）。

（6）Windows 标准控件的调节

仿真实验中也使用了一些 Windows 标准控件，调节方法请同学们实验前参阅有关

Windows 操作的书籍或 Windows 的联机帮助。

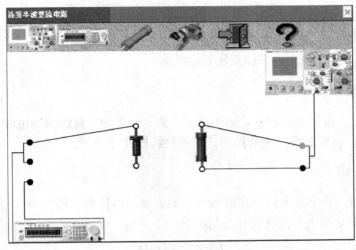

图 3.57　连线

三、注意事项

① 模拟实验前应预习要模拟的实验内容，充分了解实验原理和实验的基本操作方法。
② 实验后要按照要求关闭操作软件和微机。

实验 23　磁聚焦法测定电子荷质比

　　带电体的电荷量和质量的比值，叫做比荷，又称荷质比。电子电量 e 和电子静质量 m 的比值（e/m）是电子的基本常数之一，又称电子比荷。1897 年 J.J.汤姆逊（获得 1906 年诺贝尔物理学奖）通过电磁偏转的方法测量了阴极射线粒子的荷质比，它比电解中的单价氢离子的荷质比约大 2 000 倍，从而发现了比氢原子更小的组成原子的物质单元，定名为电子。精确测量电子荷质比的值为$-1.75881962 \times 10^{11}$C/kg，根据测定电子的电荷，可确定电子的质量。另外，20 世纪初 W.考夫曼用电磁偏转法测量 β 射线（快速运动的电子束）的荷质比，发现 e/m 随速度增大而减小。这是电荷不变质量随速度增加而增大的表现，与狭义相对论质速关系一致，是狭义相对论实验基础之一。

　　测定电子荷质比可使用不同的方法，如磁聚焦法、磁控管法、汤姆逊法等。作为基础实验是为了对电子荷质比有一个感性认识，因此介绍一种简便测定 e/m 的方法——纵向磁场聚焦法。它是将示波管置于长直螺线管内，并使两管同轴安装。当偏转板上无电压时，从阴极发出的电子，经加速电压加速后，可以直射到荧光屏上打出一亮点。若在偏转板上加一交变电压，则电子将随之而偏转，在荧光屏上形成一条直线。此时，若给长直螺线管通以电流，使之产生一轴向磁场，那么，运动电子处于磁场中，因受到洛仑兹力作用而在荧光屏上再度汇聚成一亮点，这就叫做纵向磁场聚焦。由加速电压、聚焦时的励磁电流值等有关参量，便可计算出 e/m 的数值。

一、实验目的

① 加深对电子在电场和磁场中运动规律的理解。

② 了解电子射线束磁聚焦的基本原理。

③ 学习用磁聚焦法测定电子荷质比 e/m 的值。

二、实验仪器

长直螺线管、阴极射线示波管、电子荷质比测定仪电源、直流稳压电流（励磁用）、直流电流表（0～3A）、装有选择开关及换向开关的接线板和导线等。

三、实验原理

由电磁学可知，一个带电粒子在磁场中运动要受到洛伦兹力的作用。设带电粒子是质量和电荷分别为 m 和 e 的电子，则它在均匀磁场中运动时，受到的洛伦兹力 f 的大小为

$$f = evB\sin(v,B) \tag{3.53}$$

式中，v 是电子运动速度的大小，B 是均匀磁场中磁感应强度的大小，(v,B) 则是电子速度方向与磁感应强度方向（即磁场方向）间的夹角。下面对式（3.53）进行讨论。

① 当 $\sin(v,B) = 0$ 时 $f = 0$，表示电子速度方向与磁场方向平行（即 v 与 B 方向一致或反向）时，磁场对运动电子没有洛伦兹力的作用。说明电子沿着磁场方向做匀速直线运动。

② 当 $\sin(v,B) = 1$ 时 $f = evB$，表示电子在垂直于磁场的方向运动时，受到的洛伦兹力最大，其方向垂直于由 v、B 组成的平面，指向由右手螺旋定则决定。由于洛伦兹力 f 与电子速度 v 方向垂直，所以 f 只能改变 v 的方向，而不能改变 v 的大小，它促使电子作匀速圆周运动，为电子运动提供向心加速度，即

$$f = evB = m\frac{v^2}{R}$$

由此可得电子做圆周运动的轨道半径为

$$R = \frac{v}{\dfrac{e}{m}B} \tag{3.54}$$

式（3.54）表示，当磁场的 B 一定时，R 与 v 成正比，说明速度大的电子绕半径大的圆轨道运动，速度小的电子绕半径小的圆轨道运动。

电子绕圆轨道运动一周所需的时间为

$$T = \frac{2\pi R}{v} = \frac{2\pi}{\dfrac{e}{m}B} \tag{3.55}$$

式（3.55）表示电子做圆周运动的周期 T 与电子速度的大小无关。也就是说，当 B 一定时，所有从同一点出发的电子尽管它们各自的速度大小不同，但它们运动一周的时间却是相同的。因此，这些电子在旋转一周后，都同时回到了原来的位置，如图 3.58 所示。

③ 当 $\sin(v,B) = \theta\left(0 < \theta < \dfrac{\pi}{2}\right)$ 时，$f = evB\sin\theta$，表示电子运动方向与磁场方向斜交。这时可

将电子速度 v 分解成与磁场方向平行的分量 $v_{//}$ 及磁场方向垂直的分量 $v_\perp$，如图 3.59 所示。这时 $v_{//}$ 就相当于上面"讨论①"的情况，它使电子在磁场方向做匀速直线运动。而 $v_\perp$ 则相当于上面"讨论②"的情况，它使电子在垂直于磁场方向的平面内做匀速圆周运动。因此，当电子运动方向与磁场方向斜交时，电子的运动状态实际上是这两种运动的合成，即它一面做匀速圆周运动，同时又沿着磁场方向做匀速直线运动向前行进，形成了一条螺旋形的运动轨迹。这条螺旋轨道在垂直于磁场方向的

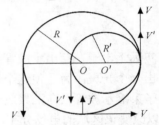

图 3.58　电子在磁场中的圆周运动

平面上的投影是一个圆，如图 3.60 所示。与上面"讨论②"的情况同理，可得这个圆轨道的半径为

$$R_\perp = \frac{v_\perp}{\frac{e}{m}B} \qquad (3.56)$$

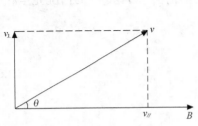

图 3.59　电子运动方向与磁场斜交

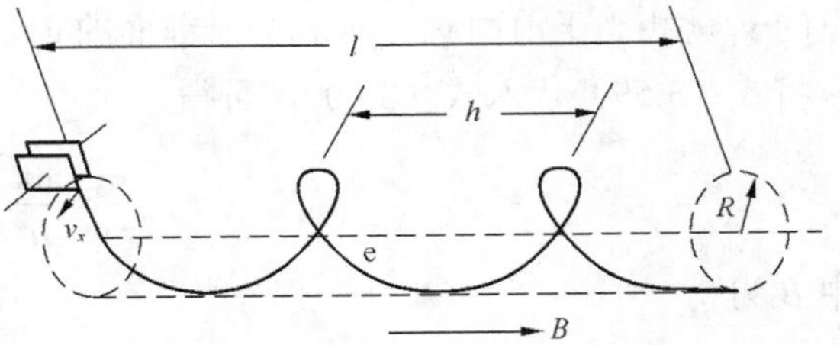

图 3.60　电子在磁场中的螺旋运动

周期为

$$T_\perp = \frac{2\pi R_\perp}{v_\perp} = \frac{2\pi}{\frac{e}{m}B} \qquad (3.57)$$

$$h = v_{//}T_\perp = \frac{2\pi v_{//}}{\frac{e}{m}B} \qquad (3.58)$$

　　由以上三式可见，对于同一时刻电子流中沿螺旋轨道运动的电子，由于 $v_\perp$ 的不同，它们的螺旋轨道各不相同，但只要磁场的 B 一定，那么，所有电子绕各自的螺旋轨道运动一周的时间 $T_\perp$ 却是相同的，与 $v_\perp$ 的大小无关。如果它们的 $v_{//}$ 也相同，那么，这些螺旋轨道的螺距 h 也相同。这说明，从同一点出发的所有电子，经过相同的周期 $T_\perp$、$2T_\perp$……后，都将汇聚于距离出发点为 h、$2h$……处，而 h 的大小则由 B 和 $v_{//}$ 来决定，这就是用纵向磁场使电子束聚焦的原理。

　　根据这一原理，我们将阴极射线示波管安装在长直螺线管内部，并使两管的中心轴重合。根据我们已经知道示波管内部的结构，当给示波管灯丝通电加热时，阴极发射的电子经加在阴极与阳极之间直流高压 U 的作用，从阳极小孔射出时可获得一个与管轴平行的速度 v_1，若电子质量为 m，根据功能原理有

$$\frac{1}{2}mv_1^2 = eU$$

则电子的轴向速度大小为

$$v_1 = \sqrt{\frac{2eU}{m}} \tag{3.59}$$

实际上电子在穿出示波管的第二阳极后，就形成了一束高速电子流，它射到荧光屏上，就打出一个光斑，为了使这个光斑变成一个明亮、清晰的小亮点，必须将具有一定发散程度的电子束沿示波管轴向汇聚成一束很细的电子束（称为"聚焦"），这就要调节聚焦电极的电势，以改变该区域的电场分布。这种靠电场对电子的作用来实现聚焦的方法，称为静电聚焦，可调节"聚焦"旋钮来实现。

若在 Y 轴偏转板上加一交变电压，则电子束在通过该偏转板时即获得一个垂直于轴向的速度 v_2。由于两极板间的电压是随时间变化的，因此，在荧光屏上将观察到一条直线。

由上可知，通过偏转板的电子，既具有与管轴平行的速度 v_1，又具有垂直于管轴的速度 v_2，这时若给螺线管通以励磁电流，使其内部产生磁场（近似认为长直螺线管中心轴附近的磁场是均匀的），则电子将在该磁场作用下做螺旋运动。这与前面"讨论③"的情况完全相同，这里的 v_1 就相当于前面 $v_{//}$，v_2 相当于前面的 $v_\perp$。

将式（3.59）代入式（3.60），可得

$$\frac{e}{m} = \frac{8\pi^2 U}{h^2 B^2} \tag{3.60}$$

式中 B 为

$$B = \frac{\mu_0 N I}{\sqrt{L_2 + D^2}}$$

将 B 代入式（3.60），得

$$\frac{e}{m} = \frac{8\pi^2 U(L^2 + D^2)}{(\mu_0 N I h)^2} = \frac{8\pi^2 (L^2 + D^2)}{(\mu_0 N h)^2} \cdot \frac{U}{I^2} \tag{3.61}$$

式中，μ_0 为真空磁导率，$\mu_0 = 4\pi \times 10^{-7} H/m$，$N$ 为螺线管线圈的总匝数，L、D 分别为螺线管的长度和直径。这时 N、L、D、h 的数值由实验室给出。因此测得 I 和 U 后，就可求得电子的荷质比的值。

四、实验装置和内容

1. 实验装置

图 3.61 是本实验的实验装置及线路图，该图可分成两部分来讨论。

① 图中上部是示波管及长直螺线管，将示波管管座引出的标有 K、G、A_2、A_1 的引线"电子荷质比测定仪电源"面板上的接线柱对应相接，F、F 插入面板插孔内，示波管标有 X、X、Y、Y 的引出线与开关 K_1 的相接，A_2 接在面板上的"⊥"处。再按图另用导线将 X、X 与"⊥"接通。K_1 下面两个接线柱与"测定仪电源"的"测试"接线柱连接。螺线管的两根引出线，接到开关 K_2 旁边的接线柱上，再将直流稳压电源（0～30V）、电流表和 K_2 的中间两个接线柱串联在一起。

② 图中左下部的电路均在"电子荷质比测定仪电源"内部。而开关 K_1 和 K_2 及显示

励磁电流的电流表安装在接线板上。右下部的 K_2 所连接的直流电源（0～30V）是励磁用的。

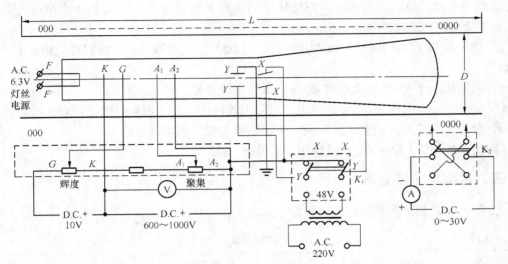

图 3.61　纵向磁场聚焦法测 e/m 实验装置及线路图

2. 实验内容及操作步骤

① 将螺线管方位调整到与当地的地磁倾角相同（西安地区为 50°29′），使管内轴向磁场和地球磁场方向一致，按图 3.61 和图 3.62 接线，细心检查无误后，开始操作。

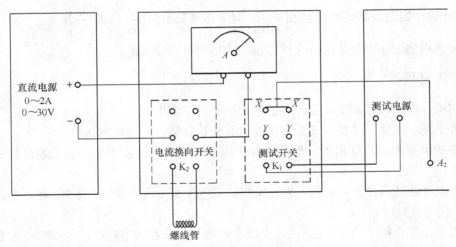

图 3.62　线路图

② 将选择开关 K_1 扳到接"地"一边，电流换向开关 K_2 断开。接通"电子荷质比测定仪电源"开关，加速高压 U 调至 600V，适当调节辉度和聚集旋钮，使荧光屏上出现一个明亮的细点。

③ 将选择开关 K_1 扳向另一边，Y 偏转板接通交流电源。由于电子获得了垂直于轴向的速度而发生偏转，荧光屏上出现一条直线。

④ 将电流换向开关 K_2 扳向任一边，接通直流稳压电源（即励磁电源），从零逐渐增加螺线管中的电流强度 I，使荧光屏上的直线光迹一面旋转一面缩短，当磁场增强到某一程度时，又聚焦成一细点。第一次聚焦时，螺旋轨道的螺距 h 恰好等于 Y 偏转板中点至荧光屏的距离。记下聚焦时电流表的读数。

⑤ 调节高压 U 为 700V、800V、900V、1 000V，分别记录每次聚焦时螺线管中的电流值。

⑥ 将高压从 1 000V 逐次降到 600V，重复上述步骤。

⑦ 将电流换向开关 K_2 扳到另一边，重复上述操作，记下聚焦时的电流表读数。

⑧ 断开电流换向开关及选择开关，关断励磁电源及测定仪电源。

⑨ 记录螺线管的 N、L、D 及螺距 h 的值。

五、数据记录及处理

① 设计记录数据的表格，记录数据（见表 3.19）。

表 3.19　　　　　　　　　　　　　　数据记录

电压（V）	600	700	800	900	1 000
$I+$					
$I-$					
$\bar{I}$					

② 求出在各不同高压下电子束聚焦时电流强度 I 的平均值，用式（3.61）计算各 e/m 值，并求出 e/m 的平均值及其绝对误差 $\Delta\left(\dfrac{e}{m}\right)$。测量结果表示为 $\left(\dfrac{e}{m}\right)\pm\Delta\left(\dfrac{e}{m}\right)$。

③ 将求得的 e/m 值与公认值进行比较，求出相对百分误差。

六、注意事项

① 实验线路中因有高压，操作时需倍加小心，以防电击。

② 为了减少干扰，螺线管支架应接地，其他铁磁物体应远离螺线管。

③ 螺线管应南高北低放置。聚焦光点应尽量细小，但不要太亮，以免难以判断聚焦的好坏。

④ 在改变螺线电流方向以前，应先调节励磁电源输出为"零"或最小，然后再扳动换向开关 K_2，使电流反向。

⑤ 改变加速高压 U 后，光点亮度会改变，这时应重新调节亮度，若调节亮度后加速高压有变化，再调到规定的电压值。

七、思考题

① 调节螺线管中的电流强度 I 的目的是什么？

② 实验时螺线管中的电流方向要反向，为什么？聚焦时电流值有何不同？为什么？

③ 静电聚焦（$B=0$）后，加偏转电压后，荧光屏上呈现的是一条直线而不是一个亮点，为什么？

④ 加上磁场后，磁聚焦时，如何判定偏转板到荧光屏间是一个螺距，而不是两个、三个或更多？

补充知识　DHZB-B 型电子荷质比测试仪

一、仪器的组成

DHZB-B 型电子荷质比测试仪由 3 个部分组合而成：电源箱、螺线管部分、实验板。用户在实验时装配一台 0～2A，0～30V 的可调直流专用稳压电源。

二、仪器的制作原理

置于长直螺线管中的示波管，在不受任何偏转电压的情况下，示波管正常工作时，调节亮度和聚焦，可在荧光屏上得到一个小亮点，若第二加速阳极 A_2 的电压为 U，则电子的轴向运动速度用 V 表示，则有

$$V_{//} = \sqrt{\frac{2eu}{m}} \tag{3.62}$$

当给其中一对偏转板加上交变电压时，电子将获得垂直于轴向的速度（用 $V_\perp$ 表示），此时荧光屏上便出现一条直线，随后给长直螺线管通一电流 I，于是螺线管内便产生磁场，其磁场感应强度用 B 表示。众所周知，运动电子在磁场中要受到洛仑兹力 $F = e\upsilon_\perp B$ 的作用，显然 $V_{//}$ 受力为零，电子继续向前作直线运动，而 $V_\perp$ 受力最大为 $F = e\upsilon_\perp B$，这个力使电子在垂直于磁场（也垂直于螺线管轴线）的平面内做圆周运动，设其圆周运动的半径为 R，则有

$$eV_\perp B = \frac{mV_\perp^2}{R}, \qquad R = \frac{mV_\perp^2}{eV_\perp B} \tag{3.63}$$

圆周运动的周期为

$$T = \frac{2\pi R}{V_\perp} = \frac{2\pi m}{eB} = \frac{2\pi}{e/mB} \tag{3.64}$$

电子既在轴线方向做直线运动，又在垂直于轴线的平面内做圆周运动。它的轨道是一条螺旋线，其螺距用 h 表示，则有

$$h = V_{//}T = \frac{2\pi}{B}\sqrt{\frac{2mu}{e}} \tag{3.65}$$

有趣的是，我们从式（3.64）、式（3.65）两式可以看出，电子运动的周期和螺距均与 $V_\perp$ 无关。不难想象，电子在做螺线运动时，它们从同一点出发，尽管各个电子的 $V_\perp$ 各不相同，但经过一个周期后，它们又会在距离出发点相距一个螺距的地方重新相遇，这就是磁聚焦的基本原理。由式（3.65）可得

$$e/m = 8\pi^2 U / h^2 B^2 \tag{3.66}$$

长直螺线管的磁感应强度 B，可以由下式计算：

$$B = \frac{\mu_0 NI}{\sqrt{L^2 + D^2}} \qquad (3.67)$$

将式（3.67）代入式（3.66），可得电子荷质比为

$$e/m = 8\pi^2 U(L^2 + D^2)/(\mu_0 NIh)^2 \qquad (3.68)$$

μ_0 为真空中的磁导率

$$\mu_0 = 4\pi \times 10^{-7} \, \text{H/m}$$

本仪器的其他参数见标牌。

三、仪器的使用方法

① 按线路图，接好线路，按当地的磁倾角调好电子荷质比测定仪法兰盘与水平面的夹角，接通电源，预热 5～10min。

② 调节示波管电源的高压至 1 000V。

③ 将双刀双掷开关 K_1 板向接地一端，使 Y 偏转板接地，调节亮度聚焦，使荧光屏上出现一个小亮点。

④ 将双刀双掷开关 K_1 板向另一方使 Y 偏转板与测试电源（48V 的交流电压）相接，此时屏上出现一条直线。

⑤ 将换向开关 K_2 板向上方使螺线管内通以直流电流，从零开始增大电流使屏上的直线一边旋转一边缩短，直到变成一个小光点。读取电流 I，然后将直流电源转并缩短，直到再次得到一个小光点，读取电流值。

⑥ 改变加速电压为 900V，重复步骤⑤，直至加速电压调到 600V 为止。

接线图、电路图见图 3.61。

实验 24　金属线胀系数的测定

绝大多数物质具有"热胀冷缩"的特性，这是由于物体内部分子热运动加剧或减弱造成的。这个性质在工程结构的设计中，在机械和仪表的制造中，在材料的加工（如焊接）中都应考虑到。否则，将影响结构的稳定性和仪表的精度，考虑失当，甚至会造成工程结构的毁损、仪表的失灵以及加工焊接中的缺陷和失败等。固体材料的线膨胀即材料受热膨胀时，在一维方向上的伸长。线胀系数是选用材料的一项重要指标，在研制新材料中，测量其线胀系数更是必不可少。本实验用光杠杆法测量微小伸长量，测定金属线胀系数。

一、实验目的

① 学习用光杠杆测量微小长度的原理和方法。

② 测定金属的线胀系数。

二、实验仪器

金属线胀系数测定仪（附光杠杆）、待测金属棒（铜、铁各一根）、望远镜、直横尺、钢卷尺、蒸汽发生器、温度计、游标卡尺等。

三、实验原理

1. 线胀系数的测量原理

固体的长度一般是温度的函数，在常温下，固体的长度 L 与温度 t 有如下关系

$$L = L_0(1 + \alpha t) \tag{3.69}$$

式中，L_0 为固体在 $t = 0$℃时的长度；α 称为线膨胀系数（简称线胀系数），其数值与材料性质有关，单位为℃$^{-1}$。

设物体在 t_1℃时的长度为 L，温度升到 t_2℃时增加了 ΔL。根据式（3.69）可以写出

$$L = L_0(1 + \alpha t_1) \tag{3.70}$$

$$L + \Delta L = L_0(1 + \alpha t_2) \tag{3.71}$$

从式（3.70）、式（3.71）中消去 L_0 后，再经简单运算得到

$$\alpha = \frac{\Delta L}{L(t_2 - t_1) - \Delta L t_1} \tag{3.72}$$

由于 $\Delta L \ll L$，故式（3.72）可以近似写成

$$\alpha = \frac{\Delta L}{L(t_2 - t_1)} \tag{3.73}$$

显然，固体线胀系数的物理意义是当温度变化 1℃时，固体长度的相对变化值，其单位为℃$^{-1}$。大量实验表明，不同材料的线胀系数不同。一些常见的固体材料的线胀系数如表 3.20 所示。

表 3.20　　　　　　　　　　　　　**几种材料的线胀系数**

材　　料	铜、铁、铝	普通玻璃、陶瓷	熔凝石英
α 的数量级（℃$^{-1}$）	约 10^{-5}	约 10^{-6}	约 10^{-7}

在式（3.73）中，L、t_1、t_2 都比较容易测量，但 ΔL 很小，用普通钢尺或游标卡尺是测不准的，可采用读数显微镜、光杠杆放大法、光学反射法等。本实验中采用光杠杆和望远镜标尺组来对其进行测量。

2. 光杠杆及其放大原理

光杠杆系统包括光杠杆平面镜、水平放置的望远镜和竖直标尺。光杠杆平面镜垂直于它的底座，底座下有 3 个尖足。两个前尖足放在仪器平台上，一个后尖足（称测量足）立于待测杆的顶端。当待测杆受热伸长时，测量足被顶起 ΔL 相应地平面镜也转过一个 θ 角。在稍远处置一竖直标尺和测量望远镜（在物镜和目镜之间装有叉丝），从望远镜中可读出待测杆伸长前后叉丝所对准的标尺读数 n_1 和 n_2。这样就把微小伸长 ΔL 的测量转化为 $n_2 - n_1$ 的测量。由图 3.62 可以看出

$$\tan 2\theta = \frac{n_2 - n_1}{B}$$

当角度很小时，近似有 $\tan 2\theta \approx 2\theta$，又有 $\theta \approx \Delta L / b$，所以

$$\Delta L = \frac{(n_2 - n_1)b}{2B} \tag{3.74}$$

$n_2 - n_1$ 与 ΔL 之比称为光杠杆的放大倍数 A，且

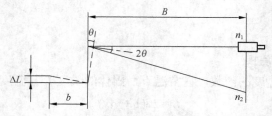

图 3.63　光杠杆放大原理示意

$$A=\frac{n_2-n_1}{\Delta L}=\frac{2B}{b}$$

适当地增大 B，减小 b，可增加光杠杆的放大倍数。

合并式（3.73）和式（3.74）可得出用光杠杆测量材料线胀系数的公式为

$$\alpha=\frac{(n_2-n_1)b}{2LB(t_2-t_1)} \qquad (3.75)$$

式中，L 为室温下材料原长，B 为平面镜镜面至标尺的距离，b 为光杠杆前足连线与后尖足之间的距离；t_1 和 t_2 为加热前后材料的温度；n_1 和 n_2 为加热前后从望远镜中看到的标尺读数。

实验装置如图 3.64 所示。待测金属棒 A 放在线胀系数测定仪的蒸汽管 B 中，B 两头有软木塞，上端木塞有 3 个孔，分别插入蒸汽管，温度计和金属棒 A（上端微露）；下端软木塞有两孔：一孔用以插金属棒（下端微露与底座尖端接触），另一孔可插入玻璃弯管用以排水蒸气或凝结水。

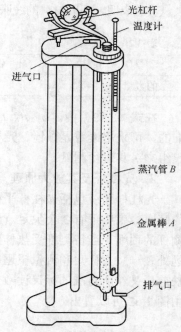

图 3.64　实验装置示意

四、实验内容与要求

1. 仪器的安装与调整

① 在室温下测出金属棒的长度 L，然后按图 3.64 安装好仪器，进气口连接蒸汽发生器。

② 将光杠杆放置好，后脚要放在金属杆上端的中部，光杠杆的 3 个脚尽量在同一水平面内，镜面要竖直。

③ 将望远镜直尺组放在光杠杆前 1～1.5m 处，使望远镜水平，直尺竖直。

④ 调节望远镜观察标尺读数。

a. 调节目镜，看清十字叉丝。

b. 先将望远镜对准光杠杆镜面，然后从镜筒外沿镜筒方向看光杠杆，观察镜面中是否有标尺的像。若有，从望远镜目镜中观察。若无，则要再调仪器直到看到标尺像。调节焦距，使标尺成像清晰且像与叉丝之间无视差（即眼睛略作上下移动时，标尺像与叉丝没有相对移动）。

2. 测量

① 仪器调好后，从望远镜中读出叉丝所对标尺读数 n_1，同时记录室温 t_1。

② 接通电源给蒸汽发生器加热，将蒸汽通入金属筒对金属杆加热，待温度计数值稳定不变，且从望远镜中观察到的叉丝所对标尺读数也不再变化时，记下温度计读数 t_2 及叉丝所对

标尺读数 n_2。

③ 停止加热，测出平面镜到标尺的距离 B。取下光杠杆用印迹法测量 b。

使仪器冷却，换另一金属棒重复以上步骤。求出待测金属的线胀系数；并与其理论值比较，求出相对误差。

五、数据记录及处理

将数据记录于表 3.21 中。

表 3.21　　　　　　　　　　　　　　　数据记录

材料	t_1（℃）	n_1（mm）	t_2（℃）	n_2（mm）	L（mm）	B（mm）	b（mm）

根据公式 $\alpha = \dfrac{(n_2 - n_1)b}{2LB(t_2 - t_1)}$ 求出金属的线胀系数。

六、注意事项

① 仪器安装时，金属杆下端要与底座接触。

② 实验过程中，望远镜、标尺、光杆杠等不能有任何移动，仪器不能有内部的任何变动和外部的任何干扰。

③ 实验操作中，加热时间不能太长，如测 n_2 时，温度达到 100℃ 左右并保持 3～4min 不变即可。加热时间过长，仪器支架受热伸长，将直接影响测量结果。

④ 在蒸汽发生器加热过程中，不要直接接触蒸汽发生器，以免被烫伤。

七、思考题

① 金属杆两端都有一小部分伸出加热筒之外，这对测量结果是否有很大影响？

② 仪器安装时，金属杆下端为什么要与底座接触？

③ 如何增大或减小光杠杆的放大倍数？

④ 利用误差传递公式，分析实验中哪些量测量的误差对结果的影响较大，为什么？

实验 25　光强分布的测定

早在 17 世纪，意大利的 F.M.格里马第就发现点光源照射物体时，有时在该物体的影子边缘会出现彩带。格里马第称这种现象为"衍射"。后来，英国科学家 R.胡克（R.Hooke）也观察到类似的现象，但他们都未能对衍射现象作出正确的解释。1818 年，菲涅耳提出了今天被称为惠更斯-菲涅耳原理的新理论，并创造了菲涅耳半波带法来定量计算物体的衍射光强分布，菲涅耳的所有计算都与实验结果相符。菲涅耳所做的衍射实验，其光源和观察屏距离衍射孔都不是无限远，因而对衍射孔都有一个张角。而同一时期德国的夫琅禾费采用入射光与出射光都是平行光来研究衍射现象，即光源和光屏距离衍射物体都是无限远。我们把这种远场衍射方式产生的衍射称为"夫琅禾费衍射"，而把前者称为"菲涅耳衍射"。可以看出，夫琅禾费衍射是菲涅耳衍射的一种极限情形，数学上更容易处理。衍射现象是一切波所共有的特性，日常生活中声波、水波、无线电波的衍射随时随地发生，易为人觉察，而光的衍射却很难觉察，这是因为光的波长极短而普通光源又是非相干光源。

光的衍射现象是光的波动性的一种表现。衍射现象的存在，深刻说明了光子的运动是受测不准关系制约的，因此研究光的衍射，不仅有助于加深对光的本性的理解，也是近代光学技术（如光谱分析、晶体分析、全息分析、光学信息处理等）的实验基础。

衍射导致光强在空间的重新分布，利用光电传感器元件探测光强的相对变化，是近代技术中常用的光强测量方法之一。

一、实验目的

① 观察单缝衍射现象，加深对衍射理论的理解。
② 会用光电元件测量单缝衍射的相对光强分布，掌握其分布规律。
③ 学会用衍射法测量。

二、实验仪器

半导体激光器、可调宽狭缝、光电探头、一维光强测量装置、检流计、小孔屏和导轨。

三、实验原理

1．单缝衍射的光强分布

当光在传播过程中经过障碍物，如不透明物体的边缘、小孔、细线、狭缝等时，一部分光会传播到几何阴影中去，产生衍射现象。如果障碍物的尺寸与波长相近，那么，这样的衍射现象就比较容易观察到。

光的衍射现象是光的波动性的重要表现。根据光源及观察衍射图像的屏幕（接收屏）到产生衍射的障碍物（单缝）的距离不同，单缝衍射有两种：一种是菲涅耳衍射，单缝距光源和接收屏均为有限远或者说入射波和衍射波都是球面波；另一种是夫琅禾费衍射，单缝距光源和接收屏均为无限远或相当于无限远，即入射波和衍射波都可看成是平面波。

要实现夫琅禾费衍射，必须保证光源至单缝的距离和单缝到衍射屏的距离均为无限远（或相当于无限远），即要求照射到单缝上的入射光、衍射光都为平行光。激光的方向性强，可视为平行光束，利用激光作为光源形成的衍射可以看成是夫琅禾费衍射。

如图 3.65 所示，若单缝宽度为 d，接收屏距离狭缝距离为 D，则产生的夫琅禾费衍射满足近似条件

$$D \gg d \qquad \sin\theta \approx \theta \approx \frac{x}{D}$$

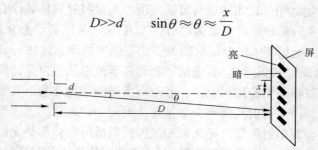

图 3.65　夫琅禾费单缝衍射的装置

产生暗条纹的条件是

$$d\sin\theta = k\lambda \quad (k=\pm 1, \pm 2, \pm 3, \cdots) \tag{3.76}$$

暗条纹的中心位置为

$$x = k\frac{D\lambda}{d} \tag{3.77}$$

两相邻暗纹之间的中心是明纹中心。

由理论计算可得，垂直入射于单缝平面的平行光经单缝衍射后光强分布的规律为

$$I = I_0\frac{\sin^2\beta}{\beta^2} \quad \left(\beta = \frac{\pi d\sin\theta}{\lambda}\right) \tag{3.78}$$

上述式中，d 是狭缝宽，λ 是波长，D 是单缝位置到接收屏位置的距离，x 是从衍射条纹的中心位置到测量点之间的距离，其光强分布如图 3.66 所示。

当 β 相同，即 x 相同时，光强相同，所以在屏上得到的光强相同的图样是平行于狭缝的条纹。当 $\beta = 0$ 时，即 $x=0$，$I=I_0$，在整个衍射图样中，此处光强最强，称为中央主极大；中央明纹最亮、最宽，它的宽度为其他各级明纹宽度的 2 倍。

当 $\beta = K\pi(K=\pm 1, \pm 2, \cdots)$，即 $\theta = K\lambda D/d$ 时，$I=0$ 在这些地方为暗条纹。暗条纹是以光轴为对称轴，呈等间隔、左右对称的分布。中央亮条纹的宽度 Δx 可用 $K=\pm 1$ 的两条暗条纹间的间距确定，

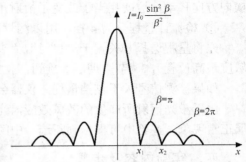

图 3.66　单缝衍射光强分布

$\Delta x = 2\lambda D/d$；某一级暗条纹的位置与缝宽 d 成反比，d 大，x 小，各级衍射条纹向中央收缩；当 d 宽到一定程度，衍射现象便不再明显，只能看到中央位置有一条亮线，这时可以认为光线是沿几何直线传播的。

2. 衍射障碍宽度（d）的测量

由以上分析，如已知光波长 λ，可得单缝的宽度计算公式为

$$d = \frac{K\lambda D}{x} \tag{3.79}$$

因此，如果测到了第 K 级暗条纹的位置 x，用光的衍射可以测量细缝的宽度。

同理，如已知单缝的宽度，可以测量未知的光波长。根据互补原理，光束照射在细丝上时，其衍射效应和狭缝一样，在接收屏上得到同样的明暗相间的衍射条纹。于是，利用上述原理也可以测量细丝直径及其动态变化。

3. 光电检测

衍射使光强在空间重新分布，利用光电元件测量光强的相对变化，是测量光强的方法之一，也是光学精密测量的常用方法。

① 当在小孔屏位置处放上硅光电池和一维光强读数装置，与检流计相连的硅光电池可沿衍射展开方向移动，那么检流计所显示出来的光电流的大小就与落在硅光电池上的光强成正比。该实验装置示意如图 3.67 所示。

根据硅光电池的光电特性可知，光电流和入射光能量成正比，只要工作电压不太小，光电流和工作电压无关，光电特性是线性关系；所以当光电池与检流计构成的回路内电阻恒定

时，光电流的相对强度就直接表示了光的相对强度。

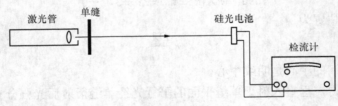

图 3.67　光电检测示意

由于硅光电池的受光面积较大，而实际要求测出各个点位置处的光强，所以在硅光电池前装一细缝光栏，用以控制受光面积，并把硅光电池装在带有螺旋测微装置的底座上，可沿横向方向移动，这就相当于改变了衍射角。

② 检流计量程分为 4 挡，用以测量不同的光强范围，使用前应先预热 5 min。

先将量程选择开关置于"1"挡，"衰减"旋钮置于校准位置（即顺时针转到头，置于灵敏度最高位置），调节"调零"旋钮，使数据显示为"0.0"。

如果被测信号大于该挡量程，仪器会有超量程显示，此时可调高一挡量程。

由于激光衍射所产生的散斑效应，光电流值显示将在指示值约 10% 的范围内上下波动，属正常现象，实验中可根据判断选一中间值。

四、实验内容及步骤

1．观察单缝衍射的光强分布

① 在光导轨上正确安置好各实验装置，如图 3.68 所示。打开激光器，用小孔屏（白屏）调整光路，使激光束与导轨平行。

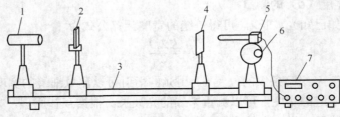

图 3.68　实验装置安置图
1—激光器　2—单缝　3—光导轨　4—小孔屏
5—光电探头　6—一维测量装置　7—数字检流计

② 开启检流计，预热 5min。仔细检查激光器、单缝和一维光强测量装置（千分尺）的底座是否放稳，要求在测量过程中不能有任何晃动；使用一维光强测量装置时注意鼓轮单方向旋转的特性（避免回程误差）。

③ 在硅光电池处，先用小孔屏进行观察，调节单缝倾斜度及左右位置，使衍射条纹水平展开，两边对称。然后改变缝宽和间距，观察衍射条纹的变化规律。

2．测量衍射条纹的相对强度分布

① 移去小孔屏，在小孔屏处放上硅光电池及一维光强测量装置，使激光束垂直移动方向。

遮住激光出射口，把检流计调到零点基准。在测量过程中，检流计的挡位开关要根据光强的大小适当换挡。

② 检流计挡位放在适当挡，转动一维光强测量装置鼓轮，把硅光电池狭缝位置移到标尺中间位置处，调节硅光电池平行光管左右、高低和倾斜度，使衍射条纹中央最大值两旁相同级次的光强以同样高度射入硅光电池平行光管狭缝。

③ 调节单缝宽度和距离，使得衍射条纹最为清晰。

④ 从第二个暗条纹以外开始，每经过 0.2mm（或 0.5mm），沿展开方向测一点光强，一直测到另一侧的第二个暗条纹；应特别注意衍射光强的极大值和极小值的光强测量。

⑤ 在坐标纸上画出光强分布图。

3. 测量单缝的宽度（$\lambda=635.0nm$）

① 测量单缝到光电池之间的距离 D，用卷尺测取相应移动座间的距离即可。

② 由光强分布图测量 x 的大小。

③ 直接测量缝宽，并与前间接测量结果进行比较。

五、注意事项

① 实验中应避免硅光电池疲劳；避免强光直接照射加速老化。

② 避免环境附加光强，实验应处于暗环境操作，否则应对数据做修正。

③ 测量时，应根据光强分布范围不同，选取不同的测量量程。

六、思考题

① 什么叫光的衍射现象？试说明单缝衍射的两大种类。

② 夫琅禾费衍射应符合什么条件？本实验为何可认为是夫琅禾费衍射？

③ 单缝衍射的光强是怎么分布的？

④ 如果激光器输出的单色光照射在一根头发丝上，将会产生怎样的衍射图样？可用本实验的哪种方法测量头发丝的直径？

⑤ 用两台输出光强不同的同类激光器做单缝衍射实验，衍射光斑和相对光强分布曲线有无区别？为什么？

实验 26　金属电子逸出功的测定

电子克服原子核的束缚，从材料表面逸出所需的最小能量，称为逸出功。增加电子能量有多种方法，如用光照，利用光电效应使电子逸出，或用加热的方法使金属中的电子热运动加剧，也能使电子逸出。本实验用加热金属，使热电子发射的方法来测量金属的逸出功。

电子从热金属发射的现象，称为热电子发射。研究热电子发射的目的之一就是要选择合适的阴极物质。实验和理论证实，影响灯丝发射电流密度的主要参量是灯丝温度和灯丝物质的逸出功。灯丝温度愈高，发射电流密度愈大。因此理想的纯金属热电子发射体应该具有较小的逸出功而有较高的熔点，使得工作温度得以提高，以期获得较大的发射电流。目前应用最广泛的纯金属是钨。本实验就是用理查逊直线法来测定钨的逸出功，从而加深对于热电子发射基本规律的了解。

一、实验目的

① 了解有关热电子发射的基本规律。
② 用理查逊直线法测定钨丝的电子逸出功。
③ 进一步学习数据处理方法。

二、实验仪器

金属电子逸出功测定仪、理想二极管和导线若干。

三、实验原理

在高真空（1.33×10^{-4}Pa 以下）的电子管中，一个由被测金属丝做成的阴极 K，通过电流 I_f 加热，并在另一个阳极加正电压时，在连接这两个电极的外电路中将有电流 I_a 通过，图 3.69 所示现象称为热电子发射。

通过对热电子发射规律的研究，可以测定阴极材料逸出功，以选择合适的材料。

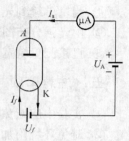

图 3.69 热电子发射

1. 电子的逸出功、逸出电势

根据固体物理金属电子理论，金属中传导电子的能量分布是按费米-狄拉克分布的，即

$$f(E) = \frac{dN}{dE} = \frac{4\pi}{h^3}(2m)^{3/2}E^{1/2}\left(e^{\frac{E-E_F}{kT}} + 1\right)^{-1} \tag{3.80}$$

式中，E_F 为费米能级。

在绝对零度时，能量分布如图 3.70 中曲线（1）所示。此时，电子具有的最大动能为 E_F。

当温度升高时，电子能量分布曲线如图 3.70 中曲线（2）所示。其中能量较大的少数电子具有比 E_F 更高的能量，且具有这种能量的电子数随能量的增加而指数递减。

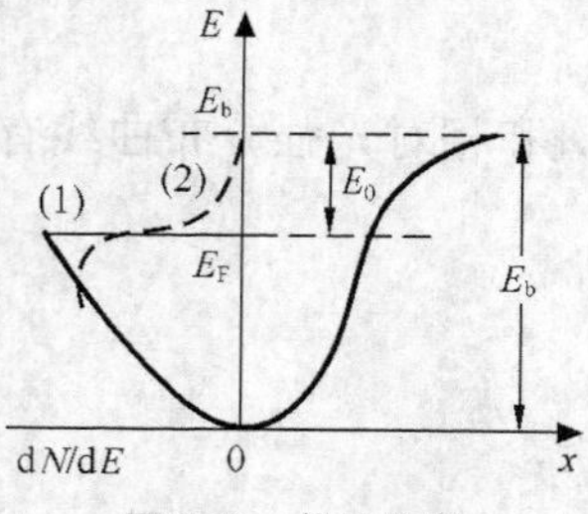

图 3.70 能量分布

在通常温度下由于金属表面存在一个厚约 10^{-10}m 的电子层——正电荷的偶电层，它的电场阻碍电子从金属表面逸出，也就是说金属表面与外界（真空）之间存在一个势垒 E_b，因此，电子要从金属中逸出，至少必须具有 E_b 的能量。从图 3.70 可见，在绝对零度时，电子逸出金属至少要从外界得到的能量为 E_0，即必须克服偶电层的阻力做功

$$E_0 = E_b - E_F = eV \tag{3.81}$$

E_0（或 eV）称为金属电子的逸出功，常用单位为 eV，它表征要使处于绝对零度下的金属中具有最大能量的电子逸出金属表面时，所需要给予的能量，V 则称为电子的逸出电势。

2. 热电子发射公式

根据费米-狄拉克能量分布公式，可以推导出热电子发射的理查逊-杜西曼公式，即

$$I = AST^2 e^{-eV/kT} \tag{3.82}$$

式中，I 是热电子发射的电流强度（单位是 A）；S 是阴极金属的有效发射面积（单位是 cm^2）；T 是热阴极的绝对温度（单位是 K）；A 是与阴极化学纯度有关的系数（单位是 $A \cdot cm^{-2} \cdot K^{-2}$）；$k$ 是玻耳兹曼常量，$k = 1.38 \times 10^{-23}$ J/K。

原则上只要测定 I、A、S 和 T，就可以根据式（3.82）算出阴极的逸出功 eV。但是困难在于 A 和 S 的测量。所以在实际测量中，通常采用理查逊直线法，借此可以设法避开 A 和 S 的测量。

3. 理查逊直线法

将式（3.82）两边除以 T^2，再取对数得到

$$\lg \frac{I}{T^2} = \lg(AS) - \frac{eV}{2.30kT} = \lg(AS) - 5.04 \times 10^3 V / T \tag{3.83}$$

从式（3.83）可以看出，$\lg \dfrac{I}{T^2}$ 与 $\dfrac{1}{T}$ 呈线性关系。如以 $\lg \dfrac{I}{T^2}$ 与 $\dfrac{1}{T}$ 作图，由所得直线的斜率即可求出电子的逸出功 eV，这种方法就叫做理查逊直线法。它的优点是可以不必测出 A、S 的具体数值而直接由 I 和 T 就可得到 eV 的值，A 和 S 的影响只是使 $\lg \dfrac{I}{T^2} \sim \dfrac{1}{T}$ 直线平行移动。这种避开不易测量或不易测准的物理量而获得所需结果的方法，在设计方案中是常用的方法之一。

4. 肖特基效应与外延法求零场电流

式（3.83）中的 I 是在阴极与阳极间不存在加速电场情况下的热电子发射电流。为了维持阴极发射的热电子能连续不断地飞向阳极，必须在阳极和阴极间加一个加速电场 E_a，由于 E_a 的存在会使阴极表面的势垒 E_b 降低，因而逸出功减小，发射电流增大，这就是肖特基效应。可以证明，在加速电场 E_a 作用下阴极发射电流 I_a 与 E_a 有如下的关系

$$I_a = I e^{0.439\sqrt{E_a}/T} \tag{3.84}$$

式中，I_a 和 I 分别是加速电场为 E_a 和零时的发射电流，对式（3.84）取对数得

$$\lg I_a = \lg I + \frac{0.439}{2.30T}\sqrt{E_a} \tag{3.85}$$

如果把阴极和阳极做成共轴柱形，并忽略接触电势差和其他影响，则加速电场可表示为

$$E_a = \frac{U_a}{r_1 \times \ln \dfrac{r_2}{r_1}} \tag{3.86}$$

式中，r_1 和 r_2 分别为阴极和阳极的半径，U_a 为加速电压。把式（3.86）代入式（3.85）得

$$\lg I_a = \lg I + \frac{0.439\sqrt{U_a}}{2.30T\sqrt{r_1 \times \ln \dfrac{r_2}{r_1}}} \tag{3.87}$$

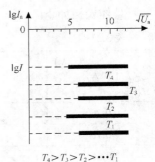

图 3.71 $\lg I_a - \sqrt{U_a}$ 曲线

由式（3.87）可知，在一定温度和管子结构下，$\lg I_a$ 和 $\sqrt{U_a}$ 呈线性关系。如果以 $\sqrt{U_a}$ 为横坐标，以 $\lg I_a$ 为纵坐标作图，得一直线，如图 3.71 所示。此直线的延长线与纵坐标的交点为 $\lg I$，由此求出在一定温度下，当加速电场为零时的发射电流 I。

由上面讨论可知，要测定金属材料的逸出功，首先应该把被测材料做成二极管阴极，当测定了阴极温度 T、阳极电压 U_a 和发射电流 I_a 后，通过外延法和理查逊直线法即可求出逸出电势和逸出功 eV。

5. 温度测量与理想的二极管

从热电子发射公式中可以看出，钨丝温度 T 对发射电流的影响极大，因此准确测量温度是一个重要问题。一般可用光测高温计通过理想二极管阳极中间的一个小圆孔来测量阴极的温度，或根据管子的参数及阴极 K 的加热电流 I_f 来计算它的温度。

实验中所用电子管为直流式理想二极管，这种二极管灯丝加热电流 I_f 与钨丝的温度 T 间的对应数值关系由表 3.22 给出。

表 3.22　　　　　　　　　　　　　理想二极管灯丝电流与温度关系

灯丝电流 I_f（A）	0.50	0.55	0.60	0.65	0.70	0.75	0.80
灯丝温度 T（K）	1 720	1 800	1 880	1 960	2 040	2 120	2 200

四、实验内容及步骤

① 将仪器面板上的 3 个电位器逆时针旋到底。

② 将主机背板的插孔和理想二极管测试台的插孔用红黑连线按编号一一对应接好（请勿接错）。将理想二极管插入理想二极管测试台。

③ 接通主机电源开关，开关指示灯和数字表发光。

④ 取理想二极管灯丝电流 I_f 从 0.55～0.75A，每间隔 0.05A 进行一次测量。对应每一灯丝电流，在阳极上加 25、36、49、64······144V 电压，各测出一组阳极电流 I_a。记录数据于表 3.21，并换算至表 3.22。

⑤ 根据表 3.22 的数据，做出 $\lg I_a \sim \sqrt{U_a}$ 的图线。求出截距，即可得到在不同阴极温度时的零场热电子发射电流 I，并换算成表 3.23。

⑥ 根据表 3.23 的数据，做出 $\lg \dfrac{I}{T^2} \sim \dfrac{1}{T}$ 图线。从直线斜率求出灯丝的逸出功 eV，与其理论值比较，求出相对误差。

⑦ 实验结束后，关闭电源，将仪器面板上的电位器逆时针旋到底。

五、数据表格记录及处理

具体表格如下。

表 3.23　　　　　　　　　　　　　数据记录（一）

U_a(V) I_a(10⁻⁶A) I_f(A)	25	36	49	64	81	100	121	144
0.75								
0.70								
0.65								
0.60								
0.55								

表 3.24　　　　　　　　　　　　　　　数据记录（二）

$\sqrt{U_a}$(V)　　lgI_a　　T(10K)	5.0	6.0	7.0	8.0	9.0	10.0	11.0	12.0

表 3.25　　　　　　　　　　　　　　　数据记录（三）

T（10K）						
lg$I$						
lg$\dfrac{I}{T^2}$						
$\dfrac{1}{T}$						

直线斜率 m=_____，　　　　　　逸出功 eV=____ ev，

逸出功公认值 eV=4.54ev，　　　　相对误差 E=____ %。

六、注意事项

由于理想二极管工艺制作上的差异，仪器内装有理想二极管限流保护电路，请不要将钨丝电流超过 0.8A。

【小知识】

理查逊是"理查逊定律"的创立者，1906 年赴美任普林斯顿大学物理学教授，著名物理学家康普顿（1892～1962 年，"康普顿效应"的发现者，1927 年获诺贝尔物理学奖）是他的研究生。1901 年 11 月 25 日，理查逊在剑桥哲学学会宣读的论文中称如果热辐射是由于金属发出的微粒，则饱和电流应服从下述定律

$$I = AT^2 e^{-b/T}$$

这个定律已被实验完全证实。当时年仅 22 岁理查逊就这样一鸣惊人地为 27 年后获得诺贝尔物理学奖打下基础。1911 年理查逊提出了经受住 20 年代量子力学考验的热电子发射公式（理查逊定律）为

$$I = AST^2 e^{-b\phi/kT}$$

理查逊由于对热离子现象研究所取得的成就，特别是发现了理查逊定律而获得 1928 年度诺贝尔物理学奖。

理查逊定律的应用主要有：无线电电子学的基础是热电子发射；许多电真空器件的阴极是靠热电子发射工作的。由于热电子发射取决于材料逸出功及温度，应选熔点高而逸出功低的材料来做阴极。

实验 27 密立根油滴实验

密立根油滴实验是物量学发展史上一个重要的实验。实验证明了任何带电物体所带的电荷都是某一微小电荷（基本电荷）的整数倍；明确了电荷的不连续性（量子性），并精确地测定了这一基本电荷的数值，即 $e = (1.602 \pm 0.002) \times 10^{-19}$C。由于密立根油滴实验设计巧妙、方法简便、结果准确，因此我们重演这个实验具有一定启发性，同时对培养学生的耐心细致及数据处理能力等很有好处。

一、实验目的

① 通过对带电油滴在重力场和静电场中运动的测量，证明电荷的量子性，并测定基本电荷的大小。

② 通过实验中对仪器的调整，油滴的选择、跟踪、测量及数据处理，培养学生的科学实验能力。

二、实验原理

为了测定电子电荷，首先要测出油滴的带电量，其测量方法有平衡量法和动态测量法。下面介绍平衡量法的原理。

在图 3.72 中给水平放置的平行板电容器两极板加上电压，电容器极板间建立了均匀电场，如果质量为 m 带电量为 Q 的球形油滴在这个电场中运动，就会受到电场力、重力、空气浮力和黏滞阻力 4 个力的作用，调节电容器极板的

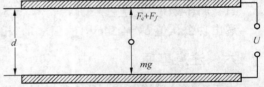

图 3.72 带电油滴在平行板电容器中静止时的受力情况

电压 U，使油滴受力平衡后静止不动，即油滴运动速度为零，这时，黏滞阻力为零，油滴受到的电场力＝重力－空气浮力，其数学表达式为

$$F_e = mg - F_f \tag{3.88}$$

式中

$$\left.\begin{array}{l} F_e = QE = Q\dfrac{U}{d} \\[2mm] mg = \dfrac{4}{3}\pi r^3 \rho_{油} g \\[2mm] F_f = \dfrac{4}{3}\pi r^3 \rho_{空} g \end{array}\right\} \tag{3.89}$$

将式（3.88）代入式（3.89）中，可得

$$Q\frac{U}{d} = \frac{4}{3}\pi r^3 g(\rho_{油} - \rho_{空})$$

或写成

$$Q\frac{U}{d} = \frac{4}{3}\pi r^3 g \rho \tag{3.90}$$

式中，U 为平衡电压（即油滴受力平衡时的电压），d 为平行极板的间距，r 为球形油滴的半径，

g 为重力加速度，$\rho_{油}$、$\rho_{空}$ 分别为油滴及空气的密度，$\rho = \rho_{油} - \rho_{空}$。由式（3.90）可见，只需将 U、d、r、g、ρ 等量测出来，就可以算出油滴的带电量 Q 值。上述物量中，油滴半径不易直接测量，只能用间接测量的方法。

当处于平行板电容器间的油滴受力平衡而静止不动时，去掉平行板电容器两极板的电压，电容器内没有电场，油滴在重力作用下迅速下降。根据斯托克斯定律，油滴在连续介质中运动时，所受的黏滞阻力与其运动速度 v 成正比，即

$$F_v = 6\pi \eta r v$$

当油滴的运动速度增大到一定值时，油滴受力达到平衡，将以匀速率 v 下降，此时空气黏滞阻力＝重力－空气浮力，即

$$F_v = mg - F_f$$

可得

$$6\pi \eta r v = \frac{4}{3}\pi r^3 g \rho \tag{3.91}$$

式中，η 为空气的黏度，v 称为终极速率，可由油滴匀速下落的距离 s（即通过分划板上测微尺的格数 $\times$ 0.5mm/格）及下落时间 t 来决定，即

$$v = s/t \tag{3.92}$$

故由式（3.91）、式（3.92）可得油滴的半径为

$$r = \sqrt{\frac{9\eta v}{2\rho g}} = \sqrt{\frac{9\eta s}{2\rho g t}} \tag{3.93}$$

由于油滴很小，它的半径与空气分子的平均自由程（$10^{-6} \sim 10^{-7}$m）很接近。因此，空气相对于油滴来讲，已不能看成是连续介质，要引用斯托克斯定律，则必须对空气的黏度 η 进行修正。修正后的空气黏度 η' 为

$$\eta' = \frac{\eta}{1 + \dfrac{b}{rP}} \tag{3.94}$$

式中，b 为修正常量，P 为大气压强，由式（3.93）及式（3.94）得

$$r = \sqrt{\frac{9\eta}{2\rho g}\frac{s}{t}\frac{1}{\left(1 + \dfrac{b}{rP}\right)}} \tag{3.95}$$

由式（3.90）及式（3.95）可得

$$Q = \frac{18\pi \eta^{\frac{3}{2}}}{\sqrt{2\rho g}} \cdot \frac{d}{U}\left[\frac{s/t}{1 + \dfrac{b}{rP}}\right] \tag{3.96}$$

式（3.95）根号中仍包含油滴的半径 r，但因它处于修正项中，不需要十分精确，因此可用式（3.93）计算油滴的半径 r，代入式（3.96）即可计算出带电量。式中的 η、d、ρ、g、s、b 等量由实验室给出，平衡电压 U、下落时间 t 及大气压强 P 由实验测得。

平衡测量法原理简单，现象直观，但需调整平衡电压。动态法在原理和数据处理方面要繁一些，但它不需要调整平衡电压，这里不再介绍。实际上平衡法是动态法的一个特殊情况，

当调节极板电压 U 使油滴受力达到平衡，即是平衡测量法。

三、实验仪器

MOD-4 型密立根油滴仪、喷雾器、秒表、气压计等。

MOD-4 型油滴仪如图 3.73 所示。它的核心部分是油滴盒：由两块经过精磨的平行上、下电极板组成，中间贴有白色反光纸。油滴盒放在有机玻璃防风罩中。上极板中央有一个直径为 0.4mm 的小圆孔，油滴从油雾室经油雾孔从上极板小圆孔落入平行板电容器中。油雾室和油滴盒装置如图 3.74 所示。实验时，要求平行极板水平装置，使电场力与重力平行，为此，油滴仪上装有调平螺钉和水准泡。油滴仪内还有电源和照明系统：2.2V 的照明电压点亮照明灯，经导光棒和进光孔照亮油滴。0～500V 连续可调的直流"平衡电压"加到平行极板上，提供使油滴静止的平衡电压，此电压由电压表显示。平衡电压换向开关，可改变上、下极板的带电极性，以便使符号不同的电荷平衡。0～300V 连续可调的直流"升降电压"通过其换向开关叠加到平衡电压上，便使平衡后的油滴能移到所需位置。升降电压在电压表上不显示。平衡电压和升降电压换向开关置于"0"时无电压加到极板上。还有一个部件是用来观察和测量油滴运动情况的显微镜，显微镜置于防风罩前，通过绝缘垫圈上的观察孔测平行极板间的油滴。目镜中分划板上的测微尺用以测量油滴下落的距离，分划板上的横向刻度尺是用来测量布朗运动的。

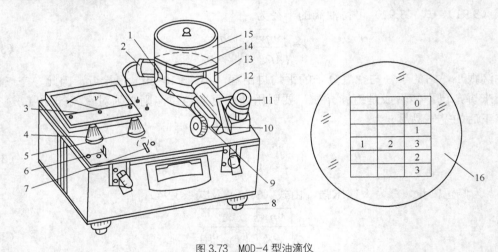

图 3.73 MOD-4 型油滴仪

1—导光玻璃棒 2—照明灯管 3—直流电压表 4—平衡电压调节旋钮 5—平衡电压换向开关 6—升降电压调节旋钮
7—升降电压换向开关 8—调平螺钉 9—水准泡 10—调焦手轮 11—目镜 12—测量显微镜
13—防风罩 14—油滴盒 15—油雾室 16—分划板上的测微尺

电源部分提供如下 3 种电压。

① 2.2V 油滴照明电压。

② 500V 直流平衡电压。该电压可以连续调节，并从电压表③上直接读出，还可由平衡电压换向开关⑤换向，以改变上、下电极板的极性。换向开关倒向"+"侧时，能达到平衡的油滴带正电，反之带负电。换向开关放在"0"位置时，上、下电极板短路，不带电。

③ 300V 直流升降电压。该电压可以连续调节，但不稳压。它可通过升降电压换向开关⑦叠加（加或减）在平衡电压上，以便把油滴移到合适的位置。升降电压高，油滴移动速度

快；反之则慢。该电压在电压表上无指示。

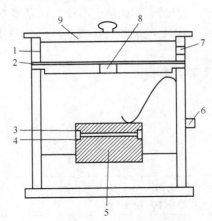

图 3.74　油滴盒和油雾室
1—油雾室　2—油雾孔开关　3—上电极　4—绝缘垫圈　5—下电极　6—电源插孔
7—喷雾口　8—油雾孔　9—油雾室盖

MOD-4 型油滴仪装有紫外线光源，按下按钮（测量显微镜右旁的白色按钮），可以改变油滴所带的电量。

四、实验内容

① 将油滴盒平行极板调水平。取下有机玻璃制的油雾室盖，观察油滴仪上的水准泡（或将水准器平放在上极板上），调节底部调平螺钉，使气泡处于中央。

② 对测量显微镜调焦。接通照明灯，照亮视野，将目镜筒插到底，调节目镜，使分划板清晰，转动目镜筒放正分划板。将一根棕毛插入平行板电容器上极板的小圆孔中，旋动调焦手轮，直至在显微镜中清晰地看到棕毛的像为止。拿出棕毛，将油雾室盖好。

③ 将"平衡电压调节旋钮"预调到电压表指示为 200～300V，"平衡电压换向开关"置"0"（升降电压换向开关也置"0"）；关闭油雾孔开关，将油喷雾器置于喷雾口，用猛力挤压一下，对油雾室喷一次油。然后开启油雾孔开关，此时就可在测量显微镜中看到大量油滴在下落（油滴形如天空中的星星）。

④ 将"平衡电压换向开关"扳向"+"或"−"位置（此时电容器极板上就有电压了），驱赶掉不需要的油滴，直到剩下几个缓慢运动的为止。使带电油滴受的电场力方向向上。

⑤ 仔细观察和寻找一个运动缓慢的油滴，盯住它，同时微微调节"平衡电压调节旋钮"，使这个油滴静止不动。这时"直流电压表"指示的读数就是油滴的平衡电压 U。

⑥ 将"升降电压调节旋钮"旋到中间位置，调节"升降电压换向开关"到"+"或"−"促使静止不动的油滴运动到目镜分划板测微尺的最上面一条刻线附近，然后将"升降电压换向开关"置"0"，油滴就应停在该处（至少 20s 不动），若有微小移动，再微调一个平衡电压。

⑦ 将"平衡电压换向开关"置"0"，油滴开始作下落运动，当它落到测微尺的第 2 条刻线时，启动秒表开始计时，待油滴落到第 6 条刻线时停止计时。这里秒表的读数就是油滴运动了距离 s（为 2.00mm）的时间。记录 t 和 U。

⑧ 按一下紫外灯开关（在测量显微镜右旁的白色按钮），可看到紫外光管发亮，照射油

滴后，以改变被测油滴的带电量（注意不要丢失这个油滴）。再将该油滴上移至第一条刻线附近，适时调节"平衡电压旋钮"，使油滴再度静止不动后，重复实验步骤⑦，测出这个油滴带不同电量时的运动时间，至少做 10 次。或者重新喷油，每喷一次抓一个油滴进行测量，至少测量 10 个油滴。

⑨ 用福丁气压计读取大气压 P 的值。

五、数据记录及处理

① 将数据记录于表 3.26 中。

表 3.26　　　　　　　　　　　　　　　数据记录

$\eta = 1.83 \times 10^{-5}$kg/(m·s);		$\rho = 980$kg/m³		$g = 9.80$m/s²		$P =$		hPa	
$d = 5.00 \times 10^{-3}$m;		$b = 8.23 \times 10^{-5}$hPa·m;				$s = 2.00 \times 10^{-3}$m			
油滴	1	2	3	4	5	6	7	8	9	10
平衡电压 U（V）										
油滴下落时间 t（s）										
油滴带电量 Q（C）										

由于每个油滴所带电量是随机的，所以为了验证电荷的量子性和测定基本电荷，需要大量的原始数据并做必要的数据处理才能获得应有的结果，但一位同学在一次教学时间内所测得的原始数据较少，故可将几位同学所测得的原始数据合起来用（至少需要 40 个原始数据）。

为了证明电荷的不连续性和所有电荷都是基本电荷 e 的整数倍，并得到基本电荷 e 值，我们应对实验测得的各个电量 q 求最大公约数。这个最大公约数就是基本电荷 e 值，也就是电子的电荷值。但对初次实验者，测量误差一般较大，求出最大公约数比较困难。通常可用"倒过来验证"的方法处理数据。即用公认的电子电荷值 $e_{公认} = 1.602 \times 10^{-19}$C 除实验时第 i 次测得的测量值 Q_i 得到一个接近某一整数值，对该数值取整数，得到油滴所带的基本电荷数 n_i，再用 n_i 除 Q_i 的值即得与第 i 次测量所对应的电子电荷值 e_1，所有 m 次测量所得的电子电荷的平均 $\bar{e}$，即为实验测得的电子电荷值，即

$$n_i = \frac{Q_i}{e}\Big|_{取整} = \frac{Q_i}{1.602 \times 10^{-19}}\Big|_{取整}$$

$$e_i = \frac{Q_i}{n_i} \qquad \bar{e} = \frac{1}{m}\sum_{i=1}^{m} e_i$$

② 将实验所测得的电子电荷值与公认值 $e_{公认}$ 比较，求相对百分误差。

六、注意事项

① 油滴是这个实验的关键问题，MOD-4 油滴仪有专门配置的喷雾器，请勿任意换用别种喷雾器，以免喷出大颗油滴，堵塞电极板的落油小孔。

② 喷雾时喷雾器应竖拿（参看喷雾器盒子上示意图），食指堵住出气孔，喷雾器对准油雾室的喷雾口，轻轻喷入少许油。切勿将喷雾器插入油雾室，甚至将油倒出来。更不应将油雾室拿掉后对准上电极板落油小孔喷油。

③ 油滴盒板面的水准泡用来调整油滴盒水平，切勿拿下来兼作它用，也勿任意旋动，否

则油滴盒电极板不能调到水平，油滴就要向左右或前后漂移，甚至移出视场。

④ 导光棒的两端不能搞脏，否则就应擦干净，擦时请用丝绸。

⑤ 如果石英汞灯亮度不够，可以用起子调整仪器后面小孔中的电位器，使石英灯亮度增加。

实验 28　超声声速测定

超声波是在弹性媒质中传播的频率大于 20kHz 的机械波。利用空气的弹性特性和热力学性质可得空气中的声速（超声、可闻声和次声）的理论表达式，即

$$u = \sqrt{\frac{\gamma RT}{\mu}\left(1 + \frac{0.3129 P_w}{P}\right)} \approx u_0\sqrt{\frac{T}{T_0}} \tag{3.97}$$

式中，$\gamma = C_P / C_V = 1.4$ 为空气的绝热系数，$\mu = 28.97$kg/mol 为空气的摩尔质量，$R = 8.31$J/（mol·K）为气体常数，T 为空气的热力学温度，P 为大气压强，P_w 为水蒸气的分压，$T_0 = 273.15$K，$u_0 = 331.30$m/s。但通常并不用式（3.97）测量空气中的声速。

测定声速有两种方法：一是测出声波传播距离及所需时间，由 $S = vt$ 算出声速；二是测出频率和波长，由 $v = \lambda f$ 算出声速。

一、实验目的

① 学会用驻波法和相位比较法测定声速。

② 加深对驻波的理解。

③ 熟悉示波器的使用及了解气体参数对声速的影响。

二、实验仪器

超声速测定仪（SV-DH-5A 型）、SVX-5 专用信号源、COS5020C 示波器、干湿温度计和气压计。

三、实验原理

1. 本实验中前两项内容是利用 $v = \lambda f$ 测量声速，最后一项是利用 $S = vt$ 测量声速

（1）驻波共振法（干涉法）测声速

驻波是两列传播方向相反的相干波（频率相同、振动方向相同且相位差恒定的两列波）在同一直线上互相叠加的结果。

设有一向右传播的声波为 $y_1 = A\cos\left(\omega t - \dfrac{2\pi}{\lambda}x\right)$，而另一向左传播的声波为 $y_2 = A\cos\left(\omega t + \dfrac{2\pi}{\lambda}x\right)$，此两列声波叠加即得驻波方程，即

$$y = y_1 + y_2 = 2A\cos\left(\frac{2\pi}{\lambda}x\right)\cos\omega t \tag{3.98}$$

由式（3.98）可以看出，驻波场中各点都以各自不同的振幅 $\left|2A\cos\left(\dfrac{2\pi}{\lambda}x\right)\right|$ 作同频率的简

谐振动。对于 $x = n\dfrac{\lambda}{2}$（$n=0$，1，2，…）的各点，振幅有最大值，称为波腹。对于 $x = (2n+1)\dfrac{\lambda}{2}$（$n=0$，1，2，…）的各点，振幅为零，称为波节。两个相邻的波腹（或波节）之间的距离是 $\lambda/2$。对于声驻波，声压最强处应是驻波场中质点位移为零的波节处。所以两个连续声压极值之间的距离就是 $\lambda/2$。由此可以求出波长，进一步算出声速。

（2）位相法测量声速

设送入示波器 x 轴与 y 轴的超声正弦信号分别为 $x = A_x \cos(\omega_x t + \phi_x)$，$y = A_y \cos(\omega_y t + \phi_y)$，$x$ 和 y 为质点在荧光屏 x 轴和 y 轴上光点的位移，A_x 和 A_y 分别为它们的振幅，ϕ_x，ϕ_y 为初位相，消去两式中的参量 t，可以得到光点的轨迹方程

$$\left(\frac{x}{A_x}\right)^2 + \left(\frac{y}{A_y}\right)^2 - \frac{2xy}{A_x A_y}\cos(\phi_y - \phi_x) = \sin^2(\phi_y - \phi_x) \tag{3.99}$$

式（3.99）一般是椭圆方程。

$$\begin{cases} \Delta\phi = \phi_y - \phi_x = 2k\pi，\quad k = 0,1,2,\cdots \quad y = \dfrac{A_y}{A_x}x，\text{光迹为一、三象限的直线；} \\[2ex] \Delta\phi = \phi_y - \phi_x = (2k+1)\pi，k = 0,1,2,\cdots \quad y = -\dfrac{A_y}{A_x}x，\text{光迹为二、四象限的直线；} \\[2ex] \Delta\phi = \phi_y - \phi_x = \left(2k+\dfrac{1}{2}\right)\pi，k = 0,1,2,\cdots \quad \dfrac{x^2}{A_x^2} + \dfrac{y^2}{A_y^2} = 1，\text{光迹为椭圆。} \end{cases}$$

把发射换能器和示波器 x 轴串接后接入信号源，接收换能器接入示波器 y 轴。两列波频率相同，振幅相同。移动换能接收器一个波长，光迹经历如图 3.75 所示的变化过程。

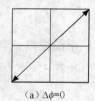 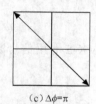 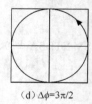

(a) $\Delta\phi=0$ (b) $\Delta\phi=\pi/2$ (c) $\Delta\phi=\pi$ (d) $\Delta\phi=3\pi/2$ (e) $\Delta\phi=2\pi$

图 3.75　移动换能接收器时示波器的光迹变化

在图 3.75 中，（a）、（b）、（e）之间分别相差半个波长，（b）、（d）之间也相差半个波长。由此可计算出波长 λ，算出声速。

（3）时差法测量原理

连续波脉冲调制后由发射换能器发射至被测介质，声波在介质中传播，经过 t 时间后，到达距离 L 处的换能接收器。声波在介质中传播的速度大小为

$$v = L/t \tag{3.100}$$

通过测量换能接收器在两个不同点之间的距离 L 和传播时间 t，就可以通过式（3.100）计算当前介质下声波的传播速度。

2. 仪器简介

SV-DH-5A 型超声速测定仪由声速测定仪和声速测定仪信号源两部分组成，声速测定仪由测试槽、丝杆、数字显示游标卡尺、摇手鼓轮、发射换能器及接收换能器组成。通过摇手

鼓轮可以改变发射换能器和接收换能器之间的距离，见图 3.76。

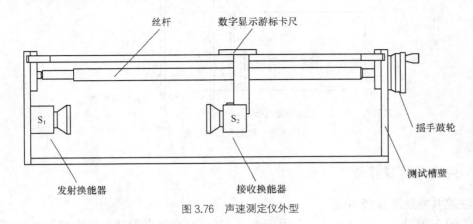

图 3.76 声速测定仪外型

压电换能器谐振频率为 30～35kHz，谐振点阻抗为 50～100Ω，当发射器谐振时，其上方的谐振指示灯点亮。

SVX-5 型信号源输出 25～55kHz 的正弦交流信号，最大输出电压为 18V，最大输出功率为 5W。使用中应监视频率，如有漂移，及时回调。记数定时器定时范围为 1μs～1s，分辨率为 1μs。面板开关如图 3.77 所示，其中 S_1 和 S_2 分别表示发射和接收换能器的接口，Y_1 和 Y_2 分别表示发射和接收波形输出。

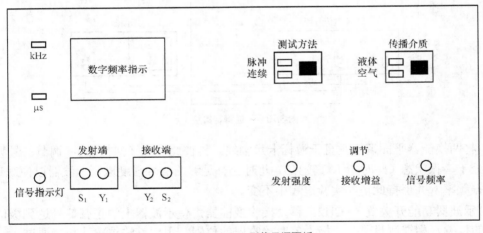

图 3.77 SVX-5 型信号源面板

超声声源一般是利用逆压电效应或磁致伸缩效应将电磁振动转化为机械振动，以获得超声，本实验的声源及接收器是由构造完全相同的两个超声压电陶瓷换能器组成的。其接收器是利用压电效应，将压力波的机械振动转换成机械交变信号。如图 3.78 所示，它是由压电陶瓷极板、喇叭状铝制发射（或接收）头及铁质尾端组成。

在压电陶瓷两底面上加上正弦交变电压，瓷片的厚度即发生周期性的纵向伸长与压缩。当交变电压与系统的固有频率相同时，即处于共振状态，此时，系统振幅最大。采用图 3.77 的结构是为了使振子与介质增强耦合，同时增大发射（接收）表面，以发射（接收）较强的超声。

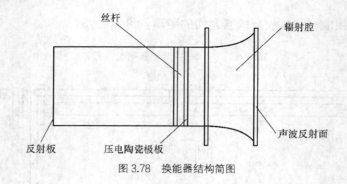

图 3.78　换能器结构简图

四、实验内容及步骤

1. 驻波共振法测量超声速

① 按图 3.79 连接好实验电路。信号源的 S_1 和 S_2 分别接发射换能器和接收换能器，信号源的 Y_1（发射端）和 Y_2（接收端）接示波器的通道 Y_1（CH1）或通道 Y_2（CH2）。

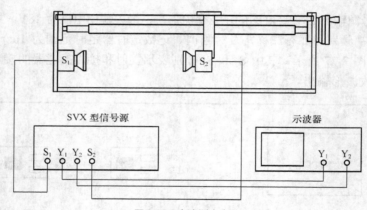

图 3.79　声速测定实验

② 将两换能器平面调至垂直于游标卡尺轴线，再彼此靠近（勿接触），调节信号频率，使声源处于谐振状态（此时指示灯较亮），此时应有足够的信号强度送至示波器以便观察。记录下谐振频率，并保持此值在实验过程中不变。

③ 示波器功能开关置于 CH2。移动接收换能器，使示波器上的正弦信号达到极值，记录相应的位置，相继测量 10 个极大值时接收器的位置，用逐差法求出波长。通过 $v = \lambda f$ 计算声速的大小。

2. 位相法测量超声声速

① 连接好实验电路。信号源的 S_1 和 S_2 分别接发射换能器和接收换能器，信号源的 Y_1（发射端）和 Y_2（接收端）分别接示波器的通道 Y_1（CH1）和通道 Y_2（CH2）。

② 将两换能器平面调至垂直于游标卡尺轴线，再彼此靠近（勿接触），调节信号频率。使声源处于谐振状态（此时指示灯较亮），此时应有足够的信号强度送至示波器以便观察。记录下谐振频率，并保持此值在实验过程中不变。

③ 示波器的功能开关置于 ADD；TIME/DIV 置于 X-Y 挡。接收器平面移近发射面调节

示波器使李萨如图形适中，以便于观察。

④ 将接收器调至 $\Delta\phi = 0$，李萨如图形是一、三象限的直线，读数并记录，随着振动相位由 $0 \sim \pi$ 变化，李萨如图形由正斜率的直线变为椭圆，再变为斜率为负的直线。每重复一个斜率符号相反的直线，数字显示游标卡尺移动的距离为半个波长，记录数据并用逐差法处理得到波长 λ。

3．时差法测声速

① 同位相法的第①步。

② 同位相法的第②步。

③ 示波器功能开关置于 CH2。将信号源的测试方式设置到脉冲波方式，将 S_1 和 S_2 之间的距离调整到一定距离（$\geqslant 50\text{mm}$）。再调节信号源的接收增益，使显示的时间差读数稳定。记录此时的位置 L_i 和时间 t_i（由信号源时间显示窗口读出）。移动接收换能器 S_2，同时调节接收增益使接收信号的幅度保持一致，记录此时的位置 L_{i+1} 和 t_{i+1}，则声速 $v_i = (L_{i+1} - L_i)/(t_{i+1} - t_i)$。

④ 测量 5 次 v_i，取平均计算声速的大小 v。

五、数据记录及处理

驻波法与位相法均用逐差法处理数据，方法完全相同。

① 实验数据表如表 3.27 所示。

表 3.27　　　　　　　　　　　　数据记录

室温＿＿＿＿＿＿＿＿＿＿＿℃，频率 $f=$＿＿＿＿＿＿＿＿＿Hz

次　数	位置读数（cm）	相差 5 个 $\lambda/2$ 的 ΔL
0	$L_0 =$	$\Delta L_1 = L_5 - L_0 =$
1	$L_1 =$	
2	$L_2 =$	$\Delta L_2 = L_6 - L_1 =$
3	$L_3 =$	
4	$L_4 =$	$\Delta L_3 = L_7 - L_2 =$
5	$L_5 =$	
6	$L_6 =$	$\Delta L_4 = L_8 - L_3 =$
7	$L_7 =$	
8	$L_8 =$	$\Delta L_5 = L_9 - L_4 =$
9	$L_9 =$	
半波长的平均值		$\dfrac{\overline{\lambda}}{2} = \overline{\Delta L} = \dfrac{1}{25}\sum_{i=0}^{4}\Delta L_i =$

② 据 $\overline{v} = \overline{\lambda} f$ 计算超声声速。

③ 根据式（3.97）求出超声声速的理论值并计算测量值的相对误差。

六、注意事项

① 信号源和示波器在使用前应预热 5min，示波器的使用请参阅实验 5。

② 使用信号源的过程中，如果发生频率漂移应及时纠正。

七、思考题

① 声速的测量有哪些方法？

② 测量声速为什么要在谐振频率下进行？

【小知识】

科学家们将每秒钟振动的次数称为声音的频率，它的单位是赫兹（Hz）。我们人类耳朵能听到的声波频率为 20Hz～20kHz。当声波的振动频率大于 20kHz 或小于 20Hz 时，我们便听不见了。因此，我们把频率高于 20kHz 的声波称为"超声波"。通常用于医学诊断的超声波频率为 1～5MHz。

理论研究表明，在振幅相同的条件下，一个物体振动的能量与振动频率成正比，超声波在介质中传播时，介质质点振动的频率很高，因而能量很大。在中国北方干燥的冬季，如果把超声波通入水罐中，剧烈的振动会使罐中的水破碎成许多小雾滴，再用小风扇把雾滴吹入室内，就可以增加室内空气湿度，这就是超声波加湿器的原理。如咽喉炎、气管炎等疾病，很难利用血流使药物到达患病的部位。利用加湿器的原理，把药液雾化，让病人吸入，能够提高疗效。利用超声波巨大的能量还可以使人体内的结石做剧烈的受迫振动而破碎，从而减缓病痛，达到治愈的目的。超声波在医学方面应用非常广泛，像现在的彩超、B 超、碎石（如胆结石、肾结石、祛眼袋之类的）等。

超声波在媒质中的反射、折射、衍射、散射等传播规律，与可听声波的规律没有本质上的区别。但是超声波的波长很短，只有几厘米，甚至千分之几毫米。与可听声波比较，超声波具有许多奇异特性：传播特性——超声波的波长很短，通常的障碍物的尺寸要比超声波的波长大好多倍，因此超声波的衍射本领很差，它在均匀介质中能够定向直线传播，超声波的波长越短，该特性就越显著。功率特性——当声音在空气中传播时，推动空气中的微粒往复振动而对微粒做功。声波功率就是表示声波做功快慢的物理量。在相同强度下，声波的频率越高，它所具有的功率就越大。由于超声波频率很高，所以超声波与一般声波相比，它的功率是非常大的。空化作用——当超声波在液体中传播时，由于液体微粒的剧烈振动，会在液体内部产生小空洞。这些小空洞迅速胀大和闭合，会使液体微粒之间发生猛烈的撞击作用，从而产生几千到上万个大气压的压强。微粒间这种剧烈的相互作用，会使液体的温度骤然升高，起到了很好的搅拌作用，从而使两种不相溶的液体（如水和油）发生乳化，且加速溶质的溶解，加速化学反应。这种由超声波作用在液体中所引起的各种效应称为超声波的空化作用。

研究超声波的产生、传播、接收，以及各种超声效应和应用的声学分支叫超声学。产生超声波的装置有机械型超声发生器（如气哨、汽笛和液哨等）、利用电磁感应和电磁作用原理制成的电动超声发生器，以及利用压电晶体的电致伸缩效应和铁磁物质的磁致伸缩效应制成的电声换能器等。

实验 29　照相技术

照相技术在科技工作中已被广泛应用于各个领域，它能迅速、准确地将物体的形象记录下来，是一种重要的实验手段。随着科学技术的发展，如今已形成了一系列的实验技术，如望远镜摄影、近接摄影、显微摄影、微光摄影、高速摄影等，因此掌握照相技术，对今后从事科学技术工作是大有裨益的。本实验仅就有关摄影的最基本知识作一初步介绍。

一、实验目的

① 初步了解照相机的基本知识，了解照相机、放大机的基本结构、成像原理及使用方法。
② 了解感光底片的基本知识。
③ 学习拍摄、冲片、印相和放大的操作方法。

二、实验仪器

照相机、放大机、印相机、感光底片、印放相纸、显影药、定影药、其他暗室设备等。

三、实验原理

照相技术一般分为 3 个环节，分别为拍摄、底片处理和印相或放大。

1. 拍摄

用照相机正确地拍摄必须满足两个基本条件：其一，调节照相机使物体能清晰地成像在机内底片上；其二，适时控制曝光量使底片上产生适度的潜像。

图 4.1（a）是照相机的光路原理图，物体经镜头成倒立、缩小的实像于底片上，当底片至物体的距离确定后，用改变镜头焦距的办法，像物体清晰地成像在底片上。图 4.1（b）所示为照相机的基本参数。

照相机由下列几个部分组成。

① 机身。机身样式较多，有折合式、暗箱式、拉管式等。但基本结构都是在镜头和底片之间形成一段密封不透光的空腔，一般称为暗箱，其间距通过调节可刚好等于像距。

② 镜头（物镜）。照相机镜头是照相机的重要部件，通过它将景物成像在感光底片上，构

成一清晰的实像。一般情况下，被摄影物距离相机较远，而照相机不可能很大，物距比像距要长得多，故可以认为像平面近似地位于物镜的焦平面。为了校正像差和使其具有较高的分辨能力，以满足成像质量的要求，镜头由多片透镜组成。它的焦距值一般标在镜头的边缘上。镜头是照相机的重要组成部分，它直接影响到照片的质量，因此对镜头要倍加爱护，切不可用手触摸。

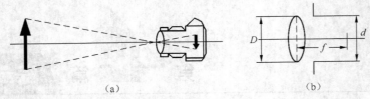

图 4.1　照相机光路图

③ 光圈（物镜的相对孔径）。它由一组金属薄片组成，安装在镜头的镜片之间。用它可以连续调节通光孔径的大小，以控制到达感光片上的光照度的强弱。在照明条件欠佳的情况下，如欲拍摄景物获得高分辨率，就须增大光圈的相对孔径；拍摄运动目标或瞬间出现的目标，曝光时间受到限制，也得需要足够大的相对孔径。由光度学的推导可得知，像面上的光照度 E 与光圈直径 d 及镜头焦距 f 的关系式为

$$E = K \left(\frac{d}{f} \right)^2$$

式中，K 是与被拍摄物体亮度有关的系数；d/f 称为物镜的相对孔径。对于焦距一定的相机，焦平面光照度随光圈直径的平方而变化。一般照相机上都以相对孔径的倒数 $F = f/d$ 表示光圈的大小，称为光圈数。光圈数大的，实际光圈的直径小，像面光照度小（即辐射在底片上的光弱），像就暗些。反之，光圈数小则实际光圈直径大，像面光照度大（即辐射在底片上的光较强），像就亮一些。

为了使像平面在各种条件下获得所需要的照度，通常把照相机物镜的光圈做成可调的。根据光照度 E 与相对孔径 d/f 的平方成正比的关系，令相对孔径按 $1/\sqrt{2}$ 等比级数变化，则光圈数变化一挡，底片上的光照度变化一倍。根据我国颁布的标准规定，照相机物镜相对光圈数排列如表 4.1 所示。

表 4.1 照相机物镜相对光圈数对照数表

相对孔径 d/f	1:1	1:1.4	1:2	1:2.8	1:4	1:5.6	1:8	1:11	1:16	1:22	1:32
F 数	1	1.4	2	2.8	4	5.6	8	11	16	22	32

表 4.1 中，后面的值为前面值的 $\sqrt{2}$ 倍，在拍摄时根据景物的明暗情况适当选择光圈数。

光圈的另一作用是调节景深。景深与光圈的大小、焦距的长短、被摄景物的远近有关。光圈孔径越大，景深越小。固定光圈的大小，拍摄同一距离的景物，物镜焦距越长，景深越短；焦距越短，则景深越长。用相同焦距物镜，并用同样光圈，物距越远，景深越大，反之景深越小。一般照相机上都标有光圈数与景深相对应的刻度线，以便使用者选择。

摄影是利用照相机将三维空间的景物成像于感光底片上，从而获得二维空间的景物潜像。产生潜像的感光底片，经过显影而产生与景物亮度相对应的光密度。景物越亮，光密度越大；反之，景物越暗，光密度越小，这样就在底片上形成了丰富的层次。要使层次丰富则要求底

片密度的变化与景物亮度变化成比例。曝光量和光密度关系曲线如图 4.2 所示。由图上可看出，只有 *BC* 段对应的曝光量和光密度成线性比例关系。因此拍摄时应使曝光后在底片上产生的光密度正好位于曲线的直线区域内，才能使景物的影像有丰富的层次。

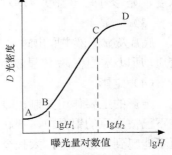

图 4.2　曝光量和光密度关系曲线

④ 快门。用来控制曝光时间长短从而控制曝光量的装置，称做快门。快门种类很多，有手动快门、机械快门、电子快门、程序快门等。一般照相机用的是机械快门，常见的快门时间系列为 1、1/2、1/4、1/8、1/15、1/30、1/60、1/125、1/500、1/1 000（s）及 *B* 门和 *T* 门数挡。其中，*B* 门是手控曝光挡，当调至 *B* 门挡，按下快门钮，快门打开，手释放时快门立即关闭。*T* 门是长时间曝光挡，按下快门钮快门打开，必须再按一次快门钮才能关闭。一般在照相机上标示的各挡快门时间仅为其分母值。因此，标示的快门时间数字越大，对应的曝光时间越短，快门时间数字每差一倍，曝光量就差一级。

⑤ 取景测距装置。用来选取拍摄景物及其范围，并帮助正确调节物体至镜头的距离，以使景物能清晰地成像在焦平面上。

以上 5 个部分是一般照相机所共有的。其中拍摄距离、光圈数、曝光时间是照相机的 3 个基本特征量，在使用过程中必须熟练掌握。

2．感光底片及其处理

感光底片曝光后形成潜像，要使潜像显露出来并使显影后的底片得到固定，必须在暗室中进行底片的处理。其工艺过程有显影、停显、定影、冲片、晾干等，统称底片冲洗技术。现将底片及处理过程简介如下。

（1）感光底片

用感光乳胶和卤化银的混合物涂在玻璃片或赛璐珞片上即成为感光底片。以玻璃为基片的称为干板；以赛璐珞片为基片的称为胶卷。

感光底片是一种光能接收器件，它以变黑的程度来反映接收到光能量的多少。感光底片对光的反应快慢用感光速度来描述。感光乳胶中卤化银晶粒的粗细、加入"软化剂"的种类和用量是影响感光速度的主要因素。目前我国国产胶卷以"GB"多少度作为感光速度的标度，如 GBl7、GB21、GB24，通常称为 17 度、21 度、24 度（折合德国标准 17DIN、21DIN、24DIN），度数越高，感光速度越快。一般度数每增加 3 度，感光速度就增加一倍。如果要用 21 度底片来代替 24 度的底片，且要求得到相同的感光效果，则曝光时间要增加一倍。

底片的感光速度决定了底片所需的正常平均曝光量。因此，为了得到曝光量合适的底片，应该综合考虑光圈、曝光时间和底片感光度 3 个因素的配合。

感光底片感光后，受到光照的卤化银晶粒就发生光化作用，使有些卤化银被还原成银原子，并呈现黑色。光越强，被还原的银原子越多，这些还原了的银原子在底片中形成看不到的潜像，也就是显影的中心。

（2）显影

显影是潜像的显示和扩大过程，感光后的底片放在显影液中，底片中受到光照射而还原的银原子成为显影中心。由此开始向卤化银整个结晶扩展感染，最后将附近卤化银晶粒中的银原子还原出来。感光较强的部分显影后，被还原的银原子较多，从而较黑。

显影的效果不仅取决于曝光情况，而且与显影条件有密切联系。例如，显影液的配方、浓度、显影时间、温度等均对像的黑度及反差有较强的影响。

（3）停显

底片从显影液中取出时常带有显影液，它将继续起作用，并且显影液混入定影液会使定影液变质，所以必须停显。停显液为弱酸性溶液，如醋酸水溶液，它与碱性显影液中和从而使其停显。

（4）定影

定影的主要作用是制止显影过程，并使感光片中未感光的卤化银乳胶全部溶掉，而仅固定下已被还原的银微粒，把底片上的图像确定下来。定影的时间一定要掌握好，定影时间太短不能起到定影作用，太长会使底片发黄变质，各种显影液、定影液都有成品出售，其性能和使用方法都有具体说明，无论是显影液还是定影液，用完后都应倒回原来瓶子中，不要让它们长时间暴露在空气中，以免变质失效。不要倒掉，更不能相互混合在一起。

（5）冲洗

用清水冲洗，目的是把底片上残留的溶液和其他的杂质去掉，以免时间长了以后底片发黄变质。

（6）晾干

底片最好自然晾干，底片晾干后才能使用或收藏。也可以烘干，但烘干温度不能太高，否则胶卷将被烧坏。

底片经过上几个工艺步骤形成负片。所谓负片是指物光较强的地方，在底片上较黑，而原来光弱的地方，在底片上几乎是透明的，即和被拍摄物体的黑白是相反的。若要再得到明暗程度与实物相同的像，需再经过一个黑白层次反转的过程，通称为印相。

3．印相或放大

印相或放大都是将底片负像再重拍一次。方法是：将底片乳胶面（药面）和印相纸（或放大纸）的乳胶面对贴（放大时离开相应的距离），分别在印相箱［见图 4.3（a）］或放大机［见图 4.3（b）］上使光透过底片对印相纸或放大纸进行曝光。

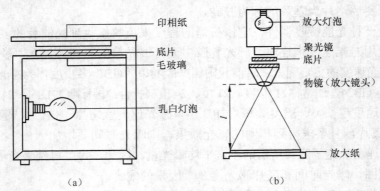

图 4.3 印相、放大示意图

曝光后，经过与底片处理相类似的工艺步骤，便可得到和被拍摄物明暗相同的印相片或大小不同的放大片，统称为正片（照片）。若有条件还应在上光机上烘干上光。

放大相片欲达到所需放大倍数，可由调节螺钉（包括微调螺钉）改变放大镜头在底片与放大纸间的距离来实现。放大机用法类似照相机，但操作起来较为简单。

无论印相还是放大均应在暗室中进行。印相或放大过程各参量的确定一般可通过用小块相纸或放大纸作局部曝光后冲洗试验来确定。

四、实验内容

1. 拍摄

熟悉照相机的结构及使用方法。主要是找到光圈、快门及速度调节、调焦旋钮和快门扳手的位置，弄清楚这些按钮、部件各起什么作用。练习如何装入和取出底片，选择适当的光圈数和曝光时间，调节焦距，使拍摄对象清晰，取景窗内被拍摄物不能有重影或裂像现象。

熟悉照相机之后，装上底片（感光胶面要正对镜头。可用手指轻摸底片的两侧，严禁接触中央部分。底片基面是光滑的，胶面有黏性不光滑），拍摄指定静物或人物。注意拍摄时拿稳照相机，不要晃动。

2. 暗室处理

（1）冲卷（冲底片）

冲洗底片或胶卷应在安全灯下或显影罐中操作，大致程序如下。

① 在温度为 13～20℃的显影液中显影 4～5min。

② 在清水中稍作漂洗，使其停显。

③ 在温度为 13～20℃的定影液中定影 6min（3min 后方可开灯）。

④ 在流动的清水中冲洗，几分钟后取出晾干。

（2）印相

将底片和印相纸的胶面对贴在一起，在曝光箱上用白光进行曝光（时间为 1～2s），取下曝光后的印相纸，按照底片处理的程序进行正片处理，操作中要勤搅动、勤观察。最后在上光机上烘干上光。

（3）放大

将底片胶面朝下放在放大机上，在白光下调节机身和镜头，使放大图像清晰，放大倍数适当。挡上红玻璃，放上放大纸，胶面朝上。移开红玻璃开始曝光，时间为 10～30s。挡上红玻璃取下曝光后的放大纸，按印相纸处理程序进行显影、定影、烘干上光。

实验完毕后把显影液、定影液分别倒回原瓶中，不得倒混。洗涤干净各种容器及上光板，清洗整理好暗室。

五、数据记录及处理

详细记录拍摄时的天气（环境）情况、光圈、曝光时间、底片感光度、显定影时间，药液温度等实验条件。将底片、相片、放大片贴在报告上。

六、注意事项

① 照相机的物镜绝对不容许用手触摸，不得自己擦拭。

② 在暗室操作时，一定要慎开白灯。各盆中的夹子不得混用。

补充知识　摄影技术的基础知识与暗室技术

摄影是一门科学，它包含着摄影技术和艺术这两个不同的概念，前者属于科学范畴，而后者属于思想意识范畴，两者之间有着相当密切的关系。

摄影技术的提高和各方面的艺术修养有着相当重要的联系。文学、舞台、音乐、电影、绘画等方面的修养，有助于提高形象思维、造型、节奏感及画面的表现能力。

摄影是人类的第三只眼睛，它不仅能再现人眼看得到的景物，而且还可以探索人眼看不清和看不见的世界，具有超越人眼的能力，它对科学研究有着很重要的帮助。

摄影的特点在于记实性、可信性和真实性，它还有着和其他艺术的共性，即形象的塑造。它源于生活，是生活的反映，又被摄影者提炼加工后高于生活。

一幅好的摄影作品的拍摄，必须具有一定的摄影技术和艺术修养，同时也要有一台适合的照相机。关于照相机的结构、原理和使用方法，在许多摄影书籍中都有详细介绍，因篇幅所限，这里不再赘述。本文就拍摄艺术中的一些基本要点做些介绍。

一、摄影构图

摄影构图从广义上来讲就是采用美好的形式构成一幅画面，以表现主题内容。确切地说，摄影构图即是确定处于镜头前面的人、景、物的位置、方向、大小和处理好彼此之间的关系，以巧妙的用光、影调（色调）的分布，来构成统一、和谐的整体画面，也就是画面的结构、布局的组合、光线和色调处理的有机构成。

拍好一幅照片，首先要确定画面的主体，就像写文章一样，要明确你想表现什么，以什么为中心，最主要的就是要确定体现内容的主要对象——主体。主体表示内容的中心，也就是画面结构的中心，主体可以是一个对象，也可以是一组对象。

画面结构包括物体结构和影调结构两个方面。物体结构由"点、线、面"三者来体现，影调结构由"光、影、色"三者来体现。对于摄影构图来说，"点、线、面、光、影、色"这6个字是画面构成的基本要素。

画面结构就是研究各种被摄物体的点、线、面在摄影画面中的安排和布局，以及它们与光、影、色构成的优美的协奏曲，通过拍摄的艺术手法，成为一幅完整、统一、和谐的画面，以摄影的艺术语言来体现和表达视觉形象的内涵。

黄金分割法与画面构图有着重要的关系。这是一个数学名词，由于该分割在几何学上非常重要，古希腊数学家称之为"黄金分割"。它的数学概念是：设一条已知线段 AB，把 AB 分为 AC 与 CB 两个不等部分（见图 4.4），长的为 CB，短的为 AC，它们之间的比率应和整个线段 AB 和 BC 部分之间的比率相等，即 $AC:CB=CB:AB$。

在画面构图上的概念则是画面的长宽之比等于长宽之和与长之比，即长:宽=（宽+长）:长。

黄金分割的比例数字，具有一种奇妙的性质和特殊的功能，它运用于摄影艺术领域则体现在下几个方面（见图 4.5）。

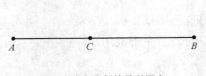

图 4.4　黄金分割的数学概念

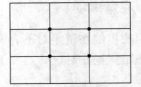

图 4.5　黄金分割用于摄影艺术领域

① 画面必须是长方形，并规定了长边与宽边的比例关系。

② 地平线必须处于画面中的 1/3 的部位。

③ 趣味中心限定在 2:1 部位的连线交点上。

④ 按照比例关系安排画面结构，如明亮与深色调的比例关系、画面重心的位置等。

一切美好的构图形式都存在于色彩斑斓的客观世界，存在于丰富的现实生活中，有许多美好的景物正等待热爱摄影艺术的人们去发现。

好的构图形式与选择被摄物的最佳拍摄点分不开，因为拍摄位置直接影响着画面结构、背景、景物的布局和相互的关系。

拍摄位置分为拍摄方向、拍摄高度、拍摄距离等 3 方面因素。

拍摄方向分为正面、斜侧面、侧面、背面拍摄等。选用哪一种拍摄方向，可根据拍摄的要求来选定。不同的拍摄方向会产生不同的构图和艺术效果。怎样选择拍摄方向，主要是为了能够鲜明、有力地表现主体和主题思想，或者是依照摄影者的意图，出于某种需要而决定的。

拍摄高度分为高角度的俯摄、低角度的仰摄、平视角度的拍摄。不同的角度会产生不同的效果，会给人不同的艺术感受，也可以通过不同角度的拍摄来弥补某些缺陷和不足之处。

拍摄距离也是一个重要方面。在拍摄方向、拍摄高度不变的情况下，拍摄距离的改变，将决定景物成像的大小。"物体影像的大小与镜头焦距成正比，而与拍摄的距离成反比"。拍摄者在确定拍摄距离时，对影像大小、取景范围、线条和空气透视所产生的造型效果要有较全面的考虑，这样才能拍出具有生动表现力的照片。

二、摄影用光

光是摄影的灵魂，是摄影者的"颜料"，摄影家的艺术功力，很大程度是体现在挥洒光的画笔的能力和技巧上。

摄影的照明光源，按其光源的性质可分为自然光和人工光两种。但是所有的光都具有一些相同的基本特征。

光强：指光的相对强弱，它随光源强弱及物体到光源的远近而变化。

方向：若是独立的光源，其方向性很明显；如果不只一个光源，比如漫射光，就没有明显的方向性。

颜色：光线颜色随不同的光源而异，也随光线所通过的不同介质而异。

在黑白摄影中，最需要注意光的方向和强弱；在彩色摄影中，光线的颜色则更为重要。在摄影创作中无论哪一种光作为造型手段和工具，只要摄影者按照光线的规律和基本特征，正确地运用光线的照明功能，就能获得具有艺术表现能力的光线效果。

一般情况下，光有 4 种最基本的方向：正面光、45°侧光、90°侧光、逆光。不同方向的光，会带来不同的摄影效果。

① 正面光：（见图 4.6）就是"摄影者背对着光源"，而被摄物面向光源。此光特点：立体效果较差，给人一种平板的二维感觉。

② 45°侧光：（见图 4.7）在自然光中，通常是指早上九十点钟和下午三四点钟的阳光，此时为最佳摄影时间。在室内一般使用的主光源为 45°侧光。此光特点：立体较好，有丰富的影调，能突出被摄物的深度。

③ 90°侧光：（见图 4.8）是在被摄物侧面 90°的光，能突出明暗强烈对比，被摄物一面

有光的照射，而另一面却掩蔽在黑暗之中。此光特点：表面结构十分明显，每一个细小的隆起处都产生明显的影子。

④ 逆光：（见图 4.9）光线从被摄物后面射来，被摄物正面对着照相机，就产生了逆光。用此方法拍摄会产生一种剪影效果。如果把光源放在高处就可以把被摄物顶端勾出一种很有表现力的明亮轮廓，从而会产生戏剧性效果。此光被称为"轮廓光"。

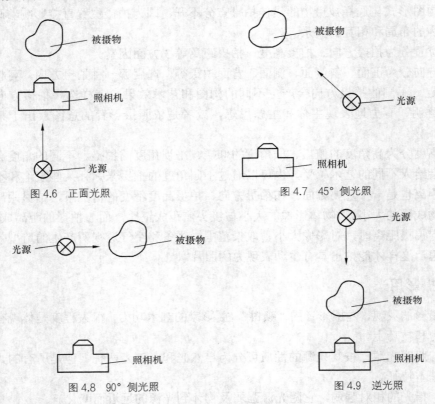

图 4.6　正面光照

图 4.7　45° 侧光照

图 4.8　90° 侧光照

图 4.9　逆光照

至此，我们对光的基本特性和基本方向已经有所了解，下面介绍几种在实际摄影中光的应用方法。

1. 静物摄影与用光

静物摄影的总体要求是，尽量使拍摄对象的形、质、色具有较高的审美的价值。

形：指的是拍摄对象的形态、造型特征及画面的构图形式。

质：指的是拍摄对象的质地、质料、质量、质感等。

色：指的是具有生动的视觉语言特点，富有直观性。

静物拍摄与一般照相不同，要求拍出的景像轮廓清楚、表现细腻、立体感强、无阴影、强调造型。在静物摄影中，主要依靠用光这一手段来完成造型任务——表现对象的形态和质感特点。因此，用光要围绕画面主体来进行。

（1）用光线来突出主体

主体应较画面其余物体明亮，主体轮廓要表现得十分明显突出，而且应有较强的立体感。

（2）用光线表现对象的表面结构

① 表面物体的粗糙面。用 45° 侧光或 90° 侧光。可以使物体凸出部位明亮，凹处变暗，

出现阴、阳两面，能真实地反映表面的粗糙结构。

② 表现物体的光滑面。投射光滑面的光线是混合反射的，按一定角度形成柔和的光。因此不能用直射光线，必须用散射光拍摄，要选择能看见光滑闪光的拍摄位置。

③ 表现透明物体的用光。大部分透明物体是光滑的，不可用直射的阳光或灯光，只能用散射光，背景亮度要高于主体，采用逆光拍摄，可以使主体的轮廓和透明效果都得到较理想的表现。

（3）静物拍摄的角度

在安排静物画面结构时，要考虑好选择最佳拍摄角度。拍摄静物用得最多的是俯视角度。它能让读者看清被拍物体的全貌和相互关系，并且具有一定的空间感。用其他角度拍摄静物，不易看清物体全貌，也容易使拍出的物体前后重叠，缺乏视觉空间效果。在进行俯视拍摄时要注意的是，镜头俯角的大小应选择合适。若镜头俯角太大，会使被摄物变形。拍摄距离可根据被摄物而定，只要能真实地反映生活即可。

静物拍摄多种多样，下面我们以拍摄小型仪器为例，来进一步说明其拍摄特点。

拍摄仪器时要突出仪器本身特点，背景衬底一般选择浅色，这样能把死板的仪器衬托得比较生动。拍摄时光线分布要柔和，一般选用漫射光即无影光。在室内可将照明灯照到白色或银色漫反射板上，比如屋顶白色天花板或墙上；在室外可利用阴天或背阴处拍摄。拍摄角度和距离要合适，主要突出仪器的造型和立体感。在拍摄前还要考虑被摄仪器的景深，要使整个仪器前后位置都能较清晰地拍摄下来，拍摄时要在照相机上选择合适的光圈和速度，选择合适的拍摄角度和拍摄距离。

2. 人物摄影与用光

人物摄影用光可分为两种：一种在室外，另一种在室内。室外摄影采用自然光（太阳光），可根据不同要求拍摄顺光照、侧光照和逆光照，在拍摄侧光像和逆光像时，人物脸部光线不足时，可利用锡纸把光线反射到脸部暗处，能使脸部表现更为生动。室内人物摄影有两个优点：第一，能在任何时间进行（不受室外天气变化和阳光不足的限制），第二，室内光源稳定，曝光容易掌握。

室内灯光光源分正面、侧面、背景、顶光、脚光、边光等多种，一般情况下用两到三个光源照明即可。

两光源最简单的位置：主光源靠近被摄人物，放在 45°角侧面，造成上侧部光线；辅助光源靠近照相机，高度与被摄人物脸部相同，造成正当线。如果有条件还可以加入轮廓和背景光，如图 4.10 所示。

光源的位置不是一定的，要根据光源的强弱和颜色及反光情况、被摄人物的衣服颜色而定。同时，配光还要注意到如何弥补一些面部缺陷，比如，鼻梁平坦、脸部轮廓不突出的人，最好采用侧面光，脸型胖的用逆光拍摄效果较好；大眼睛不可仰视。小眼睛拍摄时视线向上，用仰视拍比较合适等。

3. 翻拍技术

翻拍技术是复制平面文件资料的一种简单方法，是科技、编辑、摄影等多方面工作中必不可少的拍摄技能。

翻拍时照相机要固定在翻拍架上，要保持照相机绝对平正，不能有一点歪斜。在加用近摄镜或翻拍接圈时，要防止因螺纹未完全对准而使镜头出现不平正现象。

翻拍光源一般选用乳白色强灯泡照明，可得到柔和效果。要用双灯照明——用 45°交叉平均照明，即灯光的照射方向与镜头轴成 45°角（见图 4.11）。左右两灯光强要相等，灯至原件中心距离也必须相同。也可在阳光下翻拍，但照明效果比灯光反差大。

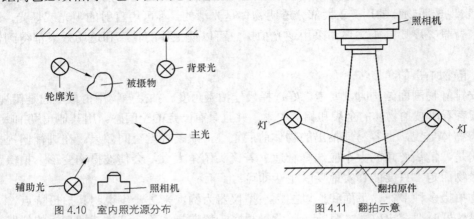

图 4.10　室内照光源分布　　　　　　　图 4.11　翻拍示意

翻拍时遇到较小的画面时，如果物距小于所使用的照相机镜头的最近清晰点时，需要加用近摄镜头或接圈，可以获得清晰的图像。为拍摄方便，最好用单镜头反射照相机。翻拍时光圈不小于 $f/5.6$，以保证其较高的分辨力。照相机要固定位置，防止震颤，因为翻拍曝光时间较长。

翻拍文件、图表时，如原稿不清、有污染色等，在翻拍时可以加用滤色镜，具体用法参看表 4.2。

表 4.2　　　　　　　　　　　　黑白片翻拍时滤色镜的作用

被摄原件情况	要求效果	应选用的滤色镜种类
黑色印刷品、文稿	原样	不用
蓝色印刷品、文稿	字迹清楚	深黄、橙、红
白底上红色线条、文字	红色清楚	蓝
白底上红色线条、文字	红色去掉	红
各色污点	清除污点	与污点同色的深色滤色镜
影像褪色发黄的照片	清楚	蓝
白纸陈旧或变黄	使纸变白	深黄、橙
墨水褪成黄或褐色的手稿	字迹清楚	深蓝
彩色图画	翻成黑白照片	日光下用黄，灯光下用浅绿
表面有反光的原稿	消除反光	偏振镜
带玻璃框的照片	消除反光	偏振镜

使用近摄圈翻拍，要增加曝光量，曝光量增加的倍数用下列公式计算。

$$曝光量应增加的倍数 = \frac{（镜头焦距 + 接圈长度）^2}{（镜头焦距）^2}$$

因为翻拍加用近接圈后，原有的 F 值的曝光量自动减小（镜头的 F 值即镜头前镜的光孔直径与焦距的比值）。掌握了这一变化规律，就可获得准确的曝光量。因为按未加接圈时的 F

值曝光，曝光量是不够的。

三、暗室技术

在完成拍摄过程之后，要取得一幅好的照片，就要制作出一张好的底片。被摄物经曝光在底片上得到的是看不见的潜影，要经过显影、定影等化学过程，才能成为长久性的影像。

1. 底片冲洗

底片的冲洗很重要。虽然整个冲洗过程并不复杂，技术也不难掌握，但是如果出现操作失误，就会造成无法弥补的损失。因此，在整个过程中，一定要精心制作、一丝不苟。

在冲洗底片前，要将所有设备准备好。主要有显影罐、暗房定时器、安全灯（绿色）、显影液和定影液、温度计、胶片夹、剪刀等。把所有东西放置于随手可拿的地方。先熟悉显影罐的使用方法，反复练习怎样卷片一直到熟练为止，然后将显影液倒入显影罐中（此时卷片轴拿在手中），将暗室灯关闭，把底片从暗盒中取出，装在卷片轴上，注意手应拿底片两边缘，卷片时保护带不宜缠得过紧，否则胶片受液不匀，容易造成药膜粘连而显影不均。缠好胶片用手轻拍卷片轴，使胶片均匀。然后用清水浸湿后（保证底片接触药液均匀）放入显影罐内把盖盖紧，开始定时。在显影过程中，应随时转动卷片轴，以便除去沾在胶片上的气泡，保证显影均匀。

显影时间的长短要根据室温的高低、药液的新旧程度和搅动快慢而定。室温高、药液新、搅动快，会使显影速度加快，反之则慢。一般情况下，若室温为 20℃，显影时间在 10min 左右。

显影结束后，将显影液倒入显影药瓶中，并将清水注入罐内，以洗净胶片表面残留的显影液。水洗时间不宜长，半分钟即可。水倒出后，注入定影液，并在规定的定影时间内随时转动卷片轴。定影时间不宜太长，10～15min 就可以了。定影完毕将定影液倒入定影瓶内，把胶片从卷片轴上取下，用清水将胶片彻底冲洗干净。一定要彻底冲洗以防药液残留时间长而污染画面。胶片冲洗干净后用胶片夹夹住，晾干或吹干后用剪刀将每张底片剪开，用纸袋保存起来。

2. 鉴别底片

因为底片画面上的影调与被摄物的明暗相反，通常将制作底片的胶片称为负片。怎样用视觉判断底片曝光和显影的程度呢？一般是以底片的密度（黑度）和反差的大小作为判断的依据。

底片画面的密度大小和影调的反差大小与曝光和显影条件有关，其中曝光只改变画面密度的大小，而显影既能影响画面密度的大小，又能改变画面影调反差的大小，请看表 4.3。

表 4.3　　　　　　　　　　　　　　　鉴别底片

曝光情况	显影情况	底 片 效 果
曝光正常	显影正常	整个底片所有影纹清晰，明暗等级分明
曝光正常	显影不足	画面密度小，反差偏小
曝光正常	显影过度	画面密度大，反差偏大
曝光过度	显影过度	底片密度大，最大和最小密度影纹不清
曝光过度	显影不足	底片密度偏小，最小密度稍大于灰雾密度，明暗等级不明
曝光过度	显影正常	底片昏暗不清，最大密度部分看不清影纹，最小密度比灰雾密度还大很多

续表

曝光情况	显影情况	底 片 效 果
曝光不足	显影不足	整个底片影像很谈，看不出影纹
曝光不足	显影过度	底片反差大，最大密度部分影纹线条分明但较黑，最小密度部分没有影纹，灰雾密度较大
曝光不足	显影正常	底片较透明，最大密度明亮部分影纹线条分明，最小密度和灰雾密度一样，没有影纹

3．印相和放大

底片冲洗出来后，只完成了照相过程的三分之二，要得到与原影物相同的正像，需要经过印相过程，印相和放大是获得正像的两种方法。印相画面尺寸小，一般是利用印相得到小样来选择放大的底片。

在印相和放大之前，将印相纸按所需要尺寸裁好，放入暗袋中，把显影液、清水（停显液）、定影液分别倒入盘中，以上步骤可在红色安全灯下进行，然后再开始印相或放大（具体步骤略）。

在印放过程中要掌握好曝光时间。若曝光时间长，照片容易产生灰暗不明快的效果。曝光不足，照片极为苍白。只有曝光准确，照片才能层次丰富、影调明快。如果曝光合适而显影过度，会造成影太深、反差过大、灰雾增高、细部层次看不出来；若显影不足则会使影像太淡、反差过小、细部层次损失。在合适的显影时间下，洗出的照片效果明朗，反差适中，细部层次分明。由此可见，适当延长或缩短显影时间可改变影像反差。在印放过程中还要根据底片情况选择好合适的相纸。相纸分软性、中性、硬性、特硬性等几类，不同的类型有着不同的反差效果，请看表 4.4。

表 4.4　　　　　　　　　　　相纸性能的比较

号码	性能	反差	层次	感光度	与何类底片配用
1 号	软性	小	多	大	配用反差大的底片
2 号	中性	适中	较多	较大	配用反差适中的底片
3 号	硬性	大	少	小	配用反差小的底片
4 号	特硬性	极大	很少	很小	配用反差很小的底片

另外还有一种印放两用相纸，具有比放大纸感光慢、比印相纸感光快的特点。

4．暗室技巧

暗室技巧有许多种，不同的技巧会产生不同的艺术效果，下面介绍几种常用的暗室技巧。

（1）虚光照片

虚光与局部控制曝光同是放大工艺中的主要技巧，其遮挡工具均可以根据遮挡与控制的区域形态自制。虚光实际上也是一种局部控制曝光技巧。虚光可以突出主体，多中取一、弥补缺陷等。虚光用于艺术创作时，可以收到特殊的艺术效果。放大虚光有如下 4 种类型。

① 图案虚光。用广告色涂在玻璃上，刮出各种图案，把它置于放大机镜头和放大纸中间活动，会产生虚光效果。离放大纸近，活动范围小，图案影像清晰；靠近镜头，活动范围大，图案特虚。

② 纸模运用。用纸模挖出孔，与放大遮挡性质一样，上下左右轻轻晃动，以免出死印子。

③ 纱孔虚光。用一块纱布，将它贴在玻璃上，按主体外形挖出孔，放大时略晃动，就可出现主体如在云雾之中的效果。

④ 正负虚光。将底片印制出一张正片，再用这张正片印制出底片，如此反复多次复制，尽可能消除中间层次，最后选中一对正、负片，药面互相对齐，中间夹一块玻璃，用印相方法取得一张底片，用此底片放大，照片有光芒四射的效果。

（2）叠加照片

在拍摄相片时，由于景物范围大，镜头无法将其一次全部拍摄下来，就可以把要拍的景物分几部分拍摄，但在拍摄过程中就要为合成做好准备，使景物不要重叠，要制作出理想的叠放照片，首先要选择好合适的负片，拟好构图，然后再精心制作。

将两张或三张负片选在一起，在灯光下对好位置，用透明胶纸将它们粘住。注意选加景物要在负片密度小的空白之处，否则无法透过光亮，不能达到合成效果，把粘好的底片放入放大机底片夹内，进行一次曝光即可得到一张选放好的照片。

（3）一底倒影合成法

倒影是同一底片正反合成放大技巧，它起到了雨后积水或水塘岸边树木产生倒影的艺术效果。

放大前在压纸板上放一张光白纸，将要拼接处的轮廓线用铅笔勾画在白纸上（作拼接记号）。放大时用一张硬纸挡住下半部分使它不感光，上半部感光，并在拼接处上下不停摆动，使拼接处受光 50%。曝光后，通过显影就可以得到一张富有倒影艺术效果的照片。

四、彩色摄影

大自然是一个五彩缤纷的彩色世界，在这个彩色世界中一切景物不仅有它的形状和轮廓，也有其各种不同的色彩。要搞好彩色摄影，主要借助物理学来研究自然界色彩表现的基本规律；借助于化学来理解染色成分及其规律；借助于生理学来认识色彩对感情的作用；借助美学来掌握色彩变化与统一的规律。

1. 光和色

在大自然中，太阳光可通过三棱镜的折射分为赤、橙、黄、绿、青、蓝、紫 7 种可见光谱，这种现象被称为色散现象。各种颜色的光都有其各自的波长，因此，光线波长的变化会引起人们色觉上的变化。在人眼视网膜里，有感红、感绿、感蓝 3 种感色单元。从白光中分解出来的红、绿、蓝 3 种色光，之所以在人眼中产生色觉，是由于这 3 种色光不同波长的光波对感色单元起的作用。自然界千变万化的色彩，实际上都不过是物体对红、绿、蓝 3 种色光作不同程度的吸收和反射。因此，红、绿、蓝是 3 种基本颜色，称之为三原色。如果把三原色的色光混合可得白光，而把三原色的颜色混合会得黑色，所以色光和颜色不是一回事（见图 4.9）。

根据三原色原理可以通过彩色摄影再现自然界的千颜万色。色彩合成法有两种，即加色法与减色法。

（1）加色法

用原色按不同比例相加可得到另一种颜色。

红 + 绿 + 蓝=白

红 + 绿 = 黄，红多 + 绿少 = 橙

绿 + 蓝 = 青，绿多 + 蓝少 = 绿青

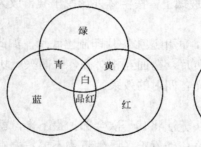
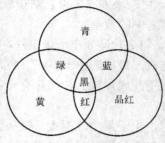

（a）三原色的色光混合　　　　　（b）三原色的颜色混合

图 4.12　色光混合和颜色混合

蓝＋红＝品红，蓝多＋红少＝紫

用色彩合成的加色法所得颜色如表 4.5 所示。

表 4.5　　　　　　　　　　　　　　　　　　**加色法**

混合成分			所得颜色
蓝色辐射	绿色辐射	红色辐射	
100	100	100	白
50	100	0	带蓝色调的绿
0	100	100	黄
0	50	100	橙
50	50	100	粉红
100	0	100	品红
0	0	0	黑
20	20	20	灰

（2）减色法

所谓减色法是从白光中按不同的比例减去原色来实现色彩再现的一种方法。

黄＝白－蓝，品红＝白－绿，青＝白－红

黄＋品红＝白－蓝－绿＝红

青＋黄＝白－红－蓝＝绿

品红＋青＝白－绿－红＝蓝

黄＋品红＋青＝白－蓝－绿－红＝黑

用色彩合成的减色法所得颜色如表 4.6 所示。

表 4.6　　　　　　　　　　　　　　　　　　**减色法**

叠合滤色镜的颜色			取得的颜色
青	品红	—	蓝
青	—	黄	绿
—	品红	黄	红
青	品红	淡黄	比较不饱合的蓝

续表

叠合滤色镜的颜色			取得的颜色
青	淡品红	黄	比较不饱合的绿
淡青	品红	黄	比较不饱合的红
淡青	淡品红	黄	黄褐
淡青	品红	淡黄	暗品红
青	淡品红	淡黄	暗青
淡青	淡品红	—	不饱合的蓝
淡青	—	淡黄	不饱合的绿
—	淡品红	淡黄	不饱合的红
淡青	淡品红	淡黄	灰

在成色方法中，加色法主要是用 3 个原色光相结合再现色彩，而减色法则是用 3 个补色的透明色素相叠或染料相混再现色彩，这就是两种方法的区别。

2. 色彩的特征

色彩主要有 3 个特征，它包括色别、明度、饱和度。

（1）色别

色别也称色相，它标志着色与色之间的主要区别。色别取决于光线的波长，不同色彩用光谱的相应波长来表示。在彩色摄影艺术中常把色分为两类：一类为暖色，包括红、橙、黄等色；另一类为冷色，包括青、绿、蓝、紫等色。

（2）明度

明度又称明亮度，为同一色别的相对亮度。同一色别因受光强弱的不同，有深浅、明暗之别。明亮度取决于有色物体表面所能反射光的多少，等于某种照明状态中此色与其他颜色相对比时的相对亮度。在可见光谱中，黄色的明亮度最高，红、绿色的明亮度为中等，蓝、紫色明亮度最低。

色彩的明亮度应与画面内容的主题思想相统一。色彩明亮度高，可表示轻松愉快、清新明朗等主题；色彩明亮度低，可表示紧张忧郁、深沉神秘的主题。另外，彩色照片上明亮度的变化，还能使其照片有一定的立体感。

（3）饱和度

饱和度指的是颜色纯净和鲜明的程度，也就是颜色中所含彩色成分与消色成分的比例。颜色中含彩色成分多，色彩饱和、色觉强；含消色成分多，色彩不饱和、色觉弱。一般说来，最饱和的色为光谱色，因为它的纯度很高，饱和度很大。影响色彩饱和的因素有以下几点。

① 照明条件对色彩饱和度的影响。

② 物体表面结构对色彩饱和度的影响。

③ 空气介质密度的大小对饱和度的影响。

在彩色摄影中要取得较好的画面造型效果，就要利用以上这些因素来表现画面的立体感、空间感、透视感和距离感。

3. 彩色摄影构图

彩色摄影的规律与黑白摄影基本相同，所不同之处就是黑白摄影用黑白两种影调来表示景物的影像，而彩色摄影却能表现出与景物色彩相同的影像。因此，彩色摄影构图的重要因素取决于色彩的平衡和色彩在彩色画面中的分布。

（1）景物的色彩

由于各种物体的表面结构和质地不同，对光线的吸收、反射和透射的能力也不同，所以使物体呈现的色彩也就会不同，在一般情况下，物体的颜色可分为固有色和环境（条件）色两种。

固有色指的是白光照射下物体呈现出本身固有的颜色。不同的色光，可以改变物体的固有色。

环境色指的是物体因受周围环境的色彩和不断变化着的光线的影响，而不能完全呈现出原有的颜色。

环境色在彩色摄影中很值得注意，因为在摄影过程中，它都不是以固有的色彩呈现在画面中，而是随光线反射作用而发生变化，如果掌握不好会影响摄影中色彩的正常表现。

拍摄点距被摄物远近，也会使物体颜色发生变化。远景物体色相冷，饱和度偏小，色淡的明亮度降低，色深的明亮度增高；近景物体色相暖，饱和度偏大，色淡的明亮度高，色深的明亮度低。了解景物色彩的特征，在构图中巧妙地加以应用，可以提高色彩对主题的表现能力。

（2）色彩的表现

色彩的表现要与画面主题思想统一起来，不同的景物色彩会使人产生不同的心理感受。在彩色摄影中，主体色彩是决定画面构图所有因素中最关键的问题，但对其他景物在画面中的色彩也不可忽略，因为，它们对主体起着烘托和帮衬的作用。如果主体和其他景物色彩不协调，会导致色感上的混乱现象。大红、大绿色虽然色彩鲜艳，但使用不当会使人有不美之感。因而在拍摄主体对象时要从内在气质和外形来处理好它的色彩分布，色彩之间相互作用，相互衬托，可以构成一幅美丽、和谐、统一的整体画面，能更有力地表现出画面的主题思想。

（3）色彩的配置

可以通过对自然界或按自身某种意图来选择、取舍景物的色彩，或通过改变光源性质，使用某种滤光镜和冲洗制作照片时的技术控制来调整色彩的配置，以突出画面的主题思想和表现能力。色彩配置多种多样，千变万化，但它的配置原则有以下5点。

① 色调主次要分明。

② 色彩布局要均衡。

③ 色彩配比要和谐。

④ 色彩变化要多样。

⑤ 节奏感要明确。

（4）色温的平衡

色温平衡是指拍摄时光源的色温是否与感光片要求的色温相适应，不同色温的光线在彩色感光材料上表现出不同的颜色。彩色感光片分日光型（Daylingh Filn）和灯光型（Tungsten Filn）两种，它们各自都有一定的色温适应范围。日光型感光片色温在 5 400～5 600K，灯光型感光片色温在 3 200～3 400K。如果在拍摄时色温高或低于感光片标定的色温，照片就会偏色。

彩色摄影不仅要求正确地曝光，而且还要考虑光源的色温情况，而黑白摄影只需曝光准确，这也是它们的不同之处。

实验 30　全息照相实验

早在激光出现以前，1948 年 D.Gabor（1971 年获得诺贝尔奖）为了提高电子显微镜的分辨本领，提出了一种无透镜两步光学成像方法（波前记录与重建），这就是现代全息技术的思路。但由于缺少理想的光源，工作进展缓慢。直到 20 世纪 60 年代后，激光的出现才为全息照相提供了高度相干的强光源，使它得到了迅速发展。现如今，全息技术已经在现代成像理论和光学图像检测等领域内显示了其独特的优点。

在我们的生活中，当然也常常能看到全息摄影技术的运用。比如，在一些信用卡和纸币上，就有运用了前苏联物理学家尤里·丹尼苏克在 20 世纪 60 年代发明的全彩全息图像技术制作出的聚酯软胶片上的"彩虹"全息图像。但这些全息图像更多只是作为一种复杂的印刷技术来实现防伪目的，它们的感光度低，色彩也不够逼真，远达不到乱真的境界。研究人员还试着使用重铬酸盐胶作为感光乳剂，用来制作全息识别设备。在一些战斗机上配备有此种设备，它们可以使驾驶员将注意力集中在敌人身上。

把一些珍贵的文物用这项技术拍摄下来，展出时可以真实地立体再现文物，供参观者欣赏，而原物妥善保存，防失窃，大型全息图既可展示轿车、卫星及各种三维广告，亦可采用脉冲全息术再现人物肖像、结婚纪念照。小型全息图可以戴在颈项上形成美丽装饰，它可再现人们喜爱的动物、多彩的花朵与蝴蝶。迅猛发展的模压彩虹全息图，既可成为生动的卡通片、贺卡、立体邮票，也可以作为防伪标识出现在商标、证件卡、银行信用卡，甚至钞票上。装饰在书籍中的全息立体照片，以及礼品包装上闪耀的全息彩虹，使人们体会到 21 世纪印刷技术与包装技术的新飞跃。

模压全息标识由于它的三维层次感，并随观察角度而变化的彩虹效应，以及千变万化的防伪标记，再加上与其他高科技防伪手段的紧密结合，把新世纪的防伪技术推向了新的辉煌顶点。

综上所述，全息照相是一种不用普通光学成像系统的摄像方法，是一种立体摄影和波阵面再现的新技术。由于全息照相能够把物体表面发出的全部信息（即光波的振幅和相位）记录下来，并能完全再现被摄物体光波的全部信息，因此，全息技术在生产实践和科学研究领域中有着广泛的应用。例如，全息电影和全息电视，全息储存、全息显示及全息防伪商标等。

除光学全息外，还发展了红外、微波和超声全息技术，这些全息技术在军事侦察和监视上有重要意义。我们知道，一般的雷达只能探测到目标方位、距离等，而全息照相则能给出目标的立体形象，这对于及时识别飞机、舰艇等有很大作用。因此，备受人们的重视。但是由于可见光在大气或水中传播时衰减很快，在不良的气候下全息技术甚至于无法进行工作。为克服这个困难，发展出红外、微波及超声全息技术，即用相干的红外光、微波及超声波拍摄全息照片，然后用可见光再现物像，这种全息技术与普通全息技术的原理相同。技术的关键是寻找灵敏记录的介质及合适的再现方法。

超声全息照相能再现潜伏于水下物体的三维图样，因此可用来进行水下侦察和监视。由于对可见光不透明的物体，往往对超声波透明，因此超声全息可用于水下的军事行动，也可用于医疗透视以及工业无损检测等。

除用光波产生全息图外，已发展到可用计算机产生全息图。全息图用途很广，可作成各种薄膜型光学元件，如各种透镜、光栅、滤波器等，可在空间重叠，十分紧凑、轻巧，适合于宇宙飞行使用。使用全息图储存资料，具有容量大、易提取、抗污损等优点。

全息照相的方法从光学领域推广到其他领域。如微波全息、声全息等得到很大发展，成功地应用在工业医疗等方面。地震波、电子波、X 射线等方面的全息也正在深入研究中。全息图有极其广泛的应用。如用于研究火箭飞行的冲击波、飞机机翼蜂窝结构的无损检验等。现在不仅有激光全息，而且研究成功白光全息、彩虹全息，以及全景彩虹全息，使人们能看到景物的各个侧面。全息三维立体显示正在向全息彩色立体电视和电影的方向发展。

一、实验目的

① 学习全息照相的基本原理和方法。
② 制作漫反射全息图并观察再现像。

二、实验仪器

光学平台、全息光学系统（He-Ne 激光器、曝光定时器、分束镜、反射镜、扩束镜、干板架、载物台等）、洗相设备。

三、实验原理

全息照相与普通照相无论在原理上还是方法上都有本质的区别。首先，普通照相是以几何光学为基础，利用透镜把物体成像在一个平面记录介质上，以记录平面上各点的光强或振幅分布。物、像之间虽然一一对应，但这种对应是二维平面图像上的点和三维物体上的点之间的对应，因此并不是完全意义的逼真。根据干涉原理，干涉条纹的光强分布能提供参与干涉的光波的光强和相位两方面的信息。全息照相正是以光的干涉、衍射等光学规律为基础，借助参考光波记录物光波的全部信息（振幅和相位）。在记录介质上得到的不是物体的像，而是只有在高倍显微镜下才能看得到的细密干涉条纹，称之为全息图。条纹的明暗程度和图样反映着物光波的振幅与相位分布，好像是一个复杂的光栅。对全息图适当照明就能重建原来的物光波，看到与原物不可分辨的立体像。另外，由于每一物点的散射球面波被扩散后覆盖整个全息图面，所以，全息图上的每一点都包含着整个物体的信息，类似普通照相的一一对应关系在此不复存在。故而，如果全息图破损，仍有可能观察到物体的全貌。第三，全息图的另一个优点是能在同一张照相底板上记录多个物体的信息，而且仍能够得到各自高质量的再现。

1. 全息记录（即全息图的制作）

用激光照射物体时，物体因漫反射而发出物光波（透明物体可以采用透射的物光波）。物光波的全部信息应该包括振幅和相位两个方面，但是所有的感光介质都只对光强有响应，所以必须把相位信息转换成强度的变化才能被记录下来，而常用的方法就是干涉法，思路是用另一振幅和相位都已知的相干波（参考光）与物光发生干涉。如图 4.13 所示，为了记录物光波在照相底板（全息干板）上每一点振幅和相位的全部信息，我们采用分光

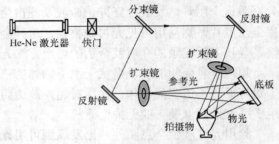

图 4.13　漫反射全息照相光路示意

干涉法。一束激光经分束镜分成两路光，一路照在物体上形成物光波，另一路光直接照在干板上，即作为参考光。

物光波复振幅可表示为

$$O(x,y,z)\exp[i\varphi_O(x,y,z)] \tag{4.1}$$

参考光的复振幅表示为

$$R(x,y,z)\exp[i\varphi_R(x,y,z)] \tag{4.2}$$

它们的振幅和相位都是空间坐标的函数。这样，在感光干板上的总光场是二者的叠加，复振幅为 $O+R$，从而，干板上各点的光强分布为

$$I=(O+R)(O^*+R^*)=OO^*+RR^*+OR^*+O^*R=I_O+I_R+OR^*+O^*R$$

$$=I_O+I_R+|O|\cdot|R|\exp[i(\varphi_O-\varphi_R)]+|O|\cdot|R|\exp[-i(\varphi_O-\varphi_R)]$$

$$=I_O+I_R+2|O|\cdot|R|\cos(\varphi_O-\varphi_R) \tag{4.3}$$

式中，O^*、R^* 代表 O、R 的共轭量，I_O、I_R 分别为物光与参考光独立照射到干板上时的光强，这两项在干板上与位置的关系不明显，基本均匀，在全息记录中不起主要作用。而 $OR^*+O^*R=2|O|\cdot|R|\cos(\varphi_O-\varphi_R)$ 为干涉项，可见干涉项产生的是明暗以 $(\varphi_O-\varphi_R)$ 为变量按余弦规律变换的干涉条纹。由于这些干涉条纹在底板上各点的强度决定于物光波（及参考光）在各点的振幅和相位，因此底板上就保留了物光波的振幅与相位分布信息。由此就可以推知物光波会聚点的位置，当我们观察全息图的再现波前时，看到的将是与原物不可分辨的立体像。

2. 波前的重建

记录物光波全息图的底板经曝光、冲洗后，形成透光率各处不同（由曝光时间和光强分布决定）的全息片。光经过这样的底板时振幅和相位都要发生变化。底板上各点的振幅透过率定义为

$$T=\frac{\text{透射光的复振幅}}{\text{入射光的复振幅}}$$

曝光量：$H=I\cdot t$；其中，I 为生成全息图时底板上的光强分布，t 为曝光时间。$T-H$ 特性曲线如图 4.14 所示，适当选取曝光时间和显影时间，以使 t 位于 $T-H$ 曲线中段近似直线的工作区部分（见图 4.14 中 AB 段）。在此段，其透过率为

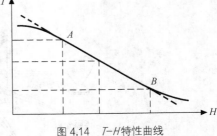

图 4.14 $T-H$ 特性曲线

$$T=T_0+K\cdot I\cdot t \tag{4.4}$$

式中，K 为直线斜率。把式（4.3）的光强度分布 I 代入式（4.4），有

$$T=T_0+K\{I_O+I_R+|O|\cdot|R|\exp[i(\varphi_O-\varphi_R)]+|O|\cdot|R|\exp[-i(\varphi_O-\varphi_R)]\}t$$

$$=T_0+Kt(I_O+I_R)+Kt\cdot|O|\cdot|R|\exp[i(\varphi_O-\varphi_R)]+Kt\cdot|O|\cdot|R|\exp[-i(\varphi_O-\varphi_R)] \tag{4.5}$$

该式表示了全息图片的振幅透过率。

波前的重建的方法是用再照光照射制作好的全息片。通常再照光仍用制作全息片的参考光，则再照光透过干板后的复振幅分布为

$$W=R(x,y,z)\exp[i\varphi_R(x,y,z)]\cdot T \tag{4.6}$$

$$=[T_0 + Kt(I_O + I_R)] \cdot |R| \cdot \exp[i\varphi_R] + Kt \cdot |R|^2 \cdot \underline{|O|\exp[i(\varphi_O)]}$$

$$+ Kt|R|^2 \exp(i2\varphi_R) \cdot \underline{|O|\exp(-i\varphi_O)}$$

式（4.6）称为再现方程。W 代表了再照光经过全息片上复杂光栅衍射后的振幅分布。这种光栅的透过率是按余弦规律变化的[可由式（4.3）、式（4.5）知]，根据式（4.6），再照光经过它衍射后，只有零级、正一级和负一级的衍射光束，它们分别对应着式（4.6）右边的 3 项。如图 4.15 所示。若令 $\theta_0 = \varphi_R$，$\theta = \varphi_O - \varphi_R$，则上式右边第一项的相位角：$\varphi_R = \theta_0$，说明光沿着与干板法线成 θ_0 角方向出射，并保持与再照光方向一致，还可以发现该项与再照光复振幅成正比，或者说是直接透过的再照光，相当于零级衍射波。所以第一项不能成像，对信息记录无意义。第二项的相位角：$\varphi_O = \theta_0 + \theta$，相当于正一级衍射波，我们可以发现它与制作全息片时底板所在处原来的物光波成正比，即是按一定比例重建的物光波。这个重建的物光波离开全息片继续传播时，其行为与原物在原来位置发出的光波一致，不同的是振幅按一定比例改变了，而且位相改变了 180°。因此在全息片后面的观察者对着这个衍射光波方向观察时（与再照光夹角 θ），可以看到原来物体的三维立体虚像。第三项的相位角：$(2\varphi_R - \varphi_O) = \theta_0 - \theta$，它是沿着相对于再照光入射方向负 θ 角方向传播的光波，相当于负一级。该项与原物光波的共轭光波成比例，它是一束会聚光。采用原参考光的共轭光波作再照光，会形成原物的共轭实像。所谓共轭光波是指传播方向和原来光波完全相反的光波，如果原来光波是从某一点发出的球面波，其共轭光波就是传播方向相反而且会聚于该点的球面波；如果原来光波是平面波，其共轭光波就是传播方向相反平面波。

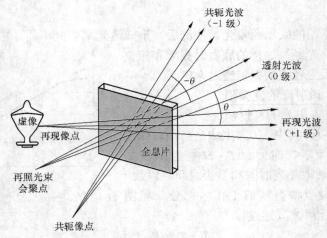

图 4.15　再现像观察示意

　　以上讨论是严格以制作全息片所用的参考光（或其共轭光）作为再照光的情形，可以得到无畸变的虚像（或实像）。但是，如果再照光不完全是原来的参考光束，比如取向、波长或光源位置等的不同，就可能造成再现像的位置、大小、虚实发生变化，而且还可能存在畸变。

四、实验内容及步骤

　　① 按照图 4.13 所示安排光路。要求参考光的光程与物光光程基本相等；且参考光和物

光照射到底片上时的夹角不能过大（大约 30°），且要保证它们在底片上较好迭加。

② 光路安排好后，在放底片的位置处，比较物光与参考光的光强，使其比例大约在 1:2 至 1:7 之间（物光不可太强）。以保证底片的振幅透射率和曝光量成线性关系。

③ 在遮光条件下，把底片稳定放置在支架上。底片药面要迎着光。启动曝光定时器，曝光拍摄。最后暗室冲洗，包括显影、定影和漂白，其操作方法和普通照片冲洗完全相同。漂白是为了提高衍射效率，提高再现像的亮度。这是因为底片经过漂白，是将原来形成的银粒变为几乎完全透明的化合物，它的折射率和明胶的不同，这样，记录采取了光程中的空间变化形式，而不像原初振幅全息图那样是光密度的空间变化（这种全息图又称相位全息图）。

显影用 D19 型显影液，显影时间为 1～2min。

定影用 F5 型定影液，定影时间为 3～5min。

漂白用 R-10 漂白液，漂白时间待全息底片透明即可。

R-10 漂白液配方如下。

A 液：	重铬酸钾	20g
	浓硫酸	14ml
	加蒸馏水至	1 000ml
B 液：	氯化钾	45g
	加蒸馏水至	1 000ml

将 A、B 液按 1:1 混合使用，漂白过的全息图还需定影，以消除氯化银。

在正常情况下，可以通过控制曝光时间和显影时间使底片不要过黑即可，这样就不需要漂白了。

④ 观察再现虚像。将制得的全息片放回到底片架上（药面向光），用再照光照明，观察再现像和共轭像（注意观察角度）。详细记录实验现象，并在实验报告中作必要的理论解释。请用事实证明：如果再照光束与参考光束是完全相同的球面波，则再现像和原物的位置、形状、大小、光强分布完全相同。再观察再照光束会聚点位置和全息图的法线取向对再现像的影响，并记录实验现象。用平行光束照射全息片，可以用白屏观察到类似原物的图像，观察屏与全息图距离对该图像的影响。思考：这个图像是物体的实像吗？

五、注意事项

① 所有光学元件面请勿用手触摸，以防污染。

② 实验过程是暗室操作，勿使底片曝光。

③ He-Ne 激光器及曝光定时器的使用请看附带的仪器使用说明书。

六、思考题

① 简要总结全息照相与普通照相的区别。

② 为了得到一张较高衍射效率的漫反射全息图，实验技术上应注意哪些问题？

③ 全息照相所用干板的分辨率为什么要求很高？

④ 为什么漫反射全息照相再现像时要采用制作全息片时所用的参考光作为再照光？而不能用白光再现？

实验 31　硅光电池特性研究

　　光电池是一种光电转换元件，它不需要外加电源而能直接把光能转换为电能。光电池的种类很多，常见的有硒、锗、硅、砷化镓、氧化铜、氧化亚铜、硫化铊、硫化镉等，其中最受重视、应用最广的是硅光电池。硅在阳光下的光电转换效率最高，所以通常把这类器件称为"太阳能电池"也称"光伏电池"。硅光电池是根据光生伏特效应而制成的光电转换元件。它有一系列的优点：性能稳定，光谱响应范围宽，转换效率高；线性响应好，使用寿命长，耐高温辐射，光谱灵敏度和人眼灵敏度相近等。太阳能光伏发电，是迄今为止最美妙、最长寿、最可靠的发电技术。太阳能电池除用于人造卫星和宇宙飞船等领域外，它主要在分析仪器、测量仪器、光电技术、自动控制、计量检测、计算机输入/输出、光能利用等很多领域用作探测元件，其广泛应用于现代科学技术中。光电池还用于许多民用领域，如光电池汽车、光电池游艇、光电池收音机、光电池计算机和光电池电站等，在现代科学技术中占有十分重要的地位。因此，太阳能光伏发电有望成为 21 世纪的重要新能源。有专家预言，在 21 世纪中叶，太阳能光伏发电将占世界总发电量的 15%～20%，成为人类的基础能源之一，在世界能源构成中占有一定的地位。在普通物理实验中开设太阳能电池的特性研究实验，介绍太阳能电池的电学性质和光学性质，联系科技开发实际，有非常重要的作用。我们在实验室主要通过实验对硅光电池的基本特性和简单应用做初步的了解与研究，对于了解目前广泛使用的各种光电器件，具有十分重要的意义。

一、实验目的

① 掌握 PN 结的形成原理及其工作机理。
② 了解 LED 发光二极管的驱动电流和输出光功率的关系。
③ 掌握硅光电池的工作原理及其工作特性。

二、实验仪器

TKGD-1 硅光电池特性实验仪、信号发生器、示波器。

三、实验原理

　　目前半导体光电探测器在数码摄像、光通信、太阳电池的领域得到广泛应用，硅光电池是半导体光电探测器的一个基本单元，深刻理解硅光电池的工作原理和具体使用特性可以进一步领会半导体 PN 结原理、光电效应理论和光伏电池产生机理。

　　图 4.7 是半导体 PN 结在零偏、反偏和正偏下的耗尽区，当 P 型和 N 型半导体材料结合时，由于 P 型半导体材料空穴多电子少，而 N 型半导体材料电子多空穴少，结果 P 型中的空穴向 N 型半导体材料这边扩散，N 型半导体材料中的电子向 P 型半导体材料这边扩散，扩散的结果使得结合区两侧的 P 型区出现负电荷，N 型区带正电荷，形成一个势垒，由此而产生的内电场将阻止扩散运动的继续进行，当两者达到平衡时，在 PN 结两侧形成一个耗尽区，耗尽区的特点是无自由载流子，呈现高阻抗。当 PN 结加反偏压时，外加电场和内电场方向相同，耗尽区在外电场作用下变宽，势垒加强；当 PN 结加正偏压时，外加电场和内电场方向相反，耗尽区在外电场作用下变窄，势垒削弱，使载流子扩散运动继续形成电流，此即 PN 结的单

向导电性，电流从 P 指向 N。

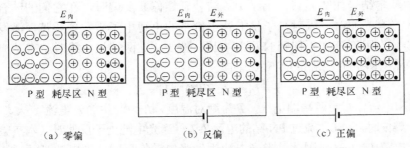

（a）零偏　　　　　（b）反偏　　　　　（c）正偏

图 4.16　半导体 PN 结在零偏、反偏和正偏下的耗尽区

1．LED 的工作原理

当某些半导体材料形成的 PN 结加正向电压时，空穴与电子在复合时将产生特定波长的光，发光的波长与半导体材料的能级间隙 E_g 有关。发光波长 λ_p 可由下式确定

$$\lambda_p = hc/E_g \tag{4.7}$$

式中，h 为普朗克常数，c 为光速。在实际的半导体材料中能级间隙 E_g 有一个宽度，因此发光二极管发出光的波长不是单一的，发光波长半宽度一般在 25～40nm，随半导体材料的不同而有差别。发光二极管输出光功率 P 与驱动电流 I 的关系由下式决定

$$P = \eta E_g E_p I/\text{e} \tag{4.8}$$

式中，η 为发光效率，E_p 为光子能量，e 是电子电量。

输出光功率与驱动电流的关系为线性关系，当电流较大时，由于 PN 结不能及时散热，输出光功率可能会趋向饱和。本实验用一个驱动电流可调的红色超亮度发光二极管作为实验用光源。系统采用的发光二极管驱动和调制电路如图 4.17 所示。信号调制采用光强度调制的方法，发送光强度调节器用来调节流过 LED 的静态驱动电流，从而改变二极管的发射光功率。设定的静态驱动电流调节范围为 0～20mA，对应面板上的光发送强度驱动显示值为 0～2 000 单位。正弦调制信号经电容、电阻网络及运放跟随隔离后耦合到放大环节，与发光二极管静态驱动电流叠加后使发光二极管发送随正弦波调制信号变化的光信号，如图 4.18 所示，变化的光信号可用于测定光电池的频率响应特性。

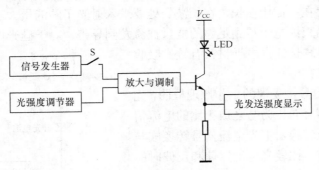

图 4.17　发送光的设定、驱动和调制电路框图

2．硅光电池的工作原理

硅光电池是一个大面积的光电二极管，它被设计用于把入射到它表面的光能转化为电能，

因此，可用作光电探测器和光电池，被广泛用于太空和野外便携式仪器等的能源。

光电池的基本结构如图 4.19 所示，PN 结处于零偏或反偏时，在它们的结合面耗尽区存在一内电场，当有光照时，入射光子将把处于价带的束缚电子激发到导带，激发出的电子空穴对在内电场的作用下分别漂移到 N 区和 P 区，当 PN 结两端加负载时就有一光生电流流过负载。流过 PN 结两端的电流可由下式确定

$$I = I_s[\exp(eV/kT) - 1] + I_p \qquad (4.9)$$

式中，I_s 为饱和电流，V 为两端端电压，T 为绝对温度，I_p 为产生的光电流。从式中可以看到，当光电池处于零偏时，$V=0$，流过 PN 结的电流 $I=I_p$；当光电池处于反偏时（本实验中取-5V），流过 PN 结的电流 $I = I_p - I_s$。因此，当光电池用做光电转换器时，光电池必须处于零偏或反偏状态。

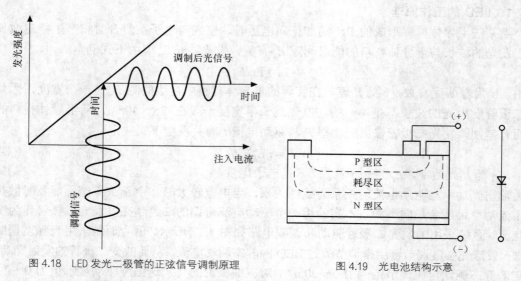

图 4.18　LED 发光二极管的正弦信号调制原理　　　　图 4.19　光电池结构示意

光电池处于零偏或反偏状态时，产生的光电流 I_P 和输入光功率 P_i 有以下关系

$$I_P = R \cdot P_i \qquad (4.10)$$

式中，R 为响应度，R 值随入射光波长的不同而变化，对不同材料制作的光电池 R 值分别在短波长和长波长处存在一截止波长，在长波长处要求入射光子的能量大于材料的能级间隙，以保证处于价带中的束缚电子得到足够的能量被激发到导带，对于硅光电池其长波截止波长为 $\lambda_c = 1.1\mu m$，在短波长处也由于材料有较大吸收系数使 R 值很小。

图 4.20 是光电信号接受端的工作原理框图，光电池把接收到的光信号转化为与之成正比的电流信号，再经过电流电压转换器把光电流信号转换成与之成正比的电压信号。比较光电池零偏和反偏时的信号，就可以测定光电池的饱和电流 I_s。当发送的光信号被正弦信号调制时，则光电池输出电压信号中将包含正弦信号，据此可通过示波器测定光电池的频率响应特性。

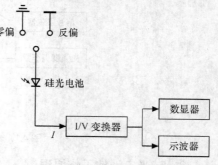

图 4.20　光电池光电信号接收框图

3．光电池的负载特性

光电池作为电池使用如图 4.21 所示。在内电场的作用下，入射光子由于内光电效应把处于价带的束缚电子激发到导带，而产生光伏电压，在光电池两端加一个负载就会有电流流过，当负载很小时，电流较小而电压较大；当负载很大时，电流较大而电压较小。实验时可改变负载电阻的值来测定光电池的伏安特性。

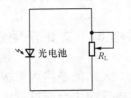

图 4.21　光电池伏安特性的测定

四、实验内容及步骤

硅光电池特性实验仪框图如图 4.22 所示。超高亮度 LED 在可调电流和调制信号驱动下发出的光照射到光电池表面，功能转换开关可分别打到零偏、反偏或负载。

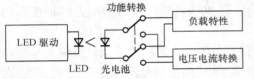

图 4.22　硅光电池特性实验框图

1．硅光电池零偏和反偏时光电流与输入光信号的关系特性测定

打开仪器电源，调节发光二极管静态驱动电流，其调节范围为 0～20mA（相应于强度指示 0～2 000），将功能转换开关分别打到零偏和反偏，将硅光电池输出端连接到 *I/V* 转换模块的输入端，将 *I/V* 转换模块的输出端连接到数字电压表头的输入端，分别测定光电池在零偏和反偏时光电流与输入光信号关系。记录数据并在同一张方格纸上作图，比较光电池在零偏和反偏时两条曲线的关系。求出光电池的饱和电流 I_s。

2．硅光电池输出端接恒定负载时产生的光伏电压与光信号关系测定

将功能开关打到"负载"处，将硅光电池输出端连接恒定负载电阻（如取 10K）和数字电压表，从 0～20mA（指示为 0～2 000）调节发光二极管静态驱动电流，实验测定光电池输出电压随输入光强度的关系曲线。

3．硅光电池伏安特性测定

在硅光电池输入光强度不变时（取发光二极管静态驱动电流为 15mA），测量当负载从 0～100kΩ 的范围内变化时，光电池的输出电压随负载电阻变化关系的曲线。

4．硅光电池的频率响应

将功能转换开关分别打到"零偏"和"反偏"处，将硅光电池的输出连接到 *I/V* 转换模块的输入端。令 LED 偏置电流为 10mA（显示为 1 000），在信号输入端加正弦调制信号，使 LED 发送调制光信号，保持输入正弦信号幅度不变，调节信号发生器频率，用示波器观测并测定记录发送光信号的频率变化时，光电池输出信号幅度的变化，测定光电池在零偏和反偏条件下的幅频特性，并测定其截止频率。将测量结果记录在自制的数据表格中，比较光电池在零偏和反偏条件下的实验结果，分析原因。

五、思考题

① 光电池在工作时为什么要处于零偏或反偏？

② 光电池用于线性光电检测器时，对耗尽区的内部电场有何要求？

③ 光电池对入射光的波长有何要求？

④ 当单个光电池外加负载时，其两端产生的光伏电压为何不会超过 0.7V？

⑤ 如何获得高电压、大电流输出的光电池？

实验 32 太阳能电池实验

太阳能是指太阳辐射的能量。我们知道在太阳内部无时无刻不在进行着氢转变为氦的热核反应。反应过程中伴随着巨大的能量向宇宙空间的释放。所有太阳释放到宇宙空间的能量都属于太阳能的范畴。科学研究已经表明太阳的热核反应可以持续百亿年左右，能量辐射功率约 3.8×10^{23} kW。根据地球体积、地球与太阳的距离等数据可以计算出地球被辐照到的太阳能大致为全部太阳能量辐射量的 20 亿分之一。考虑到地球大气层对太阳辐射的反射和吸收等因素，实际到达地球表面的太阳辐照功率为 80 亿 kW，折合 500 万吨标准煤的能量。

太阳能给人无限的遐想，但需要我们对太阳能有一个全面、客观的认识。任何的事物总是具有两面性的。就太阳能而言，其优势在于"普遍"，地球的任何角落都存在；"巨大"，太阳能是地球可供开采的最大能源；"无害"，不污染环境；"持续"，可稳定供应时间超过 100 亿年。太阳能的缺点在于它具备的分散性、不稳定性、高成本。分散性和不稳定性是地球地理特征决定的。高成本是工艺技术水平的不足导致的。太阳能是非常活跃的研究和应用领域，前景广阔，回报丰厚。这个领域也充满问题和挑战，对相关人才的需求量巨大。

人类对硅材料的认识及固体理论、半导体理论的发展和成熟，是太阳能利用的关键推动力，具有里程碑意义的事件是 1945 年美国 Bell 实验室研制出实用性硅太阳能电池。近年来，太阳能成为研究、技术、应用、贸易的热点。太阳能潜在的市场为全世界所关注。除了人类能源需求量的增大、化石能源储量的下降和价格的提升、理论和工艺技术水平的提高等因素外，环保意识、可持续发展意识的提升也是一个重要的因素。

太阳能电池是目前太阳能利用中的关键环节，核心概念是 PN 结和光生伏特效应。理解太阳能电池的工作原理、基本特性表征参数和测试方法是必要和重要的。

一、实验目的

① 了解 PN 结的基本结构与工作原理。
② 了解太阳能电池的基本结构，理解其工作原理。
③ 掌握 PN 结的 IV 特性及 IV 特性对温度的依赖关系。
④ 掌握太阳能电池基本特性参数测试原理与方法，理解光源波长、温度等因素对太阳能电池特性的影响。
⑤ 通过分析 PN 结、太阳能电池基本特性参数测试数据，进一步熟悉实验数据分析与处理的方法，分析实验数据与理论结果间存在差异的原因。

二、实验原理

1. 光生伏特效应

半导体材料是一类特殊的材料，从宏观电学性质上说它们的导电能力在导体和绝缘体之间，其导电能力随外界环境，如温度、光照等，而发生显著的变化。半导体材料具有负的带电阻温度系数。从材料结构特点说，这类材料具有半满导带、价带和半满带隙，温度、光照等因素可以使价带电子跃迁到导带，改变材料的电学性质。通常情况下，都需要对半导体材料进行必要的掺杂处理，调整它们的电学特性，以便制作出性能更稳定、灵敏度更高、功耗更低的电子器件。基于半导体材料电子器件的核心结构通常是 PN 结，PN 结简单说就是 P型半导体和 N 型半导体的基础区域，太阳能电池本质上就是 PN 结。

常见的太阳能电池从结构上说是一种浅结深、大面积的 PN 结。太阳能电池之所以能够完成光电转换过程，核心物理效应是光生伏特效应。这种效应是半导体材料的一种通性。如图 4.23 所示，当特定频率的光辐照到一块非均匀半导体上时，由于内建电场的作用，载流子重新分布导致半导体材料内部产生电动势。如果构成回路就会产生电流。这种电流叫做光生电流，这种内建电场引起的光电效应就是光生伏特效应。

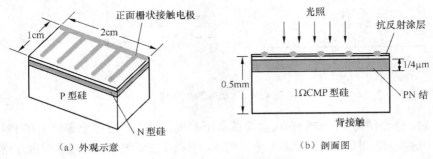

图 4.23　PN 结结构示意图

非均匀半导体就是指材料内部杂质分布不均匀的半导体。PN 结是典型的一个例子。N型半导体材料和 P 型半导体材料接触形成 PN 结。PN 结根据制备方法、杂质在体内分布特征等有不同的分类。制备方法有合金法、扩散法、生长法、离子注入法等。杂质分布可能是线性分布的，也可能是存在突变的，PN 结的杂质分布特征通常是与制备方法相联系的。不同的制备方法导致不同的杂质分布特征。

根据半导体基本理论，处于热平衡态的 PN 结结构由 P 区、N 区和两者交界区域构成。为了维持统一的费米能级，P 区内空穴向 N 区扩散，N 区内空穴向 P 区扩散。载流子的定向运动导致原来的电中性条件被破坏，P 区积累了带有负电的不可动电离受主，N 区积累了不可动电离施主。载流子扩散运动的结果导致 P 区带负电，N 区带正电，在界面附近区域形成由N 区指向 P 区的内建电场和相应的空间电荷区。显然，两者费米能级的不统一是导致电子空穴扩散的原因，电子空穴扩散又导致出现空间电荷区和内建电场。而内建电场的强度取决于空间电荷区的电场强度，内建电场具有阻止扩散运动进一步发生的作用。当两者具有统一费米能级后扩散运动和内建电场的作用相等，P 区和 N 区两端产生一个高度为 qV_D 的势垒。理想PN 结模型下，处于热平衡的 PN 结空间电荷区没有载流子，也没有载流子的产生与复合作用。

当有入射光垂直入射到 PN 结，只要 PN 结结深比较浅，入射光子会透过 PN 结区域甚至能深入半导体内部。如图 4.24 所示，如果入射光子能量满足关系 $h\nu \geqslant E_g$（E_g 为半导体材料的禁带宽度），那么这些光子会被材料本征吸收，在 PN 结中产生电子空穴对。光照条件下材料体内产生电子空穴对是典型的非平衡载流子光注入作用。光生载流子对 P 区空穴和 N 区电子这样的多数载流子的浓度影响是很小的，可以忽略不计。但是对少数载流子将产生显著影响，如 P 区电子和 N 区空穴。在均匀半导体中光照射下也会产生电子空穴对，它们很快又会通过各种复合机制复合。在 PN 结中情况有所不同，主要原因是存在内建电场。内建电场的驱动下 P 区光生少子电子向 N 区运动，N 区光生少子空穴向 P 区运动。这种作用有两方面的体现，第一，光生少子在内建电场驱动下定向运动产生电流，这就是光生电流，它由电子电流和空穴电流组成，方向都是由 N 区指向 P 区，与内建电场方向一致；第二，光生少子的定向运动与扩散运动方向相反，减弱了扩散运动的强度，PN 结势垒高度降低，甚至会完全消失。宏观的效果是在 PN 结两端产生电动势，也就是光生电动势。

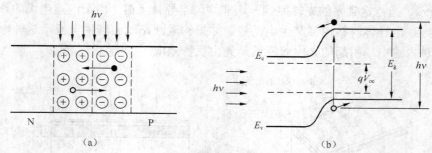

图 4.24　光辐照下的 PN 结

光辐照 PN 结会使得 PN 结势垒高度降低甚至消失，这个作用完全等价于在 PN 结两端施加正向电压。这种情况下的 PN 结就是一个光电池。开路下 PN 结两端的电压叫做开路电压 V_{oc}，闭路下这种 PN 结等价于一个电源，对应的电流 I_{sc} 称为闭路电流。光生伏特效应就是光能转化为电能的过程，开路电压和闭路电流是两个基本的参数。

2. 太阳能电池无光照情况下的电流电压关系之暗特性

太阳能电池是依据光生伏特效应把太阳能或者光能转化为电能的半导体器件。如果没有光照，太阳能电池等价一个 PN 结。通常把无光照情况下太阳能电池的电流电压特性叫做暗特性。近似地，可以把无光照情况下的太阳能电池等价于一个理想 PN 结，其电流电压关系为肖克莱方程，即

$$I = I_s [\exp\left(\frac{eV}{k_0 T}\right) - 1]$$

式中，$I_s = J_s A = A\left(\dfrac{eD_n n_0}{L_n} + \dfrac{eD_p p_0}{L_p}\right)$ 为反向饱和电流。A、D、n、p 和 L 分别为结面积、扩散系数、平衡电子浓度、平衡空穴浓度和扩散长度。

根据肖克莱方程不难发现，在正向、反向电压下，暗条件下太阳能电池 I-V 曲线不对称，这就是 PN 结的单向导通性或者说整流特性。对于确定的太阳能电池，其掺杂杂质种类、掺杂计量、器件结构都是确定的，对电流电压特性具有影响的因素是温度。温度对半导体器件的影响是这类器件的通性。根据半导体物理原理，温度对扩散系数、扩散长度、载流子浓度都有影响，综合考虑，反向饱和电流密度为

$$J_s \approx e\left(\frac{D_n}{\tau_n}\right)^{1/2} \frac{n_i^2}{N_A} \sim T^{3+\frac{\gamma}{2}} \exp\left(-\frac{E_g}{k_0 T}\right)$$

由此可见随着温度升高，反向饱和电流随着指数因子 $\exp\left(-\dfrac{E_g}{k_0 T}\right)$ 迅速增大。且带隙越宽

的半导体材料，这种变化越剧烈。

半导体材料禁带宽度是温度的函数 $E_g = E_g(0) + \beta T$，其中 $E_g(0)$ 为绝对零度时候的带隙宽度。设有 $E_g(0) = eV_{g0}$，V_{g0} 是绝对零度时导带底和价带顶的电势差。由此可以得到含有温度参数的正向电流电压关系为

$$I = AJ \propto T^{3+\frac{\gamma}{2}} \exp\left[\frac{e(V - V_{g0})}{k_0 T}\right]$$

显然正向电流在确定外加电压下也是随着温度升高而增大的。

3. 太阳能电池光照情况下的电流电压关系之亮特性

光生少子在内建电场驱动下定向的运动在 PN 结内部产生了 N 区指向 P 区的光生电流 I_L，光生电动势等价于加载在 PN 结上的正向电压 V，它使得 PN 结势垒高度降低 $qV_D - qV$。开路情况下光生电流与正向电流相等时，PN 结处于稳态，两端具有稳定的电势差 V_{oc}，这就是太阳能电池的开路电压 V_{oc}。如图 4.25 所示，在闭路情况下，光照作用下会有电流流过 PN 结，显然 PN 结相当于一个电源。

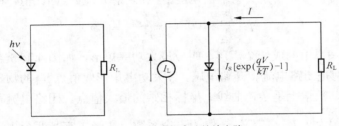

图 4.25 太阳能电池等效电路

光电流 I_L 在负载上产生电压降，这个电压降可以使 PN 结正偏。如图 4.25 所示，正偏电压产生正偏电流 I_F。在反偏情况下，PN 结电流为

$$I = I_L - I_F = I_L - I_S\left[\exp\left(\frac{eV}{k_0 T} - 1\right)\right]$$

随着二极管正偏，空间电荷区的电场变弱，但是不可能变为零或者反偏。光电流总是反向电流，因此太阳能电池的电流总是反向的。

根据图 4.25 的等效电路图。有两种极端情况是在太阳能电池光特性分析中必须考虑的。其一是负载电阻 $R_L = 0$，这种情况下加载在负载电阻上的电压也为零，PN 结处于短路状态，此时光电池输出电流我们称为短路电流或者闭路电流 I_{sc}。

$$I = I_{sc} = I_L$$

其二是负载电阻 $R_L \to \infty$，外电路处于开路状态。流过负载电阻电流为零，根据等效电路图，光电流正好被正向结电流抵消，光电池两端电压 V_{oc} 就是所谓的开路电压。显然有

$$I = 0 = I_L - I_S\left[\exp\left(\frac{eV}{k_0 T} - 1\right)\right]$$

得到开路电路电压 V_{oc} 为

$$V_{oc} = \frac{k_0 T}{e}\ln\left(1 + \frac{I_L}{I_S}\right)$$

开路电压 V_{oc} 和闭路电流 I_{sc} 是光电池的两个重要参数。实验上这两个参数通过确定稳定光照下太阳能电池 I-V 特性曲线与电流、电压轴的截距得到。不难理解，随着光照强度增大，确定太阳能电池的闭路电流和开路电压都会增大。但是随光强变化的规律不同，闭路电流 I_{sc} 正比于入射光强度，开路电压 V_{oc} 随着入射光强度对数式增大。从半导体物理基本理论不难得到这个结论。此外，从太阳能电池的工作原理考虑，开路电压 V_{oc} 不会随着入射光强度增大而无限增大的，它的最大值是使得 PN 结势垒为零时的电压值。换句话说太阳能电池的最大光生电压为 PN 结的势垒高度 V_D，是一个与材料带隙、掺杂水平等有关的值。实际情况下最大开路电压值与材料的带隙宽度相当。

4．太阳能电池的效率

太阳能电池从本质上说一个能量转化器件，它把光能转化为电能。因此讨论太阳能电池的效率是必要和重要的。根据热力学原理，我们知道任何的能量转化过程都存在效率问题，实际发生的能量转化过程的效率不可能是 100%。就太阳能电池而言，我们需要知道转化效率和哪些因素有关，如何提高太阳能电池的效率，最终我们期望太阳光电池具有足够高的效率。太阳能电池的转换效率 η 定义为输出电能 P_m 和入射光能 P_{in} 的比值，即

$$\eta = \frac{P_m}{P_{in}} \times 100\% = \frac{I_m V_m}{P_{in}} \times 100\%$$

式中，$I_m V_m$ 在 I-V 关系中构成一个矩形，叫做最大功率矩形。如图 4.26 光特性 I-V 曲线与电流、电压轴交点分别是闭路电流和开路电压。最大功率矩形取值点 p_m 的物理含义是太阳能电池最大输出功率点，数学上是 I-V 曲线上坐标相乘的最大值点。闭路电流和开路电压也自然构成一个矩形，面积为 $I_{sc} V_{oc}$，定义 $\frac{I_m V_m}{I_{sc} V_{oc}}$ 为占空系数，图形中它是两个矩形面积的比值。占空系数反映了太阳能电池可实现功率的度量，通常的占空系数为 0.7～0.8。

太阳能电池本质上是一个 PN 结，因而具有一个确定的禁带宽度。从原理我们得知只有能量大于禁带宽度的入射光子才有可能激发光生载流子并继而发生光电转化。因此，入射到太阳能电池的太阳光只有光子能量高于禁带宽度的部分才会实现能量的转化。硅太阳能电池的最大效率大致是 28%。对太阳能电池效率有影响的还有其他很多因素，如大气对太阳光的吸收、表面保护涂层的吸收、反射、串联电阻热损失等。综合考虑起来，太阳能电池的能量转换效率在 10%～15%。

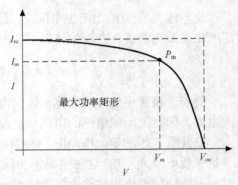

图 4.26　太阳能电池最大功率矩形

为了提高单位面积的太阳能电池电输出功率，可以采用通过光学透镜集中太阳光。太阳光强度可以提高几百倍，闭路电流线性增大，开路电流指数式增大。不过具体的理论分析发现，太阳能电池的效率随着光照强度增大也不是急剧增大的，而是有轻微增大。但是考虑到透镜价格相对于太阳能电池低廉，因此透镜集中也是一个有优势的技术选择。

5．太阳能电池的光谱响应

光谱响应表示不同波长的光子产生电子-空穴对的能力。定量地说，太阳能电池的光

谱响应就是当某一波长的光照射在电池表面上时，每一光子平均所能收集到的载流子数。太阳能电池的光谱响应又分为绝对光谱响应和相对光谱响应。各种波长的单位辐射光能或对应的光子入射到太阳能电池上，将产生不同的短路电流，按波长的分布求得其对应的短路电流变化曲线称为太阳能电池的绝对光谱响应。如果每一波长以一定等量的辐射光能或等光子数入射到太阳能电池上，所产生的短路电流与其中最大短路电流比较，按波长的分布求得其比值变化曲线，这就是该太阳能电池的相对光谱响应。但是，无论是绝对还是相对光谱响应，光谱响应曲线峰值越高，越平坦，对应电池的短路电流密度就越大，效率也越高。

太阳能电池光谱响应测试：太阳能电池的光谱响应 $R(\lambda)$ 是指在某一特定波长 λ 处，太阳能电池输出的短路电流 $I(\lambda)$ 与入射到太阳能电池上的辐射功率 $\Phi(\lambda)$ 的比值，即

$$R(\lambda) = I(\lambda)/\Phi(\lambda)$$

为确定入射到探测器上的光谱辐射功率 $\Phi(\lambda)$，通常使用经过光谱标定的标准探测器对光源在某一特定波长 λ 处的辐射功率进行测量。如果光探测器在某一特定波长 λ 处的绝对光谱响应是 $R'(\lambda)$，探测器在某光源特定波长 λ 处的输出电流为 $I'(\lambda)$，则该光源在特定波长 λ 处输出的辐射功率 $\Phi(\lambda)$ 就是

$$\Phi(\lambda) = I'(\lambda)/R'(\lambda)$$

如果在相同条件下测量太阳能电池，则太阳能电池的绝对光谱响应可以表达为

$$R(\lambda) = R'(\lambda)[I(\lambda)/I'(\lambda)]$$

通过上述比对法就可以进行绝对光谱响应的测试，在得到绝对光谱响应曲线后，将曲线上的点都除以该曲线的最大值，就得到对应相对光谱响应的曲线。

本测试系统采用比对法来测太阳能电池的相对光谱响应，即采用标定过的光谱响应已知的光强探测器作为标准，则待测样品太阳能电池的相对光谱响应为

$$R(\lambda) = R'(\lambda) \cdot I(\lambda)/I'(\lambda)$$

式中，$R'(\lambda)$ 为比对光强探测器的相对光谱响应（见表 4.7），$I'(\lambda)$ 为光强探测器在给定的辐照度下的短路电流，$I(\lambda)$ 为待测太阳电池在相同辐照度下的短路电流。

表 4.7　　　　　　　　　　光强探测器对应波长的相对光谱响应值

波　　长	395nm	490nm	570nm	660nm	710nm	770nm	900nm	1 035nm
相对光谱响应值	0.065	0.224	0.417	0.618	0.718	0.815	1	0.791

光谱响应特性与太阳能电池的应用：从太阳能电池的应用角度来说，太阳能电池的光谱响应特性与光源的辐射光谱特性相匹配是非常重要的，这样可以更充分地利用光能和提高太阳能电池的光电转换效率。例如，有的电池在太阳光照射下能确定转换效率，但在荧光灯这样的室内光源下就无法得到有效的光电转换。不同的太阳能电池与不同的光源的匹配程度是不一样的。而光强和光谱的不同，会引起太阳能电池输出的变动。

6．太阳能电池的温度特性

除了太阳能电池的光谱特性外，温度特性也是太阳能电池的一个重要特征。对于大部分太阳能电池，随着温度的上升，短路电流上升，开路电压减少，转换效率降低。图 4.27 为非晶硅太阳能电池片输出伏安特性随温度变化的一个例子。

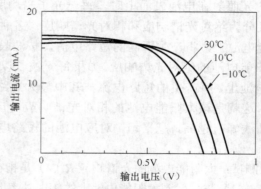

图 4.27　不同温度时非晶硅太阳能电池片的输出伏安特性

表 4.8 给出了单晶硅、多晶硅、非晶硅太阳能电池输出特性的温度系数（温度变化 1℃对应参数的变化率，单位为：%/℃）测定的一次实验结果。可以看出，随着温度变化开路电压变小，短路电流略微增大，导致转换效率的变低。单晶硅与多晶硅转换效率的温度系数几乎相同，而非晶硅因为它的间隙大而导致它的温度系数较低。

表 4.8　　太阳电池输出特性温度系数的实例（表中的数值表示温度变化 1℃的变化率（%/℃））

种　　类	开路电压 V_{oc}	短路电流 I_{sc}	填充因子 $F.F$	转换效率 η
单晶硅太阳能电池	−0.32	0.09	−0.10	−0.33
多晶硅太阳能电池	−0.30	0.07	−0.10	−0.33
非晶硅太阳能电池	−0.36	0.10	0.03	−0.23

在太阳能电池板实际应用时必须考虑它的输出特性受温度的影响，特别是室外的太阳能电池，由于阳光的作用，太阳能电池在使用过程中温度可能变化比较大，因此温度系数是室外使用太阳能电池板时需要考虑的一个重要参数。

三、实验设备

仪器组成：测试主机、氙灯电源、氙灯光源、滤光片组和电池片组，实验操作和显示由计算机软件完成。整机如图 4.28 所示。

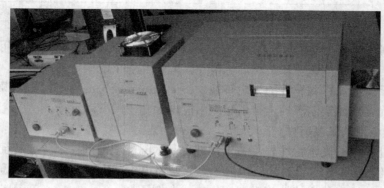

图 4.28　整机图片

1．光路部分

本设备光路简洁，由光源、凸透镜、滤色片构成，如图 4.29 所示。

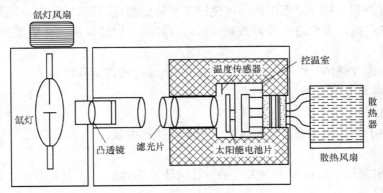

图 4.29 光路示意

2．测试主机

（1）面板介绍

① 紧急停机按钮：直接按下为关，顺时针旋转自动归位。

② 关机按钮：正常关机按钮。

③ 开机按钮。

④ PC 接口：与计算机通信的 USB 接口。

⑤ 光源通信接口：与氙灯电源通信，接收氙灯光源的状态信息。

⑥ 故障灯：红色闪烁表示有故障，绿色表示工作正常。

⑦ 工作状态：红色闪烁表示腔内温度调整中，绿色表示未进行温度调整。

⑧ 电源：红色闪烁表示关机中，红色表示工作正常。

具体如图 4.30 所示。

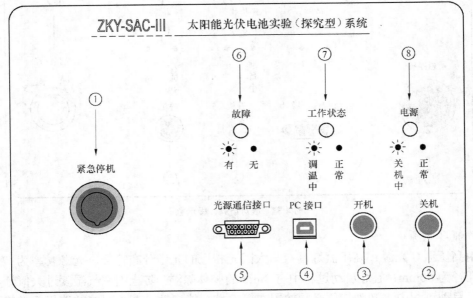

图 4.30 测试主机面板示意

（2）电路部分

电路部分包括温度控制电路和测试电路两个部分。温度控制电路用于太阳能电池片所在的控温室的温度控制，在一定范围内，可使控温室达到指定温度。测试电路用于测试太阳能电池片各性能的数据，该电路将测得数据传送给计算机，由计算机进行数据的处理和显示。

（3）控温室

给太阳能电池片提供一个-10～40℃的太阳能电池片的测试环境。

3. 氙灯电源与氙灯光源

（1）氙灯电源

氙灯电源用于氙灯的点燃、轴流风冷及光源腔体内除湿。

面板介绍如下。

① 紧急停机按钮：直接按下为关，顺时针旋转自动归位。

② 关机按钮。

③ 开机按钮。

④ 光源通信接口：与测试主机通信，传送氙灯光源的状态信息。

⑤ 光强选择挡位。1～6 挡光强逐渐增大。

⑥ 故障灯：红色闪烁表示有故障，绿色表示仪器工作正常。

⑦ 工作状态：红色闪烁表示腔内温度调整中，绿色表示未进行温度调整。

⑧ 电源：红色闪烁表示关机中，红色表示工作正常。

具体如图 4.31 所示。

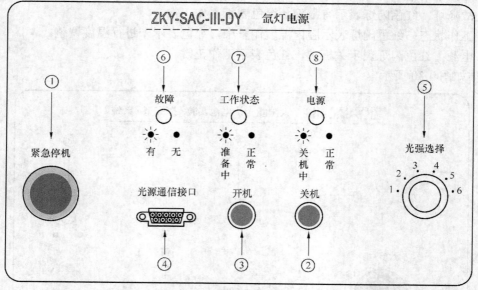

图 4.31　氙灯电源面板示意

（2）氙灯光源

采用高压氙灯光源，高压氙灯具有与太阳光相近的光谱分布特征。光源功率为 750W，出射光孔径为 50mm；氙灯启动过程中有 3min 的腔体除湿，防止因空气湿度过大氙灯不能正常启动。启动过程中，光强挡位必须放置在第 6 挡才能启动，若光强挡位选择不是第 6 挡，会出现短促的报警声，此时只需把光强挡位调整到第 6 挡即可正常启动。实验时氙灯点亮后约 10min 稳定后再使用。

4．滤光片组

滤色片用于研究近似单色光作用下太阳能电池的光谱响应特性。滤光片共 8 种，中心波长分别为 395nm、490nm、570nm、660nm、710nm、770nm、900nm、1 035nm。

5．太阳能电池板组

① 太阳能电池板采用普通商用硅太阳能电池板，标称开路电压 3.0V，单晶硅、多晶硅和非晶硅有效受光面积为 30mm × 30mm。

② 光强探测器用于测定入射光强度。其中光强探测器已采用标准光功率计进行了标定，其表面积为 7.5mm^2。

6．微机软件

见软件说明书。

四、实验内容及步骤

1．太阳能电池的暗伏安特性测试

暗伏安特性是指无光照射时，流经太阳能电池的电流与外加电压之间的关系。本次实验是在闭光条件下，在不同温度点测试太阳能电池的正反向伏安特性。

（1）暗伏安特性正向测试

测试步骤如下。

① 镜筒加遮光罩，室温条件下，按图 4.32 对太阳能电池片两端加 0～3.5V 的电压，测试流入太阳能电池的电流，并记录数据。

② 镜筒加遮光罩，改变温度值，范围为−10～40℃。按图 4.32，对太阳能电池片两端加 0～3.5V 的电压，测试流入太阳能电池的电流，并记录数据。

（2）暗伏安特性反向测试

测试步骤如下。

① 镜筒加遮光罩，室温条件下，按图 4.33，对太阳能电池片两端加 0～36V 的电压，测试流入太阳能电池的电流，并记录数据。

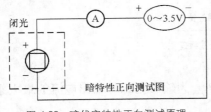

图 4.32　暗伏安特性正向测试原理

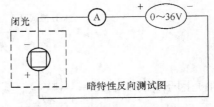

图 4.33　暗伏安特性反向测试原理

② 镜筒加遮光罩，改变温度值，范围为−10～40℃。按图 4.33 对太阳能电池片两端加 0～36V 的电压，测试流入太阳能电池的电流，并记录数据。

2．太阳能电池的光亮特性测试

光亮特性测试内容主要是在不同温度、不同光照强度、不同光谱的情况下，测试单晶硅、多晶硅、非晶硅 3 种太阳能电池输出的电压、电流，并计算输出最大功率和填充因子、转换效率。

（1）开路电压、短路电流与光强关系的测试

不加滤光片，室温下，改变氙灯光强大小，测单晶硅、多晶硅、非晶硅 3 种太阳能电池对应的短路电流、开路电压。光强大小由光强探测器测得。

实验步骤如下。

① 室温下，插入光强探测器依次测量各光强挡位对应的光强值，并记录。

② 取出光强探测器，放入太阳能电池片，选择光强挡位，按图 4.34 依次测量开路电压、短路电流，并列表记录数据。

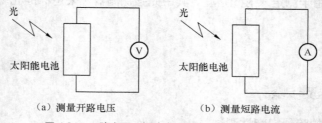

（a）测量开路电压　　　　　（b）测量短路电流

图 4.34　开路电压、短路电流与光强关系测试原理

③ 依次改变光强挡位，按图 4.34 依次测量开路电压、短路电流，并列表记录数据。

④ 更换太阳能电池片，重复步骤②、③。

（2）太阳能电池的输出特性实验

通过改变电阻箱的电阻值，记录太阳能电池的输出电压 V 和电流 I，并计算输出功率 $P_{OUT} = V \times I$，测量原理如图 4.35 所示。

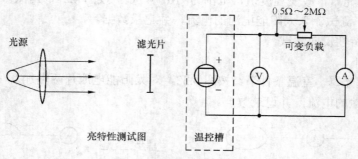

图 4.35　亮特性测试原理图

① 填充因子计算。$F \cdot F = \dfrac{P_{\max}}{V_{oc} \times I_{sc}}$，其中，$P_{\max}$ 为输出电压与输出电流的最大乘积值，V_{oc} 为本次测量的开路电压，I_{sc} 为本次测量的短路电流。

② 转换效率 η_S 计算：$\eta_S(\%) = \dfrac{P_{\max}}{P_{IN}} \times 100\%$ 其中 P_{IN} 为入射到太阳能电池表面的光功率，该光功率由光强探测器间接测得，$P = I \times S$，其中，I 为光强探测器测得光强值，$S = 7.5 \, mm^2$ 为光强探测器采光面积。

实验步骤如下。

①　插入光强探测器，光强挡位选择为最大，温度为室温。列表记录当前光强值。

②　取出光强探测器，放入太阳能电池片，改变电池片负载的电阻值，记录太阳能电池的输出电压 V 和电流 I。

③　更换太阳能电池片，重复步骤②。

（3）太阳能电池的光强实验

不加载滤色片，在 3 种不同光强下测量单晶硅、多晶硅、非晶硅 3 种太阳能电池片的 I-V 特性（原理见图 4.25），得到不同光强下的 I-V 特性曲线、开路电压、闭路电流数据。比较不同光强下伏安特性的差异。

实验步骤如下。

①　插入光强探测器，选择光强挡位为 1 挡，温度为室温，列表记录当前光强值。

②　改变光强挡位为 2 挡，测量当前挡位光强值并记录。

③　改变光强挡位为 3 挡，测量当前挡位光强值并记录。

④　取出光强探测器，放入太阳能电池片，选择光强挡位为 1 挡，改变太阳能电池片的负载电阻值，记录太阳能电池的输出电压 V 和电流 I。

⑤　更换太阳能电池片，重复步骤④。

⑥　选择光强挡位为 2 挡，改变太阳能电池片的负载电阻值，记录太阳能电池的输出电压 V 和电流 I。

⑦　更换太阳能电池片，重复步骤⑥。

⑧　选择光强挡位为 3 挡，改变太阳能电池片的负载电阻值，列表记录太阳能电池的输出电压 V 和电流 I。

⑨　更换太阳能电池片，重复步骤⑧。

（4）太阳能电池的光谱灵敏度实验

实验内容：在最大光强下，在室温环境下，加载不同滤色片，用光强探测器测量透过滤光片后太阳能电池片处的光强值 $\Phi(\lambda)$，测量加载滤光片后单晶硅、多晶硅、非晶硅 3 种太阳能电池片的短路电流 $I(\lambda)$，则太阳能电池的光谱响应值 $R(\lambda)=I(\lambda)/\Phi(\lambda)$，通过原理中所述比对法就可以进行光谱响应曲线的绘制。

实验步骤如下。

①　插入光强探测器，光强挡位选择为光强最大挡位，温度为室温，记录当前光强值。

②　更换滤光片为 395。

③　插入光强探测器，测量加载滤光片后光强值，取出光强探测器，依次放入各太阳能电池片，测试其短路电流，列表记录数据。

④　依次更换滤光片为 490nm、570nm、660nm、710nm、770nm、900nm、1 035nm，重复步骤③。

⑤　放入太阳能电池片，设定制冷腔温度值 T_1，T_1 范围为 $-10\sim40$℃。当制冷腔温度稳定后，依次更换 7 种滤光片，测量每种滤光片下太阳能电池片的短路电流并列表记录数据。

（5）太阳能电池的温度实验

在最大光强下，不加滤光片，不同温度下测量单晶硅、多晶硅、非晶硅 3 种太阳能电池片的 I-V 特性，实验原理如图 4.35 所示。

并计算开路电压、短路电流、转换效率、填充因子的温度系数。

五、注意事项

1. 氙灯光源

① 机箱内有高压，非专业人员请勿打开，否则易造成触电危险。

② 机箱表面温度较高，请勿触摸，避免烫伤。

③ 请勿遮挡机箱上下进出风口，否则可能造成仪器损坏。

④ 氙灯工作时，请勿直视氙灯，避免伤害眼睛。

⑤ 严禁向机箱内丢杂物。

⑥ 为保证使用安全，三芯电源线需可靠接地。

⑦ 仪器在不用时请将与外电网相连的插头拔下。

2. 氙灯电源

① 为保证使用安全，三芯电源线需可靠接地。

② 仪器在不用时请将与外电网相连的插头拔下。

③ 氙灯启动时氙灯光强选择旋钮必须放到第 6 挡，否则可能无法点亮氙灯。

④ 关机时，按下关机按钮 15s 内氙灯未熄灭，说明仪器出现故障，应按下紧急开关按钮。

3. 测试主机

① 风扇在高速旋转时，严禁向内丢弃杂物。

② 实验时请关闭顶盖，关闭顶盖时应注意安全，不要夹到手指。

③ 为保证使用安全，三芯电源线需可靠接地。

④ 请勿遮挡机箱风扇进出风口，否则可能造成仪器损坏。

⑤ 仪器在不用时请将与外电网相连的插头拔下。

4. 实验配件

① 太阳能电池板组件为易损部件，应避免挤压和跌落。

② 光学镜头要注意防尘，注意不要刮伤表面。使用完毕后，应包装好置于镜头盒内。

③ 滤光片在强光下连续工作应小于 30min，否则将损坏滤光片。

实验 33 声光效应

1921 年，布里逊曾预言：在有短波长的压力波横向通过的液体中，当可见光照射时，会出现类似于一刻线光栅那样产生衍射现象。1932 年，德拜和西尔斯及卢卡斯和比夸特分别独立地观察到超声波对光的衍射。此后一段时间，一些学者从实验和理论方面对这一现象做了较深入的研究，但应用方面进展不大。近年来，由于高频声学和激光器的飞速发展，人们利用这一效应对光束频率、强度和传播方向的控制作用制成了声光偏转器和声光调制器等。这些器件已广泛应用于激光雷达扫描、电视大屏幕显示器的扫描、高清晰度的图像传真、光信息储存等近代技术。

声光效应是指光通过某一受到超声波扰动的介质时发生衍射的现象，这种现象是光与介质中的声波相互作用的结果。声光效应为控制激光束的频率、方向和强度提供了一个有效的手段。利用声光效应制成的声光器件（如声光调制器、声光偏转器和可调谐滤光器等）在激光技术、光信号处理和集成光通信技术等方面有着重要的应用。

一、实验目的

1．掌握声光效应的原理和实验规律。
2．观察喇曼-奈斯（Ranman—Nath）衍射的实验条件和特点。
3．利用声光效应测量声波在介质中的传播速度。
4．测量声光器件的衍射效率和带宽。
5．了解声光效应在通信技术中的应用。

二、实验仪器

LOSG-Ⅱ型晶体声光效应实验系统的组成如图 4.36 所示，主要包括光路部分和声光效应实验仪两部分。光路部分包括 He-Ne 激光器、激光器电源、声光器件、精密旋转台、导轨、白屏等；声光效应实验仪包括超声波信号源、脉冲方波产生器、光电池、光功率计、脉冲信号解调器等。实验时，需另配频率计和双踪示波器。

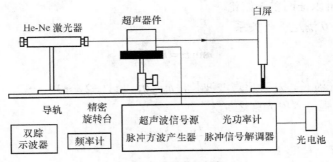

图 4.36　实验装置示意

主要部件的技术指标如下。
① He-Ne 激光器：波长 632.8nm，功率 2MW。
② 声光器件：工作波长 633nm，中心频率 100MHz±0.5MHz，衍射效率≥40%，脉冲重复频率≥1MHz。
③ 高频超声信号源：工作频率 80～120MHz，输出功率约为 700MW；调制脉冲频率≤10kHz，TTL 接口。
④ 脉冲方波产生器：工作频率 0.5～2kHz，TTL 接口。

三、实验原理

当超声波在介质中传播时，将引起介质的弹性应变作时间上和空间上的周期性变化，并且导致介质的折射率也发生相应的变化。当光束通过有超声波的介质后就会产生衍射现象，这就是声光效应。有超声波传播的介质如同一个相位光栅，根据超声波频率的高低或声光相互作用长度的长短，可以将光与弹性声波作用产生的衍射分为两种类型，即喇曼-奈斯衍射和布拉格衍射。

1. 喇曼-奈斯衍射

当超声波频率较低、声光相互作用距离较小时，即 $l \leqslant \dfrac{\lambda_s^2}{2\lambda_0}$，平面光波沿 z 轴入射，就相当于通过一个相位光栅，将产生喇曼-奈斯衍射，如图 4.37 所示。

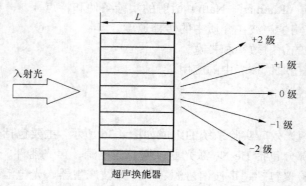

图 4.37　喇曼-奈斯衍射原理示意

根据相关理论可以证明以下结论。

① 各级衍射角 θ 满足下列关系

$$\sin\theta = m \cdot \frac{\lambda_0}{\lambda_s} \tag{4.11}$$

式中，λ_0 为入射激光波长，λ_s 为超声波波长，$m = 0,\ \pm 1,\ \pm 2,\ \pm 3,\ \cdots$

② 各级衍射光强与入射光强之比为

$$\frac{I_m}{I_\lambda} = J_m^2(\nu) \tag{4.12}$$

式中，$J_m(\nu)$ 为 m 阶贝塞尔函数，$\nu = \dfrac{2\pi}{\lambda_0}\mu L$。因为 $J_m^2(\nu) = J_{-m}^2(\nu)$，所以零级极值两侧的光强是对称分布的。

③ 各级衍射光的频率由于产生了多普勒频移而各不相同，各级衍射光的频率为 $\omega_0 \pm m\omega_s$。

2. 布拉格衍射

当超声波频率较高，声光相互作用距离较大，满足 $l \geqslant \dfrac{2\lambda_s^2}{\lambda_0}$，并且光束与声波波面间保持一定的角度入射时，将产生布拉格衍射（见图 4.38）。这种衍射与晶体对 X 光的布拉格衍射很类似，故称为布拉格衍射。能产生这种衍射的光束入射角称为布拉格角。此时有超声波存在的介质起体积光栅的作用。布拉格衍射的特点如下。

① 理想情况下，只出现零级和+1 级衍射或-1 级衍射。

② 若参数合适、超声功率足够大，入射光功率几乎可以全部转换到+1 级或-1 级上。

③ 产生布拉格衍射的入射角 θ_B 满足关系

$$\sin\theta_B = \frac{\lambda_0}{2\lambda_s} \tag{4.13}$$

④ 1 级衍射光强与入射光强之比为

$$\frac{I_1}{I_\lambda} = \sin^2\left[\frac{1}{2}\left(\frac{2\pi}{\lambda_0}\Delta nL\right)\right] \tag{4.14}$$

图 4.38　布拉格衍射

3. 声光调制

无论是喇曼-奈斯衍射还是布拉格衍射，都可以通过改变超声波的强度而改变衍射光的强度。所以可以把调制信号加在超声波功率发生器上，以达到光强调制的目的。

4. 声光偏转

无论是喇曼-奈斯衍射还是布拉格衍射，都可以通过改变超声波的频率而改变衍射光的偏转方向。若对超声频率固定的超声发生器实现"开关"功能，在"开"时由于产生衍射，+1级或-1级衍射光存在，在"关"时，衍射光不存在，就可实现"声光开关"功能。一般"声光开关"运用的是布拉格衍射。

四、实验内容及步骤

1. 观察喇曼-奈斯衍射现象

按照图 4.36 所示安置好有关部件：把激光器、精密旋转台、白屏等一字排列在轨道上，声光器件固定在精密旋转台上；将激光器电源连接到激光器上；把声光效应实验仪的超声功率输出用电缆连接到声光器件上；"等幅/调幅"开关放在等幅位置，"光功率/解制"开关置于光功率位置。

打开 He-Ne 激光器电源，调整声光器件在光路中的位置和光的入射角度，使光束穿过声光器件，照射在白屏上。

打开声光效应实验仪的电源（注意，在未连接声光调制器之前，不能开启电源），仔细调整声光器件在光路中的位置和光的入射角度，调整信号源输出功率至最大（直流电流表指示最大），同时调节信号源输出频率，使光屏上显示的光点最多。出现喇曼-奈斯型衍射，使之达到最佳状态。分别改变信号发生器的功率和频率，观察衍射现象的变化，记录实验现象。

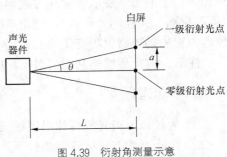

图 4.39　衍射角测量示意

2. 测量超声波长 λ_S 和声速 v_S

如图 4.39 所示，测量光屏上零级和一级衍射光

点之间的距离 a，声光器件与光屏之间的距离为 L，计算一级衍射角 θ，$\theta \approx \sin\theta = \dfrac{a}{L}$，依据式（4.11）有

$$\lambda_s = \frac{\lambda_0}{\sin\theta} = \frac{\lambda_0}{\theta} = \frac{\lambda_0}{a}L \tag{4.15}$$

其中，He-Ne 激光器波长 $\lambda_0 = 632.8\text{nm}$，代入式（4.15）即可求得 λ_s，又因为

$$\upsilon_s = \lambda_s f_s \tag{4.16}$$

式中，f_s 为超声信号源的频率，可用频率计测量，这样就可求得声速 υ_s。

3. 测量声光器件的衍射效率

在喇曼-奈斯衍射条件下，一级衍射光的效率为

$$\eta = \frac{I_1}{I_\lambda} \tag{4.17}$$

式中，I_1 为 ±1 级衍射光强，I_λ 为入射光强。

将光电池插入实验仪的"光电池"插座，将功率计调零；再把光电池置于声光器件前面，让光束对准光电池的入射孔，此时光功率计的读数即为入射光强 I_λ。然后再将光电池置于白屏前面，光电池入射孔对准一级衍射光点。由光功率计读出一级衍射光强 I_1。按式（4.17）计算衍射效率 η。

4. 测量声光器件的带宽和中心频率

声光器件有一个衍射效率最大的工作频率，此频率称为声光器件的中心频率，对于其他频率的超声波，其衍射效率将降低。一般认为衍射效率（或衍射光的相对光强）下降 3dB（即衍射效率降到最大值的 $\dfrac{1}{\sqrt{2}}$ 时）两频率的间隔为声光器件的带宽。

做这项实验时，将频率计的输入与实验仪的"测频"插座连接，测量超声信号源的频率。调节超声波的频率，用功率计测量各频点对应的一级衍射光强和入射光强。由于一级衍射光点的位置随频率的改变而改变，所以在测试过程中必须相应调整光电池的位置，使其入射孔始终对准一级衍射光。求得衍射效率与超声波频率的关系曲线，定出声光器件的带宽和中心频率。

5. 观测利用声光效应的信息传输实验

将实验仪的"等幅/调幅"开关置于调幅，"功率计/解调"开关置于解调，"调制频率监测"和"解调监测"分别连接双踪示波器的 X 输入和 Y 输入。开启实验仪的电源，这样加到声光器件上的信号变成经脉冲方波调制的超声波，经过声光相互作用，传输到接受端。调节"调制频率"并控制"音量"，可由双踪示波器上观测调制频率和解调频率及其变化，并且由仪器内置的扬声器收听变化的音调。

注意：信息传输是利用衍射光，所以必须使光电池的入射孔对准一级衍射光。

五、思考题

① 为什么说声光器件相当于相位光栅？

② 声光器件在什么实验条件下产生喇曼-奈斯和布拉格衍射？两种衍射的现象各有什么特点？

③ 调节喇曼-奈斯衍射时，如何保证光束垂直入射？

六、注意事项

① 高频超声信号源不得空载，即在开启实验仪电源前，应先将"输出"端与声光器件相连，否则，容易损坏超声信号源。

② 声光器件应小心轻放，不得冲击碰撞，否则将可能损坏内部晶体而报废，这种损坏属于人为损坏，应负责赔偿。

③ 声光器件的通光面不得接触、擦拭、清洗，不做实验时，通光孔可用不干胶纸封住，否则易损坏光学增透膜，如有灰尘可用洗耳球吹去。

实验 34　电光效应

介质因电场作用而引起折射率变化的现象称为电光效应，介质折射率和电场的关系可表示为

$$n = n_0 + aE + bE^2 + \cdots \tag{4.18}$$

式中，n_0 是没有外加电场（$E=0$）时的折射率，a 和 b 是常数，其中电场一次项引起的变化称为线性电光效应，由 Pokells 于 1893 年发现，故也称为普克尔斯（Pokells）效应；由电场的二次项引起的变化称为二次电光效应，由 Kerr 在 1875 年发现，也称克尔（Kerr）效应，在无对称中心晶体中，一次效应比二次效应显著得多，所以通常讨论线性效应。尽管电场引起折射率的变化很小，但可用干涉等方法精确地显示和测定，而且它有很短的响应时间，所以利用电光效应制成的电光器件在激光通信、激光测距、激光显示、高速摄影、信息处理等许多方面具有广泛的应用。

一、实验目的

① 研究铌酸锂晶体的横向电光效应，观察锥光干涉图样，测量半波电压。
② 学习电光调制的原理和实验方法，掌握调试技能。
③ 了解利用电光调制模拟音频光通信的一种实验方法。

二、实验原理

1. 晶体的电光效应

按光的电磁理论，光在介质中传播的速度为 $c = c_0 / n = (\mu\varepsilon)^{-\frac{1}{2}}$，$\varepsilon$ 为介电系数，是对称的二阶张量，即 $\varepsilon_{ij} = \varepsilon_{ji}$，由此建立的 D 和 E 的关系为

$$D_i = \varepsilon_{ij} E_j \quad (i, j = 1, 2, 3) \tag{4.19}$$

即

$$D_1 = \varepsilon_{11} E_1 + \varepsilon_{12} E_2 + \varepsilon_{13} E_3$$

$$D_2 = \varepsilon_{21} E_1 + \varepsilon_{22} E_2 + \varepsilon_{23} E_3$$

$$D_3 = \varepsilon_{31} E_1 + \varepsilon_{32} E_2 + \varepsilon_{33} E_3$$

在各向同性的介质中，$\varepsilon_{11} = \varepsilon_{22} = \varepsilon_{33} = \varepsilon$，$D$ 和 E 成简单的线性关系，光在这类介质中以

某一确定速度传播；但在各向异性的介质中，一般情况下各方向的折射率却不再相同，所以各偏振态的光传播速度也不同，将呈现双折射现象。如果光在晶体中沿某方向传播时，各个方向的偏振光折射率都相等，则该方向称为晶体的光轴。若晶体只含有一个这样的方向，则称为单轴晶体。

通常用折射率椭球来描述折射率与光的传播方向、振动方向的关系。在主轴坐标系中，折射率椭球方程为

$$\frac{x^2}{n_1^2} + \frac{y^2}{n_2^2} + \frac{z^2}{n_3^2} = 1 \tag{4.20}$$

式中，x、y、z 的方向是介质的主轴，沿这些方向的 D、E 是相互平行的。n_i 为椭球 3 个主轴方向的折射率，称为主折射率。折射率椭球的取向和形状将受到晶体对称性的制约，如单轴晶体 $n_1 = n_2 = n_0$，$n_3 = n_e$ 为旋转椭球。以 OP 为光的波法线，过原点 O 作一个和 OP 垂直的平面，和椭球相截得一椭圆，其长短轴方向分别为沿 OP 传播的光的两个偏振方向，长短轴的大小代表沿这两个方向振动的线偏振光的折射率 n_1 和 n_2（见图 4.40），它们的传播速度分别为 $\frac{c_0}{n_1}$ 和 $\frac{c_0}{n_2}$。

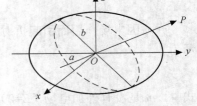

图 4.40　晶体的折射率椭球

对晶体加电场后，折射率椭球的形状、大小、方位等均发生变化，椭球方程变为

$$\frac{x^2}{n_{11}^2} + \frac{y^2}{n_{22}^2} + \frac{z^2}{n_{33}^2} + \frac{2}{n_{23}^2} y \cdot z + \frac{2}{n_{13}^2} x \cdot z + \frac{2}{n_{12}^2} x \cdot y = 1 \tag{4.21}$$

式中，交叉项由电场引起，表示变形后形成的新椭球主轴（感应主轴）和原先的主轴不重合。折射率和电场的关系可表示为

$$\frac{1}{n_{11}^2} - \frac{1}{n_1^2} = \gamma_{11}E_x + \gamma_{12}E_y + \gamma_{13}E_z$$

$$\frac{1}{n_{22}^2} - \frac{1}{n_2^2} = \gamma_{21}E_x + \gamma_{22}E_y + \gamma_{23}E_z$$

$$\frac{1}{n_{33}^2} - \frac{1}{n_3^2} = \gamma_{31}E_x + \gamma_{32}E_y + \gamma_{33}E_z$$

$$\frac{1}{n_{23}^2} = \gamma_{41}E_x + \gamma_{42}E_y + \gamma_{43}E_z \tag{4.22}$$

$$\frac{1}{n_{13}^2} = \gamma_{51}E_x + \gamma_{52}E_y + \gamma_{53}E_z$$

$$\frac{1}{n_{12}^2} = \gamma_{61}E_x + \gamma_{62}E_y + \gamma_{63}E_z$$

式中，γ_{ij}（i=1，2，3，…，6，j=1，2，3）称为晶体的电光系数，它是三阶张量，有 18 个分量，但受晶体对称性的影响，分量个数将减少，如 $\overline{4}2m$ 晶类（ADP、KDP 等），$\gamma_{41} = \gamma_{52} \neq 0$，$\gamma_{63} \neq 0$，其余都为 0，通常可由式（4.22）算出晶体在电场作用下折射率的变化值。下面以铌酸锂（LiNbO3，简记为 LN）晶体为例讨论电光效应。

2. LN 晶体的电光效应

LN 为三角晶系 3m 点群，负单轴晶体，$n_1 = n_2 = n_0$，$n_3 = n_e$，折射率椭球为以 z 为对称轴的旋转椭球，垂直于 z 轴的截面为圆。它的电光系数 $\gamma_{13} = \gamma_{23}$，$\gamma_{22} = -\gamma_{12} = -\gamma_{61}$，$\gamma_{42} = \gamma_{51}$，$\gamma_{33}$，其余为零，代入式（4.22）得

$$\frac{1}{n_{11}^2} = \frac{1}{n_0^2} - \gamma_{22}E_y + \gamma_{13}E_z, \quad \frac{1}{n_{22}^2} = \frac{1}{n_0^2} + \gamma_{22}E_y + \gamma_{23}E_z$$

$$\frac{1}{n_{33}^2} = \frac{1}{n_e^2} + \gamma_{33}E_z, \quad \frac{1}{n_{23}^2} = \gamma_{51}E_y \tag{4.23}$$

$$\frac{1}{n_{13}^2} = \gamma_{51}E_x, \quad \frac{1}{n_{12}^2} = -\gamma_{22}E_x$$

将它们代入式（4.21），可得 LN 晶体加电场后的椭球方程

$$\left(\frac{1}{n_0^2} - \gamma_{22}E_y + \gamma_{13}E_z\right)x^2 + \left(\frac{1}{n_0^2} + \gamma_{22}E_y + \gamma_{13}E_z\right)y^2 + \left(\frac{1}{n_e^2} + \gamma_{33}E_z\right)z^2$$

$$+ 2\gamma_{51}E_y y \cdot z + 2\gamma_{51}E_x x \cdot z - 2\gamma_{22}E_x x \cdot y = 1 \tag{4.24}$$

下面讨论 LN 晶体的横向电光效应，如果光束平行于晶体 z 轴方向传播，外加电场沿 x 轴方向（则 $E_x \neq 0$，$E_y = E_z = 0$）。设晶体在 z 方向上长度为 l，x 方向上长度为 d，x 方向上所加电场的电压为 U，则式（4.24）转化为

$$\frac{x^2 + y^2}{n_0^2} + \frac{z^2}{n_e^2} + 2\gamma_{51}E_x x \cdot z - 2\gamma_{22}E_x x \cdot y = 1 \tag{4.25}$$

因为 $\gamma_{51}E_x \ll 1$，所以可忽略 $2\gamma_{51}E_x x \cdot z$ 项，即 $\dfrac{x^2 + y^2}{n_0^2} + \dfrac{z^2}{n_e^2} - 2\gamma_{22}E_x x \cdot y = 1$；将 xyz 坐标系沿 z 轴旋转 45° 进行坐标变换（主轴变换），得到 $x'\, y'\, z'$ 坐标系，坐标变换关系为

$$\begin{cases} x' = \sin 45°x - \cos 45°y \\ y' = \sin 45°x + \cos 45°y \\ z' = z \end{cases} \quad \text{或} \quad \begin{cases} x = \sin 45°x' + \cos 45°y' \\ y = \sin 45°x' - \cos 45°y' \\ z = z' \end{cases}$$

即有

$$\left(\frac{1}{n_0^2} - \gamma_{22}E\right)x'^2 + \left(\frac{1}{n_0^2} + \gamma_{22}E\right)y'^2 = 1$$

上式总可改写为 $\dfrac{x'^2}{n_x'^2} + \dfrac{y'^2}{n_y'^2} = 1$ 的形式。新的主轴 x' 和 y' 称为感应主轴，对应的感应主折射率为

$$n_{x'} = (1 - n_0^2\gamma_{22}E)^{-1/2} \cong n_0 + \frac{1}{2}n_0^3\gamma_{22}E$$

$$n_{y'} = (1 + n_0^2\gamma_{22}E)^{-1/2} \cong n_0 - \frac{1}{2}n_0^3\gamma_{22}E \tag{4.26}$$

$$n_{z'} = n_z = n_e$$

上述推导表明，加了电场作用后，LN 晶体变为双轴晶体，其折射率椭球发生了变化，

折射率椭球的 z 轴方向和长度基本不变，而在 $z=0$ 平面内，折射率椭球的截面由半径为 n_0 的圆 xoy 变为长短半轴分别为 n_x' 和 n_y' 椭圆 $x'o'y'$，椭圆的长短轴方向 x'、y' 相对于原主轴 x、y 绕 z 轴旋转了 $45°$，转角的大小与外加电场无关，而椭圆的长短半轴长度 n_x'、n_y' 的大小与外加电场成线性关系。

3. 电光位相延迟和电光补偿器

电场的作用使得光进入晶体后沿感应轴方向分解为两个偏振方向正交的线偏振光，它们的折射率不同，在晶体内传播一定距离后产生相应的位相差，此即电光位相延迟。由式（4.26）可知，沿 z 轴传播的光，x' 和 y' 两个偏振方向的位相延迟为

$$\phi = \frac{2\pi}{\lambda}(n_{x'} - n_{y'})l = \frac{2\pi}{\lambda} n_0^3 \gamma_{22} \frac{l}{d} U \tag{4.27}$$

位相延迟量和晶体的电光系数、几何尺寸、入射波长和所加电场有关。当晶体和入射光确定后，位相延迟将随外加电压线性变化，这是线性电光效应的重要特点。当位相差为 π 时，相应的电压值称为半波电压 U_π。它是电光调制器的重要参数。所以，LN 晶体的半波电压是

$$U_\pi = \frac{\lambda}{2n_0^3 \gamma_{22}} \frac{d}{l} \tag{4.28}$$

如果电场方向和通光方向相垂直，一般称其为横向调制，其 U_π 值可通过调整晶体的长度厚度比 $\dfrac{d}{l}$ 来改变。将式（4.28）代入式（4.27）即可得

$$\phi = \frac{\pi}{U_\pi} \cdot U \tag{4.29}$$

已知调制器的半波电压后，可直接由所加电压控制或读出对应的位相延迟量，故电光调制器也是一种补偿器——电光补偿器。电光补偿器的位相延迟量可用所加电压量表示和控制，因此用电光补偿器可容易实现有关位相量值的自动检测。许多物理量如折射率、长度、温度、应力乃至气体密度、浓度等变化均会引起位相差发生相应的变化，这些物理量微小的变化可用电光补偿器直接测量或控制。所以电光补偿器也可用作一种传感器。

4. 电光强度调制原理

下面以 LN 晶体的横向电光效应为例来讨论电光调制的原理。将 LN 晶体放在两偏振片之间，当晶体加上电场后，它就相当于一个厚度为 d 产生 ϕ 相位差的波片（见图 4.41）。设该波片 C 轴与起偏器 P 偏振轴成 α 角，与检偏器 A 偏振轴成 β 角。激光经起偏器后成为线偏振光（振幅为 A_i，光强为 I_i）正入射于波片，可将其分解成沿光轴 C 和垂直于 C 方向的两个偏振分量 $A_e = A_i\cos\alpha$ 和 $A_o = A_i\sin\alpha$ （见图 4.42），出射波片时的位相差为 $\phi = \frac{2\pi}{\lambda} \cdot (n_e - n_o)d$。因为波片 C 轴与检偏器 A 偏振轴成 β 角，则 A_e、A_o 两分量在 A 方向上的振幅为

$$A_{2e} = A_i\cos\alpha\cos\beta$$
$$A_{2o} = A_i\sin\alpha\sin\beta \tag{4.30}$$

可见，从起偏器得到的线偏振光，经过晶片后，成为透振方向相互垂直的偏振光。这两束光线再经过检偏器后，两者在检偏器主截面上的分振动具有相干性，可发生干涉现象。

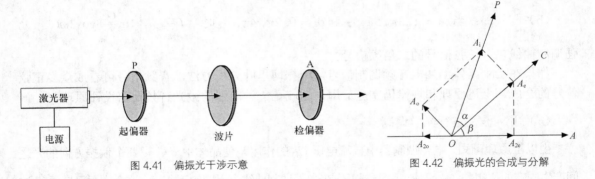

图 4.41　偏振光干涉示意

图 4.42　偏振光的合成与分解

经过检偏器 A 后的合成光强为

$$I = A_{2e}^2 + A_{2o}^2 + 2A_{2e}A_{2o}\cos(\pi + \phi)$$

$$= A_i^2\left\{\cos^2(\alpha + \beta) + \frac{1}{2}\sin 2\alpha \sin 2\beta(1 - \cos\phi)\right\} \tag{4.31}$$

当 PA 正交时，$\alpha + \beta = 90°$，且 $\alpha = 45°$ 时，$I = \frac{1}{2}I_i(1 - \cos\phi)$。 $\tag{4.32}$

（1）直流电压调制

取 P 的偏振轴与 LN 晶体的 x 轴平行，加直流电压 $U = U_D$ 后 P 与新的感应主轴 x' 即成 45°，则经过 A 之后的输出光强为

$$I = \frac{1}{2}I_i(1 - \cos\phi) = \frac{1}{2}I_i\left(1 - \cos\frac{\pi}{U_\pi}U_D\right) \tag{4.33}$$

输出光强 I 随 U_D 而变化，即可达到光调制的目的。

（2）正弦信号调制

如果在 LN 晶体上除了加一直流电压 U_D 产生位相差 ϕ_D 之外，同时加上一个幅值不大的正弦调制信号 $U_m\sin\omega t$，即

$$U = U_D + U_m\sin\omega t$$

代入式（4.33），并利用贝塞尔函数展开后，可得到下面几种情况（见图 4.43）。

（a）当 $\phi_D = \frac{\pi}{2}, \frac{3\pi}{2}, \frac{5\pi}{2}, \cdots$ 时，$I \sim \frac{1}{2}I_i$

$\left(1 \pm \frac{U_m}{U_\pi}\sin\omega t\right)$，光强调制曲线（输出光强与调制电压的关系曲线 I-U）包含与正弦信号同步的频率信号，输出光强与调制信号有近似的线性关系，即线性调制。电光调制器件一般都工作在这个状态。

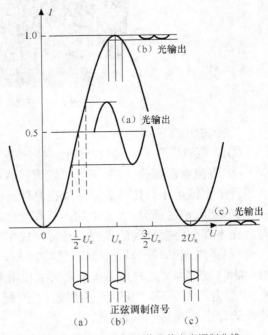

图 4.43　PA 正交时正弦信号的电光调制曲线

（b）与（c）：当 $\phi_D = \pi, 3\pi, 5\pi, \cdots$ 和 $\phi_D = 0, 2\pi, 4\pi, \cdots$ 时，$I \sim \dfrac{1}{2} I_i \left(1 \pm \dfrac{U_m}{U_\pi} \cos 2\omega t \right)$，光

强调制曲线包含正弦信号的二倍频信号。

如果在 LN 晶体上加上音频调制信号，根据傅里叶分析方法，音频信号可看成众多正弦信号的合成，上述原理和规律仍完全适用，这就是一种简便的激光音频通信设计原理。

（3）用 $\dfrac{\lambda}{4}$ 波片进行光学调制

由以上原理可知，电光调制器中直流电压 U_D 的作用是使晶体中 x'、y' 两个偏振方向的光之间产生固定的位相差，从而使正弦调制工作在光强调制曲线上不同的工作点。这个作用可以用 $\dfrac{\lambda}{4}$ 波片来实现。在 PA 间加上 $\dfrac{\lambda}{4}$ 波片，并调整其快慢轴方向使之与 LN 晶体的 x' 和 y' 轴平行，即可保证电光调制器工作在 $\phi_D = \dfrac{\pi}{2}$ 的线性调制状态下。转动波片可使电光晶体处于不同的工作点上。

三、实验仪器

图 4.44 为晶体电光效应仪的操作面板。

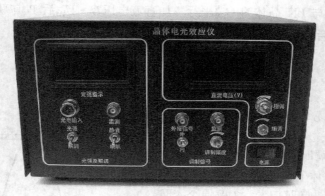

图 4.44　晶体电光效应仪操作面板示意

功能说明如下。

① "电源"开关：开启、关闭主机控制箱电源。

② 直流电源部分："粗调"，"细调"两旋钮顺时针方向旋转时调高直流电压，反时针旋转时降低直流电压。数显表显示加在晶体上的直流电压。

③ 接收信号部分："光电输入"和光电探头相接。"光强-解调"开关，当指向"光强"时，光电探头将接收到的光强信号转换成相应的电压信号送入数显表表示光信号的相对光强（一般在系统调节时用）。当指向"解调"时，电压信号送入内置功放，可用于进行数据采集、推动喇叭或监测（此时光强指示表失去作用显示为零）。"静音-喇叭"开关用于连接或断开喇叭，"静音"为断开，"喇叭"为接通。"监测"为连接示波器用，为示波器提供由光电探头所接收的光强转换为电压后的信号。

④ 调制信号部分：信号源"内-外"开关，用于选择内部 400Hz 的正弦波或"外接信号"

处送入的其他电信号。"调制幅度"用于调节调制信号的幅度。"监测"端供示波器观察所选择（与"内-外"选择结果开关对应）的交流电压波形。

主要技术参数如下。

① 电光晶体：LN 3mm×3mm×25mm。

② 半导体激光器：波长为 635nm，功率为 5mW。

③ 直流电压输出：0～550V 连续可调，数显。

④ 内置正弦波信号输出：0～80V 连续可调，400Hz。

⑤ 内置功率放大器：电压放大倍数 30 倍，频率响应 20Hz～20kHz。

⑥ 相对光强显示范围 ：0～1 999。

⑦ 偏振片，$\lambda/4$ 波片角度调节：360°刻度，分度值为 1°。

⑧ 导轨：优质铝型材，长度为 1 000mm。

⑨ LN 晶体支架：4 维精密光学调节架。

四、实验内容及步骤

1. 光路调节

① 调整半导体激光器使光束与光具座导轨基本平行,注意光束空间位置应使光具座上其他部件有调节余地，并使激光能够射入光功率接收器的探头（接收器），如图 4.45 所示。

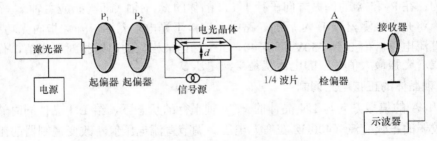

图 4.45　横向电光调制装置示意

注意：起偏器 P_1 只是在系统光强过强时，才用作衰减片放在光路中，通过旋转来改变光强。

② 将起偏器 P_2 置于导轨上，旋转起偏器 P_2 使光功率指示值为最大（因为本半导体激光器输出的是线偏振光，旋转起偏器是为了使起偏器的透振方向和半导体激光器输出激光的偏振方向平行）。

③ 将检偏器 A 置于光路中，并旋转检偏器 A，使透过 A 的光强最小（此时，$P_2 \perp A$；注意操作过程中不能再旋转 P_2）。

④ 将装有 LN 晶体的支架放在 P_2、A 之间（尽量靠近 A，以便于观察锥光干涉图），调节 LN 支架，使 LN 晶体的光轴（z 轴）与激光束平行，并使激光束从 LN 晶体的几何中心通过［可观察比较 LN 晶体在不加电场（单轴晶体）和加电场后（双轴晶体）的锥光干涉图样变化］。

方法为：在 A 之后放一白纸（或白屏），可看到单轴晶体的锥光干涉图，是一个典型的带黑十字的一组同心圆环干涉条纹，如图 4.46 所示。黑十字代表 PA 的消光方向，圆环表示沿一圆锥面上各直线以相同角度入射的光经晶体后位相差相同。入射角不同位相差不同，形成一组同心干涉圆环。进一步调整晶体位置使出射光点处于十字中心。将 LN 晶体主机箱后面板上的高压端子 HV 相连，调节"粗调"旋钮，缓慢增加 LN 晶体上的直流电压，仔细观察"锥光"干涉图变化。LN 晶体加电场后成为双轴晶体，干涉图样更为复杂。其鲜明的特征是有一对"猫眼"，这正是晶体两条光轴的方位。观察过程中可以用一块毛玻璃放置在晶体前面，干涉图样的效果会更好。

图 4.46　单轴晶体的锥光干涉图样

⑤ 调整偏振器 P_2、A，使它们的偏振方向分别与 LN 电光晶体的 x、y 轴平行，即与 LN 晶体的感应主轴 x'、y' 成 45°夹角。

方法为：给 LN 晶体加 400～500V 的直流电压。然后使 P_2 和 A 向同一方向转过同样的角度，直到通过 A 的光强为最小时为止，记录下此时 P_2 和 A 刻度盘上的刻度值（在此状态下，外加直流电压的变化不能改变透过 A 的光强）。这样 P_2 和 A 的偏振方向与 LN 晶体的感应主轴 x'、y' 平行。当需要测量通过 A 的输出光强 I 随 U_D 变化的关系时，只需将 P_2 和 A 向同一方向旋转 45°，即 P_2 和 A 平行于 LN 晶体的 x、y 轴（注意：旋转 45°时，旋转方向应与本步骤前述找光强最小时的旋转方向相反，以避免通过 P_2 后的光强过小，影响后续实验）。

2．单轴晶体的直流电光调制，测定半波电压

方法为：在 P_2 和 A 的偏振方向平行于 LN 晶体的 x、y 轴（即与感应主轴 x'、y' 成 45°）的状态下，将光电探测器置于 A 后的光路中，连接于光电输入端，开关指向光功率。给 LN 晶体施加直流电压，由 0 到 550V 每步 40～50V，记录相应的出射相对光强值，作相应的光强调制曲线。光强最大值对应的电压就是半波电压 U_π。

3．单轴晶体的正弦电光调制

在 P_2 和 A 的偏振方向与 LN 晶体的 x、y 轴平行的状态下，给 LN 晶体同时施加横向直流电压和较弱的正弦交流（400Hz 左右）电压。调节直流电压值，改变调制器的工作点，用示波器观察输出信号的特点。尤其是在 $\phi_D = \dfrac{\pi}{2}$ 时的线性调制部分及在 $\phi_D = 0$、π 时的倍频输出信号。

方法为：调制信号的输出为在直流电压上叠加有 400Hz 的交流正弦电压。监测端和双踪示波器的一个通道相接；光强接收部分的监测和示波器的另一个通道相接；"内-外"开关置于"内"。调节"调制幅度"旋钮可改变 400Hz 正弦波信号的输出幅度。直流电压的大小是通过直流电压部分的"粗调"和"细调"来调节的，数显表显示其值。示波器的输入选择置于交流（AC），适当调节示波器的衰减挡位及时基，观察调节直流电压时，工作点随之变化，透过 A 的光强的变化情况。当直流电压为零时，A 的输出为倍频信号；当电压信号为 $U_\pi/2$ 时，A 的输出为线性放大信号；当电压为 U_π 时，A 的输出为倍频信号。

4．用 λ/4 波片选择调制工作点，理解电光效应的原理

在 LN 晶体不加直流电压，只加交流电压的情况下，在示波器上观察被交流电压调制的光强波形。旋转 $\lambda/4$ 波片，观察特征角度与调制的光强波形，可以确定线性工作点（也就是说，改变直流电压和旋转 $\lambda/4$ 波片均可达到选择调制工作点的目的）。

5. **利用电光调制进行音频激光通信的实验模拟**

用收音机（或 MP3）的音频输出信号对电光晶体进行调制，改变工作点，监听音乐播放质量。

方法为：将收音机的输出信号用专用电缆线接到"外接信号"输入端，信号源开关指向"外"，适当调节"调制幅度"旋钮，收音机输出的音频信号将会被电源内置的放大器放大后和直流电压叠加，送到输出端，施加于 LN 晶体上。调节直流电压值为 $U_\pi/2$ 时（即工作点位于线性调制区），光电接收器将接收到的光强变化为相应的电压并送到接收信号的光电输入端，"光强-解调"开关指向"解调"，"静音-喇叭"开关指向"喇叭"（电压经内置功率放大后，推动喇叭），就可在示波器上看到音频信号的波形，同时听到收音机的音频信号。改变直流电压，可监听音频信号的失真情况。遮挡激光束，监听音频信号的声音；也可把直流电压降为零，加入 $\lambda/4$ 波片，通过旋转 $\lambda/4$ 波片，改变工作点，监听声音的失真情况。

6. **利用电光调制进行 50Hz 左右正弦电信号的谐波分析**

按照上述方法，可以利用调节直流电压或置入 $\frac{\lambda}{4}$ 波片旋转其角度来选择好线性工作点。在这样的状态下（线性工作点），才可用于对解调出来的信号进行谐波分析（为确认起见，请用示波器观察确认内调制正弦信号调制和解调后的波形不失真，即为线性工作点，然后再打到"外接"，并加载外接信号，进行谐波分析）。

接入外接电信号，将"光强-解调"开关打到"解调"，打开软件程序，参照软件说明进行谐波分析。

五、注意事项

① 连接晶体的电缆线头不允许短接，避免造成仪器短路。

② 所有光学元件的两通光端面不许用手触摸，如发现有积尘，可用洗耳球吹掉。

③ 在仪器光学部分调节完成并选好工作点以后，进行谐波分析过程中不可随意改变偏振片或其他光学部件角度。

六、思考题

① 本实验中没有会聚透镜，为什么能够看到锥光干涉图，如何根据锥光干涉图调整光路，有几种测量半波电压的方法，试比较其精度。

② 工作点选定在线性区中心，信号幅度加大时怎样失真，为什么失真，请画图说明。

③ 测定输出特性曲线时，为什么光强不能太大？如何调节光强？

④ 什么是晶体的电光效应？如何判定晶体产生电光效应？有何优缺点？

【小知识】

1875 年克尔（Kerr）发现了第一个电光效应，即某些各向同性的透明介质在外电场作用下变为各向异性，表现出双折射现象，介质具有单轴晶体的特性，并且其光轴在电场的方向上，人们称这种光电效应为克尔效应。1893 年普克尔斯（Pokells）发现，有些晶体，特别是压电晶体，在加了外电场后，也能改变它们的各向异性性质，人们称此种电光效应为普克尔斯效应。电光效应在工程技术和科学研究中有许多重要应用，它有很短的响应时间（可以跟上频率为 1 010Hz 的电场变化)，因此被广泛用于高速摄影中的快门、光速测量中的光束斩波器等。由于激光的出现，电光效应的应用和研究得到了迅速发展，如激光通信、激光测量、激光数据处理等。

实验 35　夫兰克-赫兹实验

原子能级的存在，除了可由对光谱的研究得到证实外，1914 年，J.夫兰克（J.Frank）和 G.赫兹（G.Hertz）第一个用实验证明了原子能级的存在。他们用具有一定能量的电子与汞蒸气发生碰撞，计算碰撞前后电子能量的变化。实验结果表明，电子与汞原子碰撞时，电子总是损失 4.9 电子伏特的能量，即汞原子只能接受 4.9 电子伏特的能量。这个事实无可非议地说明了汞原子具有玻尔所设想的那种："完全确定，互相分立的能量状态"。所以说夫兰克-赫兹实验是能量量子化特性的第一个证明，是玻尔所假设的量子化能级存在的第一个决定性证据，因为此项卓越的成就，夫兰克与赫兹在 1925 年获得诺贝尔物理学奖。

夫兰克-赫兹实验仪是重复 1914 年德国物理学家夫兰克、赫兹进行的电子轰击原子的实验，具有一定能量的电子与原子相碰撞进行能量交换的方法，使原子从低能级跃迁到高能级，直接观测到原子内部能量发生跃变时，吸收或反射的能量为某一定值，从而证明了原子能级的存在及玻尔理论的正确性。

夫兰克-赫兹实验至今仍是探索原子结构的重要手段之一。实验中用的"拒斥电压"筛去小能量电子的方法，已成为广泛应用的实验技术。

一、实验目的

① 通过测定气体原子的第一激发电位，证明原子能级的存在。
② 了解电子与原子碰撞和能量交换过程的微观图像及影响这个过程的主要物理因素。
③ 根据已知元素的第一激发电位表判断夫兰克-赫兹管中的气体元素。
④ 通过实验加深对能级概念的理解。

二、实验原理

玻尔在吸取前人的思想，尤其是普朗克的量子假设、爱因斯坦的光子假说和卢瑟福的有核模型基础上，于 1913 年提出一个原子发射和吸收电磁辐射的量子理论，有如下假设。

① 原子存在一系列的稳定状态（简称定态），在这些定态中，电子虽做加速运动，但不辐射能量，原子定态的能量只能取某些分立的不连续的值（能级），而不能取其他值。

② 原子的能量不论通过什么方式发生改变，它只能从一个定态跃迁到另一个定态。原子从一个定态跃迁到另一个定态时，以发射或吸收特定频率 ν 光子的形式与电磁辐射场交换能量。如果用 E_m 和 E_n 分别代表两个定态能量，辐射的频率 ν 决定于如下关系

$$h\nu = E_m - E_n \tag{4.34}$$

式中，h 为普朗克常数，$h = 6.63 \times 10^{-34} \text{J} \cdot \text{s}$。

由此可知，为了使原子在两个能级之间跃迁，实现原子状态的改变，一是原子本身吸收或放出电磁辐射，二是可以通过具有一定能量的其他粒子与气体原子相碰撞进行能量交换的办法来实现。本实验就是利用具有一定能量的电子与气体原子相碰撞而发生能量交换来实现气体原子状态的改变。

设初速度为零的电子在电位差为 V_1 的加速电场作用下，获得能量 eV_1。当具有这种能量的电子与稀薄气体的原子发生碰撞时，就会发生能量交换。若以 E_1 代表气体原子的基态能量、E_2 代表气体原子的第一激发态能量（第一激发态是距基态最近的一个能态），那么当气体原子吸收从电子传递来的能量恰好为

$$eV_1=E_2-E_1 \tag{4.35}$$

气体原子就会从基态跃迁到第一激发态，而且相应的电位差称为气体的第一激发电位，测定出这个电位差 V_1，就可以根据式（4.35）求出气体原子的基态和第一激发态之间的能量差。当电子与原子碰撞时，电子能量若小于第一激发电位，发生弹性碰撞；若电子能量大于第一激发电位，则发生非弹性碰撞。此时，电子给予原子以跃迁到第一激发态时所需的能量，其余的能量仍由电子保留。

电子与原子的碰撞过程可用以下方程描述为

$$(1/2)m_e v^2+(1/2)MV^2=(1/2)m_e v'^2 +(1/2) MV'^2 +\Delta E \tag{4.36}$$

式中，m_e 为电子质量；M 为原为子质量；v 为电子碰撞前的速度；v' 电子碰撞后的速度；V 为原子碰撞前的速度；V' 为原子碰撞后的速度；ΔE 为原子碰撞后内能的变化量。按照玻尔原子能级理论，有

$$\Delta E=0；弹性碰撞 \tag{4.37}$$
$$\Delta E=E_2-E_1；非弹性碰撞 \tag{4.38}$$

式中，E_1 为原子基态能量，E_2 为原子的第一激发态能量。

电子碰撞前的动能 $(1/2)m_e v^2<E_2-E_1$ 时，电子与原子的碰撞为完全弹性碰撞，$\Delta E=0$，原子仍停留在基态。电子只有在加速电场的作用下碰撞前获得的动能 $(1/2)m_e v^2>E_2-E_1$，才能与原子产生非弹性碰撞，使原子获得某一值（E_2-E_1）的内能从基态跃迁到第一激发态，调整加速电场的强度，电子与原子由弹性碰撞到非弹性碰撞的变化过程将在电流上显现出来。

夫兰克-赫兹管即为此目的而专门设计的。本仪器采用的充氩四极夫兰克-赫兹管实验原理如图 4.47 所示。

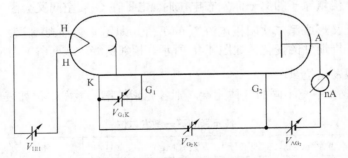

图 4.47 夫兰克-赫兹管实验原理图

第一栅极（G_1）与阴极（K）之间的电压 V_{G_1K} 约为 1.5V，其作用是消除空间电荷对阴极（K）散射电子的影响。当灯丝（H）加热时，热阴极（K）发射的电子在阴极（K）与第二栅极（G_2）之间的正电压（V_{G_2K}）形成的加速电场作用下被加速而获得越来越大的动能，并与 G_2K 空间分布的气体氩的原子发生如式（4.36）所描述的碰撞时进行能量交换。

在起始阶段，V_{G_2K} 较低，电子的动能较小，在运动过程中与氩原子的碰撞为弹性碰撞。

碰撞后到达第二栅极（G_2）的电子具有动能$(1/2)m_e v^2$大于eV_{AG_2}的电子才能到达阳极（A）形成阳极电流I_A，这样，I_A将随着V_{G_2K}的增加而增大，如图4.48所示，I_A-V_{G_2K}曲线Oa段所示。

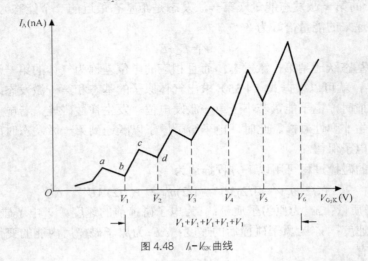

图 4.48 I_A-V_{G_2K}曲线

当V_{G_2K}达到氩原子的第一激发态电位13.1V时，电子与氩原子在第二栅极附近产生非弹性碰撞，电子把从加速电场中获得的全部能量传给氩原子，使氩原子从较低能量的基态跃迁到较高能量的第一激发态。而电子本身由于把全部能量传给了氩原子，即使它能穿过第二栅极也不能克服V_{AG_2}形成的减速电场的拒斥作用而被斥回到第二栅极；所以阳极电流将显著减小，随着V_{G_2K}的继续增加，产生非弹性碰撞电子越来越多，I_A将越来越小，如图4.48线ab段所示，直至b点形成I_A的谷值。

b点以后继续增加V_{G_2K}，电子在G_2K空间与氩原子碰撞后到达G_2时的动能足以克服V_{AG_2}减速电场的拒斥作用而到达阳极（A）形成阳极电流I_A，与Oa段类似，形成图4.48曲线bc段。

直到V_{G_2K}为2倍氩原子的第一激发态电位时，电子在G_2K空间又会因第二次非弹性碰撞而失去能量，因此又形成第二次阳极电流I_A的下落，即图4.48曲线cd段，依次类推。I_A随着V_{G_2K}的增加而呈周期性的变化，如图4.48所示。相邻两峰（或两谷）对应的V_{G_2K}值之差即为氩原子的第一激发电位量。

若夫兰克-赫兹管中充不同的气体元素，则各元素的第一激发电位如表4.9所示。

表 4.9 　　　　　　　　　　各元素的第一激发电位

元素	钠（Na）	钾（K）	锂（Li）	镁（Mg）	汞（Hg）	氦（He）	氖（Ne）	氩（Ar）
V_1 / V	2.12	1.63	1.84	2.71	4.90	21.2	18.6	11.6

三、实验仪器

本实验仪器采用分体式结构，由电源和充氩气的夫兰克-赫兹管管箱组成，二者之间通过9根连接线相接，有利于学生对该实验的原理认识及动手能力的培养。电源部分由4组可调的稳压电源及两挡量程的微电流测量组成，其主要技术参数如下。

① 灯丝加热电源V_{HH}：0～3.5V，DC。

② 拒斥场电源 V_{AG_2}：0～11.2V，DC。

③ 第一栅极与阴极之间的电源 V_{G_1K}：0～4.6V，DC。

④ 第二栅极与阴极之间的电源 V_{G_2K}：0～95V，DC。电压的调节可通过自动扫描和手动电位器来完成。这 4 组稳压电源通过测量选择开关的选通，用数显电压表显示。

⑤ 微电流的量程为 199.9×10^{-8}A 和 199.9×10^{-9}A，通过量程选择开关选择。

⑥ 电源输入电压为 220V，50Hz。

四、实验内容及步骤

① 将夫兰克-赫兹实验仪前面板上的 V_{HH} 电源调节电位器逆时针方向旋转到头。

② 将夫兰克-赫兹实验仪与实验装置操作箱相连接，注意各组电压的正、负极。黄红为正，蓝黑为负。

③ 开启电源开关（指示灯亮），两表头有显示。将测量选择开关置于 V_{HH} 处，慢慢顺时针旋转电位器，观察数显电压表，使其达到 3V 左右为止。依次调节 V_{AG_2} 为 8V 左右，V_{G_1K} 为 1.7V 左右。V_{G_2K} 置自动挡，微电流置 10^{-8}A 处，随 V_{G_2K} 扫描电压的升高，观察电流表，应出现图 4.48 所示的周期性大小变化。

④ 将 V_{G_2K} 置于手动挡，测量 I_A-V_{G_2K} 的对应值。

⑤ 用所测数据，描绘 I_A-V_{G_2K} 曲线。

⑥ 相邻 I_A 的谷值（或峰值）所对应的 V_{G_2K} 之差，就是氩原子的第一激发态电位。

⑦ 为提高精度，比如可测量第一个谷值与第五个谷值所对应的 V_{G_2K} 之差，取相邻谷值所对应的 V_{G_2K} 之差的平均数。

⑧ 数据处理：事实上，由于顺次激发、光电效应、二次电子发射、第二类非弹性碰撞、光致激发和光致电离的存在，使过程变得很复杂，接触电势、弹性碰撞损失等对曲线的影响也是不可忽略的因素，由于阴极发射的电子能量有一个分布，使得在峰值附近曲线的变化缓慢，加之 I_p 与 V_{G_2K} 在没有氩气的情况下有 3/2 指数关系，从而将形成本底存在，这些都会影响对曲线峰值位的判断，不过选择合适的工作条件及合理的数据处理方法，仍可获得满意的结果。

为消除上述因素的影响，正确求得被测氩原子的第一激发态电位，必须对实验曲线进行适当的数据处理，现介绍几种处理方法。

① 计算各峰值之间的算术平均值，作为第一激发电位。

由于空间电荷对加速电压的屏蔽作用和氩原子蒸气与热阴极金属氧化物之间有接触电势差存在，若取第一个峰值为起始点（而不是从坐标原点为起始点），则可消除接触电势的影响。测量出各相邻峰值间距，并以算术平均值作为第一激发电位。

② 消除本底电流的影响。

激发电位曲线各极小点的值一般不为零，且随加速电压的增加而上升，这是由于未参与激发原子的电子、二次发射的电子及少数速度很大的电子使原子电离，形成本底电流的结果，由于这些电子的存在，在激发电位曲线上，电流极小值出现在比真实激发电位稍低处，使激发电位曲线的吸收峰发生位移，消除本底电流的方法是作一条连接激发电位曲线各极小点的平滑曲线，求得二曲线的相差线，从相差线的峰间距或从相差曲线各峰半宽度中点的间距求第一激发电位，如图 4.49 所示。

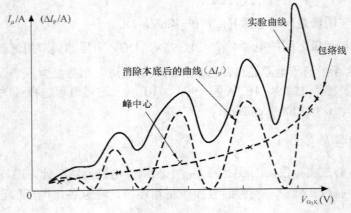

图 4.49　消除本底电流的关系曲线

③ 由实验曲线的微分曲线求结果。

由于灯丝发出的热电子速度具有统计分布，使得实验曲线峰有一定宽度的分布，它给峰位的确定造成误差，为消除这种影响，将实验曲线微分，由微分曲线各极小点间距确定激发电位（对应原曲线拐点）。

④ 由差曲线求结果。

保持其他的实验条件不变，作出 $V_{AG_2}=V_1$ 和 $V_{AG_2}=V_1+\Delta V$（如 $\Delta V=0.1\sim0.5V$）情况下的两条曲线，或者保持其他条件不变，作出 $V_{G_1K}=V_2$ 和 $V_{G_1K}=V_2-\Delta V$ 时的两条曲线，并从它们的差曲线求第一激发电位，在上述条件下，除了电流的大小不同外，其他诸因素的影响相同，因而求差曲线后，抵消了这些因素的影响，提高了能量分辨率。

五、数据记录及处理

① 数据记录表格自拟，要求便于作图法和逐差法进行数据处理。

② 根据表格中的测量数据，用作图法画出 I_A-V_{G_2K} 的曲线。测定可以从 0V 起缓慢增大栅压，V_{G_2K} 可每增 0.2V 读一次 I_A 值，在峰谷值附近可多测几组数据，填入表 4.10。

③ 用逐差法计算待测气体的第一激发电位：根据各峰所对应的电压值，用逐差法求出峰值电压的平均间距 $V_{1\text{峰}}$；根据各谷对应的电压值，用逐差法求出谷值电压的平均间距 $V_{1\text{谷}}$；则待测气体原子的第一激发电位 $V_1=(V_{1\text{峰}}+V_{1\text{谷}})/2$。

表 4.10　数据记录

I_A(nA)												
V_{G2K}(V)												

六、注意事项

① 调节 V_{G_2K} 和 V_{HH} 时应注意 V_{G_2K} 和 V_{HH} 过大会导致氩原子电离而形成正离子到达阳极，使阳极电流 I_A 突然骤增，直至将夫兰克-赫兹管烧毁。所以，一旦发现 I_A 突增，应迅速关闭电源开关，5min 后重新开机。这是由于原子电离后的自持放电是自发的，此时将 V_{G_2K} 和 V_{HH}

调至零都是无济于事的。

② 图 4.48 的 I_A-V_{G_2K} 曲线的变化对调节 V_{HH} 的反应较慢，所以，调节 V_{HH} 时一定要缓慢进行，不可操之过急，峰谷幅度过低，V_{HH} 增加，一旦出现波形上端切顶则降低 V_{HH}。

③ 为了让学生直接看清夫兰克-赫兹管，管子直接露在外面，但氩气管是玻璃制品，属易碎元件，请注意不要用硬东西直接碰撞此管，以免破损。

实验 36　液晶实验

液晶是介于液体与晶体之间的一种物质状态。一般的液体内部分子排列是无序的，而液晶既具有液体的流动性，其分子又按一定规律有序排列，使它呈现晶体的各向异性。当光通过液晶时，会产生偏振面旋转、双折射等效应。液晶分子是含有极性基团的极性分子，在电场作用下，偶极子会按电场方向取向，导致分子原有的排列方式发生变化，从而液晶的光学性质也随之发生改变，这种因外电场引起的液晶光学性质的改变称为液晶的电光效应。

一、实验目的

① 在掌握液晶光开关的基本工作原理的基础上，测量液晶光开关的电光特性曲线，并由电光特性曲线得到液晶的阈值电压和关断电压。

② 测量驱动电压周期变化时，液晶光开关的时间响应曲线，并由时间响应曲线得到液晶的上升时间和下降时间。

③ 测量由液晶光开关矩阵所构成的液晶显示器的视角特性以及在不同视角下的对比度，了解液晶光开关的工作条件。

④ 了解液晶光开关构成图像矩阵的方法,学习和掌握这种矩阵所组成的液晶显示器构成文字和图形的显示模式,从而了解一般液晶显示器件的工作原理。

二、实验原理

1. 液晶光开关的工作原理

液晶的种类很多，仅以常用的 TN（扭曲向列）型液晶为例，说明其工作原理。

TN 型光开关的结构如图 4.50 所示。在两块玻璃板之间夹有正性向列相液晶，液晶分子的形状如同火柴一样，为棍状。棍的长度在十几埃（1 埃 $=10^{-10}$m），直径为 4～6 埃，液晶层厚度一般为 5～8μm。玻璃板的内表面涂有透明电极，电极的表面预先作了定向处理（可用软绒布朝一个方向摩擦，也可在电极表面涂取向剂），这样，液晶分子在透明电极表面就会躺倒在摩擦所形成的微沟槽里；电极表面的液晶分子按一定方向排列，且上下电极上的定向方向相互垂直。上下电极之间的那些液晶分子因范德瓦尔斯力的作用，趋向于平行排列。然而由于上下电极上液晶的定向方向相互垂直，所以从俯视方向看，液晶分子的排列从上电极的沿-45°方向排列逐步地、均匀地扭曲到下电极的沿+45°方向排列，整个扭曲了 90°。如图 4.50 左图所示。

理论和实验都证明，上述均匀扭曲排列起来的结构具有光波导的性质，即偏振光从上电极表面透过扭曲排列起来的液晶传播到下电极表面时，偏振方向会旋转 90°。

取两张偏振片贴在玻璃的两面，P_1 的透光轴与上电极的定向方向相同，P_2 的透光轴与下电极的定向方向相同，于是 P_1 和 P_2 的透光轴相互正交。

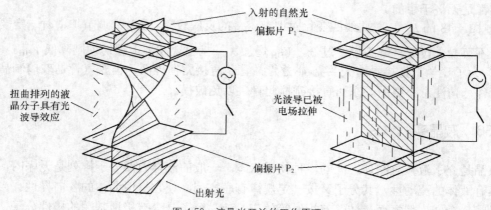

入射的自然光

偏振片 P₁

扭曲排列的液晶分子具有光波导效应

光波导已被电场拉伸

偏振片 P₂

出射光

图 4.50　液晶光开关的工作原理

在未加驱动电压的情况下，来自光源的自然光经过偏振片 P₁ 后只剩下平行于透光轴的线偏振光，该线偏振光到达输出面时，其偏振面旋转了 90°。这时光的偏振面与 P₂ 的透光轴平行，因而有光通过。

在施加足够电压情况下（一般为 1～2V），在静电场的作用下，除了基片附近的液晶分子被基片"锚定"以外，其他液晶分子趋于平行于电场方向排列。于是原来的扭曲结构被破坏，成了均匀结构，如图 4.50 右图所示。从 P₁ 透射出来的偏振光的偏振方向在液晶中传播时不再旋转，保持原来的偏振方向到达下电极。这时光的偏振方向与 P₂ 正交，因而光被关断。

由于上述光开关在没有电场的情况下让光透过，加上电场的时候光被关断，因此叫做常通型光开关，又叫做常白模式。若 P₁ 和 P₂ 的透光轴相互平行，则构成常黑模式。

液晶可分为热致液晶与溶致液晶。热致液晶在一定的温度范围内呈现液晶的光学各向异性，溶致液晶是溶质溶于溶剂中形成的液晶。目前用于显示器件的都是热致液晶，它的特性随温度的改变而有一定变化。

2. 液晶光开关的电光特性

图 4.51 为光线垂直液晶面入射时本实验所用液晶相对透射率（以不加电场时的透射率为100%）与外加电压的关系。

由图 4.51 可见，对于常白模式的液晶，其透射率随外加电压的升高而逐渐降低，在一定电压下达到最低点，此后略有变化。可以根据此电光特性曲线图得出液晶的阈值电压和关断电压。

阈值电压：透过率为 90% 时的驱动电压。

关断电压：透过率为 10% 时的驱动电压。

液晶的电光特性曲线越陡，即阈值电压与关断电压的差值越小，由液晶开关单元构成的显示器件允许的驱动路数就越多。TN型液晶最多允许 16 路驱动，故常用于数码显示。在电脑、电视等需要高分辨率的显示器件中，常采用 STN（超扭曲向列）型液晶，以改善电光特性曲线的陡度，增加驱动路数。

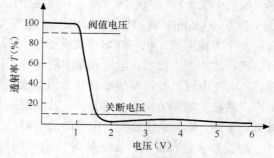

图 4.51　液晶光开关的电光特性曲线

3. 液晶光开关的时间响应特性

加上（或去掉）驱动电压能使液晶的开关状态发生改变，是因为液晶的分子排序发生了改变，这种重新排序需要一定时间，反映在时间响应曲线上，用上升时间 τ_r 和下降时间 τ_d 描述。给液晶开关加上一个如图 4.52 上图所示的周期性变化的电压，就可以得到液晶的时间响应曲线、上升时间和下降时间，如图 4.52 下图所示。

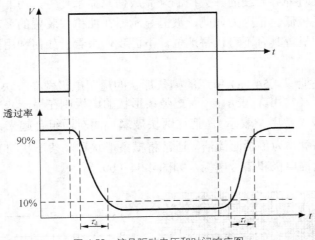

图 4.52　液晶驱动电压和时间响应图

上升时间：透过率由 10%升到 90%所需时间。

下降时间：透过率由 90%降到 10%所需时间。

液晶的响应时间越短，显示动态图像的效果越好，这是液晶显示器的重要指标。早期的液晶显示器在这方面逊色于其他显示器，现在通过结构方面的技术改进，已达到很好的效果。

4. 液晶光开关的视角特性

液晶光开关的视角特性表示对比度与视角的关系。对比度定义为光开关打开和关断时透射光强度之比，对比度大于 5 时，可以获得满意的图像，对比度小于 2，图像就模糊不清了。

图 4.53 表示了某种液晶视角特性的理论计算结果。图中，用与原点的距离表示垂直视角（入射光线方向与液晶屏法线方向的夹角）的大小。

图中 3 个同心圆分别表示垂直视角为 30°、60°和 90°。90°同心圆外面标注的数字表示水平视角（入射光线在液晶屏上的投影与 0°方向之间的夹角）的大小。图 4.53 中的闭合曲线为不同对比度时的等对比度曲线。

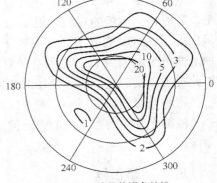

图 4.53　液晶的视角特性

由图 4.53 可以看出，液晶的对比度与垂直与水平视角都有关，而且具有非对称性。若我们把具有图 4.53 所示视角特性的液晶开关逆时针旋转，以 220°方向向下，并由多个显示开关组成液晶显示屏。则该液晶显示屏的左右视角特性对称，在左、右和俯视 3 个方向，垂直视角接近 60°时对比度为 5，观看效果较好。在仰视方向对比度随着垂直视角的加大迅速降低，观看效果差。

5. 液晶光开关构成图像显示矩阵的方法

除了液晶显示器以外，其他显示器靠自身发光来实现信息显示功能。这些显示器主要有阴极射线管显示（CRT）、等离子体显示（PDP）、电致发光显示（ELD）、发光二极管（LED）显示、有机发光二极管（OLED）显示、真空荧光管显示（VFD）、场发射显示（FED）。这些显示器因为要发光，所以要消耗大量的能量。

液晶显示器通过对外界光线的开关控制来完成信息显示任务，为非主动发光型显示，其最大的优点在于能耗极低。正因为如此，液晶显示器在便携式装置的显示方面，如电子表、万用表、手机、传呼机等具有不可代替地位。下面我们来看看如何利用液晶光开关来实现图形和图像显示任务。

矩阵显示方式是把图 4.54（a）所示的横条形状的透明电极做在一块玻璃片上，叫做行驱动电极，简称行电极（常用 X_i 表示），而把竖条形状的电极制在另一块玻璃片上，叫做列驱动电极，简称列电极（常用 S_i 表示）。把这两块玻璃片面对面组合起来，把液晶灌注在这两片玻璃之间构成液晶盒。为了画面简洁，通常将横条形状和竖条形状的 ITO 电极抽象为横线和竖线，分别代表扫描电极和信号电极，如图 4.54（b）所示。

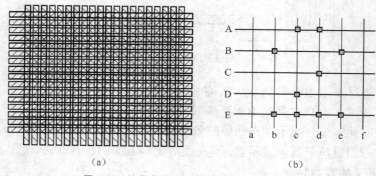

（a）　　　　　　　　　　　　　　　　（b）

图 4.54　液晶光开关组成的矩阵式图形显示器

矩阵型显示器的工作方式为扫描方式。显示原理可依以下的简化说明作一介绍。

欲显示图 4.54（b）的那些有方块的像素，首先在第 A 行加上高电平，其余行加上低电平，同时在列电极的对应电极 c、d 上加上低电平，于是 A 行的那些带有方块的像素就被显示出来了。然后第 B 行加上高电平，其余行加上低电平，同时在列电极的对应电极 b、e 上加上低电平，因而 B 行的那些带有方块的像素被显示出来了。然后是第 C 行、第 D 行……以此类推，最后显示出一整场的图像。这种工作方式称为扫描方式。

这种分时间扫描每一行的方式是平板显示器的共同的寻址方式，依这种方式，可以让每一个液晶光开关按照其上的电压的幅值让外界光关断或通过，从而显示出任意文字、图形和图像。

三、实验仪器

本实验所用仪器为液晶光开关电光特性综合实验仪，其外部结构如图 4.55 所示。下面简单介绍仪器各个按钮的功能。

模式转换开关：切换液晶的静态和动态（图像显示）两种工作模式。在静态时，所有的液晶单元所加电压相同，在（动态）图像显示时，每个单元所加的电压由开关矩阵控制。同时，当开关处于静态时打开发射器，当开关处于动态时关闭发射器。

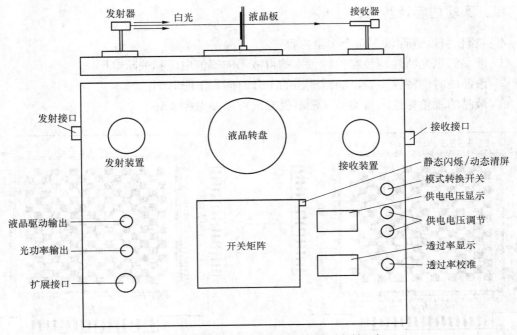

图 4.55　液晶光开关电光特性综合实验仪功能键示意

静态闪烁/动态清屏切换开关：当仪器工作在静态的时候，此开关可以切换到闪烁和静止两种方式；当仪器工作在动态的时候，此开关可以清除液晶屏幕因按动开关矩阵而产生的斑点。

供电电压显示：显示加在液晶板上的电压，范围为 0～7.60V。

供电电压调节按键：改变加在液晶板上的电压，调节范围在 0～7.6V。其中单击 + 按键（或 − 按键）可以增大（或减小）0.01V。一直按住 + 按键（或 − 按键）2s 以上可以快速增大（或减小）供电电压，但当电压大于或小于一定范围时需要按按键才可以改变电压。

透过率显示：显示光透过液晶板后光强的相对百分比。

透过率校准按键：在接收器处于最大接收状态的时候（即供电电压为 0V 时），如果显示值大于"250"，则按住该键 3s 可以将透过率校准为 100%；如果供电电压不为 0，或显示小于"250"，则该按键无效，不能校准透过率。

液晶驱动输出：接存储示波器，显示液晶的驱动电压。

光功率输出：接存储示波器，显示液晶的时间响应曲线，可以根据此曲线来得到液晶响应时间的上升时间和下降时间。

扩展接口：连接 LCDEO 信号适配器的接口，通过信号适配器可以使用普通示波器观测液晶光开关特性的响应时间曲线。

发射器：为仪器提供较强的光源。

液晶板：本实验仪器的测量样品。

接收器：将透过液晶板的光强信号转换为电压输入到透过率显示表。

开关矩阵：此为 16×16 的按键矩阵，用于液晶的显示功能实验。

液晶转盘：承载液晶板一起转动，用于液晶的视角特性实验。

四、实验内容及步骤

本实验仪可以进行以下几个实验内容。

① 液晶的电光特性测量实验。可以测得液晶的阈值电压和关断电压。

② 液晶的时间特性实验，测量液晶的上升时间和下降时间。

③ 液晶的视角特性测量实验（液晶板方向可以参见图 4.56）。

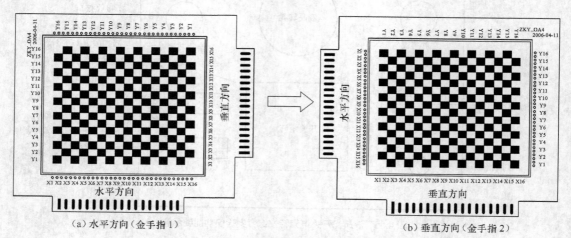

（a）水平方向（金手指 1）　　　　　　　　　　（b）垂直方向（金手指 2）

图 4.56　液晶板方向（视角为正视液晶屏凸起面）

④ 液晶的图像显示原理实验。

实验步骤：将液晶板金手指 1（见图 4.56）插入转盘上的插槽，液晶凸起面必须正对光源发射方向。打开电源开关，点亮光源，使光源预热 10min 左右。

在正式进行实验前，首先需要检查仪器的初始状态，看发射器光线是否垂直入射到接收器；在静态 0V 供电电压条件下，透过率显示经校准后是否为"100%"。如果显示正确，则可以开始实验，如果不正确，指导教师可以根据仪器说明书的调节方法将仪器调整好再让学生进行实验。

1. 液晶光开关电光特性测量

将模式转换开关置于静态模式，将透过率显示校准为 100%，按表 4.11 的数据改变电压，使得电压值从 0V 到 6V 变化，记录相应电压下的透射率数值。重复 3 次并计算相应电压下透射率的平均值，依据实验数据绘制电光特性曲线，可以得出阈值电压和关断电压。

表 4.11　　　　　　　　　　　　液晶光开关电光特性测量

电压（V）		0	0.5	0.8	1.0	1.2	1.3	1.4	1.5	1.6	1.7	2.0	3.0	4.0	5.0	6.0
透射率（%）	1															
	2															
	3															
	平均															

2. 液晶的时间响应的测量

将模式转换开关置于静态模式，透过率显示调到 100，然后将液晶供电电压调到 2.00V，在液晶静态闪烁状态下，用存储示波器观察此光开关时间响应特性曲线，可以根据此曲线得到液晶的上升时间 τ_r 和下降时间 τ_d。

3. 液晶光开关视角特性的测量

（1）水平方向视角特性的测量

将模式转换开关置于静态模式。首先将透过率显示调到 100%，然后再进行实验。

确定当前液晶板为金手指 1 插入的插槽（见图 4.56）。在供电电压为 0V 时，按照表 4.12 所列举的角度调节液晶屏与入射激光的角度，在每一角度下测量光强透过率最大值 T_{max}。然后将供电电压设置为 2V，再次调节液晶屏角度，测量光强透过率最小值 T_{min}，并计算其对比度。以角度为横坐标，对比度为纵坐标，绘制水平方向对比度随入射光入射角而变化的曲线。

（2）垂直方向视角特性的测量

关断总电源后，取下液晶显示屏，将液晶板旋转 90°，将金手指 2（垂直方向）插入转盘插槽（见图 4.56）。重新通电，将模式转换开关置于静态模式。按照与（1）相同的方法和步骤，可测量垂直方向的视角特性，并记录到表 4.12 中。

表 4.12　　　　　　　　　　　　液晶光开关视角特性测量

角度（°）		−75	−70	……	−10	−5	0	5	10	……	70	75
水平方向视角特性	T_{max}（%）											
	T_{min}（%）											
	T_{max}/T_{min}											
垂直方向视角特性	T_{max}（%）											
	T_{min}（%）											
	T_{max}/T_{min}											

4. 液晶显示器显示原理

将模式转换开关置于动态（图像显示）模式。液晶供电电压调到 5V 左右。

此时矩阵开关板上的每个按键位置对应一个液晶光开关像素。初始时各像素都处于开通状态，按 1 次矩阵开光板上的某一按键，可改变相应液晶像素的通断状态，所以可以利用点阵输入关断（或点亮）对应的像素，使暗像素（或点亮像素）组合成一个字符或文字。以此让学生体会液晶显示器件组成图像和文字的工作原理。矩阵开关板右上角的按键为清屏键，用以清除已输入在显示屏上的图形。

实验完成后，关闭电源开关，取下液晶板妥善保存。

五、注意事项

① 禁止用光束照射他人眼睛或直视光束本身，以防伤害眼睛。

② 在进行液晶视角特性实验中，更换液晶板方向时，务必断开总电源后，再进行插取，否则将会损坏液晶板。

③ 液晶板凸起面必须要朝向光源发射方向，否则实验记录的数据为错误数据。

④ 在调节透过率 100%时，如果透过率显示不稳定，则可能是光源预热时间不够，或光路没有对准，需要仔细检查，调节好光路。

⑤ 在校准透过率 100%前，必须将液晶供电电压显示调到 0.00V 或显示大于"250"，否则无法校准透过率为 100%。在实验中，电压为 0.00V 时，不要长时间按住"透过率校准"按钮，否则透过率显示将进入非工作状态，本组测试的数据为错误数据，需要重新进行本组实验数据记录。

【小知识】

液晶的发现可回溯的 1888 年，当时奥地利植物学者 Reinitzer 在做有机物溶解实验时，意外发现异常的溶解现象。因为此物质虽在 145℃溶解，却呈现浑浊的糊状，达 179℃时突然成为透明的液体；若从高温往下降温的过程观察，在 179℃突然成为糊状液体，超过 145℃时成为固体的结晶。其后由德国学者 Lehmann 利用偏光类显微镜观察，证实是一种"具有组织方位性的液体"，至此才正式确认液晶的存在，并开始了液晶的研究。液晶的分类可分为向列型液晶、层列型液晶、胆固醇型液晶。

美国 RCA 公司 1968 年 5 月 28 日发表以液晶为材料的新型表装置，不仅开启液晶在商业实用上的先例，当时其发表声明更震惊社会"这完全是革命性的产物，固然可用作电子表、汽车仪表板显示幕，不久也可制造袖珍型电视机，将使电子产业变成全新的形态。"事实上，由于液晶具有诱电与光学的异方性，同时具备良好的分子配向与流动性，当受到光、热、电场、磁场等外界刺激时，分子的配列容易发生变化，造成液晶材料明暗对比的改变或显现出其他特殊的电气光学效果。液晶显示器件由于具有驱动电压低（一般为几伏）、功耗极小、体积小、寿命长、环保无辐射等优点，在当今各种显示器件的竞争中有独领风骚之势。

实验 37 阿贝成像和空间滤波

傅里叶光学是光学领域的一个重要分支，它是利用傅里叶分析的数学方法来解决光学问题。光学中可以利用傅里叶分析的主要原因是由于光学系统在一定条件下的线性性和空间不变性。利用了傅里叶变换就可以从频谱的角度去分析图像信息，对应于通信理论的时间频谱在光学系统中叫做空间频谱。为了改善图像信息的质量或提取图像信息的某种特征可以利用空间滤波的方法。

阿贝所提出的显微镜成像的原理以及随后的阿-波特实验在傅里叶光学早期发展历史上具有重要的地位。这些实验简单而且漂亮，对相干光成像的机理、对频谱的分析和综合的原理做出了深刻的解释。同时，这种用简单模板做滤波的方法，直到今天，在图像处理中仍然有广泛的应用价值。

这个实验除了验证阿贝成像原理以外，还将对空间滤波概念，空间滤波的光路及高通滤波、低通滤波几种方法作进一步理解，让同学们理解概念、熟悉光路。

一、实验目的

① 熟悉阿贝成像原理，加深对空间频谱和空间滤波概念的理解。
② 了解透镜孔径对成像分辨率的影响。
③ 练习光路的调节。

二、实验原理

实验原理如图 4.57 所示。

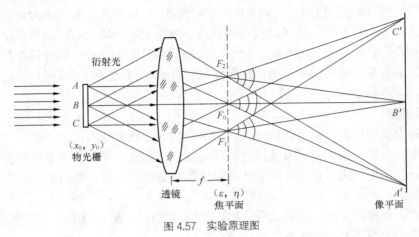

图 4.57 实验原理图

用一束平行光线照亮物体 A、B、C，按照传统的成像原理，物体上 A、B、C 3 点都构成一个次波源，辐射球面波，经透镜的会聚作用，每一个发散的球面波转变为会聚的球面波，球面波的中心 A'、B'、C' 就是 A、B、C 的像。会聚透镜把发散的球面波转换成会聚的球面波。一个复杂的物体可以看成是无数个亮度不同的点构成，所有这些点经透镜的作用在像面上形成像点，像点重新叠加构成物体的像。这种观点着眼于点的对应，物像之间是点点对应关系。

阿贝则认为成像过程可以分成两步。他认为物体是由许多不同方位、不同空间频率的光栅构成。第一步，当平面波照射物体时，由于这些光栅作用，光波将发生衍射。衍射光波经过透镜的聚焦作用，在透镜的后焦面上形成由所有这些衍射光波的焦点 F_0，F_1，F_2，$\cdots$ 构成的一个分布图，这就是物体的傅里叶频谱。第二步，把透镜的后焦面看成一个新的波面，按照惠更斯-菲涅耳原理，F_0，F_1，F_2，$\cdots$ 可看成是一系列新波源。它们辐射的次波又相互干涉，在像平面上相干叠加，有些呈亮点，有些呈暗点，所有这些点 A'、B'、C'、$\cdots$ 组成物体的像，这就是阿贝对成像过程的解释。

成像的这两步，从频谱分析观点看，本质就是两次傅里叶变换，如果物光的复振幅分布是 $g(x_0, y_0)$，可以证明在物镜焦面（ξ，η）上的复振幅分布是 $g(x_0,y_0)$ 的傅里叶变换 $G(f_x, f_y)$（只要令 $f_x = \dfrac{\xi}{\lambda f}, f_y = \dfrac{\eta}{\lambda f}$，$\lambda$ 为光的波长，f 为透镜焦距）。所以，第一步就是将物光场分布变换为空间频率分布，衍射图所在的后焦面称频谱面（简称谱面或傅里叶面）；第二步是将谱面上的空间频率分布作逆傅里叶变换还原为物的像。按照频谱分析理论，谱面上的每一点均具有以下意义。

① 谱面上任一光点对应着物面上的一个空间频率成分。

② 光点离谱面中心的距离，标志着物面上该频率成分的高低，离中心远的代表物面上的高频成分，反映物的细节部分；靠近中心的点，代表物面上的低频成分，反映物的粗轮廓，中心亮点是 0 级衍射即为零频，它不包含任何物的信息，所以认为反映在像面上只呈现均匀

光斑而不能成像。

③ 光点的方向，指出物平面上该频率成分方向。例如，横向的谱点表示物面有纵向栅缝。

④ 光点的强弱则显示物面上该频率成分的幅度大小。如果在谱面上人为地插上一些滤波器（以改变谱面上光谱分布，就可以根据需要改变像面上的光场分布，这就叫空间滤波。最简单的滤波就是一些特种形状的光阑。把这种光阑放在谱面上，使一部分频率分量能通过而挡住其他的频率分量，从而使像平面的图像中某部分频率得到加强或减弱，以达到改善图像质量的目的。常用的滤波方法如下。

1. 低通滤波

目的是滤去高频成分，保留低频成分，由于低频成分集中在谱面的光轴（中心）附近，高频成分落在远离中心的地方，故低通滤波器就是一个圆孔。图像的精细结构及突变部分主要由高频成分起作用。所以，经低通滤波后图像的精细结构消失，黑白突变处也变得模糊。

2. 高通滤波

目的是滤去低频成分而让高频成分通过，滤波器的形状是一个圆屏，其结果正好与低通滤波相反，使物的细节及边缘清晰，提高像质。

3. 方向滤波

只让某一个方向（如横向）的频率成分通过，则像面上将突出物的纵向线条，这种滤波器呈狭缝状。

三、实验仪器

对于滤波模板，有：通过 0 级及 1 级；通过 1 级和 2 级；高频滤波器 $\Phi = 1\text{mm}$；高频滤波器 $\Phi = 0.4\text{mm}$；低频滤波器 $\Phi = 1.5\text{mm}$。实验要在光具座上进行，其光路图如图 4.58 所示，本装置中样品板及其支架（即可调狭缝）放在物面上，另一可调狭缝放在频谱面上（需要时可插上滤波模板，见图 4.59）。

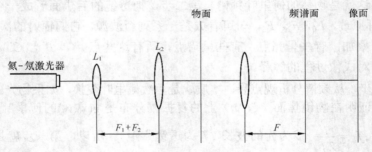

图 4.58　光具座上基本装置

① 氦-氖激光器，功率>1.5mV。

② 凸透镜 L_1（焦距为 F_1）及 L_2（焦距为 F_2）放在相距为 F_1+F_2 处组成一个倒装望远镜系统以获得一束扩展了的平行光，$F_2>F_1 \geqslant 6\text{mm}$，例如，可取 $F_1 = 12\text{mm}$，$F_2 = 80\text{mm}$。

③ 凸透镜 L 作为成像透镜，要求焦距 $F = (250 \pm 25)\text{mm}$，以保证频谱面上各光点之间的距离与滤波片相适应。

④ 像平面：可以是毛玻璃或贴在墙上的白纸。像平面与物面之间距离应大于 4m，以便

像有足够的放大倍数，可以用肉眼清晰地观察到光栅像。

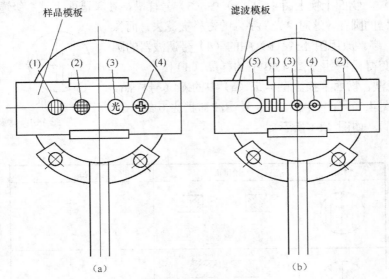

图 4.59　可调狭缝两套示意

图 4.59 中样品模板（a）内的 4 种光栅成像图样如图 4.60 所示。

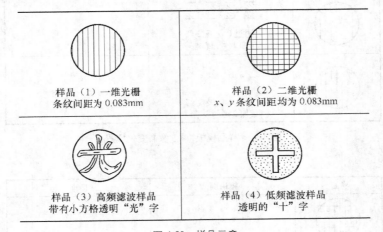

样品（1）一维光栅
条纹间距为 0.083mm

样品（2）二维光栅
x、y 条纹间距均为 0.083mm

样品（3）高频滤波样品
带有小方格透明"光"字

样品（4）低频滤波样品
透明的"十"字

图 4.60　样品示意

四、实验内容

① 按光路图 4.58 所示摆上各元件，调节 L_2 使射出平行光，并照在图 4.58 中样品模板上，调节 L 的位置，使屏幕上出现清晰的光栅像。在毛玻璃（或墙上）的焦平面上可以看到等间距水平排列的光点，这一平面即频谱面（见图 4.62），光轴上的光点是 0 级，两侧分别为 ±1 级，再两侧则为 ±2 级……在频谱面处插上可调狭缝。

② 阿贝成像实验一。用图 4.59（a）中（1），在频谱面上依次放上各种滤波器，则看到像面上相应变化，请将像面上的光栅图像填写在图 4.62 上。

③ 阿贝成像实验二。用图 4.59（a）中的（2），频谱面上出现二维阵列，旋转狭缝，像

面上将得到相应变化。将像面上的图像填写在图 4.63 上。

④ 高频滤波。物面上换上图 4.59（a）中（3）号样品，在频谱面上使 0 级通过图 4.59（b）中（3）号滤波器的圆孔，这时"光"字内的方格被滤去，而像面上还有"光"字。改用图 4.59（b）中的（4）号滤波器的圆孔，则光字也变得模糊［见图 4.60 中的样品（3）］。

⑤ 低频滤波。物面上换上图 4.58（a）中的（4）号样品，在频谱面上用图 4.59（b）中的（5）号滤波器挡去 0 级，像面上突出了轮廓，如图 4.61 所示。

滤波前的像

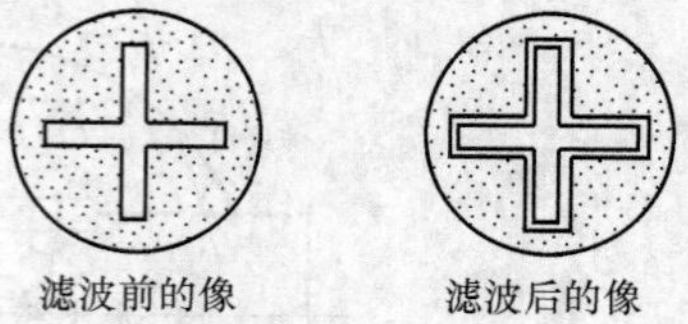

滤波后的像

图 4.61 滤波前后的像

物面	频谱面	像面
	通过 0 级及 1 级 （调节狭缝）	
	通过 0 级 （调节狭缝）	
	通过 0 级及 2 级 （加 1 号过滤器）	
	通过 1 级及 2 级 （加 2 号过滤器）	

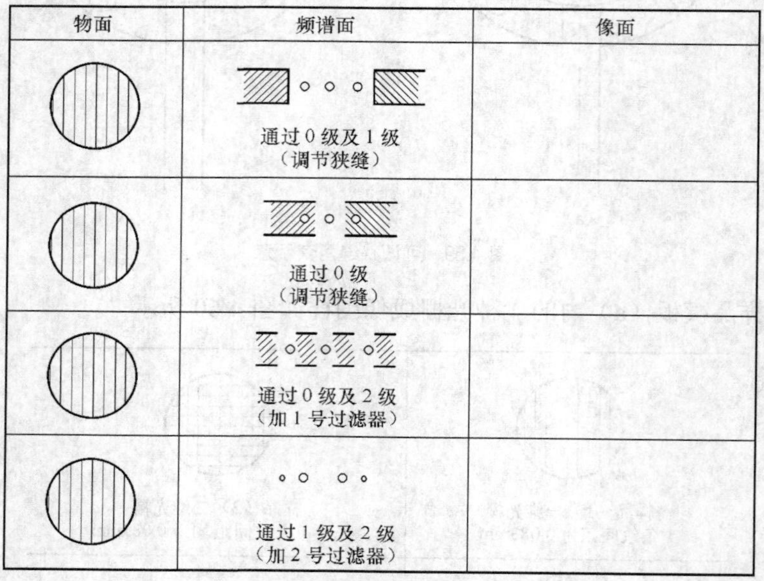

图 4.62 样品模板（1）像面变化填图

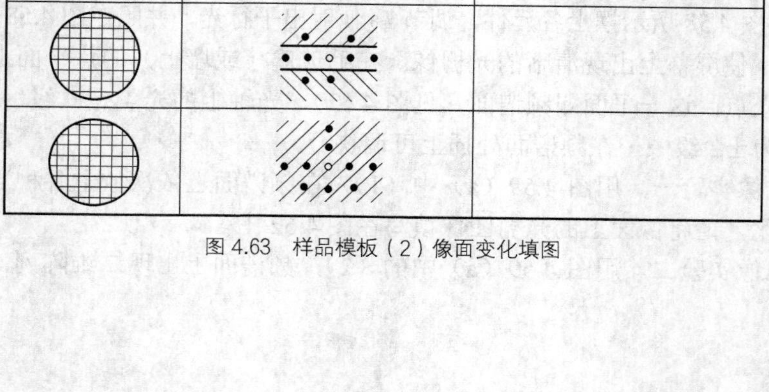

物面	频谱面	像面

图 4.63 样品模板（2）像面变化填图

五、注意事项

① 所有放在光具座上的透镜、物面、频谱面、像面、激光光源必须等高、同轴、激光器发出的光线一定要水平。

② 样品模板上的样品，请勿受潮湿，防尘埃，更不可用手指去摸和擦。

六、思考题

① 物函数的空间频率与其空间频谱的位置坐标有什么关系？

② 解释像面上为什么出现不同的光栅图像？

③ 在低通滤波的实验中，如果想滤掉字形保留光栅，应该怎么做？

【小知识】

恩斯特·卡尔·阿贝（见图 4.64，1840～1905 年）德国物理学家、光学家、企业家。他出生于德国埃森纳赫，由于有他父亲的雇主的支持，恩斯特·阿贝能够接受中等教育，并取得了大学入学资格，一般来说那是需要相当好的成绩。当他离开学校时，他的科学天分与坚强的意志力是明显的。尽管家里的经济不是很好，阿贝的父亲还是决定支持他在耶拿大学（1857～1859 年）和哥廷根大学（1859～1861 年）的研究。在求学期间，他做家教以改善经济状况。他父亲的雇主持续的在资助他。1861 年 3 月 23 日他获得哥廷根大学博士学位。1863 年 8 月 8 日他在耶拿大学成为了一个合格的讲师。1870 年任耶拿大学物理学教授。1878 年任耶拿天文台主任。后来阿贝加入蔡司公司从事显微镜的设计和研究，对显微镜理论有重要的贡献，因此成为卡尔·蔡司的合作人。阿贝对光学玻璃有奠基的研究。1884 年，阿贝和奥托·肖特在耶拿创建肖特玻璃厂。1886 年阿贝聘请光学设计家保罗·儒道夫为光学设计部主任。1888 年，卡尔·蔡司逝世，阿贝成为了蔡司公司的东家。1905 年阿贝在耶拿逝世，终年 64 岁。

图 4.64　阿贝

实验 38　条纹投影三维测量

非接触三维自动测量是随着计算机技术的发展而开展起来的新技术研究，它包括三维形体测量、应力形变分析和折射率梯度测量等方面。应用到的技术有莫尔条纹、散斑干涉、全息干涉和光阑投影等光学技术和计算机条纹图像处理技术。条纹投影及各种光阑投影自动测量技术在工业生产控制与检测、医学诊断和机器人视觉等领域占有越来越重要的地位。本实验是利用投影式相移技术，对形成的被测物面条纹进行计算机相移法自动处理的综合性实验。

一、实验目的

① 了解投影光栅相位法的形成机理。
② 掌握条纹投影相位移处理技术。
③ 对于非接触测量有初步的认识。

二、实验仪器

光学传感三维测量系统 GCS-SWCL-B。

三、实验原理

投影光栅相位法是三维轮廓测量中的热点之一，其测量原理是光栅图样投射到被测物体表面，相位和振幅受到物面高度的调制使光栅像发生变形，通过解调可以得到包含高度信息的相位变化，最后根据三角法原理完成相位–高度的转换。根据相位检测方法的不同，主要有 Moire 轮廓术、Fourier 变换轮廓术、相位测量轮廓术，本实验就是采用了相位测量轮廓术。

相位测量轮廓术采用正弦光栅投影相移技术。基本原理是利用条纹投影相移技术将投影到物体上的正弦光栅依次移动一定的相位，由采集到的移相变形条纹图计算得到包含物体高度信息的相位。

基于相位测量的光学三维测量技术本质上仍然是光学三角法，但与光学三角法的轮廓术有所不同，它不直接去寻找和判断由于物体高度变动后的像点，而是通过相位测量间接地实现，由于相位信息的参与，使得这类方法与单纯基于光学三角法有很大区别。

1. 相位测量轮廓术的基本原理

将规则光栅图像投射到被测物表面，从另一角度可以观察到由于受物体高度的影响而引起的条纹变形。这种变形可解释为相位和振幅均被调制的空间载波信号。采集变形条纹并对其进行解调，从中恢复出与被测物表面高度变化有关的相位信息，然后由相位与高度的关系确定出高度，这就是相位测量轮廓术的基本原理。

投影系统将一正弦分布的光场投影到被测物体表面，由于受到物面高度分布的调制，条纹发生形变。由 CCD 摄像机获取的变形条纹可表示为

$$I_n(x, y) = A(x, y) + B(x, y)\cos[\Phi(x, y) + \delta_n] \qquad (n=0, 1, \cdots, N-1) \qquad (4.39)$$

式中，n 表示第 n 帧条纹图。$I_n(x, y)$、$A(x,y)$ 和 $B(x,y)$ 分别为摄像机接收到的光强值、物面背景光强和条纹对比度。δ_n 为附加的相移值，如采用多步相移法采集变形条纹图，则每次相移量为 δ_n。所求被测物面上的相位分布可表示为

$$\varPhi(x,y) = \arctan\left[\frac{\sum_{n=0}^{N-1} I_n(x,y)\sin(2\pi/N)}{\sum_{n=0}^{N-1} I_n(x,y)\cos(2\pi/N)}\right] \tag{4.40}$$

用相位展开算法可得物面上的连续相位分布 $\varPhi(x,y)$。已知 $\varPhi_r(x,y)$ 为参考平面上的连续相位分布，由于物体引起的相位变化为

$$\varPhi_h(x,y) = \varPhi(x,y) - \varPhi_r(x,y) \tag{4.41}$$

根据所选的系统模型和系统结构参数可推导出高度 h 和相位差 $\varPhi_h(x,y)$ 的关系，最终得到物体的高度值。下面具体分析高度和相位差之间的关系。

在实际照明系统中，采用远心光路和发散照明两种情况下，都可以通过对相位的测量而计算出被测物体的高度。只是前者的相位差与高度之间存在简单的线性关系，而在后一种情况下相位差与高度差之间的映射关系是非线性的。本实验的照明系统为远心光路。如图 4.65 所示，在参考平面上的投影正弦条纹是等周期分布的，其周期为 p_0，这时在参考平面上的相位分布 $\varPhi(x,y)$ 是坐标 x 的线性函数，记为

$$\varPhi(x,y)=Kx=2\pi x/p_0 \tag{4.42}$$

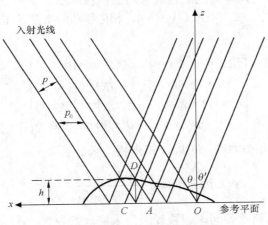

图 4.65 系统中高度和相位的关系

以参考平面上 O 点为原点，CCD 探测器上 D_C 点对应参考平面上 C 点，其相位为 $\varPhi_C(x,y)=(2\pi/p_0)OC$，$D_C$ 点与被测三维表面 D 点在 CCD 上的位置相同，同时其相位等于参考平面上 A 点的相位。有 $\varPhi_D = \varPhi_A =(2\pi/p_0)OA$，显然

$$AC = (p_0/2\pi)\,\varPhi_{CD} \tag{4.43}$$

则 D 点相对于参考平面的高度 h 为 $h=\dfrac{AC}{\mathrm{tg}\theta + \mathrm{tg}\theta'}$，当观察方向垂直于参考平面时，式（4.43）可表示为

$$h=\frac{AC}{\mathrm{tg}\theta} =(p_0/\mathrm{tg}\theta)\,(\varPhi_{CD}/2\pi) \tag{4.44}$$

根据式（4.44）就可以求出物体上各点的高度值。

2. 相位的求取过程

如前所述，求得物体加入测量场前后的展开相位差就可以获得物体的高度，因此相位的求取过程是整个测量过程中重要的一环。而条纹图中的相位信息可以通过解调的方法恢复出来，常用的方法主要有傅里叶变换法和多步相移法。用傅里叶变换或多步相移求相位时，由于反正切函数的截断作用，使得求出的相位分布在−π和π之间，不能真实地反映出物体表面的空间相位分布，因此相位的求取过程可分为两大步：求取截断相位和截断相位展开。

（1）求取截断相位

从条纹图中恢复出的相位信息由于它们恢复出的相位要经过反正切运算，使得求出的相位只能分布在−π和π的四象限内，这种相位称为截断相位 φ。与之相对应的真实相位称为展开相位 ϕ。

傅里叶变换法仅仅通过对一幅条纹图处理就可以恢复出截断相位，获取图像时间短，更适合求测量速度快的场合。而相移算法是相位测量中的一种重要方法，它不仅原理直观、计算简便，而且相位求解精度与算法直接相关，可以根据实际需要选择合适的算法。其中，最常用的是使可控相位值 δ_n 等间距地变化，利用某一点在多次采样中探测到的强度值来拟合出该点的初相位值，N 帧满周期等间距法是最常用的相移算法。下面以标准的四步相移算法为例来说明。四步相移算法中，式（4.39）中 $n=4$，相位移动的增量 δ_n 依次为 0、π/2、π、3π/2，相应的四帧条纹图

$$\begin{cases} I_1(x,y) = A(x,y) + B(x,y)\cos[\phi(x,y)] \\ I_2(x,y) = A(x,y) - B(x,y)\sin[\phi(x,y)] \\ I_3(x,y) = A(x,y) - B(x,y)\cos[\phi(x,y)] \\ I_4(x,y) = A(x,y) + B(x,y)\sin[\phi(x,y)] \end{cases} \tag{4.45}$$

联立式（4.45）中的 4 个方程，可以计算出相位函数

$$\phi(x,y) = \arctan\left[\frac{I_4(x,y) - I_2(x,y)}{I_1(x,y) - I_3(x,y)}\right] \tag{4.46}$$

对于更常用的 N 帧满周期等间距相移算法，采样次数为 N，$\delta_n = n \sim N$，则

$$\phi(x,y) = \arctan\left[\frac{\sum_{n=0}^{N-1} I_n(x,y)\sin(2\pi/N)}{\sum_{n=0}^{N-1} I_n(x,y)\cos(2\pi/N)}\right] \tag{4.47}$$

本论文采用 N 帧满周期等间距相移算法，理论分析证明，N 帧满周期等间距算法对系统随机噪声具有最佳抑制效果，且对 $N-1$ 次以下的谐波不敏感。

（2）截断相位展开

相位测量轮廓术通过反正切函数计算得到相位值 [见式（4.47]，该相位函数被截断在反三角函数的主值范围（−π,π）内，呈锯齿形的不连续状。因此，在按三角对应关系由相位值求出被测物体的高度分布之前，必须将此截断的相位恢复为原有的连续相位，这一过程就是相位展开（Phase Unwrapping），简称 PU 算法。

相位展开的过程可从图 4.66 和图 4.67 中直观地看到。图 4.66 是分布在−π 和 π 之间的截

断相位。相位展开就是将这一截断相位恢复为图 4.67 所示的连续相位。相位展开是利用物面高度分布特性来进行的。它基于这样一个事实：对于一个连续物面，只要两个相邻被测点的距离足够小，两点之间的相位差将小于 π，也就是说必须满足抽样定理的要求，每个条纹至少有两个抽样点，即抽样频率大于最高空间频率的两倍。由数学的角度而言，相位展开是十分简单的一步，其方法如下：沿截断的相位数据矩阵的行或列方向，比较相邻两个点的相位值（如图 4.56 所示，如果差值小于−π，则后一点的相位值应加上 2π；如果差值大于 π，则后一点的相位值应减去 2π）。

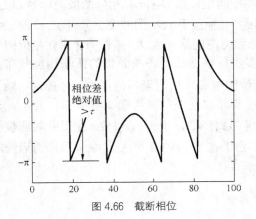

图 4.66　截断相位

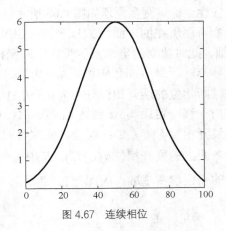

图 4.67　连续相位

下面以一维相位函数 $\phi_w(j)$ 为例说明上述相相位展开过程。$\phi_w(j)$ 为一维截断相位函数，其中，$0 \leqslant j \leqslant N-1$，这里，$j$ 是采样点序号，N 是采样点总数。展开后的相位函数用 $\phi_u(j)$ 来表示，则相位展开过程可表示为

$$\phi_u(j) = \phi_w(j) + 2\pi n_j$$
$$n_j = \mathrm{INT}(\phi_w(j) - \phi_w(j-1)/ 2\pi + 0.5) + n_{j-1} \tag{4.48}$$
$$n_0 = 0$$

式中，INT 是取整运算符。

实际中的相位数据都是与采样点相对应的一个二维矩阵，所以实际上的相位展开应在二维阵列中进行。首先沿二维矩阵的中的某一列进行相位展开，然后以展开后的该列相位为基准，沿每一行进行相位展开，得到连续分布的二维相位函数。相应地，也可以先对某行进行相位展开，然后以展开后的该行相位为基准，沿每一列进行相位展开。只要满足抽样定理的条件，相位展开可以沿任意路径进行。

对于一个复杂的物体表面，由于物体表面起伏较大，得到的条纹图十分复杂。例如，条纹图形中存在局部阴影，条纹图形断裂，在条纹局部区域不满足抽样定理，即相临抽样点之间的相位变化大于 π。对于这种非完备条纹图形，相位展开是一个非常困难的问题，这一问题也同样出现在干涉型计量领域。最近已研究了多种复杂相位场展开的方法，包括网格自动算法、基于调制度分析的方法、二元模板法、条纹跟踪法、最小间距树方法等，使上述问题能够在一定程度上得到解决或部分解决。

3. 高度计算

在上面分析了测量高度和系统结构参数的关系，如式（4.44），其中有 3 个与系统结构有

关的参数，即投射系统出瞳中心和 CCD 成像系统入瞳中心之间的距离 L，共轭相位面上的光栅条纹周期 p_0，以及投射光轴和成像光轴之间的夹角 θ。这几个参数是在系统满足一定约束条件下测得参数值，这些约束条件如下：

① CCD 成像系统的光轴必须和参考面垂直，即保证一定的垂直度。

② 投射系统的出瞳和成像系统的入瞳之间的连线要与参考面平行。

③ 投射系统的光轴和 CCD 光轴在同一平面内，并交于参考面内一点。

为了方便系统测量，本实验采用简便的标定法，避免参数标定的繁琐过程，提高系统的适应性。标定测量原理如图 4.68 所示，首先建立物空间坐标系 $O\text{-}xyz$ 和相位图像坐标系 O_pIJ：以参考面所在的平面为 xOy 平面（也就是零基准面），垂直于 xOy 面并交 xOy 于点 O 的轴为 z 轴，此时建立的坐标系称为物空间坐标系；选择相位图的横轴为 J、竖轴为 I 建立相位图像坐标系。在参考面初始位置 $z_1 = 0$ 时，可以通过多步相移法获得参考面上的截断相位分布，该截断相位的展开相位分布为 $\phi(i, j, 1)$，i，j 是相位图坐标系中的坐标值；将参考面沿 z 轴正方向平移一定距离 Δz 到达 $z_2 = \Delta z$ 后，同样通过多步相移法获得参考面条纹分布，并由此求得展开相位 $\phi(i, j, 2)$；同理，依次等间距移动参考面到多个位置 $z_k = (k\text{-}1)\Delta z$ 并得到对应位置参考面上的展开相位 $\phi(i, j, k)$，其中 $k = 3, 4, \cdots, K$。由于在 z_k，$k = 1, 2, \cdots, K$ 的参考面作为后续测量的相位参考基准，因此把它们统称为基准参考面。

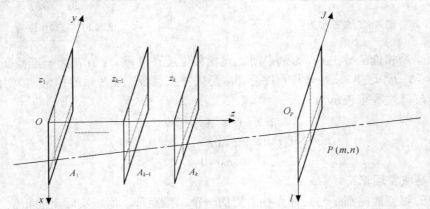

图 4.68　不同位置参考面高度与相位的对应关系

由相位-高度映射算法，物面高度（相对于参考平面）可表示为

$$\frac{1}{h(x,y)} = a(x,y) + \frac{b(x,y)}{\phi_h(x,y)} \tag{4.49}$$

一般情况下，$\dfrac{1}{h(x,y)}$ 和 $\dfrac{1}{\phi_h(x,y)}$ 成线性关系。但在实际测量中由于成像系统的像差和畸变（特别是在图像的边缘部分），$\dfrac{1}{h(x,y)}$ 和 $\dfrac{1}{\phi_h(x,y)}$ 之间的关系用高次曲线表示更为恰当。本文采用二次曲线，式（4.49）可改写为

$$\frac{1}{h(x,y)} = a(x,y) + b(x,y)\frac{1}{\phi_h(x,y)} + c(x,y)\frac{1}{\phi_h^{2}(x,y)} \tag{4.50}$$

为了求出 $a(x,y)$、$b(x,y)$、$c(x,y)$，图 4.68 中基准参考平面（其法线方向与摄像机光轴平行）

的个数必须大于等于 4，相邻平面间的距离为一已知常数。

首先令 $\phi_h(x, y)$ 为零基准面上的连续相位分布，由平面 2、平面 3、平面 4 三个平面得到的 3 个线性方程可解出 $a(x,y)$、$b(x,y)$、$c(x,y)$ 3 个未知常数（注：这里每个常数实际上是二维常数矩阵）；保存 3 个常数到计算机中，由测量时得到相位图的绝对相位，对相位图中的每一点进行相应运算，就可以确定每一点的高度值，即实现面形的测量。

四、实验内容

1. 光路调整

① 用半导体激光做高度基准，调整各光学透镜中心高度一致。各个元件都固定在导轨上。首先校准激光束水平度，可用可变光阑，在邻近激光器的位置，使激光束通过光阑的中心，再把靶面移至台上尽量远位置，调整激光器俯仰角度使光斑的中心与激光束中心重合。在此光束中逐个放入透镜的支架，调整支架高度，使有无透镜时激光束中心不发生上下偏移。

② 将白光点光源放入光路中，将透镜 1 放入光路中，调节白光点光源的高度，使从透镜出射的光通过测量物的中心。

③ 调节标准平面的俯仰，使从标准平面反射的光通过透镜的中心。

④ 调整各个透镜的位置，将白光点光源放置在透镜 1 的焦面上，从透镜 1 出射近似平行光；透镜 1 和透镜 2 组成扩束系统。

⑤ 将光栅放入光路中，调节 CCD 与被测面的距离，使光栅像充满整个 CCD 像面。

2. 实验测量过程

① 将 2 线对/mm 的正弦光栅放入调整好的光路中，调节 CCD 与被测面的距离，使光栅像充满整个 CCD 像面。

② 将标定光源调整至光点在测量物的中心。

③ 打开软件图像采集功能，将有标定光源的图像信息记录下来。

④ 沿平行于实验台方向移动光栅，每次移动 1/4 栅距（0.125mm），记录每次移动前后的 5 幅图像。

3. 软件处理

用软件处理 6 幅图像，再现被测面的面形特征。

4. 结果分析

将测量结果报告输出，根据误差程度分析误差的原因，调整实验精度，优化实验方案。

【小知识】

随着计算机机器视觉这一新兴学科的兴起和发展，用非接触的光电方法对曲面的三维形貌进行快速测量已成为大趋势。这种非接触式测量不仅避免了接触测量中需要对测头半径加以补偿所带来的麻烦，而且可以实现对各类表面进行高速三维扫描。

三维扫描仪按照其原理分为两类，一种是"照相式"，另一种是"激光式"，两者都是非接触式，也就是说，在扫描的时候，这两种设备均不需要与被测物体接触。

"激光式"扫描仪属于较早的产品，由扫描仪发出一束激光光带，光带照射到被测物体上并在被测物体上移动时，就可以采集出物体的实际形状。"激光式"扫描仪一般要配备关节臂。

"照相式"扫描仪是针对工业产品涉及领域的新一代扫描仪，与传统的激光扫描仪和三坐标测量系统比较，其测量速度提高了数十倍。由于有效的控制了整合误差，整体测量精度也大大提高。其采用可见光将特定的光栅条纹投影到测量工作表面，借助两个高分辨率 CCD 数码相机对光栅干涉条纹进行拍照，利用光学拍照定位技术和光栅测量原理，可在极短时间内获得复杂工作表面的完整点云。其独特的流动式设计和不同视角点云的自动拼合技术使扫描不需要借助于机床的驱动，扫描范围大，扫描大型工件变得高效、轻松和容易。其高质量的完美扫描点云可用于汽车制造业中的产品开发、逆向工程、快速成型、质量控制，甚至可实现直接加工。

采用非接触式三维扫描仪因其非接触性，对物体表面不会有损伤，同时相比接触式的具有速度快，容易操作等特征，三维激光扫描仪可以达到 5 000～10 000 点/s 的速度，而照相式三维扫描仪则采用面光，速度更是达到几秒钟百万个测量点，应用于实时扫描和工业检测具有很好的优势。

实验 39　超声探伤实验

超声学是声学的一个分支，它主要研究超声的产生方法和探测技术、超声在介质中的传播规律、超声与物质的相互作用，包括在微观尺度的相互作用以及超声的众多应用。超声的用途可分为两大类，一类是利用它的能量来改变材料的某些状态，为此需要产生比较大能量的超声，这类用途的超声通常称为功率超声，如超声加湿、超声清洗、超声焊接、超声手术刀、超声马达等；另一类是利用它来采集信息。超声波测试分析包括对材料和工件进行检验和测量，由于检测的对象和目的不同，具体的技术和措施也是不同的，因而产生了名称各异的超声检测项目，如超声测厚、超声测硬度、测应力、测金属材料的晶粒度及超声探伤等。

一、实验目的

① 了解超声波产生和发射的机理。
② 测量水中声速或测量水层厚度。
③ 测量固体中的声速。
④ 超声定位诊断实验。
⑤ 测试超声实验仪器对于铝合金材料的分辨力。
⑥ 利用脉冲反射法进行超声无损探伤实验。

二、实验原理

超声波是指频率高于 20kHz 的声波，与电磁波不同，它是弹性机械波，不论材料的导电性、导磁性、导热性、导光性如何，只要是弹性材料，它都可以传播进去，并且它的传播与材料的弹性有关，如果弹性材料发生变化，超声波的传播就会受到干扰，根据这个扰动，就可了解材料的弹性或弹性变化的特征，这样超声就可以很好地检测到材料特别是材料内部的信息，对某些其他辐射能量不能穿透的材料，超声更显示出了这方面的实用性。与 X 射线、γ射线相比，超声的穿透本领并不优越，但由于它对人体的伤害较小，使得它的应用仍然很广泛。

产生超声波的方法有很多种，如热学法、力学法、静电法、电磁法、磁致伸缩法、激光法及压电法等，但应用得最普遍的方法是压电法。压电效应：某些介电体在机械压力的作用下会发生形变，使得介电体内正负电荷中心产生相对位移以致介电体两端表面出现符号相反的束缚电荷，其电荷密度与压力成正比，这种由"压力"产生"电"的现象称为正压电效应；反之，如果将具有压电效应的介电体置于外电场中，电场会使介质内部正负电荷中心偏移，从而导致介电体发生形变，这种由"电"产生"机械形变"的现象称为逆压电效应，逆压电效应只产生于介电体，形变与外电场呈线性关系，且随外电场反向而改变符号。压电体的正压电效应与逆压电效应统称为压电效应。如果对具有压电效应的材料施加交变电压，那么它在交变电场的作用下将发生交替的压缩和拉伸形变，由此而产生了振动，并且振动的频率与所施加的交变电压的频率相同，若所施加的电频率在超声波频率范围内，则所产生的振动是超声频的振动，若把这种振动耦合到弹性介质中去，那么在弹性介质中传播的波即为超声波，这利用的是逆压电效应。若利用正压电效应，可将超声能转变成电能，这样就可实现超声波的接收。

超声探头指把其他形式的能量转换为声能的器件，亦称为超声波换能器。在超声波分析测试中常用的换能器既能发射声波，又能接收声波，称之为可逆探头。在实际应用中要根据需要使用不同类型的探头，主要有直探头、斜探头、水浸式聚焦探头、轮式探头、微型表面波探头、双晶片探头及其他类型的组合探头等。本实验仪器采用的是直探头。

超声波按振动质点与波传播方向的关系可分为纵波和横波：当介质中质点振动方向与超声波的传播方向平行时，称为纵波；当介质中质点振动方向与超声波传播方向垂直时，称为横波。按波阵面的形状可分为球面波和平面波。按发射超声的类型可分为连续波和脉冲波。本实验仪器直探头发出来的是纵波、平面波、脉冲波，脉冲频率为 2.5MHz。

超声的衰减。超声在介质中传播时，其声强将随着距离的增加而减弱。衰减的原因主要有两类：一类是声束本身的扩散，使单位面积中的能量下降；另一类是由于介质的吸收，将声能转化为热能，而使声能减少。

超声波的反射。如果介质的声阻抗相差很大，比如说声波从固体传至固气界面或从液体传至液气界面时将产生全反射，因此可以认为声波难以从固体或液体中进入气体。

超声回波信号的显示方式。主要有幅度调制显示（A 型）和亮度调制显示及两者的综合显示，其中亮度调制显示按调制方式的不同又可分为 B 型、C 型、M 型、P 型等。A 型显示是以回波幅度幅度的大小表示界面反射的强弱，即在荧光屏上以横坐标代表被测物体的深度，纵坐标代表回波脉冲的幅度，横坐标有时间或距离的标度，可借以确定产生回波的界面所处的深度。本实验仪器采用的显示方式即 A 型。

超声的生物效应、机械效应、温热效应、空化效应、化学效应等几种效应对人体组织有一定的伤害作用，必须重视安全剂量。一般认为超声对人体的安全阈值为 $100mW/cm^2$。本实验所用仪器小于 $10mW/cm^2$，可安全使用。

1. 医用 A 类超声

医用 A 类超声波是用来按时间顺序将信号转变为显示器上位置的不同来分析人体组织的位置、形态等。这项技术可用于人

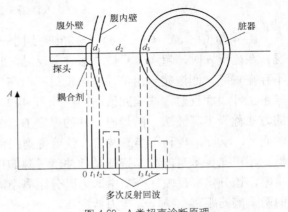

图 4.69 A 类超声诊断原理

体腹腔内器官位置及厚度的测量与颅脑的占位性病变的分析诊断。如图 4.69 所示，超声波从探头发出，先后经过腹外壁、腹内壁、脏器外壁、脏器内壁，t 为探头所探测到的回波信号在示波器时间轴上所显示的时间，即超声波到达界面后又返回探头的时间。若已知声波在腹壁中的传播速度 u_1、腹腔内的传播速度 u_2 与在脏器壁的传播速度 u_3，则可求得腹壁的厚度为

$$d_1 = u_1(t_2 - t_1)/2 \tag{4.51}$$

脏器距腹内壁的距离为

$$d_2 = u_2(t_3 - t_2)/2 \tag{4.52}$$

脏器的厚度为

$$d_3 = u_3(t_4 - t_3)/2 \tag{4.53}$$

2. 超声脉冲反射法探伤

对于有一定厚度的工件来说，若其中存在缺陷，则该缺陷处会反射一与工件底部声程不同的回波，一般称之为缺陷回波。图 4.70 为一存在裂缝缺陷的工件。

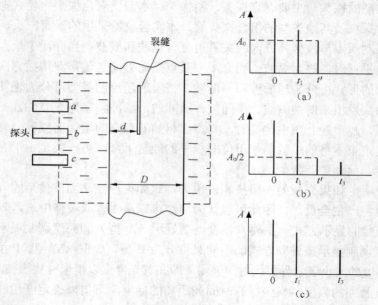

图 4.70　超声脉冲反射法探伤原理图

图 4.70 中（a）、（b）、（c）分别反映了同一超声探头在 a、b、c 3 个不同位置时的反射情况。在位置 a 时，超声信号被缺陷完全反射，此时缺陷回波的高度为 A_0；在位置 c 时，该处不存在缺陷，回波完全由工件底面反射；而在位置 b 时，由于超声信号一半由缺陷反射，一半由工件底面反射，缺陷回波的高度降为 $A_0/2$，此处即为缺陷的边界——这种确定缺陷边界的方法称为半高波法。测量出工件的厚度 D，分别记录工件表面、底面及缺陷处回波信号的时间 t_1、t_3、t'，再利用半高波法，就可得到工件中缺陷的深度 d 及其位置。

超声探头本身的频率特征及脉冲信号源的性质等条件决定了超声波探伤具有时间上的分辨率，该分辨率反映在介质中即为区分距离不同的相邻两缺陷的能力，称为分辨力。能区分的两缺陷的距离愈小，分辨力就愈高。

三、实验装置

该实验主要由 FD-UDE-B 型 A 类超声诊断与超声特性综合实验仪主机、数字示波器（选配）、有机玻璃水箱、配件箱（样品架两个，横向导轨一个，横向滑块一个，铝合金、冕玻璃、有机玻璃样品按高度不同各两个，分辨力测试样块一个，探伤实验用工件样块一个等）组成，如图 4.71 所示。

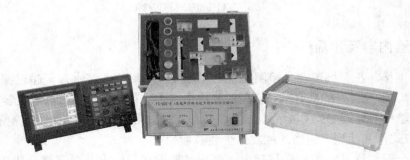

图 4.71 A 类超声诊断与超声特性综合实验装置

其中实验主机面板如图 4.72 所示。

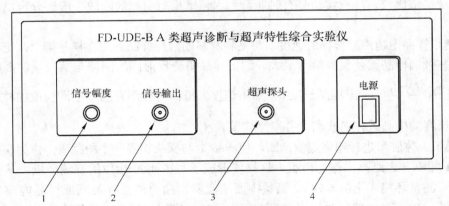

图 4.72 A 类超声诊断与超声特性综合实验仪主机面板示意
1—信号幅度（调节信号幅度的旋钮） 2—信号输出（接示波器）
3—超声探头（接超声探头） 4—电源开关

主机内部工作原理见图 4.73。

仪器的工作原理：电路发出一个高速高压脉冲至换能器，这是一个幅度呈指数形式减小的脉冲。此脉冲信号有两个用途：一是作为被取样的对象，在幅度尚未变化时被取样处理后输入示波器形成始波脉冲；二是作为超声振动的振动源，即当此脉冲幅度变化到一定程度时，压电晶体将产生谐振，激发出频率等于谐振频率的超声波（本仪器采用的压电晶体的谐振频率点是 2.5MHz）。第一次反射回来的超声波又被同一探头接收，此信号经处理后送入示波器形成第一回波，根据不同材料中超声波的衰减程度、不同界面超声波的反射率，还可能形成第二回波等多次回波。

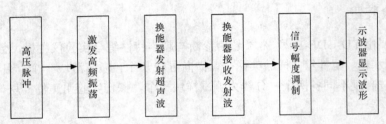

图 4.73　主机内部工作原理框图

四、实验内容及步骤

① 准备工作。在有机玻璃水箱侧面装上超声波探头后注入清水，至超过探头位置 1cm 左右即可。由于水是良好的耦合剂，下列实验均在水中进行。探头另一端与仪器"超声探头"相接。"信号输出"通过 Q9 线与示波器的 CH1 或 CH2 相连。示波器调至交流信号挡，使用上升沿触发方式，并找到一适当的触发电平使波形稳定。

② 将任一圆柱样品固定在样品架上，把样品架搁在导轨上并微调样品架使反射信号最大。移动样品架至水箱中的不同位置，测出每个位置下超声探头与样品第一反射面间超声波的传播时间，可每隔 2cm 测一个点，将结果作 X-t/2 的线性拟合，根据拟合系数求出水中的声速，与理论值比较。注意实验时有时能看到水箱壁反射引起的回波，应该分辨出来并且舍弃之。

③ 测量样品中超声波传播的速度。将某种材料的圆柱样品固定在样品架上，把样品架搁在导轨上并微调样品架使反射信号最大。测出样品第一反射面的回波与第二反射面的回波的时间差的一半 $\frac{t_2 - t_1}{2}$，量出样品长度 d，算出速度。每种材料都有两个不同长度的样品，可分别对不同长度的样品进行多次测量并取平均值。

④ 模拟人体脏器进行超声定位诊断。使样品 1 与探头相隔一小段距离，作为腹壁，样品 2 与样品 1 相隔一定距离，作为内脏，这样便形成了与图 4.69 相似的探测环境，从而模拟超声定位诊断测量环境（见图 4.74）。测量中要注意鉴别超声波在样品间或样品内部多次反射形成的回波。由于有机玻璃对超声波衰减较大，样品宜采用冕玻璃或铝合金。

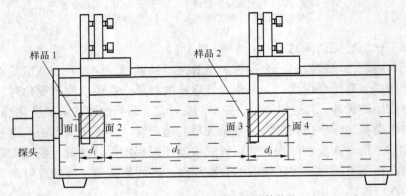

图 4.74　超声定位诊断模拟实验的装置

⑤ 分辨力测量实验。实验中，将分辨力样块通过两个手拧螺丝固定在横向滑块的底部，放置在横向导轨的中间位置，使超声探头能够透过样块前表面探测到后表面各部位不同声程的信号。

如图 4.75 所示，测量出 d_1、d_2 的距离，从示波器上读出 a 和 b 的宽度，代入公式

$$F = (d_2 - d_1)\, \frac{b}{a} \tag{4.54}$$

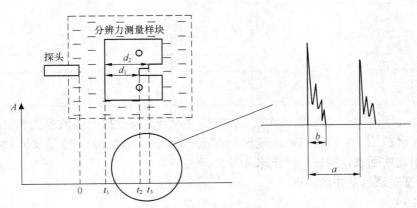

图 4.75　测量超声实验仪器对于铝合金材料的分辨力

即可计算出仪器对于该种介质的分辨力 F。

⑥ 超声脉冲反射法探伤。配件箱中提供了一块铝合金工件样块，样块中有不同深度的两条细缝，配合横向滑块与导轨，可用于进行超声探伤测量（见图 4.76 与图 4.77）（计算公式请自行推导）。

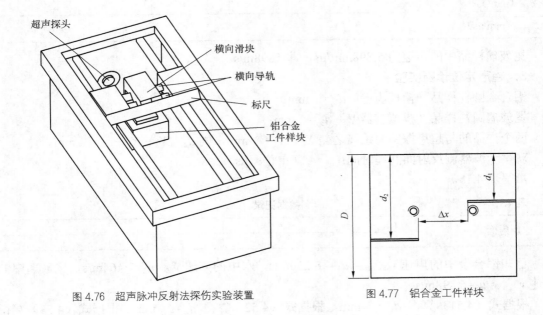

图 4.76　超声脉冲反射法探伤实验装置

图 4.77　铝合金工件样块

五、数据记录及处理

1. 测量水中声速

填写表 4.13。

表 4.13 水箱中样品第一反射面在不同位置时超声波在水中传播的时间（室温 $t=$ ℃）

X（cm）						
t（μs）						
$\dfrac{t}{2}$（μs）						
X（cm）						
t（μs）						
$\dfrac{t}{2}$（μs）						

可每隔 2cm 测一个点，将结果作 X-$t/2$ 的线性拟合，根据拟合系数求出水中的声速，与理论值比较（水在 16.0℃时超声波声速约 1464m/s），求出相对误差。注意实验时有时能看到水箱壁反射引起的回波，应该分辨出来并且舍弃之。

2. 测量冕玻璃样品中的声速

填定表 4.14。

表 4.14 冕玻璃样品长度及超声波在样品前后表面往返传播的时间

d（mm）					
t_2（μs）					
t_1（μs）					
$\dfrac{t_2-t_1}{2}$（μs）					
$v_{\text{冕玻璃}}$（mm/μs）					
$\overline{v}_{\text{冕玻璃}}$（mm/μs）					

冕玻璃样品中的声速为 5.898mm/μs，即 5898m/s。

3. 超声定位诊断实验

铝合金圆柱样品（模拟腹壁）$d_1=$ mm；

冕玻璃圆柱样品（模拟脏器壁）$d_3=$ mm；

两个样品的与超声探头的距离之差 $X_2-X_1=$ mm，则 $d_2=X_2-X_1-d_1=$ mm。

观察示波器测反射面回程时间：   （单位：μs）

填写表 4.15。

表 4.15 数据记录

反射面	t_1	t_2	t_3	t_4

已知铝合金中的声速 $v_{\text{铝合金}}=u_1=6\,250$m/s，水中的声速 $v_{\text{水}}=u_2=1\,464$m/s，冕玻璃中的声速 $v_{\text{冕玻璃}}=u_3=5\,898$m/s。

根据式（4.51）算得 $d_1=$ mm，根据式（4.52）算得 $d_2=$ mm，根据式（4.53）算得

$d_3 = $　mm。与先前直接测量的结果相比较，误差均小于　%。

4. 测量超声实验仪器对于铝合金材料的分辨力

$d_1 = $　mm，$d_2 = $　mm，$a = $　μs，$b = $　μs，根据式（4.54）算得该超声实验仪对于铝合金材料的分辨力 $F = $　mm。

5. 利用脉冲反射法进行超声无损探伤实验

样块的厚度 $D = $　mm。

第一条缝距样块前表面 $d_1 = $　mm。

第二条缝距样块前表面 $d_2 = $　mm。

在垂直于超声波传播的方向上两条缝的边界相距 $\Delta x = $　mm。

从标尺上读出横向滑块的位置为 $x_0 = $　mm 时，无缺陷回波，样块底面回波与表面回波的时间差为 $\Delta t_0 = t_2 - t_1 = $　μs。

超声探头的探测位置在第一条缝的边界处时（半高波法），从标尺上读出横向滑块的位置为 $x_1 = $　mm，该缝的缺陷回波与样块表面回波的时间差为 $\Delta t_1 = t'_1 - t_1 = $　μs，则该缺陷的深度为 $d_1' = D \cdot \dfrac{\Delta t_1}{\Delta t_0} = $　mm。

超声探头的探测位置在第二条缝的边界处时（半高波法），从标尺上读出横向滑块的位置为 $x_2 = $　mm，该缝的缺陷回波与样块表面回波的时间差为 $\Delta t_2 = t'_2 - t_1 = $　μs，则该缺陷的深度为 $d_2' = D \cdot \dfrac{\Delta t_1}{\Delta t_0} = $　mm。

通过半高波法找到的两条缝的边界相距 $\Delta x' = x_2 - x_1 = $　mm。

与实际测量结果相比较，误差均小于　%。

六、思考题

① 水箱中样品第一反射面在不同位置时在水中传播的时间跟什么有关系？

② 超声波在样品前后表面往返传播的时间与冕玻璃的体积和面积有什么样的关系？

③ 什么是超声定位诊断？

④ 如何用半高法找到两条缝的边界之间的距离？

【小知识】

超声诊断（Ultrasonic Diagnosis）是将超声检测技术应用于人体，通过测量了解生理或组织结构的数据和形态，发现疾病，作出提示的一种诊断方法。超声诊断是一种无创、无痛、方便、直观的有效检查手段，尤其是 B 超，应用广泛，影响很大，与 X 射线、CT、磁共振成像并称为四大医学影像技术。

用于医学诊断的超声波，主要是脉冲反射技术，包括 A 型、B 型、D 型、M 型、C 型、V 型等。从 B 型超声诊断仪发展趋势看，超声已经在向彩色显示及三维立体显示进展。此外，穿透技术及组织定征也正为众多超声工作者努力研究。

1. A 型超声检查

A 型超声指超声束以线状径路穿入人体，在不同组织介面上产生相应不等强度的反射，由不同距离和不同幅度的回波组成一曲线组，x 轴（横坐标）为时间（反应距离），y 轴（纵坐标）为幅度（反应强度），根据曲线组中各反射波的位置、幅度、组合状态等，分析探查部位组织的结构状态，判断有无异常，发现疾病。是人类企图把超声用于检查疾病的早期方法。中国于 20 世纪 50 年代末超声诊断工作开始发展，盛行于六七十年代，广泛地应用于多种疾病的检查。但此一维探测信息量少、盲目性大，自 B 超发展后已极受冷落。但此种方法对回声各种参数量的变化颇为灵敏，在脑中线、眼及脂肪层测量方面仍不失为理想手段，此外，其对实性与液性鉴别亦很有发展前途。

2. B 型超声检查

B 型超声检查是应用最广、影响最大的超声检查。这种方法是在声束穿经人体时，把各层组织所构成的介面和组织内结构的反射回声，以光点的明暗反映其强弱，由众多的光点排列有序的组成相应切面的图像。尤其是灰阶及实时成像技术的采用。灰阶成像使图像非常清晰，层次丰富，一般使用的超声检查仪对囊性或实性的占位性病变均可在 5mm 或 10mm 大小即可检出，在对比条件好的情况下，如胆囊内息肉样病变，于 2~3mm 时即可发现。实时成像功能可供动态观察，随时了解器官与组织的运动状态，犹如一幅连续的电影画面。B 超声像图检查应用极广，遍及颅脑、心脏、血管、肝、胆、胰、脾、胃肠、胸腔、肾、输尿管、膀胱、尿道、子宫、盆腔附件、前列腺、精囊、肢体、关节及眼、甲状腺、乳腺、唾腺、睾丸等表浅小器官。产科中对各孕龄胎儿的检查虽然争议颇多，但实际上早已广泛使用，也并无所忧虑的胎儿安全问题发生。B 型二维超声图像是以被检查部位的人体解剖结构的回声反射组成，属于形态学诊断，主要用于肿物、畸形、结石及其他能引致局部结构有明显形态改变的疾病。

3. C 型与 V 型超声检查

C 型与 V 型超声即额断切面与立体（或三维）超声，这是在计算机科学高度发展的前提下才出现的。一般 B 超二维图像是取得平行声束切入体内的画面，而不能取得垂直声束方位的图像即 C 型切面图像。今以计算机的复制产生 C 型图像。在 B 型二维图像上加以 C 型的组合，三维立体的超声（即 V 型）亦同期出现。V 型超声可以取得被检物体纵、横、额三方位断面，因此立体位置更明确，信息量更丰富，有助于诊断技术的提高。在画面分割、组合的过程中，对小病变的发现，很有实际意义。立体超声的另一种是以全息图像显示，立体感更强。

4. D 型超声检查

D 型超声是利用多普勒效应，即超声射束在运动体上反射会改变频率的超声，其所产生的频移可以由音响、曲线图表现出来。D 型超声主要是检查运动的器官和流动的体液，如心脏、血管及其超声诊断学中流动的血液（包括胎儿心动），用以了解运动状态、测量血流速度及方向。D 型与 B 型的组合形成双功能超声，既可观察欲检部位的形态，又可观测血流的方向和速度，减少了盲目性，提高了准确性。应用计算机技术把血流的方向与流速以数字编码进行假彩色处理，使不同方向的血流产生了鲜明对比的颜色，更提高了双功能超声的分辨血流的能力，泾渭分明，一目了然，这就是彩色超声波。

5. M 型超声检查

M 型超声利用辉度调制型中加入慢扫描锯齿波，使光点自左向右缓慢扫描，形成心脏各层组织收缩及舒张的活动曲线。M 型超声能将人体内某些器官的运动情况显示出来，主要用于心脏血管疾病的诊断。探头固定地对着心脏的某部位，由于心脏规律性地收缩和舒张，心脏的各层组织和探头之间的距离也随之改变，在屏上将呈现出随心脏的搏动而上下摆动的一系列亮点，当扫描线从左到右匀速移动时，上下摆动的亮点便横向展开，呈现出心动周期中心脏各层组织结构的活动曲线，即 M 型超声心动图。

实验 40　偏振光的获得与检验

1809 年 E.L.马吕斯（E. L. Malus）发现了光的偏振现象，当时以胡克、惠更斯和托马斯·杨为主发展的波动学说认为光波是一种纵波，其振动方向与传播方向一致，因此无法解释光的偏振现象。1818 年，法国科学院悬赏征文，本意是希望通过微粒说的理论解释光的衍射及运动再次打击波动说。然而事与愿违，次年，菲涅耳在其论文《关于偏振光线的相互作用》中，提出了新的波动观点——光是一种横波，并以此圆满地解释了光的衍射和一直困扰波动说的光的偏振问题。1887 年赫兹证实了光是横电磁波。

光是一种电磁波，其电矢量的振动方向垂直于传播方向，是横波。由于一般光源发光机制的无序性，其光波的电矢量的分布（方向和大小）对传播方向来说是对称的，称为自然光。当由于某种原因，使光线的电矢量分布对其传播方向不再对称时，我们称这种光线为偏振光。对于偏振现象的研究在光学发展史中有很重要的地位，光的偏振使人们对光的传播（反射、折射、吸收和散射）规律有了新的认识，并在光学计量、晶体性质研究和实验应力分析等技术部门有广泛的应用。

一、实验目的

① 观察光的偏振现象，验证马吕斯定律。
② 了解 1/2 波片、1/4 波片的作用。
③ 掌握椭圆偏振光、圆偏振光的产生与应用。

二、实验仪器

红色 LED、恒流源、硅光电池、光电流计、偏振片（2 片）、1/2 波片、1/4 波片、导轨和光具座。

三、实验原理

1. 光的偏振性

光是一种电磁波，由于电磁波对物质的作用主要是电场，故在光学中把电场强度 E 称为光矢量。在垂直于光波传播方向的平面内，光矢量可能有不同的振动方向，通常把光矢量保持一定振动方向上的状态称为偏振态，如果光在传播过程中，若光矢量保持在固定平面上振动，这种振动状态称为平面振动态，此平面就称为振动面（见图 4.78），此时光矢量在垂直于传播方向平面上的投影为一条直线，故又称为线偏振态。若光矢量绕着传播方向旋转，其端点描绘的轨道为一个圆，这种偏振态称为圆偏振态。如光矢量端点旋转的轨迹为一椭圆，就成为椭圆偏振态（见图 4.79）。

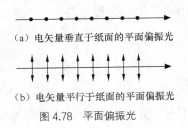

(a) 电矢量垂直于纸面的平面偏振光

(b) 电矢量平行于纸面的平面偏振光

图 4.78　平面偏振光

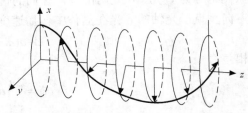

图 4.79　椭圆偏振光

普通光源发出的光一般是自然光，自然光因其光振动方向和振幅具有轴对称分布，故不能直接显示出偏振现象。但自然光可以看成是两个振幅相同、振动相互垂直的非相干平面偏振光的叠加。在自然界中，还存在一种介于自然光与平面偏振光之间，振幅不对称的部分偏振光，它可以看作是由平面偏振光与自然光混合而成的。其中的平面偏振光的振动方向就是这个部分偏振光的振幅最大方向。

2. 偏振片

虽然普通光源发出自然光，但在自然界中存在着各种偏振光，目前广泛使用的产生偏振光的器件是人造偏振片，它利用二向色性获得偏振光（有些各向同性介质，在某种作用下会呈现各向异性，能强烈吸收入射光矢量在某方向上的分量，而通过其垂直分量，从而使入射的自然光变为偏振光，介质的这种性质称为二向色性）。自然光经过偏振片，能量损失一半，而成为线偏振光。

所谓起偏，即将自然光转变为偏振光，而检验某束光是否是偏振光，即所谓检偏。用以转变自然光为偏振光的物体叫起偏器；用以判断某种光是否是偏振光的物体叫做检偏器。图 4.80 表示的是自然光通过起偏器和检偏器后光强变化关系。

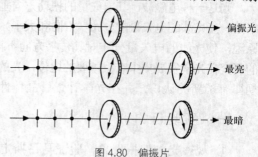

图 4.80　偏振片

3. 马吕斯定律

设两偏振片的偏振方向之间的夹角为 α，透过起偏器的线偏振光振幅为 A_0，则透过检偏器的线偏振光的振幅为 A，即

$$A = A_0 \cos \alpha$$

因为探测器检测到的是光强，光强为 $I = A^2$，有

$$I = A_0^2 \cos^2 \alpha = I_0 \cos^2 \alpha \tag{4.55}$$

式中，I_0 为进入检偏器前（偏振片无吸收时）线偏振光的强度。

式（4.55）是 1809 年马吕斯在实验中发现，所以称马吕斯定律。显然，以光线传播方向为轴，转动检偏器时，透射光强度 I 将发生周期变化。

若入射光是部分偏振光或椭圆偏振光，则极小值不为 0。若光强完全不变化，则入射光是自然光或圆偏振光。这样，根据透射光强度变化的情况，可将线偏振光和自然光和部分偏振光区别开来。

4. 椭圆偏振光、圆偏振光的产生，1/2 波片和 l/4 波片的作用

当线偏振光垂直射入一块表面平行于光轴的晶片时，若其振动面与晶片的光轴成 α 角，该线偏振光将分为 e 光、o 光两部分，它们的传播方向一致，但振动方向平行于光轴的 e 光与振动方向垂直于光轴的 o 光在晶体中传播速度不同，因而产生的光程差为

$$\Delta = d(n_e - n_o)$$

位相差为

$$\delta = \frac{2\pi}{\lambda} d(n_e - n_o) \tag{4.56}$$

式中，n_e 为 e 光的主折射率，n_o 为 o 光的主折射率（正晶体中，$\delta > 0$，在负晶体中 $\delta < 0$）。d 为

晶体的厚度, 如图 4.81 所示, 当光刚刚穿过晶体时, 此两光的振动可分别表示为

$$E_x = A_0 \cos \omega t$$
$$E_y = A_e \cos (\omega t + \delta) \qquad (4.57)$$

式中, $A_e = A_0 \cos \alpha$, $A_0 = A_0 \sin \alpha$, 是入射的线偏振光振幅在光轴上投影的两个正交分量。由式 (4.57) 中的两式消去 t, 得轨迹方程

$$\frac{E_x^2}{A_0^2} - \frac{E_y^2}{A_e^2} - 2 \frac{E_x E_y}{A_0 A_e} \cos \delta = \sin^2 \delta \qquad (4.58)$$

这是个一般椭圆方程。

当改变厚度 d 时, 光程差 Δ 亦改变。

① 当 $\Delta = k\lambda$ $(k = 0, 1, 2, \cdots)$, 即 $\delta = 0$ 时, 由式 (4.58) 可得

$$E_y = \frac{A_e}{A_0} E_x \qquad (4.59)$$

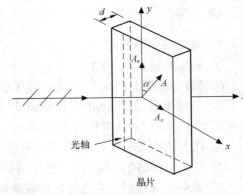

图 4.81 线偏振光通过晶片的情形

进入晶体前, A_o、A_e 同大同小, 所以 A 是线偏振; 在晶体中, A_o、A_e 变得不一致起来, 走出晶体后, 有可能合成为椭圆变化

这是直线方程, 故出射光为平面偏振光, 与原入射光振动方向相同, 满足此条件之晶片叫全波片。光通过全波片不发生振动状态的变化.

② 当 $\Delta = (2k+1)\lambda/2 (k=0, 1, 2, \cdots)$, 即 $\delta = \pi$ 时, 由式 (4.58) 可得

$$E_y = -\frac{A_e}{A_0} E_x \qquad (4.60)$$

出射光也是平面偏振光, 但与原入射光夹角为 2α (以入射平面为基准), 满足此条件的晶片叫 1/2 波片, 或半波片, 平面偏振光通过半波片后, 振动面转过 2α 角, 若 $2\alpha = 45°$, 则出射光的振动面与入射光的振动面垂直。

③ 当 $\Delta = (2k+1)\lambda/4 (k=0, 1, 2, \cdots)$, 即 $\delta = \pm\pi/2$ 时, 由式 (4.58) 可得

$$\frac{E_x^2}{A_0^2} \pm \frac{E_y^2}{A_e^2} = 1 \qquad (4.61)$$

出射光为椭圆偏振光, 椭圆的两轴分别与晶体的主截面平行及垂直, 满足此条件的晶片叫 1/4 波片。1/4 波片是作偏振光实验重要的常用元件。

若 $A_e = A_0$, 于是 $E_x^2 + E_y^2 = A^2$, 出射光为圆偏振光。

由于 o 光和 e 光的振幅是 α 的函数, 所以通过 1/4 波片后的合成偏振状态也将随角度 α 变化而不同。

当 $\alpha = 0°$ 时, 出射光为振动方向平行 1/4 波片光轴的平面偏振光。

当 $\alpha = \pi/2$ 时, 出射光为振动方向垂直于光轴的平面偏振光。

当 $\alpha = \pi/4$ 时, 出射光为圆偏振光。

当 α 为其他值时, 出射光为椭圆偏振光。

四、实验内容及步骤

1. 验证马吕斯定律

① 实验装置见图 4.82。

② 转动检偏器（360°），用白屏观察出射光光强的变化。

③ 将检偏器设定至 90°，仔细调节检偏器至光电流计接收到的电流值最小，此时两偏振片呈正交状态，记录此时的光电流值。

④ 改变两偏振片间夹角，测量相对应光的电流值，测量范围为 0°～180°；测量间隔为 6°。

⑤ 作 $I\sim\cos\alpha$ 的关系曲线，验证马吕斯定律。

2. 线偏振光通过 1/2 波片时的现象和 1/2 波片的作用

① 实验光路见图 4.82。调节检偏器使两偏振片呈正交状态，在两偏振片间放入 1/2 波片。

② 转动 1/2 波片，观察出射光的光强变化。仔细调节波片至再次消光（即出射光最小），设定该位置为波片的初始角。

③ 将 1/2 波片从初始位置转过 10°，此时消光状态被破坏。然后调节检偏器至再次消光，记录检偏器所转过的角度，依次类推，测量每次转动 1/2 波片 10°，记下达到消光时检偏器转过的角度。

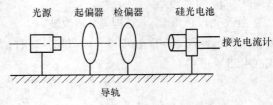

光源　起偏器　检偏器　硅光电池

接光电流计

导轨

图 4.82　实验光路

数据记录表格如表 4.16 所示。

表 4.16　　　　　　　　　　　　　　　　数据记录

1/2 波片转过角度	初始	10°	20°	…	…	80°	90°
检偏器转过角度							

观察：若检偏片固定，将 1/2 波片转过 360°，能观察到几次消光？若 1/2 波片固定，将检偏片转过 360°，能观察几次消光？由此分析线偏振光通过 1/2 波片后，光的偏振状态是怎样的？

3. 用 1/4 波片产生圆偏振光和椭圆偏振光。

① 测量光路见图 4.82。使两偏振片呈消光状态，在两偏振片间放入 1/4 波片。

② 仔细调节波片至再次消光（即出射光最小），设定该位置为波片的初始角，转动 1/4 波片，观察出射光的光强变化。

③ 波片在初始角状态时，测量检偏器不同角度时的出射光强。

测量范围为 0～360°，测量间隔为 10°。

④ 将波片转过 20°、45°，重复步骤③。

⑤ 将波片转过 70°，调节检偏器至出射光光电流极大，记录检偏器的角度。

⑥ 用 ORIGIN 软件的极坐标系作检偏器角度 $\alpha\sim A$ 的关系图及标出 70° 时光电流极大值的位置，并与 20° 比较（极坐标在菜单：PLOT＞polar）。注意，振幅 A 与光强的关系，接收器只能指示光强。

⑦ 将 45° 时的实验结果与圆偏振光比较。

五、思考题

① 求下列情况下理想起偏器和理想检偏器两个光轴之间的夹角为多少？

a. 透射光是入射自然光强的 1/3。

b. 透射光是最大透射光强度的 1/3。

② 如果在互相正交的偏振片 P_1 和 P_2 中间插进一块 1/4 波片，使其光轴跟检偏器 P_1 的光轴平行，那么透过检偏器 P_2 的光斑是亮的？还是暗的？为什么？将 P_2 转动 90° 后，光斑的亮暗是否变化？为什么？

③ 在第②题中用 1/2 波片代替 1/4 波片，情况如何？

实验 41　模拟电路实验

处理模拟信号的电子电路即模拟电路，它是利用信号的大小强弱（某一时刻的）表示信息内容的电路，如声音经话筒变为电信号，其声信号的大小就对应于电信号强弱（电压的高低值或电流的大小值），用以处理该信号的电路（简称功放）就是模拟电路。模拟信号在传输过程中，很容易受到干扰而产生失真（与原来不一样）。模拟电路中的元件（器件）动作方式属于线性变化。通常着重的是放大倍率、信噪比、工作频率等问题。常见如变压电路、放大器电路等。模拟信号的特点 1、函数的取值为无限多个 2、当图像信息和声音信息改变时，信号的波形也改变，即模拟信号待传播的信息包含在它的波形之中（信息变化规律直接反映在模拟信号的幅度、频率和相位的变化上）。

实验 41.1　二极管电路实验

一、实验目的

① 掌握二极管的单向导电性。

② 掌握二极管在稳压和限幅电路中的应用。

二、实验器材

① 直流稳压电源。

② 示波器。

③ 数字万用表。

三、实验原理

电子系统是由若干相互连接、相互作用的基本电路组成的具有特定功能的电路整体。在许多情况下，电子系统必须和其他物理系统相结合，才能构成完整的实用系统。而组成基本电路的半导体器件的简单介绍如下，使用前一定查半导体器件手册了解其参数。

普通二极管一般为玻璃封装和塑料封装两种。在其外壳上印有型号和标记。标记箭头所指为负极，还可以使用万用表进行识别。其特殊二极管种类很多，例如，发光二极管、稳压管、光电二极管、变容二极管等。二极管的外形如图 4.83 所示。

二极管是一种非线性器件，其阻值随电流的变化而变化，伏安特性如图 4.84 所示。二极管在电子技术中应用非常广泛，这里仅介绍在限幅电路和低电压稳压电路中的应用。

（a）玻璃封装　　　　（b）塑料封装

图 4.83　半导体二极管

限幅电路是让信号在预置的电平范围内，有选择地传输一部分，如图 4.85 所示。

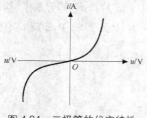

图 4.84　二极管的伏安特性

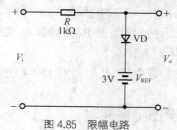

图 4.85　限幅电路

图 4.85 所示的二极管为硅管，其门坎电压 $V_{th} = 0.5V$，微变电阻 $r_D = 200\Omega$，图 4.85 可等效为图 4.86。

当输入 $V_i < V_{th} + V_{REF}$ 时，VD 截止，则输出 $V_o = V_i$；

当输入 $V_i \geqslant V_{th} + V_{REF}$ 时，VD 导通，则输出 $V_o = (V_i - V_{th} - V_{REF}) \dfrac{r_D}{R + r_D} + V_{th} + V_{REF}$

低电压稳压电路：稳压电源是电子设备的能源电路，关系到整个电路设计的稳定性和可靠性，利用二极管的正向压降特性，可以获得较好的稳压性能，如图 4.87 所示。

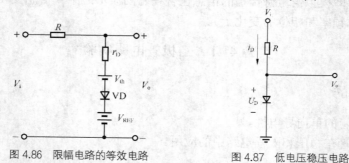

图 4.86　限幅电路的等效电路

图 4.87　低电压稳压电路

合理选取电路参数，对于硅二极管，可获得输出电压 $V_o = V_D$，近似等于 0.7，若采用几只二极管串联，则可得 3～4V 的输出电压。

四、实验内容

1. 普通二极管的伏安特性

按图 4.88 接线，调节直流稳压电源为如表 4.17 所示的输出值，$R = 1k\Omega$，用万用表测量图中二极管两端的电压和流过二极管的电流值，填入表 4.17 中。

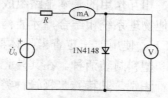

图 4.88　二极管伏安特性测试电路

表 4.17				非线性电阻伏安特性测试表				
U_o（V）	0	0.2	0.4	0.5	0.55	0.60	0.65	0.70	0.75
I（mA）								
U（V）								

将图 4.88 中的二极管反接后，再测流过二极管的电流和二极管两端的电压，将测试结果填入表 4.18 中。

表 4.18			二极管反接后非线性电阻伏安特性测试表			
U_o（V）	0	−5	−10	−15	−20	−25	−30
I（mA）						
U（V）						

2. 二极管限幅特性的验证

① 按图 4.89 连接电路，然后根据表 4.19 给定输入电压 V_i，用万用表测出相应的输出电压 V_o 的值，画出二极管的传输特性。

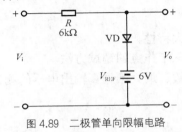

图 4.89 二极管单向限幅电路

表 4.19			二极管单向限幅的参数测试表			
V_i（V）	1	3	5	7	9	11	15
V_o（V）						

② 按图 4.90 连接电路，当输入信号频率为 1kHz，电压幅度分别为表 4.20 所给值时，用示波器测出相应的输出电压 V_o 的值，然后分别画出单边限幅和双边限幅时一个周期内的输出电压 V_o 的波形。

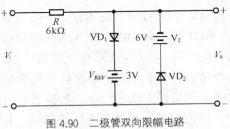

图 4.90 二极管双向限幅电路

表 4.20			二极管双向限幅的参数测试表			
V_i（V）	4	6	8	10	12	14	15
V_o（V）						

③ 实验电路如图 4.87 所示。直流电源电压 $V_i = 10V$，$R = 10kΩ$，当 V_i 按表 4.21 变化时，测出相应的二极管电压的变化，计入表 4.21 中，然后画出它的传输特性。

表 4.21   二极管稳压特性的参数测试表

V_i（V）	8	9	10	11	12
V_o（V）					

五、思考题

① 如何保护二极管？

② 限幅电路中二极管如何起到限幅作用？

六、实验报告要求

① 整理实验数据，填写实验记录表格，分析实验结果，得出实验结论。

② 回答实验思考题。

实验 41.2   共射极单管放大电路测试

一、实验目的

① 理解共射极放大电路放大特性。

② 学习共射极放大电路静态工作点的调试方法。

③ 掌握放大器电压放大倍数、最大不失真输出电压的测试方法。

二、实验仪器

直流稳压电源、函数信号发生器、示波器、数字万用表、元器件若干。

三、实验原理

三极管主要有 NPN 型和 PNP 型两大类。一般而言，可以根据命名法从三极管管壳上的符号识别它的型号和类型。例如，三极管管壳上印的是 3DG6，表明它是 NPN 型高额小功率硅三极管。三极管有 3 个电极，依次为 e、b、c，如图 4.91 所示。

三极管的电极必须正确确认，否则可能会烧坏管子。可以用万用表来初步判断三极管的好坏和类型以及辨别出 e、b、c 3 个电极。

① 先判断基极 b 和三极管的类型。将万用表欧姆挡置 "$R \times 100$" 或 "$R \times 1k$"，先将黑表笔接在假设的基极上，然后将红表笔先后接到其余两个电极上，若测得的电阻值很大或者很小，对换表笔后测得的电阻值都很小或者很大，则假设的基极就是实际的基极。若测得的电阻一大一小，则重新假设，直到找到真正的基极。

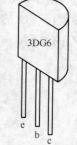

图 4.91   三极管电极示意图

② 基极确定了以后，将黑表笔接基极，红表笔接其他两个电极，若测得的阻值都很大，则此管为 PNP 型管，反之，则为 NPN 管。

③ 判断集电极 c 和发射极 e。以 PNP 型管为例，将黑表笔接到假设的集电极 c 上，红表笔接到假设的发射极 e 上，然后用手捏住 b 极和 c 极，相当于 b、c 之间接入偏置电阻，读出

万用表的读数。然后红黑表笔反接重测，若第一次测得的电阻值比第二次小，说明原假设正确，黑表笔所接为三极管的集电极 c，红表笔所接为三极管发射极 e。反之，黑表笔所接为三极管的集电极 e，红表笔所接为三极管发射极 c，如图 4.92 所示。

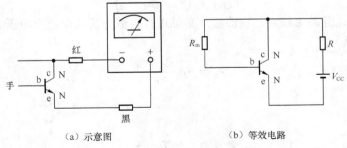

（a）示意图　　　　　　　（b）等效电路

图 4.92　判断三极管 c、e 极的原理及等效电路

共射极放大电路既能放大电流又能放大电压，故常用于小信号的放大。改变电路的静态工作点可调节电路的电压放大倍数，该电路输入电阻居中，输出电阻大，放大倍数大，适用于多级放大电路的中间级。实验电路如图 4.92 所示，图中电路为一电阻分压式工作点稳定的共射极单管放大器。其中 R_{B1}、R_{B2} 组成分压电路构成 VT 的偏置电路，用来固定基极电位。发射极电阻 R_E 用于稳定放大器静态工作点。R_{B1}、R_{B2}、R_C、R_E 构成放大器直流通路。C_1、C_2 为耦合电容，起隔直流作用，即隔断信号源、放大器和负载之间的通路，使三者之间无影响；对交流信号起耦合作用，即保证交流信号畅通无阻地通过放大电路，沟通信号源、放大器和负载之间的交流通路。C_E 为旁路电容，其大小对电压增益影响较大，是低频响应的主要因素。当在放大器的输入端加入输入信号 V_i 后，便可在放大器的输出端得到一个与输入信号相位相反，幅度被放大了的输出信号 V_o，从而实现了电压的放大。

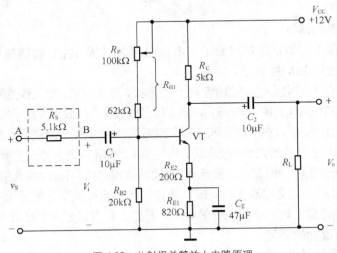

图 4.93　共射极单管放大电路原理

在图 4.93 中，当流过分压电阻 R_{B1} 和 R_{B2} 的电流远远大于 VT 的基极电流时（一般为 5~10 倍），则 VT 的静态工作点为

$$I_{CQ} \approx I_{EQ} = \frac{V_{BQ} - V_{BEQ}}{R_e}$$

$$V_{CEQ} = V_{CC} - I_{CQ}(R_C + R_e)$$

值得注意的是，静态工作点是直流量，必须进行直流分析或用直流电压表和电流表测量。电压放大倍数 A_V 为

$$A_V = -\beta \frac{R_C /\!/ R_L}{r_{be}}$$

其中

$$r_{be} \approx r_{be'} + \beta \frac{V_T}{I_{EQ}}$$

输入电阻 R_i 的计算方法为

$$R_i = R_{B1} /\!/ R_{B2} /\!/ [r_{be} + (1+\beta)(R_{E1} + R_{E2})]$$

输出电阻 R_o 的计算方法为

$$R_o = R_C$$

1. 放大器静态工作点的测量与调试

（1）静态工作点的测量

连接图 4.93 的输入端，分别用电压表和电流表依次测量三极管的集电极电流以及 3 个管脚对地的电压 V_B、V_C 和 V_E（注意：测量静态工作点时，电压表和电流表都应放在直流挡）。为了避免断开集电极电路，一般采用直接测量 V_C 或 V_E，然后计算出 I_C 的方法，即

$$I_C \approx I_E = \frac{V_E}{R_{E1} + R_{E2}} \text{或} I_C = \frac{V_{CC} - V_C}{R_C}$$

（2）静态工作点的调试

放大器静态工作点的调试是指对管子集电极电流 I_C（或 V_{CE}）的调整与测试。共射极单管放大电路特征曲线如图 4.94 所示。

静态工作点是否合适，对放大器的性能和输出波形都有很大影响。如工作点偏高，放大器在加入交流信号后易产生饱和失真［见图 4.95（a）］，如工作点偏低易产生截止失真［见图 4.95（b）］，这都不符合不失真放大的要求。所以在选定工作点以后还要进行动态调试，即在放大器的输入端加一定的输入电压 V_i，监测输出电压 V_o 的大小和波形是否满足要求。如不满足，则应重新调节静态工作点。

工作点的偏高或偏低不是绝对的，应该是相对信号的幅度而言，如输入信号幅度很小，即使工作点偏高或偏低也不一定会出现失真。确切地说，产生波形失真是信号幅度与静态工作点设置配合不当所致。如需满足较大信号幅度的要求，静态工作点最好尽量靠近交流负载线的中点。

2. 放大器动态指标的测量

放大器动态指标包括电压放大倍数、输入电阻、输出电阻、最大不失真输出电压（动态范围）和通频带等。

① 电压放大倍数 A_V 的测量。

$$A_V = V_o/V_i \text{（输出开路）或} A_V = V_L/V_i \text{（输出带负载）}$$

② 输入电阻 R_i 的测量（略）。

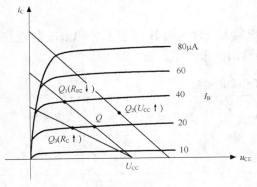

图 4.94　共射极输出特性曲线

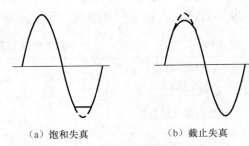

（a）饱和失真　　　　（b）截止失真

图 4.95　静态工作点对 V_o 波形失真的影响

③ 输出电阻 R_o 的测量（略）。

④ 最大不失真输出电压 $V_{op\text{-}p}$ 的测量（最大动态范围）。

如上所述，为了得到最大动态范围，应将静态工作点调在交流负载线的中点。为此在放大器正常工作的条件下，逐步增大输入信号的幅度，用示波器观察 V_o，当输出波形同时出现饱和失真和截止失真时，说明静态工作点已调在交流负载线的中点。然后再反复调整输入信号，使输出信号幅度最大且无失真时，用交流毫伏表测出 V_o，或用示波器直接读出 $V_{op\text{-}p}$。

四、实验内容

实验电路如图 4.93 所示。为防止干扰，各电子仪器的公共端必须连在一起，应接在公共接地端上。

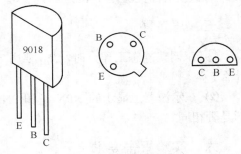

图 4.96　三极管管脚排列

1. 静态工作点的调试

检测需要的电子元器件，并按其在图中的位置连接电路，不接旁路电容。三极管选用 9018，其管脚排列如图 4.96 所示。接通直流电源前，先将 R_p 调至最大，函数信号发生器输出调为零。然后接通 + 12V 电源，调节 R_p 到一合适数值，如使 $I_{CQ} = 1\text{mA}$（即 $V_{RC} = 5.0\text{V}$），测量静态工作点，即测量 V_{CQ}、V_{BQ}、V_{EQ}，并计算 I_{EQ}，将数据计入表 4.22 中。

表 4.22　　　　　　　　　　　三极管静态工作点的测试

项　　目	V_{CQ}（V）	V_{BQ}（V）	V_{EQ}（V）	I_{EQ}（mA）
理论值				
测量值				

2. 测量电压放大倍数

当 $V_{RC} = 5.0\text{V}$ 时，在放大器的输入端 B 点加入 $f = 1\text{kHz}$，$V_i = 50\text{mV}$ 的正弦信号，用示波器观察放大器输出电压 V_o 波形，在波形不失真的条件下用交流毫伏表分别测量 $R_L = 2\text{k}\Omega$ 和输出端开路时的 V_o 值，并用双踪示波器观察 V_o 和 V_i 的相位关系，计入表 4.23 中。

表 4.23　　　　　　　　　　　三极管放大倍数的测试

测量内容	V_o（V）	V_{oL}（V）	A_V
理论值			
实测值			

3．观察静态工作点对输出波形失真的影响

调节 R_P 使三极管对地电位 V_{CQ} 分别为最小或最大，输入端 B 点加入 $f = 1\text{kHz}$ 的正弦信号。从零逐渐加大输入信号幅度，用示波器观察输出波形，填入表 4.24 中。

表 4.24 调节失真和最佳工作点的参数

测试内容 / 工作状态	U_{CEQ}（V）	I_{CQ}（mA）	输出波形	失真类型
工作点偏离状态				
最佳工作点状态				最大不失真 $V_{omax}=$ $V_{op\text{-}p}=$

4．测量最大不失真输出电压

逐渐加大 B 点输入信号，若出现饱和失真，则减小 R_P 阻值使工作点下降，反之若出现截止失真则增大 R_P 阻值，提高工作点。如此反复调节，直到输出波形同时出现饱和失真和截止失真，测量 V_{CEQ}、I_{CQ} 填入表 4.24 中。随后逐渐减小输入信号幅度，使输出波形刚好不失真，用示波器和交流毫伏表测出 $V_{op\text{-}p}$ 和 V_{omax} 的值，并将测量结果计入表 4.24 中。

五、思考题

① 在调整静态工作点时，R_{B1} 要用一固定电阻与电位器串联，而不能直接用电位器，为什么？

② 在示波器上显示的 NPN 型和 PNP 型三极管放大器输出电压的饱和失真和截止失真波形是否相同？

六、实验报告要求

① 记录、整理实验结果，并把测量值与理论值做比较。

② 回答思考题。

实验 42　数字电路实验

用数字信号完成对数字量进行算术运算和逻辑运算的电路称为数字电路，或数字系统。由于它具有逻辑运算和逻辑处理功能，所以又称数字逻辑电路。现代的数字电路由半导体工艺制成的若干数字集成器件构造而成。

数字电路是以二值数字逻辑为基础的，其工作信号是离散的数字信号。电路中的电子晶体管工作于开关状态，时而导通，时而截止。数字电路的发展与模拟电路一样经历了由电子管、半导体分立器件到集成电路等几个时代，但其发展比模拟电路的发展更快。从 20 世纪 60 年代开始，数字集成器件以双极型工艺制成了小规模逻辑器件。随后发展到中规模逻辑器件；70 年代末，微处理器的出现，使数字集成电路的性能产生质的飞跃。

数字集成器件所用的材料以硅材料为主，在高速电路中，也使用化合物半导体材料，如砷化镓等。逻辑门是数字电路中一种重要的逻辑单元电路。TTL 逻辑门电路问世较早，其工

艺经过不断改进，至今仍为主要的基本逻辑器件之一。随着 CMOS 工艺的发展，TTL 的主导地位受到了动摇，有被（CMOS）器件所取代的趋势。近年来，可编程逻辑器件（PLD）特别是现场可编程门阵列（FPGA）的飞速进步，使数字电子技术开创了新局面，不仅规模大，而且将硬件与软件相结合，使器件的功能更加完善，使用更灵活。数字电路与数字电子技术广泛的应用于电视、雷达、通信、电子计算机、自动控制、航天等科学技术各个领域。

实验 42.1 数字组合逻辑电路的设计与测试

一、实验目的

① 掌握用 SSI 器件设计组合逻辑电路的方法。
② 掌握多片 MSI 组合逻辑电路的级联、功能扩展。
③ 培养查找和排除数字电路常见故障的初步能力。

二、实验器材

74ls04、74ls00、74ls20，数字逻辑实验箱，CPLD 实验板，万用表。

三、实验原理

组合逻辑电路是最常见的逻辑电路，其特点是在任何时刻电路的输出信号仅取决于该时刻的输入信号，而与信号作用前电路原来所处的状态无关。组合逻辑电路的设计，就是如何根据逻辑功能的要求及器件资源情况，设计出实现该功能的最佳电路。要实现一个逻辑功能的要求，可以采用小规模集成门电路实现，也可采用中规模集成器件或存储器、可编程器件来实现。

在采用小规模器件（SSI）进行设计时，通常将函数化简成最简与—或表达式，使其包含的乘积项最少，且每个乘积项所包含的因子数也最少。最后根据所采用的器件的类型进行适当的函数表达式变换，如变换成与非-与非表达式、或非-或非表达式、与或非表达式及异或表达式等。

在数字系统中，常采用中规模集成器件（MSI）产品，如编码器、译码器、全加器、数据选择/分配器、数值比较器等功能器件实现组合逻辑函数,基本采用逻辑函数对比方法。因为每一种中规模集成器件都具有某种确定的逻辑功能，都可以写出其输出和输入关系的逻辑函数表达式。在进行设计时，可以将要实现的逻辑函数表达式进行变换，尽可能变换成与某些中规模集成器件的逻辑函数表达式类似的形式。

设计组合电路的一般步骤如图 4.97 所示。

例 4.1 设计一个住宅报警电路，当在警戒的状态下，门窗有任何一个被打开便发出报警信号。

① 设输入 A 为进入警戒状态的信号，B 为门被打开的信号，C 为窗被打开的信号，输出 F 为报警信号，均是高电平有效。

② 列写真值表，如表 4.25 所示。

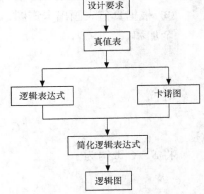

图 4.97 组合逻辑电路设计流程图

表 4.25   真值表

A	B	C	F
0	0	0	0
0	0	1	0
0	1	0	0
0	1	1	0
1	0	0	0
1	0	1	1
1	1	0	1
1	1	1	1

③ 画出卡诺图，得出函数表达式为

$$F = AB + AC$$

④ 根据上述函数表达式，画出电路图，如图 4.98 所示。

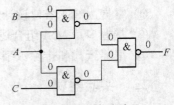

图 4.98　逻辑电路图

例 4.2　用三变量译码器 74LS138 设计一位全加器。

① 定义输入变量 A、B 为加数和被加数，C_0 为低位向本位的进位，输出变量 S 为全加和，C 为本位向高位的进位。

② 以题目要求画出真值表，如表 4.26 所示。

表 4.26   一位全加器真值表

A	B	C_0	S	C
0	0	0	0	0
0	0	1	1	0
0	1	0	1	0
0	1	1	0	1
1	0	0	1	0
1	0	1	0	1
1	1	0	0	1
1	1	1	1	1

③ 根据真值表画出卡诺图，写出全加器逻辑表达式。

全加和

$$S = \overline{A}\,\overline{B}C_0 + \overline{A}B\overline{C_0} + A\overline{B}\,\overline{C_0} + ABC_0$$

进位

$$C = \overline{A}BC_0 + A\overline{B}C_0 + AB\overline{C_0} + ABC_0$$

将 S、C 改写为

$$S = m_1 + m_2 + m_4 + m_7 = \overline{\overline{m_1} \cdot \overline{m_2} \cdot \overline{m_4} \cdot \overline{m_7}}$$
$$= \overline{y_1 \cdot y_2 \cdot y_4 \cdot y_7}$$

$$C = m_3 + m_5 + m_6 + m_7 = \overline{\overline{m_3} \cdot \overline{m_5} \cdot \overline{m_6} \cdot \overline{m_7}}$$
$$= \overline{y_3 \cdot y_5 \cdot y_6 \cdot y_7}$$

④ 画出逻辑图，如图 4.99 所示。

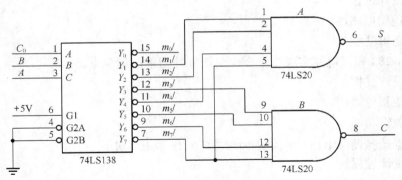

图 4.99 用 74LS138 设计全加器

若选用双 2 线/4 线译码器 74LS139，因该译码器只有两个地址输入端，只能对应两个输入变量，利用使能端可将其扩展为 3 线/8 线译码器。对于任意一个三变量的函数表达式总可以写成它的分解式

$$F(A_2A_1A_0) = \overline{A_2} F_1(A_1A_0) + A_2 F_1(A_1A_0)$$

式中，$F_1(A_1A_0)$ 用 2 线/4 线译码器实现，则上式可用两个同样的译码器来连接，如图 4.100 所示。当 $A_2 = 0$ 时，译码器（A）工作，输出 $\overline{m_3} \sim \overline{m_0}$，当 $A_2 = 1$ 时，译码器（B）工作，输出 $\overline{m_7} \sim \overline{m_4}$。

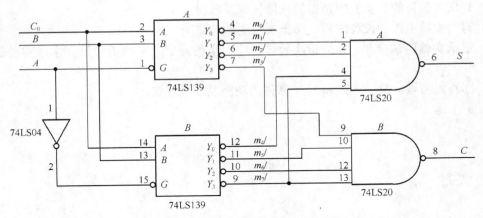

图 4.100 用双 2 线/4 线译码器 74LS139 实现全加器

四、实验内容及步骤

① 用逻辑门设计一个判断 3 台仪器设备的工作状态（要求：只有一台设备出现故障时，第一个故障指示灯闪烁报警；两台设备出现故障时，第二个故障指示灯闪烁报警；当 3 台设备都出现故障时，则两个故障指示灯都闪烁报警）。

a. 写出设计过程。

b. 画出逻辑电路图。

c. 验证逻辑功能。

② 用 74ls138 和门电路设计一个全减器。

a. 写出设计过程。

b. 画出逻辑电路图。

c. 验证逻辑功能。

③ 用 74ls283 和门电路实现 2 个 2 位二进制数相乘的运算电路。

a. 写出设计过程。

b. 画出逻辑电路图。

c. 验证逻辑功能。

④ 用数据选择器 74ls151 实现逻辑函数 $F = A\overline{B} + \overline{A}B + AB$。

a. 写出设计过程。

b. 画出逻辑电路图。

c. 验证逻辑功能。

五、思考题

① 实验中逻辑出现故障时采取哪些方法排查？

② 总结二进制乘法运算的一般规律，试提出新的乘法器电路设计方案。

③ 自选器件试设计一个 9 的补码发生器。

六、实验报告要求

① 写出实验目的、实验中使用的仪器仪表及器材。

② 写出实验电路的设计过程，画出实验逻辑电路图。

③ 记录实验测试结果，并分析实验过程中出现的问题及解决的办法和本次实验的心得体会。

④ 回答思考题，总结 SSI 和 MSI 器件的功能及使用方法。

第 **5** 篇　**设计性实验**

一般而言，科学实验的全过程由如图 5.1 所示的几个阶段组成。

图 5.1　科学实验的全过程

① 确定研究课题，即确定研究的内容和所要达到的指标。

② 查阅文献资料，掌握国内外科学技术的进展情况。

③ 制订研究方案及技术线路。

④ 实验装置与仪器设备的选择与准备。

⑤ 进行实验，获得实验测量结果和各种观察记录。

⑥ 分析和处理实验结果，作出判断和结论。

⑦ 撰写科学实验报告或论文。

从以上科学实验过程所包含的内容可以看到，初学者往往主要进行的是上述过程中第⑤～⑦项的基本训练。作为对学生进行 3 项基本训练和良好的实验素质的培养，它们无疑是必需的。但作为科学研究工作，其核心的部分应该是上述研究过程中的前半部分。科学实验发展史早就证明，优秀的科研成果是以杰出的物理构思和研究方案为前提的。因而，从对学生科学实验能力的更深层次的训练出发，通过设计性实验这种形式，使学生受到科学实验全过程的训练将是十分有益的。

本章主要介绍实验设计的基础知识和基本方法。

5.1　设计性实验理论

5.1.1　确定实验方案与物理模型

对于一个特定的物理现象，通常可以找到若干种与之相应的物理过程来描述。深入研究科学实验的任务和要求，透彻分析各种物理过程的特征及内涵，这是确定实验方案与物理模型的基础。

例如，要研究某一温度场的性质、特征及与之相关的过程，其对象可能是气态、液态、固态等不同的物相，表征它们的物理量有压力、温度、体积、热量、功等各种参数，而反映它们之间关系的模型（函数表达式）也各不相同。根据任务的要求，应初步判断温度变化的范围（如超低温，低温、中温及高温等），慎重地分析各参量间的关系，才能恰当地选取其中一种或几种参量来进行测量和比较。又如测量重力加速度，要研究的物理过程可以直接利用自由落体，也可以用单摆的近似谐振动过程，还可以选择斜面上光滑无摩擦的下滑运动。广义地说，凡含有被测因子的数学表达式（函数方程），都可以作为选择对象加以分析和比较。

为了尽可能真实地再现被观测过程，应当综合分析与这个过程相关的诸多物理量，从中选出适合于当时条件的物理模型。既要突出物理概念，又要尽可能使实验简单易行。

初步构思形成后，应当进一步典型化，即确定试样。因为几乎所有的物理学原理都是建立在理想条件下的，例如，要求无穷大（或无穷小）、刚体、质点、均匀、平衡、连续等一系列理想条件，这在实验中是根本无法实现的。所以必须深刻理解原理所要求的条件，参考设计理想中的基本假设体，比较其差别，在误差允许范围内确定一个具体的模型。例如要研究一个温度场，要求其均匀、平衡，我们只要考虑其容器（或环境）所存在的空间，在有限的时间内保持"均匀、平衡"即可。这里有两条思路可考虑，一是可以使系统"稳定"相当长的时间，使其自然达到"准平衡"状态，这当然需要经过一定的测试，直到确定各点状态一致；二是可以有效缩短测试时间，使其相对于全过程来说，Δt 趋向于无穷小，则可以认为此时的系统状态不变。思路不同，则模型或样品也不一样。质点、刚体、光滑无摩擦，都可以按照这种思路，只要其量值达到误差要求，且不影响物理过程的性质. 就可以近似认为达到了理论要求。这种方法在确定样品和建立模型时是非常有效的。

以测量重力加速度为例。物体从某一高度自由下落，满足运动方程

$$h = h_0 + v_0 t + \frac{1}{2} g t^2 \qquad (5.1)$$

式中，t 是计时时间间隔，h_0 是 $t = 0$ 时刻的初始位置，v_0 是 $t = 0$ 时刻试样在铅直方向的初速度，h 是 t 时刻试样所在位置。若为了方便和简化运算，以 t_0 时刻的 h_0 为坐标原点，则有 $h_0 = 0$；同时，相对于地球半径而言，h 和 h_0 的差别可以忽略，也就是说 h_0 和 h 处的 g 有相同的值，或者说在 h 变化过程中 g 是一个常数，则有

$$g = 2 \frac{h - v_0 t}{t^2} \quad (h_0 = 0) \qquad (5.2)$$

精确地测定 h、v_0、t 这 3 个参数，就可以求出重力加速度值。

单摆是大家熟悉的一种谐振动模型。在摆角很小的条件下，摆的周期表达式为

$$T = 2\pi \sqrt{\frac{l}{g}} \qquad (5.3)$$

在确定的试验点，摆动周期只和摆长及当地的重力加速度有关，从而导出

$$g = \frac{4\pi^2 l}{T^2} \qquad (5.4)$$

仔细地测定摆长和周期，就可以测得当地重力加速度 g 的值。

上述实例中有一个共同的问题，即要求空气的阻力要小到可以忽略不计的程度。这就要求试样的体积小、质量足够大，所以自由落体通常用小钢球，单摆的摆锤最好是铜质的流线型体。对单摆来说，还应要求摆线适当的加长，以使 $\theta \approx \sin\theta \approx \mathrm{tg}\theta$，且摆线应是较细、

较轻的绳弦。至于到底选用哪个装置测定重力加速度，则应由实验者视当时具体情况而定。

在选择方案时，若采用落球法且保证 $v_0 = 0$ 的条件，这时两种方案的测量值都变成了两个参数（l 和 T 与 h 和 t），表面上看来似乎一样，但实际做起来，单摆要优越得多，原因如下。

第一，自由落体要做到 $v_0 = 0$ 且能准确判定 h 值并不容易，而计量、测量似乎只能用光电计时器，手控是很困难的。而单摆则没有这么复杂，l 易测而 T 用停表就行。

第二，自由落体只能测一个单程，以 h 为 2m 计，它的时间不过在 0.6s 多一点，计时精度要求很高。若用单摆，因为可以测 n 个周期的累计时间 $n \cdot T$，当 $n = 50$ 时，对 $l = 1$m 的单摆来说，$T \approx 2$s，若累计 $50T$，则计时间隔选到 100s 左右，显然这个时间测量要简单，而且比较容易准确测量。

考虑上述因素，选择并确定方案就明确了。

总之，无论是实验过程，还是单个物理量的研究，都应该根据有关原理进行综合分析，列出几种可行的方案进行比较，最后选择确定。

5.1.2　选择测量方法和实验仪器

1．测量方法的精度分析

实验开始前．首先需要分析某一测量方法或仪器的精度，以确定该方法是否能达到实验目的所提出的要求。

例如，测量电阻有多种方法，不同的测量方法所能达到的精度是不相同的。用伏安法测电阻由于必须使用直读仪表——电压表和电流表，而实验用电表的准确度一般不超过 0.5 级，这就使得电阻测量误差总在 1% 以上；用电桥法（箱式或自组电桥）测电阻，则避开了精度难于提高的直读仪表，而是在平衡条件下进行电阻比较来测量电阻。由于指零仪表可以有足够高的电压灵敏度，而作为比较用的标准电阻都有很高的准确度（最一般的电阻箱误差也可控制在 0.1%），从而使得电桥法测电阻能保证测量精度达到 0.1%～0.3% 或更高。对箱式电桥，当被测电阻值在 $10 \sim 10^5 \Omega$ 范围，测量准确度最高可达到万分之几。电位差计借助标准电阻来测量电阻也同样可达到万分之几的精度。

分析清楚各种测量方法或仪器的精度，就很容易根据实验目的所提要求选择比较合理的测量方法。

2．实验装置的安排或设计

实验装置也是决定实验成功的关键因素。例如，用单摆测量重力加速度，需要有支架、悬线、小球，在选定实验装置时必须符合模型的要求，摆线要长，且在运动中长度不能变化，可用 1m 的弦线；小球体积要小，材料密度要大，可用直径约 2cm 的铜球，支架要能显示摆动的角度等。

再比如测量黏度较大的静态液体的黏度．方案的最佳选择是落球法，它依据的原理是斯托克斯公式，成立的条件要求液体是无限广延和静止的。实际上无限广延是不能实现的，能够做到的只是小球的直径 d 比容器的内径小很多。解决的方法有两种：一是考虑管壁对小球运动的影响，在斯托克斯公式中加入修正项；二是用一组不同内径 D 的圆管，让小球分别在各个管中下落相同的距离，记录所用的时间 t，再以 $\dfrac{d}{D}$ 为横坐标，以对应的时间 t 为纵坐标，将测试数据作成图线。将这条直线延长与纵轴相交，其截距就是无限广延条件下小球运动相同距离所需的时间，因为截距的横坐标 $\dfrac{d}{D} = 0$，亦即是 $D \to \infty$。如果采用多管落球法测液体的黏度，可以设计一组不同内径（1～5cm）的5～7根圆管，长约20cm，每根管子上下两端相距15cm处作出记时标记。各管应垂直于底板安装，底板能调节水平，以使各管铅直。记时器选用机械停表，实验结果可以得到3位有效数字。

3．测量仪器的选择

标志仪器性能的两个重要参数是它的准确度和分辨率，仪器的分辨率可定义为仪器能够检测出的被测量的最小值，而准确度则限定了测量时的相对误差。

仪器准确度用准确度级别来表示，不同级别的仪器和仪表规定了用它们作测量时的允许误差。例如，0.1级或高于0.1级的电桥测电阻的误差为

$$|\Delta| \leqslant N(f\% \cdot R + b\Delta R)\ \Omega$$

式中，N 为比率值，f 为级数，ΔR 为调节臂的最小步进值或滑线盘的分度值，b 为系数（$f \geqslant 0.05$ 级，$b = 2$；$f \leqslant 0.02$ 级，$b = 0.3$，$f \leqslant 0.1$ 级具有滑线盘者，$b = 1$）。又如电测仪表，0.5级电压表的相对额定误差 $\dfrac{\Delta u}{U_{\mathrm{m}}} \leqslant 0.5\%$（$U_{\mathrm{m}}$ 为所用量程）。因此，仪器准确度的选择应主要根据对被测量所提出的误差要求。

仪器的准确度和分辨率有时是相互独立的，有时又是紧密相关的。一般来说，对同一类型的仪器和仪表，其分辨率是与仪器的准确度正相关的。例如，0.1级电桥的分辨率就比0.05级电桥的分辨率低。但对不同类型的仪器和仪表就不一定了，例如，测量滑动试验的磨损，可采用放射性示踪技术或分析天平来测定磨损下来的材料的重量，放射性示踪技术有非常好的分辨率，能检测小到 10^{-10}g 的磨损，但其准确度低，即使磨损很大，如 1g，准确度也不高于 3%；分析天平的分辨率相对来说很差，最小检测重量为 10^{-4}g，其准确度为 0.01%。对磨损的测量，通常是选用这种分辨率好而准确度低的放射性示踪技术方法，因为测量仪器和测量方法的选择应与被测对象的特征和要求相适应。总之，为了不同的实验目的、测量内容和测量要求，经常只对其中之一（准确度或分辨率）提出要求。

4、测量方法的选择

实验方案、实验装置及测量仪器确定后，根据研究内容的性质和特点，有时还要选择一个测量对象。细心确定被测对象也很重要，因为在保证测量准确度的前提下，巧妙地选择测量对象可以简化测量工作。例如，测金属材料的杨氏模量，在选定静态拉伸法的方案后，被测对象均选用细金属丝而不选粗金属棒，这是因为在同样的载荷下，长金属丝的变形大，从而降低了测量变形的难度，同时提高了测量的准确度。而对于某些实验课题，选择测量仪器和被测对象要一并考虑，巧妙地选择被测对象是不容忽视的问题。

实验仪器和被测对象确定后，还需要考虑和确定具体的测量方法。因为测量某一物理量时，往往有好几种测量方法可以采用，

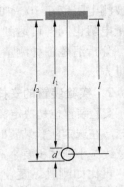

图 5.2　测量方法的选择

此时应选取测量误差最小的一种。例如，对单摆摆长 l 的测量，如图 5.2 所示，选择的量具是分度值为 1mm 的铜直尺和分度值为 0.1mm 的游标卡尺，可以用下面 3 种方法进行测量。

① $l = l_1 + \dfrac{d}{2}$

② $l = l_2 - \dfrac{d}{2}$

③ $l = \dfrac{1}{2}(l_1 + l_2)$

用钢直尺测量 l_1、l_2，其结果分别为

$$l_1 = 100.1 \pm 0.2 \text{（cm）}$$
$$l_2 = 102.5 \pm 0.2 \text{（cm）}$$

用游标卡尺测量 d，结果为

$$d = 2.40 \pm 0.01 \text{（cm）}$$

3 种方法测量 l 的不确定度分别为

①和②：$\Delta t = \sqrt{\Delta_{l_1}^2 + \left(\dfrac{\Delta_d}{2}\right)^2} = \sqrt{(0.2)^2 + \dfrac{1}{4}(0.01)^2} = 0.2 \text{（cm）}$

③ $\Delta t = \sqrt{\left(\dfrac{\Delta_1}{2}\right) + \left(\dfrac{\Delta_2}{2}\right)^2} = \sqrt{\dfrac{1}{4}(0.2)^2 + \dfrac{1}{4}(0.2)^2} = 0.14 \text{（cm）}$

显而易见，采用处理方法③误差最小，而且不使用游标卡尺，省去一种仪器，测量过程也较为简单。

前面讲过，对单摆周期的测量，可以采用数字毫秒计计时，也可以使用机械秒表用累计放大法计时，相比之下使用停表计时好处多些。因停表的操作较简单、价格较低，这是"手动"操作的选择。如果要用"自动"进行实验，选用的测量方法和测量仪器就有可能不同。

这里有两点要注意，一是测量方法和测量仪器的选择常常是互相关联的，宜一并考虑。另外，在满足实验准确度要求的前提下，要尽量选用最简单、最便宜的仪器去实现它。

上面讨论的例子侧重于物性、力学内容，若对于热学、电学、光学等实验的设计，还有一些特殊问题需要考虑。例如，电学实验在选择电表时，所用电表的量程应略大于被测量，也就是要让电表在接近满刻度处工作。如果有一待测电流是 8mA，选用准确度等级为 0.5、量程为 100mA 的电流表。仪器的误差限为

$$\Delta I = 100 \times 0.5\% = 0.5 \text{（mA）}$$

相对误差为

$$E = \dfrac{\Delta I}{I} \times 100\% = \dfrac{0.5}{8} \times 100\% = 6.3\%$$

如果选用准确度为 1 级、量程为 10mA 的电流表，那么测量的相对误差为

$$E = \dfrac{\Delta I}{I} \times 100\% = \dfrac{10 \times 0.01\%}{8} = 1.3\%$$

由此可见，在本例的条件下，用低准确度等级的电表测量误差较小，而用高准确度的电表测量误差反而较大，因而选择仪器时不要片面地认为仪器的准确度越高越好。高准确度仪器造价较高，也难于维护。

5.1.3 确定最有利的测量条件

确定最有利测量条件是指：当测量结果与若干条件有关时，若这些条件的误差已知，应如何选择条件使误差达到极小。

设函数为

$$y = f(x_1, x_2, \cdots, x_k) \tag{5.5}$$

若 x_i 的最大误差为 Δx，相应的 y 的误差为 Δy，为了使 $\dfrac{\Delta y}{y}$ 极小，则要求

$$\left. \begin{array}{l} \dfrac{\partial}{\partial x_1}\left(\dfrac{\Delta y}{y}\right) = 0 \\ \cdots\cdots \\ \dfrac{\partial}{\partial x_k}\left(\dfrac{\Delta y}{y}\right) = 0 \end{array} \right\} \tag{5.6}$$

由此可定出最佳测量条件。

例 5.1　用线式电桥测电阻。

$$R_x = R_0 \frac{l_1}{l_2} = R_0 \frac{l_1}{L - l_1}$$

式中，R_0 为已知标准电阻箱，l_1 和 l_2 为滑线两臂长，$L = l_1 + l_2$。问滑键在什么位置作测量时可使 R_x 的相对误差最小？

解：R_x 的相对误差为

$$\frac{\Delta R_x}{R_x} = \frac{\Delta R_0}{R_0} + \frac{L}{l_1(L - l_1)}\Delta l_1 + \frac{L}{L - l_1}\Delta L$$

去掉与问题无关的因素，即假定 R_0 与滑线总长 L 为准确值。这时有

$$\frac{\Delta R_x}{R_x} = \frac{L\Delta l_1}{l_1(L - l_1)}$$

由

$$\frac{\partial}{\partial l_1}\left(\frac{\Delta R_x}{R_x}\right) = 0$$

得

$$l = L/2$$

这就是线式电桥测电阻的最有利测量条件。

例 5.2　已知复用电表的欧姆计挡的偏转角 a_0 为

$$a = S_i \frac{U}{R + R_x}$$

式中，U 为内附电池的电压；S_i 为表头的电流灵敏度；R 为欧姆计挡内阻；R_x 为待测电阻。由上式可看出，当 $R_x = 0$ 时，$a_0 = S_i U/R = a_n$，电表达到全偏转；当 $R_x = R$ 时，$a_0 = S_i U/2R = a_n/2$，电表达到半全偏转，即指针指在表盘上标尺的正中；$R_x = \infty$ 时，$a_0 = 0$，即电表指针不转。试问：使用欧姆计挡时，其偏转角为多大时测量误差最小？

解：由偏转角方程式求得

$$R_x = \frac{S_i U - a_0 R}{a_0}$$

则测量电阻的相对误差为

$$E_{R_x} = \frac{-S_i U}{a_0(S_i U - a_0 R)}\Delta a_0$$

由

$$\frac{\partial E_{R_x}}{\partial a_0} = 0$$

得

$$\frac{\partial}{\partial a_0}[-\frac{S_i U}{a_0(S_i U - a_0 R)}\Delta a_0]$$

$$= S_i U \Delta a_0 \frac{S_i U - 2Ra_0}{(S_i U - a_0 R)^2 a_0^2} = 0$$

故

$$a_0 = \frac{1}{2}\frac{S_i U}{R} = \frac{1}{2}a_n$$

上式表明，当欧姆计的指针在标尺的中间位置时，测量的误差为最小。

5.1.4 确定误差分配

在进行一项测量工作前，应当按任务和精度要求选择方案，确定该方案中的误差来源并分配每项误差的大小，即进行误差分配，这样才可保证其精度指标。

设函数（间接测量值）由 k 个自变量（直接测量量）组成，即

$$y = f(x_1, x_2, \cdots, x_k) \tag{5.7}$$

若对函数的误差要求是 $\frac{\Delta y}{y}$，则应对各自变量的相对误差项按等影响原则分配误差要求，

即认为各个局部误差对函数误差的影响相等。

考虑到问题本身的特点和要求，由误差传递公式有

$$\Delta y = \left|\frac{\partial f}{\partial x_1}\right| \cdot |\Delta x_1| + \cdots + \left|\frac{\partial f}{\partial x_k}\right| \cdot |\Delta x_k| \tag{5.8}$$

这样会使得问题的分析和计算更简便，同时也能满足教学和实际问题的要求。由此，可写出相对误差（最大）的表示式为

$$\frac{\Delta y}{y} = \left|\frac{\partial f}{\partial x_1}\frac{\Delta x_1}{y}\right| + \left|\frac{\partial f}{\partial x_2}\frac{\Delta x_2}{y}\right| + \cdots + \left|\frac{\partial f}{\partial x_k}\frac{\Delta x_k}{y}\right|$$

$$= \sum_{i=1}^{k}\left|\frac{\partial f}{\partial x_i}\cdot\frac{\Delta x_1}{y}\right| = \sum_{i=1}^{k}\left|\frac{\partial f}{\partial x_i}\cdot\frac{x_i}{y}\cdot\frac{\Delta x_i}{x_i}\right| \tag{5.9}$$

按等影响原则，有

$$\frac{\partial f}{\partial x_1}\cdot\frac{x_1}{y}\cdot\frac{\Delta x_1}{x_1} = \frac{\partial f}{\partial x_2}\cdot\frac{x_2}{y}\cdot\frac{\Delta x_2}{x_2} = \cdots$$

$$= \frac{\partial f}{\partial x_k}\cdot\frac{x_k}{y}\cdot\frac{\Delta x_k}{x_k} = \frac{1}{k}\frac{\Delta y}{y} \tag{5.10}$$

如果函数中的各自变量均为一次幂，且为简单的乘除关系，则函数的相对误差为各自变量的相对误差之和，即

$$\frac{\Delta y}{y} = \frac{\Delta x_1}{x_1} + \frac{\Delta x_2}{x_2} + \cdots + \frac{\Delta x_k}{x_k}$$

$$\frac{\Delta x_1}{x_1} = \frac{\Delta x_2}{x_2} = \cdots = \frac{\Delta x_k}{x_k} = \frac{1}{k}\frac{\Delta y}{y}$$

(5.11)

按式（5.10）和式（5.11）来选配仪器的准确度指标是比较合理的。但是，由于测量的技术水平和经济条件的限制，按等影响原则分配到每个误差项的数值指标，有的可以达到，有的难于达到，还有的显得过于容易达到。因此，在处理具体问题时完全可以依据实际情况调整误差分配要求，对于难于完成的应适当放宽（即允许误差值大于 $\frac{1}{k}\frac{\Delta y}{y}$）；对于过于容易完成的则应减小误差要求（即允许误差值小于 $\frac{1}{k}\frac{\Delta y}{y}$）；对受测量条件限制、必须采用某种仪器测量某一项目时，则应先从给定的允许总误差中扣除掉，然后再对其余误差进行误差分配。下面分析几个具体实验来说明仪器和测量条件是如何根据误差要求来选配的。

例 5.3　测定一薄钢带的体积 V。已知其长度 l 约为 200mm，宽度 b 约为 30mm，厚度 d 约为 3mm，现要求测量的相对误差不大于 1%，问测 l、b 和 d 各应选择什么量具？

① 列出函数计算式，即

$$V = l \cdot b \cdot d$$

② 导出相对误差，即

$$\frac{\Delta y}{y} = \frac{\Delta l}{l} + \frac{\Delta b}{b} + \frac{\Delta d}{d}$$

③ 按等影响原则分配对各直接测量值的误差要求。

为了保证 $\frac{\Delta V}{V} \leqslant 1\%$ 的误差要求，可分别要求 $\frac{\Delta l}{l} \leqslant 0.3\%$，$\frac{\Delta b}{b} \leqslant 0.3\%$，$\frac{\Delta d}{d} \leqslant 0.4\%$。

由 $\frac{\Delta l}{l} \leqslant 0.3\%$ 的误差要求，可算出 $\Delta l \leqslant l \times 0.3\% \approx 200 \times 0.3\% = 0.6$（mm），故可选用一级钢板尺（仪器误差为 ± 0.5mm）来测量。

由 $\frac{\Delta b}{b} \leqslant 0.3\%$ 的误差要求，可算出 $\Delta b \leqslant b \times 0.3\% \approx 0.09$（mm），故可选用分度值为 0.05mm 的游标卡尺（仪器误差为 ± 0.05mm），也可选分度值为 0.02（mm）的游标卡尺。

由 $\frac{\Delta d}{d} \leqslant 0.4\%$ 的误差要求，可算出 $\Delta d \leqslant d \times 0.4\% \approx 0.012$（mm），故应选用千分尺（仪器误差为 ± 0.004mm）来测量。

例 5.4　用流体静力称衡法测固体密度 ρ，要求密度测量的相对误差 $\Delta\rho/\rho \leqslant 0.4\%$，问：应选用何种测量仪器？

① 测量计算。

$$\rho = \frac{m_1}{m_1 - m_2} \rho_0$$

式中，m_1 和 m_2 是被测物在空气和浸没在水中称衡时的质量，ρ_0 为水的密度（可视为准确常数）。

② 相对误差公式。

$$\frac{\Delta \rho}{\rho} = \left| \frac{1}{m_1} - \frac{1}{m_1 - m_2} \right| \Delta m_1 + \left| \frac{1}{m_1} - \frac{1}{m_1 - m_2} \right| \Delta m_2$$

$$= \frac{m_2}{m_1 - m_2} \left(\frac{\Delta m_1}{m_1} + \frac{\Delta m_2}{m_2} \right)$$

③ 现要求 $\dfrac{\Delta \rho}{\rho} \leqslant 0.4\%$，即要求

$$\frac{\Delta m_1}{m_1} + \frac{\Delta m_2}{m_2} \leqslant \frac{m_1 - m_2}{m_1} \times 0.4\%$$

由估计或粗测知，$m_1 \approx 50\text{g}$，$m_2 \approx 30\text{g}$，故有

$$\frac{\Delta m_1}{m_1} + \frac{\Delta m_2}{m_2} \leqslant \frac{50 - 30}{50} \times 0.4\% \approx 0.16\%$$

按选择仪器的影响原则，要求

$$\frac{\Delta m_1}{m_1} \leqslant 0.08\% \text{和} \frac{\Delta m_2}{m_2} \leqslant 0.08\%$$

即可求出

$$\Delta m_1 \approx 40\text{mg}, \quad \Delta m_2 \approx 24\text{mg}$$

由对 m_1 和 m_2 的测量误差要求知，本实验需要选用感量为 20mg 的物理天平来作测量。

例 5.5　用伏安法测量电阻，要求 $\dfrac{\Delta R_{\text{x}}}{R_{\text{x}}} \leqslant 1.5\%$，问：应如何选配仪器和确定测量条件？

设伏安法测量电阻中两种仪表互相影响可能给测量带来的系统误差，由于选择了合适的测量电路而可略去不计，或考虑其影响而对测量结果做了必要的修正。无论是前者或是后者。推求相对误差公式时均可以从 $R_{\text{x}} = \dfrac{U}{I}$ 出发来推求，故有

$$\frac{\Delta R_{\text{x}}}{R_{\text{x}}} = \frac{\Delta U}{U} + \frac{\Delta I}{I}$$

为了保证满足 $\dfrac{\Delta R_{\text{x}}}{R_{\text{x}}} \leqslant 1.5\%$ 的要求，只需使 $\dfrac{\Delta I}{I}$ 及 $\dfrac{\Delta U}{U}$ 均小于 0.75%。据此，可选择仪器和确定出测量条件。

为了满足 $\dfrac{\Delta U}{U} \leqslant 0.75\%$ 的误差要求，应当选用 0.5 级电压表。设若实验所用电源为 9V，电表量程根据实际情况选用 7.5V，这样就可定出电压 U 的测量条件。

由电表级别误差的定义有

$$\frac{\Delta U}{U_{\text{m}}} \leqslant f\% = 0.5\%$$

有

$$\Delta U \leqslant 7.5 \times 0.5\% = 0.038 \text{（V）}$$

因而要求

$$U \geqslant \frac{\Delta U}{0.75\%} = 5 \ (\mathrm{V})$$

即测量时必须使电压值在 5V 以上，才能保证 $\frac{\Delta U}{U_\mathrm{m}} \leqslant 0.75\%$ 的误差要求。

同理，为了保证 $\frac{\Delta I}{I} \leqslant 0.75\%$ 的要求，电流表也应选用 0.5 级的。为了确定测量条件，应当估计被测电阻的约值，以便定出 I 的限值，从而确定电流表应选的量程。设 R_x 估测值为 30Ω，则 $I_{\max} \approx \frac{7.5}{30} = 250\mathrm{mA}$，故选用量程 300mA。至于 I 的测量条件，则仍由

$$\frac{\Delta I}{I} \leqslant 0.75\%$$

定出，因 $\Delta I \leqslant 0.5\% \times 300 = 1.5 \ (\mathrm{mA})$，故

$$I \geqslant \frac{\Delta I}{0.75\%} = \frac{1.5 \times 100}{0.75} = 200 \ (\mathrm{mA})$$

即测量时必须使电流 $I \geqslant 200\mathrm{mA}$，才能保证实验所规定的误差要求。

从以上几个例子，我们可以看到，根据对函数的误差要求来考虑测量仪器的选择与配合的具体方法如下。

① 推导出函数的相对误差公式。

② 由相对误差公式，参照选择仪器的等影响原则，把对被测量（函数）的误差要求转移到对各直接测量值的误差要求上来。

③ 按各直接测量值的误差要求，根据被测量的约值（可由事先的粗测获得）来选定仪器的类型和准确度级别，在某些情况下尚需进一步确定测量条件。

进行误差分配时，还应当注意如下方面。

① 误差分配最后要提出对误差来源的要求，如某测量值

$$y = f(x_1, x_2)$$

则

$$\Delta y < \Delta_1 + \Delta_2 = \left| \frac{\partial f}{\partial x_1} \Delta x_1 \right| + \left| \frac{\partial f}{\partial x_2} \Delta x_2 \right| \tag{5.12}$$

按等影响原则，分配误差给 Δ_1 和 Δ_2，而按可能性调整时，还须考虑 $\frac{\partial f}{\partial x_1}$，即误差传递系数的影响。如

$$y = 2x_1 x_2^2$$

则

$$\Delta_1 + \Delta_2 = \left| \frac{y}{x_1} \Delta x_1 \right| + \left| 2 \frac{y}{x_2} \Delta x_2 \right|$$

故同样大小的 Δ_{x_1} 与 Δ_{x_2} 对总误差影响是不同的。

② 若预先已知测量中各误差,可用和方根法合成,则

$$\Delta y = \sqrt{\sum \Delta_i^2} \tag{5.13}$$

于是等影响原则可对 Δ_i^2 进行,即若总指标的误差为 Δy,则每个误差先分配 $\dfrac{\Delta y}{\sqrt{k}}$,此后再按可能性调整。

5.1.5　实验程序的拟定

实验的操作、观察,测量与记录是一个完整的、有条不紊的过程,必须事先拟出合理的实验程序。尤其要分析实验中是否存在不可逆过程,以便做好妥善的安排。

开始前,首先要将实验装置和仪器调整到正常的使用状态,按照实验原理和仪器说明书的要求进行水平、铅直、零位等的调整。检查一下测试的环境条件,如温度、湿度、气压、电磁场等是否在允许范围内,特别是电源提供的各类电压是否符合要求。

清楚了解不可逆过程十分重要,如加热蒸发、溶解、铁磁材料的磁化过程等。磁滞回线的测量不能违反外磁场逐渐循环变化的规律。对于有损检测,实验通常要进行到试件被破坏为止,如果试件的欲测参数在试件破坏前没来得及测量或没有测准,那么试件破坏后实验将无法进行。

实验过程中,对各种物理量可能出现的极大值要有所限定,以防发生意外,导致仪器损坏或出现事故。例如,由于加热产生温升对环境的影响;物体受力运动可能出现的最大位移;加载后试样的最大变形及承载能力;各种电表,特别是电流计是否会超过量程,这些在安排实验时都要考虑。

准备就绪后,对于可以反复进行的实验过程,可先粗略地定性观察一下,是否与理论预想一致,如有差异应予以记录,以便实验时再仔细观察分析。观察各种物理量的变化规律时,对非线性变化,应注意各个量的变化率,以确定正式实验时测量点的分布。测量点一般在线性部分可少作一些点,而在变化大的区域,测量点应尽量密一些。

参照上述各步工作,拟定实验步骤,列出数据表格,记录测试条件。特别对有些物理量的测量,如黏度、密度等,离开了测量时的温度,结果就毫无意义。

5.2　设计性实验

实验 43　劈尖实验

一、实验目的

用劈尖干涉法测金属细丝直径 d。

二、实验要求

① 画光学原理图。
② 写出实验步骤。

③ 列出数据表格。

④ 测出 d 值。

⑤ 分析讨论产生误差的原因和减小测量误差的方法。

三、实验仪器

读数显微镜、两片光学玻璃、钠光灯、金属细丝。

实验 44 电表的改装及校准

一、实验目的

将 100μA 表头改装成 10mA 电流表并校准。

二、实验要求

① 写出实验原理和计算公式。

② 写出实验步骤。

③ 列出数据表格。

④ 测量与校准。

⑤ 分析讨论误差产生的原因。

三、实验仪器

待改装的微安表、标准电流表、直流电源、电阻箱、滑线变阻器和开关等。

实验 45 望远镜的组装

一、实验目的

组装一台望远镜。

二、实验要求

① 画出测量望远镜焦距的光路图,设计组装一台简单的望远镜,画出测量望远镜的放大率的光路图。

② 设计测试装置,写出实验步骤。

③ 列出数据表格。

④ 测量与计算,讨论误差产生的原因。

三、实验仪器

光具座、光源、平行光管、透镜夹、透镜两个、套式镜筒一个、小平面镜一个、白屏一个。

实验 46 RC 电路实验

一、实验目的

研究 RC 电路的特性，包括 RC 一阶电路的零输入响应、零状态响应和完全响应。

二、实验要求

① 写出实验原理和计算公式。
② 写出实验步骤。
③ 列出数据表格。

三、实验仪器

信号源、电阻箱、电感箱、电容箱、双踪示波器。

实验 47 低值电阻与中等阻值电阻的测量

一、实验目的

① 用惠斯登电桥测中等阻值电阻，用箱式双臂电桥测低值电阻。
② 惠斯登电桥灵敏度及其误差的考虑。

二、实验要求

① 写出电桥工作原理及计算公式。
② 写出实验步骤。
③ 列出数据表格。
④ 测量与计算。
⑤ 电桥的测量误差分析。

三、实验仪器

各种电阻、箱式双臂电桥及惠斯登电桥各一个、导线等。

附录 A 中华人民共和国法定计量单位

（1993 年 12 月 27 日发布，GBl00—93）

国际单位制（SI）的基本单位如表 A.1 所示。

表 A.1 　　　　　　　　　　　　　国际单位制的基本单位

量 的 名 称	单 位 名 称	单 位 符 号
长度	米	m
质量	千克（公斤）	kg
时间	秒	s
电流	安[培]	A
热力学温度	开[尔文]	K
物质的量	摩[尔]	mol
发光强度	坎[德拉]	cd

注：1. 圆括号中的名称是它前面的名称的同义词。下同。

　　2. 无方括号的量的名称与单位名称均为全称。方括号中的字在不致引起混淆、误解的情况下，可以省略，去掉括号中的字即为其名称的简称。下同。

包括 SI 辅助单位在内的具有专门名称的 SI 导出单位如表 A.2 所示。

表 A.2 　　　　　　　　　　　　　SI 导出单位

量 的 名 称	SI 导出单位		
	名　称	符　号	用 SI 基本单位和 SI 导出单位表示
[平面]角	弧度	rad	$1rad = 1m/m = 1$
立体角	球面度	sr	$1sr = 1m^2/m^2 = 1$
频率	赫[兹]	Hz	$1Hz = 1s^{-1}$
力	牛[顿]	N	$1N = 1kg \cdot m/s^2$
压力，压强，应力	帕[斯卡]	Pa	$1Pa = 1N/m^2$
能[量]，功，热量	焦[耳]	J	$1J = 1N \cdot m$
功率，辐[射能]通量	瓦[特]	W	$1W = 1J/s$
电[荷]量	库[仑]	C	$1C = 1A \cdot s$
电压，电动势，电位（电势）	伏[特]	V	$1V = 1W/A$
电容	法[拉]	F	$1F = 1C/V$

续表

量 的 名 称	SI 导出单位		
	名　称	符　号	用SI基本单位和SI导出单位表示
电阻	欧[姆]	Ω	$1\Omega = 1V/A$
电导	西[门子]	S	$1S = 1\Omega^{-1}$
磁通[量]	韦[伯]	Wb	$1Wb = 1V \cdot s$
磁通[量]密度，磁感应强度	特[斯拉]	T	$1T = 1Wb/m^2$
电感	亨[利]	H	$1H = 1Wb/A$
光通量	流[明]	lm	$1lm = 1cd \cdot sr$
[光]照度	勒[克斯]	lx	$1lx = 1lm/m^2$

SI 词头如表 A.3 所示。

表 A.3　　　　　　　　　　　　　SI 词头

因　数	词 头 名 称		符　号	因　数	词 头 名 称		符　号
	英　文	中　文			英　文	中　文	
10^{24}	yotta	尧[它]	Y	10^{-1}	deci	分	d
10^{21}	zetta	泽[它]	Z	10^{-2}	centi	厘	c
10^{18}	exa	艾[可萨]	E	10^{-3}	milli	毫	m
10^{15}	peta	拍[它]	P	10^{-6}	micro	微	μ
10^{12}	tera	太[拉]	T	10^{-9}	nano	纳[诺]	n
10^{9}	giga	吉[咖]	G	10^{-12}	pico	皮[可]	p
10^{6}	mega	兆	M	10^{-15}	femto	飞[母托]	f
10^{3}	kilo	千	K	10^{-18}	atto	阿[托]	a
10^{2}	hecto	百	h	10^{-21}	zepto	仄[普托]	z
10^{1}	deca	十	da	10^{-24}	yocto	幺[科托]	y

可与国际单位制单位并用的我国法定计量单位如表 A.4 所示。

表 A.4　　　　　　　可与国际单位制单位并用的我国法定计量单位

量 的 名 称	单 位 名 称	单 位 符 号	与 SI 单位的关系
时间	分 [小]时 日，（天）	min h d	$1min = 60s$ $1h = 60min = 3\ 600s$ $1d = 24h = 86\ 400s$
[平面]角	度 [角]分 [角]秒	° ' "	$1° = (\pi/180)rad$ $1' = (1/60)° = (\pi/10\ 800)rad$ $1" = (1/60)' = (\pi/648\ 000)rad$
体积	升	L，（l）	$1L = 1dm^3 = 10^{-3}m^3$
质量	吨 原子质量单位	t u	$1t = 10^3kg$ $1u \approx 1.660540 \times 10^{-27}kg$
旋转速度	转每分	r/min	$1r/min = (1/60)s^{-1}$
长度	海里	n mile	$1n\ mile = 1852m$（只用于航行）

续表

量 的 名 称	单 位 名 称	单 位 符 号	与 SI 单位的关系
速度	节	kn	1kn＝1n mile/h =（1 852/3 600）m/s（只用于航行）
能	电子伏	eV	$1eV \approx 1.602\ 177 \times 10^{-19}J$
级差	分贝	dB	
线密度	特[克斯]	tex	$1tex = 10^{-6}kg/m$
面积	公顷	hm²	$1hm^2 = 10^4 m^2$

基本物理常数（1986 年国际推荐值）如表 B.1 所示。

表 B.1　　　　　　　　　　基本物理常数

量	符　号	数　　值	单　　位	不确定度（ppm）
真空中光速	c	299792458	ms^{-1}	（准确值）
真空磁导率	μ_0	12.566370614…	$10^{-7}NA^{-2}$	（准确值）
真空电容率，$1\big/\mu_0 c^2$	e_0	8.854187817…	$10^{-12}Fm^{-1}$	（准确值）
牛顿引力常数	G	6.67259（85）	$10^{-11}m^3kg^{-1}s^{-2}$	128
普朗克常数	h	6.6260755（40）	$10^{-34}Js$	0.60
基本电荷	e	1.60217733（49）	$10^{-19}C$	0.30
玻尔磁子，$e\hbar 2m_0$	μ_B	9.2740154（31）	$10^{-24}JT^{-1}$	0.34
里德伯常数	R_∞	10973731.534（13）	m^{-1}	0.0012
玻尔半径，$a\big/r\pi R_\infty$	a_0	0.529177249（24）	$10^{-10}m$	0.045
电子[静]质量	m_e	0.91093897（54）	$10^{-10}m$	0.045
电子荷质比	$-e/m_e$	-1.75881962（53）	$10^{11}C/kg$	0.30
[经典]电子半径	r_e	2.81794092（38）	$10^{-15}m$	0.13
质子[静]质量	m_p	1.6726231（10）	$10^{-27}kg$	0.59
中子[静]质量	m_n	1.6749286（10）	$10^{-27}kg$	0.59
阿伏加德罗常数	N_A, L	6.0221367（36）	$10^{-23}mol^{-1}$	0.59
原子（统一）质量单位，原子质量常数 $1u = m_n = \dfrac{1}{12}m(C^{12})$	m_n	1.6605402（10）	$10^{-27}kg$	0.59
气体常数	R	8.314510（70）	$Jmol^{-1}k^{-1}$	8.4
玻耳兹曼常数，R/N_A	K	1.380658（12）	$10^{-23}kg$	8.4
摩尔体积（理想气体）$T = 273.15K$ $P_n = 101325Pa$	V_m	22.41410（19）	L/mol	8.4

摘自《物理》，1987 年 No.1，P.7～12。

参考文献

[1] 丁慎训，张连芳．物理实验教程[M]．北京：清华大学出版社．2002
[2] 王希义．大学物理实验[M]．西安：陕西科学技术出版社，1998
[3] 姚合宝．大学物理实验[M]．西安：陕西人民教育出版社，2001
[4] 周殿清．大学物理实验[M]．武汉：武汉大学出版社，2002